MARTIN STANGLs
GARTEN
RATGEBER

Martin Stangls
Garten
Ratgeber

blv

Vom Nichts zum grünen Paradies

Am Anfang steht die Idee 9
Ein Gartenplan 9

Der Haus- und Wohngarten 10
Hinweise zur Gestaltung 10
Vor dem Baubeginn besonders wichtig 11
Wege und Terrasse 14
Wichtige Gartenbereiche 14

Der Reihenhausgarten 17
Der Wohnraum im Grünen 17
Die grüne Grenze 18
Und als Abschluss eine grüne Kulisse 18

Der Vorgarten als Visitenkarte 20
Blühender Hauseingang 21

Der Kleingarten 22
Das Gartenhaus 22
Die Gartenordnung 23

Der Naturgarten 24

Der Bauerngarten 27

Der Steingarten 28

Belebendes Wasser 28
Kleine Wasserbecken für Pflanzen 28
Fertigbecken aus Kunststoff 29
Kunststoff-Folien für größere Teiche 29
Brausebad und Badebecken 30

Grundlegende Bodenbearbeitung 31

Wegebau und Wegeinfassungen 33
Ein Kiesweg ist billig 33
Der Rasenweg, eine grüne Wohltat 33
Ein Weg aus Rindenmulch 34
Ein Plattenweg sieht immer sauber aus 34
Schöne Verlegemuster 36
Das Verlegen der Platten 36
Wegeinfassungen, schön und unschön 38

Eine Holzterrasse – warm und praktisch 39

Mauern und Treppen 41
Mauern 41
Treppen 43

Rankgerüste und Pergolen 45
Obstspalier 46

Die Grundstücksgrenze 47
Zäune 47
Mauern 49

Wind- und Sichtschutz am Sitzplatz 49

Spaten und Rasenmäher

Motor- oder Handgeräte? 51

Grundausstattung an Geräten 51
Hackgeräte 53
Geräte zur Rasenpflege 54

Weitere Gartengeräte 55

Gerätepflege 56

Luxusgeräte mit Pfiff 56

Anzucht von Gemüsepflanzen und Blumen

Jungpflanzenanzucht – Aussaat und Pikieren 58

Düngen – wann und wie

Wie Boden entsteht 61

Warum düngen? 61

Die Bodenuntersuchung 62
Der pH-Wert 63

Kompostieren im Garten 63
Die Anlage eines Komposthaufens 64

Die wichtigsten Pflanzennährstoffe 66

Düngerformen 67
Volldünger erleichtern die Arbeit 67
Einige bewährte Einzeldünger 67
Organisch-mineralische Volldünger 68

Sommerblumen, Stauden, Rosen

Ohne Sommerblumen geht es nicht 71
Einjahrsblumen für die Direktaussaat 71
Feldblumenmischungen 75
Einjahrsblumen mit Vorkultur 76
Einjährige Kletterer für Zäune und Spaliere 82
Zweijahrsblumen 84

Zwiebel- und Knollenpflanzen 88
Frühjahrsblüher 88
Kleinzwiebelblumen 88
Tulpen 89
Narzissen 90
Hyazinthen 90
Pflanzung und Pflege 91
Lilien 92
Dahlien 94
Gladiolen 95
Andere sommerliche Knollenpflanzen 96

Aus dem großen Reich der Stauden 97
Die wichtigsten Beetstauden 98
Stauden für den Halbschatten und Schatten 106
Wertvolle Bodendecker für Sonne und Schatten 109
Niedrige Stauden als Wegeinfassung 110
Pflanzen rund um den Gartenteich 111
Grazile Gräser 114

Staudenvermehrung, Pflanzung, Pflege 117
Vermehrung 117
Pflanzung 117
Ein Staudenbeet anlegen 117
Pflegearbeiten 118

Keine Rose ohne Stacheln 119
Verwendung im Garten 119
Einkauf und Pflanzung 120
Winterschutz 121
Frühjahrsarbeiten 122
Rosenschnitt 122
Düngen, Mulchen, Gießen 124
Pflanzenschutz 125

Schnittrosen 125
Sortenwahl 125

Ziergehölze für viele Zwecke 131
Gestalten mit Ziergehölzen im Garten 131
Laubgehölze 132
Vogelschutzgehölze 136
Nadelgehölze und immergrüne Laubgehölze 138
Pflanzung und Pflege 140
Hecken pflanzen 142

Schling- und Kletterpflanzen 145

Rasen – der grüne Teppich 147
Bodenvorbereitung 148
Rasenarten 148
Rasenansaat 149
Rasen mähen 150
Düngung 150
Rasenpflege 150
Blumenwiese 151

Zum Paradies gehört der Apfel

Obstarten für kleine Gärten 153

Obstarten für größere Gärten 154

Baumformen und Unterlagen 155
Klein bleibende Obstbäume 155
Die Obsthecke 157
Das Spalier am Haus 157
Buschbaum 158
Halb- und Hochstamm 158

Sortenwahl 159
Bewährte Sorten von Apfel, Birne, Pflaumen,
Kirschen, Pfirsich, Aprikose, Quitte, Walnuss,
Haselnuss 160

Einkauf in der Baumschule 165

Pflanz- und Grenzabstände 165

Wir pflanzen einen Obstbaum 166

Obstbaumschnitt will gekonnt sein 168
Der Schnitt des Spindelbusches 168
Der Schnitt des Halb- und Hochstammes 168
Auslichten älterer, ungepflegter Obstbäume 172
Schnittbesonderheiten bei Birne,
Süßkirsche und Pflaume 172
Schnittbesonderheiten bei Sauerkirsche
und Pfirsich 173

Wichtige Pflegearbeiten 175
Mulchen 175
Kalken bzw. Weißanstrich 176
Düngen 176

Ernten und Lagern 177
Obst richtig lagern 178

Kein Garten ohne Beerenobst 179
Erdbeeren 179
Johannisbeeren 182
Jostabeeren 186
Stachelbeeren 186
Himbeeren 188
Brombeeren 189
Gartenheidelbeeren 190

Weinrebe 191
Kiwi 193

Gemüse – frisch aus dem eigenen Garten

Gemüsebau ist wieder »in«. 195

Bodenpflege im Gemüsegarten 195

So wird ein Gemüsebeet angelegt 197

Gemüse gießen und düngen. 198

Fruchtwechsel. 199

Anbauplan. 199

Das Hügelbeet, ideal für Mischkulturen 199
Im Spätherbst oder Winter anlegen 200
Wärmeliebende Kulturen
fühlen sich besonders wohl 200

Das Hochbeet, eine Variante des Hügelbeets 200

Hilfsmittel zur Ernteverfrühung 201
Gewächshaus 201
Frühbeet 202
Kalter Kasten 203
Folien.. 203
Vlies... 203
Folientunnel 204

Wertvolle Gemüsearten 204
Blattgemüse 204
Fruchtgemüse 210
Hülsenfrüchte 213
Kohlgemüse 214
Wurzelgemüse 216

Zwiebelgemüse 220
Dauerkulturen.................................. 221
Seltener angebaute Gemüsearten 223

Gemüselagerung 225
Lagerung in der Erdmiete 225
Lagerung im Frühbeet 226

Kräuter und Gewürze. 227
Einjährige Würzkräuter 227
Ausdauernde Würzkräuter 232

Wurmige Äpfel – faule Tomaten

Vorbeugen ist besser als heilen. 235

Nützlinge – Helfer im Kampf gegen Schädlinge. 236

Spritzen nur wenn's »brennt«! 238

Vorsichtsmaßnahmen 238

Wichtige Allerweltsschädlinge und -krankheiten .. 239
Schädlinge 239
Krankheiten.................................... 241
Krankheiten und Schädlinge bei Obstbäumen,
Beerenobst, Gemüse, Zierpflanzen 242

Arbeitskalender, Adressen, Register

Arbeitskalender 246

**Gesellschaften und Beratungsstellen
für den Gartenfreund.** 250

Bezugsquellen 250

Stichwortverzeichnis. 252

Vom Nichts zum grünen Paradies

Der Gartenfreund steht meist buchstäblich vor dem Nichts, wenn er mit der Gestaltung des Grundstücks beginnt. Es ist wie zu Beginn der Schöpfung: »... und die Erde war wüst und leer«! Je nach Temperament ist für den einen aller Anfang schwer, während der andere gleich voller Übereifer blindlings zu wühlen beginnt. Das aber würde er später bereuen.

Auch der hier gezeigte Garten ist sorgfältig geplant, obwohl es scheint, als würde alles von selbst wachsen. Ein kleines Paradies! Ja, ich liebe ihn, den »Garten der ordentlichen Unordnung«, in dem man die menschliche Hand nicht spürt, obwohl es viel einfühlsamer Pflege bedarf, um dieses farbenfrohe Bild zu erhalten.

Am Anfang steht die Idee

Wir sollten uns zuerst darüber klar werden, wie unser Garten später einmal aussehen soll. Wollen wir darin Blumen pflücken, Gemüse ernten oder Obstbäume ziehen? Ist es der verträumte Garten, der Garten der »ordentlichen Unordnung«, in dem wir uns wohl fühlen könnten? Wollen wir uns im Sommer von einem Meer von Rosen verzaubern lassen, sollen Blütenstauden und -sträucher überwiegen, oder schwebt uns der »Garten des Faulenzers« vor, der »Lazy-Garten«, mit einer Rasenfläche und wenigen Gehölzen darin?

Uns schwirrt der Kopf! Ganz gleich, ob wir mit einem neuen Garten beginnen oder einen bereits vorhandenen übernehmen und diesen umgestalten wollen, wir müssen uns zuerst über die große Linie klar werden.

Ein Vorschlag: Besuchen wir doch bereits eingewachsene Gärten in unserer Umgebung! Je nachdem, ob wir einen Garten zum frei stehenden Eigenheim, am Reihenhaus oder aber einen Kleingarten anlegen wollen, werden wir unsere Spaziergänge in Wohngebiete mit größeren Gärten, in Reihenhausgebiete oder in Kleingartenanlagen machen. Ein Blick über den Zaun wird uns viele Anregungen bieten. Wir werden vorbildliche Lösungen entdecken, aber ebenso auch Fehler, die wir im eigenen Garten von Anfang an vermeiden können. Entdecken wir auf solchen Streifzügen dann gar einen oder mehrere Gärten, die unseren Vorstellungen vom grünen Paradies nahe kommen, so sollten wir nicht zögern, ganz ungeniert auf die Klingel zu drücken. Gartenfreunde sind meist recht umgängliche Menschen; sie freuen sich über den Besuch Gleichgesinnter, und durch das grüne Hobby ist rasch eine Brücke zueinander geschlagen. Ein freundlicher Gartenbesitzer wird auch nichts dagegen haben, wenn wir mit dem Meterstab einige Maße abnehmen, und er wird mit uns gerne über seine Erfahrungen bei der Anlage des Gartens plaudern. Das Notizbuch heraus und gleich aufschreiben, was wir über brauchbare Rosensorten, Gehölze, unempfindliche Stauden usw. hören, denn merken können wir uns so viele Dinge bestimmt nicht auf einmal. Vielleicht bekommen wir dabei auch gute Tipps über günstige Bezugsquellen. Wer finanziell halbwegs dazu in der Lage ist, sollte sich von einem erfahrenen **Gartengestalter** beraten lassen und diesem auch die Planung übertragen. Aber auch dann ist es von Vorteil, wenn wir uns mit den verschiedenen Möglichkeiten auseinandersetzen, denn es soll »unser« Garten werden.

In manchen Orten gibt es **Gartenbauvereine**, die Interessenten unterstützen, oder wir können uns Rat bei einem hauptamtlichen **Gartenbauberater** (Gartenbauamt, Landratsamt) holen. Für Kleingärtner tut dies der örtliche Verband, ebenfalls unentgeltlich. Nach diesen Vorarbeiten kann dann der Familienrat zusammentreten und beschließen. Umso größer wird dann später auch einmal das Interesse sein. Der Mann denkt beim Stichwort »Garten« vielleicht zuerst an Obstbäumchen und neue duftende Rosensorten, die Hausfrau an einen Arbeitsplatz im Freien, der günstig zur Küche liegt und gegen fremden Einblick abgeschirmt ist, an Schnittlauch, Petersilie, frischen Kopfsalat und einen Platz zum Wäscheaufhängen. Und die Kinder? Nun, die wünschen je nach Alter einen Sandkasten, dichte Bäume, die sich zum Klettern und Verstecken eignen, eine Schaukel, kombiniert mit Reck, und vor allem viel, viel Rasen, auf dem gespielt und nach Herzenslust herumgetollt werden kann. Alle diese Wünsche unter einen Hut zu bringen, ist oft nicht ganz einfach. Schließlich schält sich aber dann doch die konkrete Vorstellung vom eigenen Garten heraus. Die Idee ist geboren!

Ein Gartenplan

Nun geht es ans Planen. Im Maßstab 1:100 zeichnen wir unsere Wünsche auf Millimeterpapier. 1 cm auf dem Papier entspricht dann 1 m in unserem Garten. Dadurch wird das Rechnen leicht. Wollen wir die Einzelheiten noch stärker vergrößert vor uns haben, so sollte als Maßstab 1:50 verwendet werden. Als erstes übertragen wir auf den Plan die bereits festliegenden Maße von Wohnhaus oder Gartenlaube, Eingang, Wasserstelle, bereits vorhandenen Bäumen u. a. Diese Maße lassen sich dem Eingabeplan oder – bei Kleingärten – einem ausgehändigten Musterplan entnehmen. Ein Vermessen erübrigt sich also, es sei denn, auf dem Grundstück befinden sich bereits Bäume.

Jetzt erst kann die eigentliche schöpferische Tätigkeit beginnen. Was ganz allgemein zu beachten ist, sei hier gesagt; die Besonderheiten werden dagegen bei den einzelnen **Gartentypen** besprochen.

Eine lebendige Abpflanzung des Gartens mit niedrigen und einigen höheren Ziergehölzen. Schön und praktisch zugleich auch die teilweise überdachte Holzterrasse (Ausschnitt aus dem Gartenplan Seite 12/13).

Vor allem sollten die Wege und die Terrasse im Plan festgelegt werden. Hüten wir uns aber vor einem Zuviel. Wege sind nur an Stellen sinnvoll, die wirklich viel begangen werden. Die beigefügten Pläne sollen hierzu Anregungen geben. Dann werden Ziergehölze eingeplant und im Nutzgartenteil Obstbäumchen, Beerensträucher und Gemüsebeete von 1–1,20 m Breite. Für die Trittwege dazwischen sehen wir 30 cm vor. Die zweckmäßigen Pflanz- und Grenzabstände für Ziergehölze, Obstbäume und Beerensträucher sind in den jeweiligen Abschnitten dieses Buches besprochen.

In den Nutzgartenteil gehört vor allem auch ein Wasserbehälter, z. B. ein Betonring von 1,20 m Durchmesser mit einbetoniertem Boden. Bei dieser Größe hat nicht nur reichlich Gießwasser Platz, sondern wir können an heißen Sommertagen auch einmal kurz untertauchen, und unsere Kinder werden sich über diesen Ersatz für ein Badebecken freuen. Außerdem darf im Nutzgarten der Kompostplatz nicht fehlen. Immer mehr füllt sich der Gartenplan. Bald werden wir merken, dass die vorhandene Fläche einfach zu klein ist, um all unsere Wünsche aufnehmen zu können. Im Zweifelsfall ist es besser, auf dem Plan das eine oder andere auszuradieren, als den Garten vollzustopfen. Auch hier gilt: Erst in der Beschränkung zeigt sich der Meister! Es ist leichter, einen Garten von 1 000 m² Größe zu gestalten, als einen von nur 300 m²! Wenn der Gesamtplan nach vielerlei Überlegungen und Korrekturen fertiggestellt ist, geht es an die Einzelheiten. Für die Staudenpflanzung, die Terrasse, den Gartenteich, das Rankgerüst u. ä. fertigen wir Zeichnungen im Maßstab 1 : 10 an (1 cm auf dem Plan = 10 cm im Garten). In diesem Maßstab können wir alle Feinheiten zu Papier bringen. Dadurch erleichtern wir uns bzw. dem Handwerker die Arbeit.

Der Haus- und Wohngarten

Der Garten ist immer das Spiegelbild seiner Zeit. Als noch der Vatermörder und die steife Hemdbrust Mode waren, herrschten auch im Garten steife Kieswege und strenge Formen vor. Heute ist das Leben wesentlich freier, und der Gartenstil hat sich diesem Wandel angepasst. Der Garten soll zwar gefallen und Besucher zu »Aaaah«-Rufen veranlassen, aber einen Nur-Repräsentationsgarten wünscht sich wohl kaum ein Leser dieser Zeilen. Im Garten von heute spielt sich das tägliche Leben ab. Er soll gleichermaßen der Muße wie der körperlichen Betätigung, also unserer Gesundheit, und dem Spiel dienen. Bei der Planung sollten wir vor allem darauf achten, dass die Gartenpflege nicht sehr bald in lästige Arbeit ausartet, vor allem bei größeren Gärten von über 800 oder gar 1 000 m² und mehr.

Hinweise zur Gestaltung

Bereits vor dem Bau des Hauses sollten wir zusammen mit dem Architekten im Rahmen der gegebenen Möglichkeiten die Stellung des Hauses so wählen, dass der künftige Garten möglichst günstig liegt. Alter, vorhandener Baumbestand sollte dabei möglichst erhalten bleiben. Die größere Gartenfläche soll zusammenhängend in Verbindung mit der Terrasse möglichst an der Süd- oder Westseite des Hauses liegen. Zwischen Haus und Straße wollen wir dagegen mit Platz geizen, so gut dies eben auf Grund der Vorschriften möglich ist. Auch sollen die

Flächen links und rechts des Hauses nicht gleich groß sein. Es ist besser, wenn wir zugunsten einer Seite auf der anderen nur den vorgeschriebenen Mindestabstand zum Nachbarn hin einhalten. Vor allem an der Nordseite gehen wir möglichst nahe an die Grenze heran und sehen im Haus kleinere Fenster vor, denn auch der Nachbar ist dankbar, wenn er von seiner Terrasse aus auf die weniger genutzte Hausseite sehen kann.

Kieselsteine bilden den Übergang von der Holzterrasse zur kleinen Wasserfläche, die mit Frauenmantel, Sibirischen Iris u. a. Stauden umpflanzt ist. Rechts am Haus die Kletterrose 'New Dawn'.

Vor dem Baubeginn besonders wichtig

Bevor mit dem Aushub der Baugrube begonnen wird, lassen wir den Mutterboden, also die obere 20–30 cm starke Schicht, auf zwei oder drei große Haufen am Rand des Grundstücks zusammenschieben. Wenn wir das Glück haben, dass sich auf dem Grundstück bereits ältere Bäume befinden, so beziehen wir diese unbedingt in unsere Gartenplanung mit ein, es sei denn, sie stehen zu dicht. Vor allem, wenn nur ein wertvolles Einzelgehölz vorhanden ist, muss versucht werden, das Haus so zu stellen, dass dieser Baum erhalten bleibt. Vielleicht ist es bei überlegter Planung sogar möglich, dass dieser später

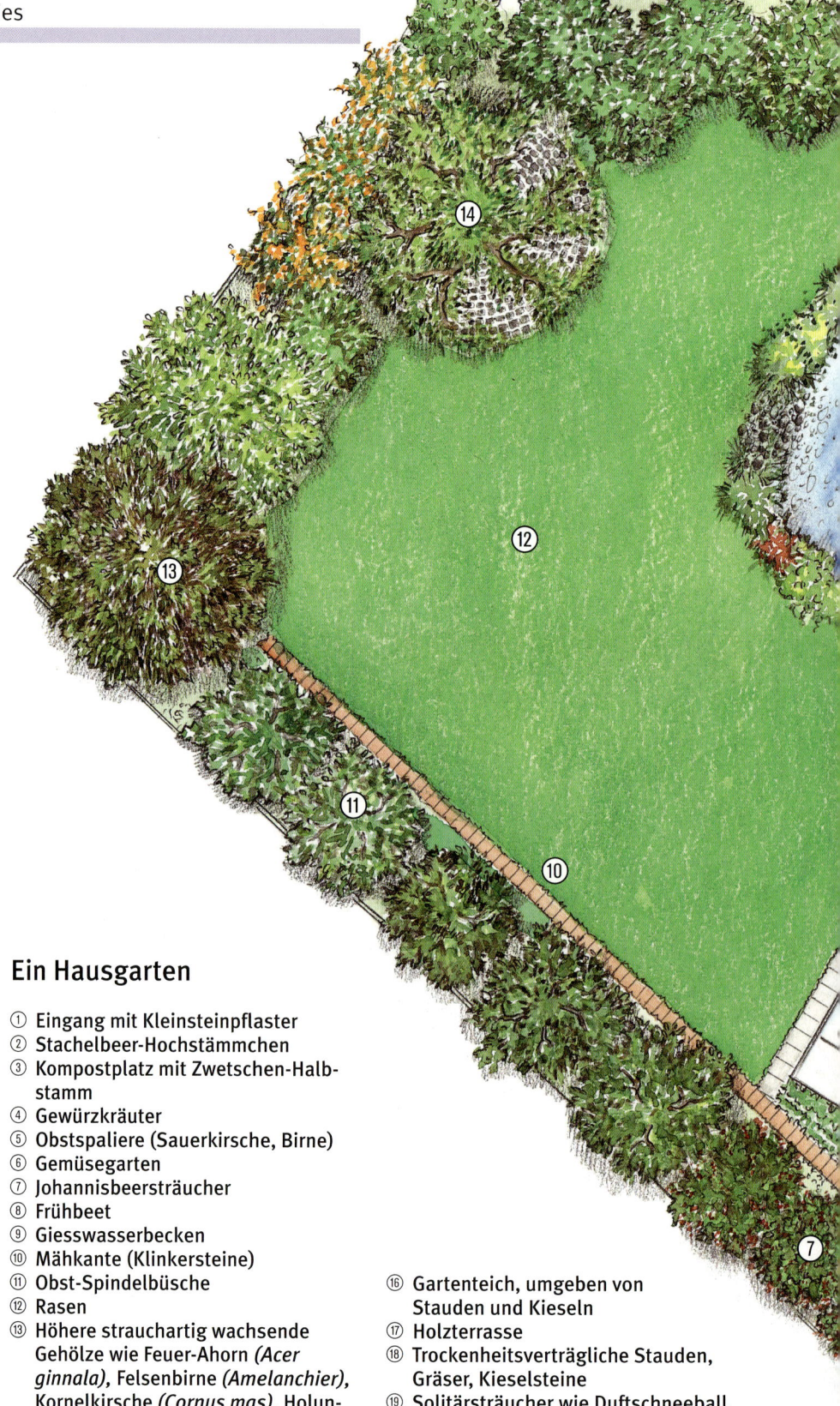

den attraktiven Eckpunkt der Terrasse bildet. Die Stämme vorhandener Bäume werden mit Brettern, Schilfmatten u. a. Materialien gegen Beschädigungen während des Baus geschützt. Auch die Wurzeln müssen weitgehend erhalten bleiben. Ist das Haus dann fertig, werden die Grundmauern mit Kies, Bauschutt oder anderem, möglichst grobem Material hinterfüllt. Dieses Material muss im Bereich der künftigen Terrasse und der Wege gut verdichtet werden, damit es sich nicht im Laufe der Jahre setzt, weil dann die Platten neu verlegt werden müssten. Dann sollten wir als nächstes den Untergrund der gesamten Gartenfläche – jedoch möglichst ohne Terrasse und Wege – von einem Radlader mit entsprechenden Zusatzgeräten aufreißen lassen, d.h. der durch Baufahrzeuge verdichtete Untergrund muss gründlich gelockert werden.

Erst dann wird mit dem Radlader der auf Haufen liegende Mutterboden nach Bedarf verteilt. Bei sehr bindigem, schwerem Boden (Lehm) eignet sich hierfür besser ein Minibagger. Bei dieser Arbeit sollten erwünschte Geländebewegungen bereits berücksichtigt werden, damit nicht später die Erde mit der Schubkarre in mühseliger Arbeit an andere Stellen transportiert werden muss.

PROFI-TIPP

Die Bodenbearbeitung nur bei trockener Witterung durchführen lassen, damit es nicht zu einer Verdichtung des Untergrundes kommt.

Ein Hausgarten

① Eingang mit Kleinsteinpflaster
② Stachelbeer-Hochstämmchen
③ Kompostplatz mit Zwetschen-Halbstamm
④ Gewürzkräuter
⑤ Obstspaliere (Sauerkirsche, Birne)
⑥ Gemüsegarten
⑦ Johannisbeersträucher
⑧ Frühbeet
⑨ Giesswasserbecken
⑩ Mähkante (Klinkersteine)
⑪ Obst-Spindelbüsche
⑫ Rasen
⑬ Höhere strauchartig wachsende Gehölze wie Feuer-Ahorn (Acer ginnala), Felsenbirne (Amelanchier), Kornelkirsche (Cornus mas), Holunder u. a.
⑭ Apfelhochstamm, darunter Sitzplatz
⑮ Ziersträucher, vereinzelt auch wintergrüne wie Buchs, Eibe, Stechpalme (Ilex), Mahonie

⑯ Gartenteich, umgeben von Stauden und Kieseln
⑰ Holzterrasse
⑱ Trockenheitsverträgliche Stauden, Gräser, Kieselsteine
⑲ Solitärsträucher wie Duftschneeball, Zaubernuss u. a.
⑳ Blütenstauden, Gräser, Rosen, Sommerblumen
㉑ Hainbuchenhecke
㉒ Tonnenhäuschen

15

13

13

14

16

17

18

21

19

Wohnhaus

20

9

5

19

6

22

4

9

2

1

3

**Garage und Raum
für Gartengeräte**

0 1 2 3 4 5
m

Wege und Terrasse

Der Weg vom Gartentürchen zum Hauseingang wird in einer Breite von mindestens 1,20 m vorgesehen, damit zwei Personen bequem nebeneinander gehen können. Wenn die Garageneinfahrt gleich daneben liegt – und dies ist meist der Fall –, so sollten wir zwischen dieser und dem Fußweg einen Pflanzstreifen von etwa 80 cm Breite vorsehen, sofern es nicht möglich ist, den Zugang zum Haus über die Garageneinfahrt zu führen. Wird die gesam-

Fröhlich bunte Stauden wie Mädchenauge, Mageriten, Salbei und Lavendel sowie Rosen umrahmen diese Terrasse aus Granitsteinen.

te Fläche ohne grüne bzw. blühende Unterbrechung mit Platten belegt, ergibt dies einen recht unschönen »Plattensee«.
Eine andere Lösung: Nur die Fahrspuren mit Platten belegen, mit Rasen dazwischen oder Rasensteine verwenden und in die Vertiefungen Magerrasen einsäen. Wege, die wir vom Hauseingang hin zur Terrasse oder von dort zum Nutzgarten führen wollen, sollten nicht breiter als 80 cm sein, in kleineren Gärten genügen oft schon 60 cm.
Bei der Terrasse wollen wir jedoch nicht geizen. An die 20 m² müsste sie mindestens groß sein, damit wir bequem dort sitzen und liegen können. Sicher bekommen wir hin und wieder Besuch, und auch die Kinder brauchen Platz zum Spielen.

Niemals sollte ein Weg unmittelbar am Haus entlang verlegt werden: Wir würden uns beim Gehen durch die dicht anliegende Hausmauer beengt fühlen, und außerdem ist es für das Auge höchst unschön, wenn an die Hausmauer gleich wieder Platten anschließen. Reizvoll sieht dagegen solch ein Weg aus, wenn wir zwischen diesem und der Hauswand Kieselsteine unterschiedlicher Größe oder eine Pflanzfläche von mindestens 70 cm Breite vorsehen. Dadurch wird eine wohltuende blühende Unterbrechung erzielt, denn entlang des Hauses lassen sich hübsche Stauden, Rosen oder Einjahrsblumen unterbringen. Durch den Plattenweg sind sie vom Rasen getrennt und deshalb leicht zu pflegen. An einen Grundmauerschutz denken (Architekt)!

Wichtige Gartenbereiche

Ein Zweitsitzplatz

Außer der Terrasse sollten wir noch einen zweiten Sitzplatz vorsehen. Er kann sich beispielsweise unter einer Pergola oder einem Baum befinden, die an heißen Sommertagen ersehnten Schatten spenden. Reizvoll ist es, wenn ein solcher Zweitsitzplatz dem Haus gegenüberliegt, also in die Randbepflanzung des Grundstücks mit einbezogen wird – vielleicht in Verbindung mit einer kleinen bepflanzten Wasserfläche oder einem gemauerten Gartengrill. In diesem Falle haben wir die Möglichkeit, das Haus und auch den gesamten Garten aus einem ganz anderen Blickwinkel zu sehen. Bei größeren Gärten rate ich zu je einem Sitzplatz in der Morgen- und Abendsonne sowie einer Südterrasse.

Der grüne Rahmen

Die Einfriedung unseres Grundstücks werden wir überwiegend aus Ziersträuchern gestalten, aus denen je nach Gartengröße einige mehr oder weniger hohe Gehölze herausragen. Besonders im Bereich der

Rechts: Zweitsitzplatz mit Morgensonne im Garten des Verfassers, umgeben von Gemüse und Federmohn.

Unten: Eine Sitzecke zum Träumen!

Terrasse ist ein guter Sichtschutz erwünscht. Dabei sollten wir auch an einige niedrig bleibende Nadelgehölze denken wie Eiben, Ilex, Buchs, Kirschlorbeer, Hemlockstanne u. a. (siehe Seite 138ff.), damit der Garten auch den Winter über durch verschiedene Grüntöne belebt wird. An diese Rahmenpflanzung, die – vor allem in kleineren Gärten – auch aus einer Hecke bestehen kann, schließt sich meist die Rasenfläche an, manchmal aber auch eine Rosen- oder Staudenpflanzung.

Wäscheplatz und »Innenhof«

Auch an einen Platz zum Wäscheaufhängen sollte bei der Planung und Anlage des Gartens gedacht

werden. Wir sehen ihn möglichst im Bereich des Nutzgartens vor. Wenn aber diese Stelle zu »künstlich« eingeplant und für die Hausfrau nicht bequem genug erreichbar ist, werden die Hemden bald lustig quer durch den Wohngarten flattern. Doch was soll's, schließlich gehört auch das zum Leben!

Turnstange oder Schaukel für die Kinder kommen nicht gerade vor die Terrasse, sondern etwas abseits. Der Sandkasten für Kleinkinder soll vom Küchenfenster aus zu sehen sein, aber nicht in voller Sonne liegen. Kinder wollen gerne in einer kuscheligen Umgebung spielen, also etwas abgedeckt durch Strauchwerk.

Noch etwas sollten wir unbedingt vorsehen, wenn es sich räumlich einigermaßen machen lässt. Die Hausfrau wird in jedem Fall begeistert sein, wenn wir ihr einen kleinen »Innenhof« schaffen, der von der Küche aus bequem erreichbar ist. Er kann von einer Mauer, einer Hecke oder von Ziersträuchern umgeben sein. Der Boden wird mit Platten belegt. Außerdem sollten ein Wasserhahn mit kleinem Wasserbecken – schön wäre ein alter Steintrog – und ein massiver Tisch in praktischer Arbeitshöhe vorhanden sein. In einem solchen Arbeitshof, der möglichst am Vormittag Sonne bekommen soll, können dann Schuhe und Gemüse geputzt,

Herzlich willkommen! Garteneingang in strahlendem Weiß mit rosa Blütenkaskaden der Kolkwitzie.

Rechts: Innenhof mit Arbeitsplatz im Garten des Verfassers.

Blumensträuße gebunden, Tischschmuck gesteckt werden und anderes mehr.

Ein Nutzgarten darf nicht fehlen
Wenn es der Platz einigermaßen zulässt, sollte auch ein Nutzgarten angelegt werden. Mit Hilfe von Sträuchern, Rosen, Stauden oder einer Hecke kann er vom eigentlichen Wohngarten optisch etwas abgegrenzt werden, obwohl sich die verschiedenen Gemüsearten, Obstspindelbüsche und Beerensträucher nicht zu verstecken brauchen.

Der Vorgarten Dieser kann bei freistehenden Häusern, wenn zwischen Straße und Hauseingang genügend Platz vorhanden ist, eine Fortset-

zung des Wohngartens sein, d. h. er wird im gleichen Stil gestaltet. Ist der Platz jedoch sehr beschränkt, so können wir uns an das halten, was unter »Reihenhausgarten« vorgeschlagen wird. Hübsch sieht es in jedem Fall aus, wenn der Hauseingang von einer Kletterpflanze eingesponnen und so das ganze Haus in den Garten förmlich mit einbezogen wird. Nachdem Hauseingänge meist an der Nord- oder Ostseite liegen, machen sich hier eine Pfeifenwinde, ein winterhartes Geißblatt (*Lonicera henryi*), die im Mai blühende Waldrebe (*Clematis montana* 'Rubens') oder aber ein Efeu besonders gut. Bei letzterem ist allerdings Vorsicht geboten, damit er sich nicht zu sehr ausbreitet.

Der Reihenhausgarten

Reihenhausgrundstücke haben meist die Form eines schmalen Handtuches. Im günstigsten Fall sind sie 8–10 m breit, im ungünstigsten nur 5–6 m. In der Praxis sind deshalb nur selten gut gestaltete Reihenhausgärten zu finden. Entweder sind die Handtuchparzellen durch eine Überbepflanzung mit Gehölzen und Stauden dicht zugewachsen, oder die schmalen Gärten bestehen nur aus dürftigem Rasen, ein paar Platten und einigen verlo-

Selbst aus einem Reihenhausgrundstück (90 m²) lässt sich ein großzügig wirkender Garten zaubern. Versetzte Hecken verstellen den Blick auf die Terrasse. Den Plan dazu finden Sie auf Seite 19.

ren wirkenden Rosen oder Blütenstauden. Infolge der Maschendrahtzäune zwischen den einzelnen Grundstücken sieht das Ganze dann meist mehr einer Geflügelfarm als einer Gartenanlage ähnlich.

Der Wohnraum im Grünen

Zum Wohnen im Freien gehört in erster Linie ein **Sitzplatz** am Haus, der gegen die Nachbarn hin möglichst gut abgeschirmt sein sollte, auch wenn wir uns mit diesen gut verstehen. Man möchte ungestört vor fremden Blicken auf der Terrasse frühstücken oder zu Abend essen, sich auf der Terrasse sonnen und mit Gästen feiern – kurz, man will sich unbeobachtet fühlen können.
Am besten erfolgt die Trennung zum Nachbarn hin durch eine Mauer, die

etwa 3 m vom Haus in den Garten hinein vorspringt. Vorteilhaft ist eine bereits baulich im Haus integrierte Sitznische. Wird über diesem überdeckten Sitzplatz zusätzlich eine Markise herausgezogen, so ergibt sich in Verbindung mit der seitlichen Mauer ein recht gemütlicher Wohnraum im Freien.
Noch günstiger liegen die Verhältnisse, wenn die einzelnen Reihenhäuser gegeneinander versetzt sind. Wenn dann an die vorspringende Hausecke noch zusätzlich eine Mauer, eine **Sichtschutzwand** aus Holz, eine Schilfmatte oder eine Hecke kommt, so entsteht ein recht geräumiger und sowohl gegen Blicke als auch gegen Geräusche geschützter Sitzplatz.
Damit dieser Sichtschutzwand die Schwere genommen wird, beleben wir sie mit Kletterrosen oder ande-

ren Kletterpflanzen. Zum Garten hin jedoch sollte die Terrasse auf keinen Fall zugepflanzt werden. Wir sperren uns sonst ein. Besser ist es, wenn die Terrasse ohne Unterbrechung in die Rasenfläche übergeht, umso eine möglichst großzügige Wirkung des kleinen Gartens zu erreichen. Gut sieht es dagegen aus, wenn seitlich von der Terrasse ein kleines Wasserbecken – dieses kann bei Kleinkindern auch mit Sand gefüllt werden –, eine Rosengruppe oder ein besonders wirkungsvolles Ziergehölz steht.

Die grüne Grenze

Die Grenze zum Nachbarn wird am besten durch einen niedrigen Zaun von 0,80–1 m Höhe gekennzeichnet. Keinesfalls sollen nun beiderseits dieses Grenzzaunes hoch werdende Sträucher oder gar Bäume gepflanzt

Ein Garten zum Wohlfühlen! Der schlichte Holzzaun bekommt Leben durch den lila Sommerphlox und das in strahlendem Gelb blühende Sonnenauge (Heliopsis).

werden. Dadurch würde die ohnehin schmale Parzelle zu einem regelrechten »Schlauch«. Am besten, wir unterhalten uns mit dem Nachbarn und machen gemeinsame Sache. Wenn einer entlang dieses Zaunes eine schmal bleibende Hecke pflanzt, so ist das für beide Gärten ausreichend.

Wer Spaß an Obstbäumchen hat, kann stattdessen entlang der Grenze auch eine Obsthecke an Spanndrähten ziehen (siehe Seite 157), oder aber Kletterrosen. Sind die Gärten dagegen 8 oder gar 10 m breit, so können wir auf der einen Seite auch freiwachsende Ziersträucher pflanzen. Wird dies in jedem Garten einer Parzellenreihe wiederholt, so ergeben sich kleine, grüne Gartenräume, die nach beiden Seiten abgeschirmt sind, obwohl auf jeden Parzellenbesitzer nur die Hälfte der Kosten entfallen und vor allem Platz gespart wird.

Entlang der Grenze, die der Nachbar mit einer Hecke oder Ziersträuchern abgepflanzt hat, legen wir ein buntes Stauden- oder Rosenbeet an und trennen es zum Rasen hin ab.

Aber keine einzelnen Trittplatten, sondern Platten bzw. frostsichere Klinkersteine zusammenhängend verlegen! So kann kein Gras in das Pflanzbeet wachsen, und wir ersparen uns das lästige Kantenstechen.

Und als Abschluss eine grüne Kulisse

Ist die der Terrasse gegenüberliegende Gartenseite von einer Mauer begrenzt (z. B. Rückwand einer Garagenreihe), so lässt sich daran recht gut eine kleine Pergola in Verbindung mit einem zweiten Sitzplatz anschließen. Von Schlingpflanzen umgeben, also schattig gelegen, werden wir während der Sommermonate diese Ecke sicher gerne aufsuchen. Folgen jedoch auf den Garten weitere Reihenhäuser, so wird die Rückseite des Gartens vorteilhaft mit etwas höher werdenden Gehölzen als Sichtschutz abgepflanzt. Besonders schön ist es, wenn eine solche Abpflanzung in den Nachbargärten weitergeführt wird. Um eine gute Gesamtwirkung zu erzielen, sollte man sich für diese Aufgabe gemeinsam einen Gartenarchitekten nehmen.

Zu lange Parzellen werden etwa nach dem zweiten Drittel optisch durch eine Hecke oder Sträucher, eine Spalierwand o. ä. abgeteilt. Dahinter lässt sich ein Gemüsegärtchen anlegen. Wenn auch der Platz meist klein ist, so können doch einige Küchenkräuter, Radieschen, ein paar Tomaten, Erdbeeren und vor allem die verschiedenen Salate angepflanzt werden. Eine solche optische Unterteilung verbessert bei schmalen Gärten das Verhältnis Länge/Breite. Dadurch werden sie wohnlich.

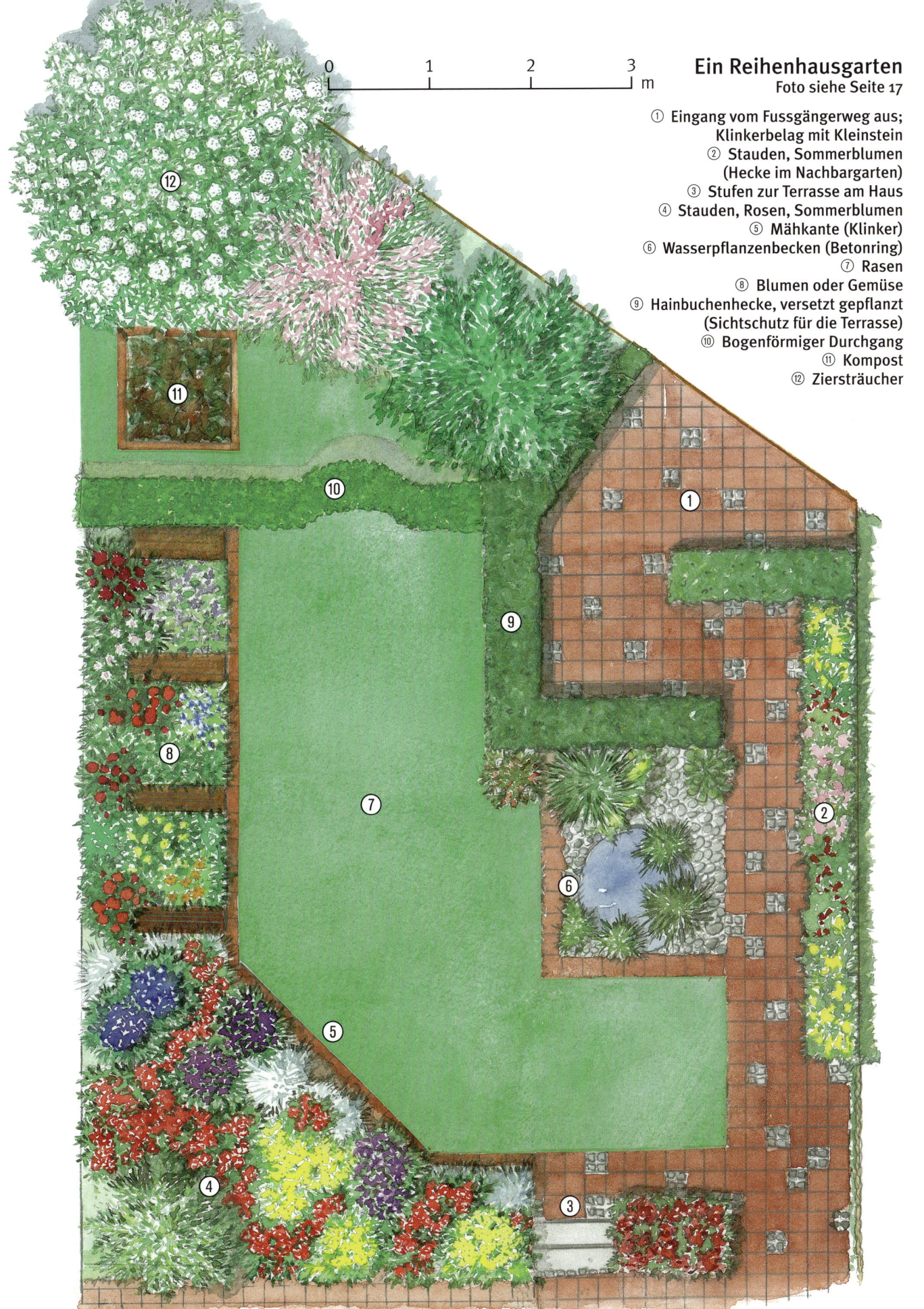

Ein Reihenhausgarten
Foto siehe Seite 17

① Eingang vom Fussgängerweg aus;
   Klinkerbelag mit Kleinstein
② Stauden, Sommerblumen
   (Hecke im Nachbargarten)
③ Stufen zur Terrasse am Haus
④ Stauden, Rosen, Sommerblumen
⑤ Mähkante (Klinker)
⑥ Wasserpflanzenbecken (Betonring)
⑦ Rasen
⑧ Blumen oder Gemüse
⑨ Hainbuchenhecke, versetzt gepflanzt
   (Sichtschutz für die Terrasse)
⑩ Bogenförmiger Durchgang
⑪ Kompost
⑫ Ziersträucher

Der Vorgarten als Visitenkarte

Der Vorgarten wird oft recht stiefmütterlich behandelt, vielfach aber auch mit Pflanzen überladen. Er ist die Visitenkarte der Besitzer und sollte deshalb mit mindestens ebenso viel Liebe wie der eigentliche Garten gestaltet werden. Meist sind Vorgärten an Reihenhäusern so breit wie das Haus selbst und nur 2 oder 3 m tief. Nur mit weiser Beschränkung lässt sich hier eine vornehme, großzügige Wirkung erzielen. Die üblichen Spielereien sollten wir nicht nachmachen: Da werden inmitten winzig kleiner Rasenflächen erhöhte ovale Beete angelegt, auf denen sich einige

Ein Vorgarten mit persönlicher Note. Buchs in vielerlei Formen und zartgrüner Rasen geben den Ton an. Man spürt die Gärtnerin – oder den Gärtner – aus Liebe.

Beetrosen denkbar verlassen vorkommen. Oder das kleine Vorgärtchen wird in eine Hecke oder einen Zaun gezwängt und wirkt dadurch noch kleiner, als es ohnehin schon ist. Noch schlimmer, wenn hinter dieser Hecke gar eine »Blautanne« oder Trauerweide gepflanzt wurde! In der Jugend sehen solche Bäumchen recht putzig aus, aber dann? Es dauert gar nicht lange, dann sind daraus riesengroße Bäume geworden, deren Äste das Haus förmlich »an die Wand drücken«, während sie auf der anderen Seite mächtig in den Bürgersteig hineinwachsen und deshalb laufend amputiert werden müssen.

Solche Fehler können wir vermeiden, indem wir uns auf wenige, **klein bleibende Pflanzenarten** beschränken. Liegt der Hauseingang im Norden oder Osten, also vorwiegend im Schatten, so lassen sich beispielsweise in der Nähe des Hauseinganges eine elegant überhängende, wintergrüne Felsenmis-

pel (*Cotoneaster salicifolius* var. *floccosus*), eine Eibe (*Taxus baccata*), Buchs, eine Stechpalme (*Ilex aquifolium*), ein Rhododendron bzw. ein paar Azaleen oder ein ähnlich apartes Gehölz pflanzen, das auch im Alter nicht allzu groß wird. Der Boden wird in schattiger Lage mit niedrigen Polsterstauden wie Haselwurz (*Asarum europaeum*), Immergrün (*Vinca*), Schaumblüte (*Tiarella cordifolia*), Ysander (*Pachysandra terminalis*), Waldmeister oder mit flach kriechenden Gehölzen wie Felsenmispel (*Cotoneaster dammeri* var. *radicans, C. salicifolius* 'Parkteppich') und anderen bzw. mit Efeu bepflanzt.

Bei sehr kleinen Flächen sollten wir uns nur für eine der genannten Arten entscheiden. Aus diesem grünen Teppich können einige Waldfarne, aber auch Astilben, Silberkerzen, weißbunte Funkien, Japan-Anemonen u. ä. höher werdende, für Halbschatten geeignete Stauden herausragen. Im Frühjahr sind es Schneeglöckchen, Krokusse und Tulpen, die den Blick auf sich ziehen, so dass der Vorgarten das ganze Jahr über eine geschmackvolle und dabei bescheiden wirkende Visitenkarte ist.

Sollte der Hauseingang und damit der **Vorgarten** ausnahmsweise **in voller Sonne** liegen, so kann die gesamte Fläche mit Beetrosen und Begleitern (Salbei, Gräser, Lavendel ...) bepflanzt werden – am besten wird nur eine Sorte verwendet. Hübsch sieht es auch aus, wenn der Boden mit Schneeheide (*Erica carnea*) bedeckt ist, aus der einige Grasbüschel des Blauschwingels hervorschießen, und vor der Hauswand eine kleine Gruppe öfterblühender Strauchrosen steht.

Blühender Hauseingang, umgeben von ausdauernden Sonnenblumen *(Helianthus rigidus)*, robusten Stauden, die jedes Jahr zuverlässig blühen.

Der Boden kann aber auch in der Sonne mit niedrigen Polsterstauden bepflanzt werden. Von den bereits vorhin genannten Arten gedeihen die Kriechende Felsenmispel und der Efeu auch in voller Sonne recht gut. Darüber hinaus sind folgende Arten gut geeignet: Fetthenne in verschiedenen Arten (z. B. *Sedum floriferum* 'Weihenstephaner Gold', *S. hybridum* 'Immergrünchen' u. a.), Thymian *(Thymus serpyllum* oder *T.* x *citriodorus* 'Golden Dwarf' mit gelbgrünen Blättchen), Günsel *(Ajuga reptans* 'Atropurpurea'), eine beinahe am Boden dahinkriechende Beifuß-Art mit lebendiger silbriggrauer Belaubung *(Artemisia schmidtiana* 'Nana') und Katzenpfötchen *(Antennaria dioica)*.

Bereits mit einem Japanischen Ahorn oder einem anderen Kleingehölz in Verbindung mit zwei oder drei größeren Steinen (Findlinge) können wir dem Vorgarten eine recht persönliche Note geben. Und wer klare geometrische Formen liebt, kann den Vorgarten mit niedrigen Buchshecken und Rosen zu einer bezaubernden Visitenkarte gestalten. Effektvoll kann es sein, wenn auf etwas größeren Flächen **bodendeckende Stauden** gruppenweise zusammengesetzt werden, die dann das ganze Jahr über reizvolle farbliche Kontraste bilden: silbergraues Hornkraut, braunroter Günsel, gelbgrüner Thymian, grüner Polsterphlox. Die Wirkung lässt sich weiter steigern, wenn in diesen niedrigen Pflanzenteppich einige Exemplare von höher werdenden Gräsern wie Blaustrahlhafer, Goldleistengras, Rutenhirse, Lampenputzergras oder Pfeifengras sowie einige Rosen eingestreut werden. Eine solche Pflanzung sollte allerdings besser dem fortgeschrittenen, erfahrenen Gartenfreund überlassen bleiben. Selbstverständlich sieht bei größeren Vorgärten, soweit sie genügend Sonne bekommen, eine grüne Rasenfläche mit einem Solitärgehölz immer gut aus. Bei kleineren Flächen würde diese allerdings wegen der vielen Ecken und Kanten zu viel Pflegearbeit verursachen. Deshalb gebe ich hier den Polsterstauden den Vorzug.

Blühender Hauseingang

Wie schon an anderer Stelle angedeutet, sieht es hübsch aus, wenn der Hauseingang von Kletterpflanzen umrankt ist. An der Südseite eignen sich hierfür die stark wachsende Glyzine *(Wisteria)* oder die schwächer wachsenden *Clematis*-Hybriden besonders gut, an der Westseite Kletterrosen, an der Nord- oder Ostseite die Pfeifenwinde *(Aristolochia macrophylla)* mit ihren gesunden, üppig-grünen Blättern, das duftende Geißblatt *(Lonicera* x *heckrotti* u. a. oder die wintergrüne Art *L. henryi)* und die elegante, einfach blühende Waldrebe *(Clematis montana* 'Rubens'), die im Mai den Eingang mit einer Fülle kleiner, rosa Blüten verzaubert.
Eine sehr persönliche Note kann der Hauseingang aber auch bekom-

PROFI-TIPP

Wichtig ist, dass die Blütenfarbe zur Farbe des Hauses passt. Vor eine graublaue Hauswand also gelbe Kletterrosen, vor eine weiß getünchte Wand dunkelviolette *Clematis*, rote Kletterrosen usw. pflanzen.

Ein freundlich-schlichter Hauseingang mit rosa *Clematis,* passend zur blauen Tür und zum weißgeschlämmten Mauerwerk.

men, wenn wir dort eine oder wenige Stauden mit hübschen Blättern verwenden, wie z. B. Federmohn *(Macleaya)* oder Schaublatt *(Rodgersia)*. Hübsch sieht es auch aus, wenn wir am Hauseingang schön bepflanzte Kübel aufstellen.

Was bisher zum Reihenhausgarten gesagt wurde, gilt selbstverständlich auch für kleine Doppelhausgärten. Nur sind hier die Verhältnisse meist idealer, weil die Fläche größer und das Verhältnis Länge/Breite günstiger ist.

Ein Maientag wie aus dem Bilderbuch! Tulpen, Narzissen, Gämswurz und all die Polsterstauden blühen um die Wette. Gekonnt wurde die Staudenpflanzung durch eine Plattenreihe vom Rasen getrennt.

Der Kleingarten

Garteninteressenten, die in Miet- oder Eigentumswohnungen leben, können in einer Kleingartenanlage einen Garten bekommen. Das ist allerdings heute in Großstädten oft nicht ganz einfach, weil dort die Nachfrage nach Kleingärten wesentlich größer als das Angebot ist. Wer Interesse an einem Kleingarten hat, soll sich an den örtlichen Kleingartenverband wenden (Telefonbuch). Dort erfährt er, ob Neuanlagen gerade im Bau sind und ob dort noch eine Parzelle zu haben ist. Unter Umständen kann er auch eine Parzelle in einer bereits bestehenden Kleingartenanlage bekommen, denn durch Ausscheiden von Mitgliedern werden gelegentlich Gärten frei. Bei der örtlichen Kleingärtnerorganisation können auch der Pachtpreis und sonstige anfallende Unkosten wie Vereinsbeitrag, Wassergebühr u. ä. erfragt werden. Diese sind durchaus erschwinglich.

Das Gartenhaus (Laube)

Wenn wir nicht einen bereits bestehenden, älteren Kleingarten komplett mit Laube vom bisherigen Pächter ablösen können, müssen wir vor allem für den Bau eines neuen Gartenhauses einen größeren Geldbetrag einkalkulieren. Der Preis für eine moderne Gartenlaube mit einer Grundfläche von 15 m² oder etwas mehr liegt heute meist bei 4.000 € und darüber. In verschiedenen Städten kann das Gartenhaus in Eigenarbeit erstellt werden, wobei man sich meist einen Maurer – oder bei Holzhäusern einen Zimmermann – zu Hilfe nehmen wird. Manchmal werden die Gartenhäuser aber auch schlüsselfertig erstellt, und der Kleingärtner hat dann bei Übernahme die Kosten hierfür zu zahlen.

Während das Äußere des Gartenhauses festgelegt ist, um der Gesamtanlage ein gutes Gesicht zu geben, kann der Gartenfreund beim Innenausbau frei schalten und walten, nach dem Motto »Wie's da drin aussieht, geht niemand was an«. Es wäre aber nicht richtig, wenn wir im Inneren eine vornehme Umgebung schaffen wollten! Im Gegenteil, wir werden uns besonders wohl fühlen, wenn das Innere unseres Gartenhauses ein Kontrastprogramm zum häuslichen Wohnzimmer darstellt, also z. B. gemütlich-rustikal gehalten wird. Gut sieht es aus, wenn sowohl die Decke als auch die

Wände mit Nut- und Federbrettern verkleidet sind. Dazu eine Eckbank, ein paar bäuerliche Stühle und ein dazu passender Tisch, lustig-bunte Vorhänge und ein doppelstöckiges Holzbett zum Übernachten am Wochenende – und schon werden wir uns im Gartenhaus wohl fühlen und uns auf den Tapetenwechsel freuen, wenn wir die Stadtwohnung verlassen.

Strom ist für ein Gartenhaus nicht nötig, denn überall ist heute Propangas erhältlich, das sich für die Beleuchtung, zum Kochen und Heizen bewährt hat. Als Abort dient meist ein Trocken-Klo, vielfach werden heute Camping-Klos verwendet. Übrigens, machen wir nicht den Fehler und streichen das Holzgartenhaus außen mit Luft- oder gar Bootslack. Das glänzt zwar recht vornehm, aber solche Lacke sind sehr teuer und blättern vor allem in kürzester Zeit wieder ab. Das Äußere des Hauses sieht dann sehr ungepflegt aus, und wir haben vor allem sehr viel Arbeit, um den abblätternden Lack zu entfernen. Gartenhäuser aus Holz sollten außen unbedingt nur mit möglichst umweltschonenden Holzschutzmitteln behandelt werden.

Die Gartenordnung

Beim örtlichen Verband erhalten wir auch Auskunft über den Pachtvertrag und die Gartenordnung. Da in einer Gemeinschaft jeder etwas Rücksicht auf seinen Nachbarn nehmen muss, ist in einer solchen Gartenordnung häufig festgelegt, dass Baulichkeiten im Kleingarten nur nach vorheriger Genehmigung erstellt werden dürfen, dass nur solche Ziergehölze gestattet sind, die

nicht höher als 4 m werden, usw. Bei einer Gartengröße von meist 300 m² kann eben nicht jeder tun und lassen, was er gerne möchte. Doch solche Bestimmungen, die im Interesse jedes einzelnen liegen, brauchen uns keineswegs abzuschrecken. Im Grunde engen diese Bestimmungen unseren gärtnerischen Schöpfungsdrang nicht wesentlich ein. Wir bekommen zwar bei Übernahme des Gartens vielfach einen Musterplan ausgehändigt, doch sind in diesem meist nur die Stellung und Größe des Gartenhauses, die Zahl der Obstbäume und der Kompostplatz verbindlich festgelegt. Ansonsten aber hat jeder Gartenfreund bei der gärtnerischen Gestaltung weitgehende Freiheit.

Im Normalfall werden sich im Kleingarten die verschiedensten Kulturen befinden. Es wird aber kaum jemand etwas dagegen haben, wenn ein Vegetarier seine Parzelle überwiegend mit Gemüsearten bestellt, ein Bergfreund ein hübsches Alpinum gestaltet oder ein Rosenliebhaber seinen Kleingarten mit Beet-, Strauch- und Kletterrosen bepflanzt. Der sachlich-nüchterne Nutzgarten wird in einer solchen Anlage neben einem verträumt-romantischen Garten liegen, und der Großstädter, der am Sonntagmorgen in einer Kleingartenanlage spazieren geht, wird sich über die Vielfalt zweifellos freuen.

Was bei »Hausgarten« bzw. »Reihenhausgarten« bereits gesagt wurde, gilt zum Teil auch für den Kleingarten. Gestalterisch liegen die Verhältnisse meist wesentlich günstiger als beim Reihenhausgarten. Der Weg vom Gartentürchen zum Gartenhaus braucht nur etwa

Ein romantischer Kleingarten. Es blühen nur wenige Tulpen, doch der Garten hat »Seele«. Hübsch, wie der Schatten des alten Apfelbaumes den schlichten Plattenweg überspielt.

90 cm breit zu sein, für die Terrasse genügen etwa 15 m² (5 x 3 m). Als Sicht- und Windschutz zu den Nachbargärten hat es sich bewährt, wenn entlang der einen Seite Strauchbeerenobst und entlang der anderen Obst-Spindelbüsche gepflanzt werden.

Kleingartenanlagen sind heute für alle da, d. h. sie werden als Teil des öffentlichen Grüns einer Stadt geplant. Geschickte Gestalter pflanzen allerdings die Parzellen entlang der Hauptdurchgangswege so ab, dass die Gartenfreunde durch die Besucher der Anlage nicht gestört werden.

Der Naturgarten

Immer mehr Menschen werden des allzu Perfekten müde. Dies wirkt sich auch auf den Garten aus. Erfreulich, wie ich meine, denn das allzu Gepflegte, Steife, ja geradezu Sterile war noch nie mein Fall. Von jeher liebe ich den Garten der ordentlichen Unordnung, in dem die pflegende Hand nicht schon von weitem erkennbar ist. Ich liebe den Garten, in dem zwischen den Krautköpfen ein paar Dillpflanzen blühen,

Zwar sieht es so aus, als würde in diesem Naturgarten alles von selbst wachsen. Doch auch hier bedarf es einfühlsamer Pflege, damit er nicht verwildert.

am Fuß des Petersilienbeetes ein von alleine aufgegangener Borretsch von Bienen umsummt wird und wo in einer schmalen Ritze im Ziegelsteinpflaster im April eine gelbe Primel blüht, deren Samen zufällig hier gelandet ist. Damit wir uns aber richtig verstehen, ein naturnaher Garten hat nichts mit einem verwahrlosten Garten zu tun! Dies soll hier ganz bewusst angesprochen werden, denn manch einer, der einen »Verhau« sein eigen nennt, bezeichnet dies als »Naturgarten« oder »Ökogarten« und meint damit »in« zu sein. Schlagreife Unkräuter in Brusthöhe haben nichts mit einem naturnahen Garten zu tun.

Um einen naturnahen Garten aufzubauen, genügt es nicht, alles sich

selbst zu überlassen. Damit das Werk gelingt und zu einem harmonischen Ganzen wird, sind sogar eine ganze Reihe von Punkten zu beachten:

● Es müssen **unterschiedliche Lebensbedingungen** geschaffen werden, um dadurch möglichst viele Pflanzenarten anzusiedeln, um Tiere herbeizulocken und sie im Garten sesshaft zu machen. Dazu gehören Hügel und Wälle mit trockenen und stark besonnten Stellen, ebenso aber auch schattige und feuchte Plätze.

● Armer, **ungedüngter Boden**, ja sogar reiner Kies oder Sand sollte im Grundstück wenigstens an bestimmten Stellen belassen und auf keinen Fall mit feuchterem Mutterboden überlagert werden. Gerade

Ein Naturgarten

① **Naturstein mit breiten Fugen**
② **Wintergarten, teilweise mit Kletterpflanzen bewachsen**
③ **Wildstaudenpflanzung für sonnige Flächen, zum Rasen hin abgeböscht**
④ **Rasenmulde, tiefer gelegen**
⑤ **Gehölzsaum mit heimischen Waldstauden, dahinter drei Strauchrosen**
⑥ **Randbepflanzung mit heimischen Sträuchern und Ziersträuchern (von rechts nach links: Flieder, Liguster, Schneeball, Hemlocktanne, Sibirischer Hartriegel, Holunder)**
⑦ **drei Strauchrosen**
⑧ **Sumpfbeet mit einheimischen feuchtigkeitsliebenden Stauden, kleiner Bachlauf mit Kieseln**
⑨ **Gartenteich mit Randbepflanzung und Kieseln**
⑩ **Hainbuchenhecke**
⑪ **Sandfläche, wassergebundene Wegedecke**
⑫ **Kieselsteine, trockenheitsverträgliche Stauden; Trittplatten aus Naturstein, dazwischen niedrige, bodendeckende Stauden**

Wohnhaus

Vor allem wenig pflegebedürftige Stauden eignen sich für den Naturgarten. Hier blühen gelbe Schafgarbe, violette Kugeldisteln, weiße Margeriten und gelbe Nachtkerzen.

auf solch ärmlichen Bodenflächen lassen sich interessante Pflanzen ansiedeln.

● An **Hauswänden** sollten sich **Kletterpflanzen** ausbreiten können. Sie wirken schalldämpfend, filtrieren die Luft. Im Sommer bringen sie Kühlung, und der Bewuchs mit Immergrünen (z. B. Efeu) wirkt im Winter wärmedämmend. Die Blätter halten Schlagregen, Sonnen- und Frosteinwirkung von der Hauswand ab. Bedenken, dass das Haus feucht wird, sind unnötig; im Gegenteil: Kletterpflanzen entziehen dem Boden um das Haus herum viel Was-

ser. Es ist richtig: In Kletterpflanzen halten sich Insekten auf, aber ebenso auch Vögel, die für Ausgleich sorgen.

● **Pflastersteine** und **Gartenplatten** sollten auf Sand verlegt werden, sofern sie nicht aus zwingenden Gründen (Befahrbarkeit, Gefahr, dass der unzureichend verdichtete Boden im Laufe der Jahre absackt) auf Beton verlegt werden müssen. So kann Wasser durch die Fugen sickern, und das in den Ritzen entstehende Moos bietet einen hübschen Anblick. Solch ein Weg sieht ungezwungen und natürlich aus.

● **Trockenmauern** mit großen Fugen bieten Tieren und Pflanzen ebenso Lebensraum wie bepflanzte Steintröge und Steinhaufen aller Größen. Vor allem Eidechsen und Hummeln fühlen sich in dieser Umgebung wohl.

● Der Gartenraum sollte mit einer frei wachsenden **Hecke** nach außen abgeschirmt werden. Am besten verwendet man dazu einheimische Gehölze, darunter auch dornige und vor allem Früchte tragende Arten (siehe Seite 136 f.).

● **Zäune** sollten ein Grundstück nicht dicht abriegeln, weil sonst Igel keine Möglichkeit haben, hindurchzukommen. Drahtzäune auf Betonsockeln sind nicht nur unschön, sondern aus diesem Grunde auch ungeeignet.

● Ein im Bereich der Hecke aufgeschichteter **Reisighaufen** lockt Tiere an. Sie halten sich dort auf und können dort überwintern.

● Wenn irgendwie möglich, sollte ein **Teich** mit flachen, bewachsenen Ufern angelegt werden, denn gerade am Wasser siedeln sich viele Tiere und Pflanzen an. Wir können bald Frösche, Kröten, Libellen und ande-

re Tiere beobachten, ebenso Igel, Vögel, Eidechsen, Blindschleichen und Insekten. Sie alle werden vom Wasser mit geradezu magischer Kraft angezogen, um hier zu laichen und den Durst zu stillen. Wasserbecken mit steilen Rändern sind allerdings ungeeignet; sie werden für Tiere allzuleicht gefährlich.

● Sollte in kleineren Gärten der Platz für einen Teich fehlen, so stellen wir im Garten, an verschiedenen Stellen verteilt, mehrere Wasserschalen auf. Sie sollten auch den Winter über regelmäßig gesäubert und gefüllt werden.

● Der **Komposthaufen** gehört zu jedem naturnahen Garten. Einmal, weil wir aus organischen Küchen- und Gartenabfällen fruchtbaren Humus bekommen. Zum anderen aber auch, weil solch ein Haufen Blindschleichen, Insekten, Würmer und Vögel anlockt.

● Auch an alten Gartenhäuschen, Schuppen, zugänglichen Dachböden finden sich manche gefährdeten Tiere ein. Solche Räumlichkeiten bieten ihnen Unterschlupf.

Das wären einige wesentliche Punkte für die Gestaltung eines naturnahen Gartens. Sicherlich, nicht in jedem Fall werden sich alle diese Vorschläge in die Tat umsetzen lassen. Vor allem bei größeren Grundstücken wird es möglich sein, einen mehr naturnahen und dadurch weniger pflegeaufwendigen Gartenteil mit einem intensiver genutzten zu kombinieren, der mit mehr züchterisch bearbeiteten Pflanzen bepflanzt ist. Schön wäre es außerdem, wenn auch die Nachbarn mitmachen würden, vor allem was die Grundstückseinfriedung mit heimischen Gehölzen betrifft.

Der Bauerngarten

Der typische Bauerngarten wird durch Wege in vier etwa gleich große Flächen unterteilt. In der Mitte, dort wo die Wege sich kreuzen, befindet sich ein Brunnen oder ein Rondell mit einem Rosenstämmchen oder einer anderen markanten Pflanze. Bei einem größeren Bauerngarten können wir zusätzlich außen herum, aber innerhalb des Zaunes, einen Weg führen, der eine Pflanzung aus Stauden, Einjahrsblumen und Ziersträuchern vom übrigen viergeteilten Gemüsegarten trennt. Zum Bauerngarten gehören schlichte Kieswege oder Wege mit Rindenmulch. Ebenso einfach soll der Zaun

sein, jedenfalls aus Holz. Hübsch finde ich einen Hanichelzaun aus runden Fichtenstämmchen oder zumindest einen einfachen Lattenzaun. Die klassische Beeteinfassung besteht aus niedrig gehaltenen Buchshecken (Buchs lässt sich aus Stecklingen selbst vermehren, siehe Seite 141). Auch das silbriggraue Heiligenkraut *(Santolina)*, Gamander *(Teucrium chamaedrys)* u. a. lassen sich gut schneiden und eignen sich neben Federnelken u. a. für Einfassungen. Vor allem aber gehören Gemüse, Küchenkräuter und Beerenobst in den Bauerngarten. Mit kleinbleibenden Spindelbüschen könnte eine Seite entlang des Zaunes bepflanzt werden.

Außerdem säen oder pflanzen wir Ringelblumen, Reseden, Levkojen, Löwenmäulchen, Kosmeen, Kokardenblumen, Stiefmütterchen, Goldlack, Vergissmeinnicht und viele andere. Ebenso Stauden wie Tränendes Herz, Lupinen, Türkenmohn, Pfingstrosen, Rittersporn, Sonnenbraut, Herbstastern u. a. sowie Kletterrosen, die über den Zaun ranken, Strauchrosen und Beetrosen. Bei geschickter Anlage bringt ein solcher Garten das ganze Jahr über Gemüse und eine Fülle bunter Blumen.

Ein Bauerngarten, in dem neben Endivie bunte Sommerblumen und Stauden blühen, alles ohne zu strenge Ordnung, aber mit dem Charme des Ungezwungenen.

Der Steingarten

Um eine große Zahl der oft winzigen Bergbewohner unterbringen zu können, bedarf es keinesfalls einer Supergebirgslandschaft. Eine leichte Geländebewegung genügt. Vor allem aber hat ein gut gestalteter Steingarten nichts mit einem »Steinhaufen« zu tun. Die Pflanzen sollen den Ton angeben.

Unschön ist es, wenn die Steine bewusst aufrecht stehend eingebaut werden. Steine müssen auf ihrer »faulen« Seite liegen, so wie sie es draußen in der Natur auch tun. Sie sollten nicht regelmäßig verteilt, sondern truppweise angeordnet werden und nicht zu klein sein. Auf Wanderungen im Gebirge sehen wir, wie die verschiedenen Gesteine gelagert sind und können dies bei »unserer« Steinanlage im Garten nachgestalten. Auch sollten wir innerhalb eines Steingartens nur eine Gesteinsart verwenden, also Schiefer oder Tuffstein usw. Sehr hübsch kann auch ein Troggarten aussehen.

Die meisten Alpenpflanzen gedeihen auf oder zwischen dem Gestein am besten in kalkreicher Humuserde. Das Gestein wirkt dabei regulierend auf Wärme und Feuchtigkeit. Manche Pflanzen unseres Alpinums stellen aber ganz spezielle Ansprüche an den Boden. So liebt z. B. der blau blühende Enzian *(Gentiana clusii)*, der auf Alpenwiesen vorkommt, im Steingarten einen nahrhaften Lehmboden, dem etwas Rasenerde und völlig verrotteter Kuhmist zugesetzt werden. Er soll möglichst auf der Westseite gepflanzt werden. Für ein gelegentliches Übersprühen in den Morgenstunden ist diese typische Alpenpflanze dankbar, da ihr dies den Tau ersetzt.

Wer sich einen Steingarten/Alpinum anlegen möchte, sollte sich in einem speziellen Buch informieren. Es würde hier den Rahmen sprengen, dieses umfangreiche Thema zu behandeln, das allerdings für den Kreis der Liebhaber äußerst reizvoll ist.

Belebendes Wasser

Kleine Wasserbecken für Pflanzen

Durch den Bau eines Gartenteiches haben wir die Möglichkeit, auch dem kleinsten Garten eine recht persönliche Note zu geben. Wasser bringt Leben in den Garten, Himmel und Erde spiegeln sich wider. Außerdem gestattet auch die kleinste Wasserfläche die Verwendung besonders reizvoller Pflanzen, sei es nun im Becken selbst oder in unmittelbarer Umgebung. Bereits mit bescheidensten Mitteln können wir uns diesen Gartenwunsch erfüllen. Ein alter Eisenbehälter wird in den Boden eingegraben oder ein Stein-

Links: Ein Steingarten ist so richtig etwas für Liebhaber, denn er braucht viel Pflege.

Unten: Wasser belebt jeden Garten. Die für den Sprudelstein nötige Umwälzpumpe kann auch mit Solarstrom betrieben werden.

trog bzw. Holzbottich im Garten aufgestellt, und schon können wir eine Seerose zum Blühen bringen.

Eine andere Möglichkeit: Wir können einen Betonring, wenn möglich mit bereits einbetoniertem Boden, in den Garten eingraben und den Rand mit Platten abdecken. In Baustoffhandlungen gibt es solche Ringe mit einem Innendurchmesser bis zu 2 m und einer Höhe von 50 cm. Bei einbetoniertem Boden beträgt der Wasserstand also etwa 40 cm. Setzen wir einen zweiten Ring ohne Boden auf, so ergibt sich eine Wassertiefe von etwa 90 cm. Es lassen sich dann auch Seerosensorten pflanzen, die eine größere Wassertiefe benötigen.

Fertigbecken aus Kunststoff

Von verschiedenen Firmen werden heute vorgefertigte Becken in unterschiedlichen Formen und Größen angeboten. Solch ein Becken ist rasch im Garten eingebaut.

Kunststoff-Folien für größere Teiche

Mit Folien können wir in Eigenarbeit größere Teiche für Wasserpflanzen und Fische bauen. Diese Materialien haben sich bewährt und werden vom Gartenliebhaber gerne verwendet, weil sie sich leicht verarbeiten lassen. Schön und zugleich praktisch ist es, wenn solch ein Teich zum Rand hin flach verläuft. Nur eine kleine Fläche sollte mindestens 1 m tief eingemuldet sein. An dieser Stelle können dann Seerosensorten untergebracht werden, die eine größere Wassertiefe verlangen und dort zusammen mit den eingesetzten Fischen überwintern.

Wenn das Wasser in solch einem Teich im Winter gefriert, kann es sich nach allen Seiten hin ausdehnen, braucht also nicht abgelassen zu werden. Flache Ufer verringern die Gefahr, dass Kinder oder Igel, Eidechsen und andere Lebewesen ertrinken, und außerdem können wir in den weniger tiefen Uferpartien verschiedene reizvolle Sumpf- und

Ein kleines Paradies! Breitlaubige Stauden, denen man ihren »Durst« geradezu ansieht, und schilfartig hochragende Pflanzen bilden den Rahmen für diesen zauberhaften Wassergarten.

Wasserpflanzen ansiedeln, die nach niedrigem Wasserstand verlangen.

Aushub und Folieneinbau

Der Boden wird erst einmal in der gewünschten Form und Tiefe ausgehoben, und zwar so, dass keine harten Kanten entstehen, sondern eine leichte Wölbung. Die Folie muss auf eine ganz glatte Oberfläche zu liegen kommen. Alle aus dem Boden ragenden harten Ge-

Kunststoffbecken mit unterschiedlichen Größen und Wassertiefen lassen sich ohne zu großen Arbeitsaufwand im Garten einbauen. Sie sind im Fachhandel erhältlich.

Dieses schlichte Badebecken, außen mit Holz verkleidet, fügt sich unauffällig in den Garten ein. Davor eine Weidenblättrige Sonnenblume mit eleganten Blättern.

genstände wie Steine, Wurzelspitzen und ähnliche Unebenheiten müssen deshalb entfernt werden. Andernfalls würde die Folie eingedrückt und schließlich undicht. Wir heben nur so viel Boden aus, als für den Bau des Wasserbeckens nötig ist, denn der feste, gewachsene Untergrund soll möglichst erhalten bleiben. Dann werden Boden und Seitenwände geglättet und mit Folie ausgelegt. Wenn ein einziges Stück Folie nicht genügt, können mit einem Spezialkleber weitere Bahnen angefügt werden. Sie müssen sich etwa 15 cm überlappen. Wenn es beim Einlegen an den Rundungen der Wände Falten gibt, so schadet das nicht. Durch das Wasser und die eingefüllte Erde werden sie geglättet und angedrückt. An den Beckenrändern wird die Folie über den vorgesehenen Wasserspiegel hochgezogen, in die umgebende Erde eingelegt und mit Steinen oder Rasenstücken abgedeckt. Nachdem nährstoffarme Erde und Wasser eingefüllt sind, kann der Teich bepflanzt werden.

Wer das Wasser gelegentlich ablassen will, muss an die tiefste Stelle des Teiches ein Ablaufrohr mit Manschette setzen, nachdem vorher in den Untergrund wasserdurchlässiges Material eingebracht wurde. Statt das Wasser abzulassen, kann man es auch mit einer Pumpe absaugen. In jedem Fall ist beides möglichst selten vorzunehmen, da dadurch die ganze Pflanzen- und Tierwelt gestört wird.

Brausebad und Badebecken

Mit Wasser wollen wir im Garten nicht geizen. Schon beim Hausbau sehen wir an den Außenwänden Zapfstellen vor (siehe Seite 11), und sammeln Regenwasser in großen Behältern, um mit Hilfe einer Elektropumpe zu gießen, nachdem der Wasserpreis in vielen Orten fühlbar gestiegen ist. Wenn wir besonders

raffiniert vorgehen wollen, verlegen wir dicht unter der Bodenoberfläche eine Pipeline mit mehreren, über den ganzen Garten verteilten Wassersteckdosen (siehe Seite 56). Welch ein Vergnügen, wenn wir uns an sommerlichen Tagen im Garten mit Wasser abkühlen können!

PROFI-TIPP

Wenn Kleinkinder im Hause sind oder zu Besuch kommen, den Gartenteich unbedingt einzäunen! Kinder werden vom Wasser geradezu magisch angezogen und können sogar im flachen Wasser ertrinken!

Selbst der winterliche Garten wird durch ein Wasserbecken belebt. Wenn es wenigstens an einer Stelle tief genug ist, können die Fische darin verbleiben.

Grundlegende Bodenbearbeitung

Bevor wir mit der ersten grundlegenden Bodenbearbeitung beginnen, werden die Wege und die Terrasse nach unserem Gartenplan abgesteckt. Wir schlagen dazu Pflöcke in die Endpunkte und verbinden diese mit einer Schnur. Weg und Terrasse werden daraufhin auf 20 cm Tiefe ausgehoben, bei schwerem Boden bis auf den Kies. Der dabei gewonnene Mutterboden wird auf die übrige Gartenfläche verteilt. Das gilt vor allem für einen neuen Kleingarten, während wir beim Eigenheim bereits nach Bauabschluss darauf geachtet haben, dass der Mutterboden nur auf die im Plan vorgesehenen Flächen verteilt wurde und sowohl Wegeflächen als auch Terrasse dabei weitgehend ausgespart blieben. Kleingartenanlagen werden häufig auf Wiesengelände errichtet. Hier müssen vor der weiteren Bodenbearbeitung die **Grassoden** mit einer kräftigen, breiten Hacke flach abgehoben und gesondert am zukünftigen Kompostplatz aufgesetzt werden. Um die Zersetzung zu fördern, können wir zwischen die einzelnen Schichten Spezial-Kalkstickstoff streuen, den es in 5-kg-Beuteln zu kaufen gibt. Diese Grassoden ergeben später eine vorzügliche Erde. Wollen wir bei kräftigem Graswuchs den Weg zum Gartenhaus als Rasenweg belassen (siehe Seite 33 f.), so entfällt diese Arbeit. Die weitere **Vorbereitung des Bodens** geht dann ziemlich einheitlich vor sich, ganz gleich ob es sich um einen Garten am frei stehenden Wohnhaus, um einen Reihenhaus-

oder Kleingarten handelt. Die ganze Gartenfläche wird einen Spatenstich, also etwa 25 cm tief, umgegraben. Bei sehr schwerem oder sehr sandigem Boden nehmen wir dazu den Spaten. Im Gegensatz zum herbstlichen Umgraben zerkleinern wir dabei die Schollen. Auf leichterem Boden kommen wir mit der Grabgabel oftmals besser voran.

Unkräuter beseitigen

Ist das Gelände stark mit Quecken, Giersch, Ackerwinden oder anderen Dauerunkräutern durchsetzt, so kommt ohnehin nur die Grabgabel in Frage. Wir schütteln die Unkrautwurzeln gut durch und bringen sie auf den Komposthaufen. Wenn zwischen die einzelnen Schichten Kalkstickstoff oder ein organischer Stickstoffdünger eingestreut wird, verrotten selbst diese hartnäckigen Unkräuter sehr rasch zu fruchtbarer Erde.

Um ein Grundstück von Quecken und anderen **Dauerunkräutern** zu säubern, brauchen wir viel Zeit, kommt es doch darauf an, auch das letzte Wurzelstück aus dem Boden zu entfernen. Nachdem wir den Boden gelockert und die Hauptmasse der Dauerunkräuter weggeschafft haben, sollten wir die Fläche noch mehrere Wochen liegen lassen. An verschiedenen Stellen werden die restlichen Quecken, Ackerwinden oder Gierschpflänzchen aus dem Boden sprießen, und wir können die beim ersten Mal übersehenen Wurzelstückchen bequem mit der Grabgabel aus dem Boden holen. Meist muss dies sogar mehrmals wiederholt werden, bis der Boden sauber ist. Wer Dauerunkräuter rasch bekämpfen will, kann hierzu »Roundup« verwenden, das rasch von Bo-

Die erste Bodenbearbeitung kann gar nicht gründlich genug sein. Es lohnt sich.

denbakterien abgebaut wird. Gegen den Giersch ist dieses Mittel allerdings nur eingeschränkt wirksam. Flächen, die wir für Gehölze, Spindelbüsche, Beerensträucher, Rosen oder Stauden vorgesehen haben, werden besonders sorgfältig vorbereitet. Wem die Bodenbearbeitung bei der Neuanlage eines Gartens zu schwer und zeitraubend ist, sollte einen Garten- und Landschaftsbaubetrieb damit beauftragen.

Bodenverbesserung

Ist schließlich der ganze Garten umgegraben oder gefräst und sind die Pflanzflächen für Ziergehölze, Obst-Spindelbüsche, Beerensträucher usw. gut 30 cm tief gelockert, (bei Rasen ca. 20 cm), so verteilen wir nach Möglichkeit über die gesamte Gartenfläche organische Stoffe, um den Boden gleich zu Anfang gründlich zu verbessern. Die Menge hängt in erster Linie vom Geldbeutel ab, 10 Säcke je 100 m² sollten es aber schon sein, damit im Boden eine spürbare Wirkung eintritt. Schwerer Boden sollte durch Zusatz von grobem gewaschenen Quarzsand (0–4 mm), Ziegelsplitt u. a.

lockerer gemacht werden. Wir fragen im örtlichen Baustoffhandel danach oder lassen den Boden durch einen Garten- und Landschaftsbaubetrieb verbessern. Diese Vorbereitung des Bodens ist besonders wichtig, denn nur in einem gut durchlüfteten Boden fühlen sich die Pflanzen wohl.

Staunässe muss auf jeden Fall vermieden werden!

Mit Torf wollen wir sparsam umgehen, um die Moore zu schonen. Aus diesem Grund bevorzugen wir zur Bodenverbesserung ein Gemisch aus wenig Torf und nachwachsenden Rohstoffen (gütegesicherter Kompost, Rindenhumes, Holzfasern, *Miscanthus*-Häcksel u. a.). Solche **Torfersatzstoffe** (»Öko-Erden«) empfehlen sich auch für leichte Böden, damit die Feuchtigkeit besser festgehalten wird. Nachdem je nach Gegend unterschiedliche Möglichkeiten zur Bodenlockerung bzw. -verbesserung bestehen, sollten Sie vor Ort im Fachhandel danach fragen. Besonders an Stellen, die für langjährige Kulturen vorgesehen sind (Rosen, Stauden, Obst-, Ziergehölze u. a.), wollen wir mit bodenverbes-

Giersch, ein hartnäckiges Dauerunkraut, sollte gründlich entfernt werden. Jedes verbleibende Wurzelstück gibt eine neue Pflanze.

sernden Stoffen großzügig sein, während der Gemüseteil und die Pflanzflächen für Sommerblumen vorerst leer ausgehen können. Hier haben wir jederzeit die Möglichkeit, den Boden zu verbessern, und sei es erst in den kommenden Jahren. Nachdem die organischen bzw. bodenlockernden Stoffe verteilt sind, arbeiten wir sie mit der Grabgabel ein. Das geht schneller als mit dem Spaten und erleichtert das Zerkleinern der Erdklumpen. Auch bei diesem Umgraben lesen wir noch vorhandene Wurzelunkräuter säuberlich auf.

Auf keinen Fall sollte der Boden durch ein engmaschiges Wurfgitter geworfen werden; der enorme Zeit- und Kraftaufwand lohnt sich nicht – im Gegenteil, dies wirkt sich sogar nachteilig aus. Der Boden wird nämlich keineswegs besser, er ist vielmehr in dieser feinen Form weniger luftdurchlässig und neigt rascher zum Verschlämmen. Lassen wir also alle kleinen Steine ruhig im Boden!

Alle größeren Steine, etwa ab 5-Mark-Stück-Größe, lesen wir während der Bodenbearbeitung auf und bringen sie in die ausgehobene Weg- oder Terrassenfläche. Darum wurde auch empfohlen, Weg und Sitzplatz schon zu Beginn auszuheben bzw. diese Flächen bei Verteilung des Mutterbodens freizuhalten.

Die Arbeit der ersten Bodenbearbeitung können wir uns bedeutend erleichtern, wenn wir einen Gärtner mit Fräse kommen lassen. Außer bei einem Ideal-Boden – und das wird selten der Fall sein – sollte das Gelände nach der Fräsarbeit nochmals von Hand (Grabgabel) durchgearbeitet werden, um Rasenstücke (bei Wiesengelände), Dauerunkräuter und größere Steine herauszulesen. Auch bei Dauerkulturen sollten wir auf gesonderte, tiefe Bodenlockerung nicht verzichten. Geeignete Stoffe zur Bodenlockerung können dagegen oberflächlich mit eingefräst werden.

Gründüngung

Wem es mit der Bepflanzung des Gartens nicht so sehr eilt, der sollte besonders bei schwerem Boden erst ein Jahr lang Gründüngung anbauen. Mit Mischungen, wie sie im Fachhandel angeboten werden, lässt sich ein Gartenboden in kurzer Zeit begrünen. Ein toter Boden, wie er besonders bei Bauland vorkommt, wird dadurch belebt, bis in tiefe Bodenschichten gelockert und verbessert. Gesät wird breitwürfig, meist von April bis Anfang September. Gelbsenf eignet sich für schwere Böden, Ölrettich, Luzerne und Lupine sind Tiefwurzler und deshalb ideal um Bodenverdichtungen zu lockern. Die beiden letztgenannten sind zudem als Stickstoffsammler wertvoll.

PROFI-TIPP

Bei schwerem Boden und Gefahr von Staunässe können wir an Einzelpflanzstellen für Obstbäume und andere Gehölze für besonders guten Wasserabzug sorgen, indem in den unteren Bereich der Pflanzstelle Styroporteile eingebracht werden. Wir brauchen dazu nur Verpackungsmaterial aus Styropor mit den Händen in kleinere Stücke zerteilen.

Wegebau und Wegeinfassungen

Wege sollten bei jeder Witterung, also auch bei Regen, begehbar sein. Sie dürfen im Winter nicht auffrieren und müssen leicht sauber zu halten sein, damit sie ordentlich aussehen.

Ein Kiesweg ist billig

Das bereits ausgehobene Wegebett wird gestampft. Dann füllen wir mit groben Steinen, Bruchziegelstücken, Betonabfall oder grober Schlacke 12–15 cm hoch auf. Das anschließende Stampfen erfolgt von den Rändern zur Mitte hin. Wir achten darauf, dass für den Wasserabfluss auf der Oberfläche der Packlage eine leichte Wölbung von 2–3 cm sichtbar wird. Nach erfolgtem Stampfen kommt auf die grobe Packlage eine etwa 4 cm hohe Schicht aus lehmhaltigem Material, das mit feinem Kies, Ziegelsplitt oder feiner Schlacke vermischt wird. Wir gießen kräftig an und stampfen zur Mitte hin. Als Abschluss wird eine Spezialmischung (Baustoffhan-

Ein schlichter Kiesweg, hier mit Lavendel eingefasst, lädt zum täglichen Rundgang ein. Ein Rosenhochstämmchen betont die Mitte.

Kiesweg:
① Mutterboden
② Einfassung (Klinker, Beton)
③ 2 cm Spezialmischung aus feinem Kies und Sand
④ 4 cm feiner Kies, Ziegelsplitt o. ä.
⑤ 12–15 cm grobe Steine, Schlacke o. ä.
⑥ Gewachsener Boden bzw. verdichteter Untergrund

del, Kieswerk) aufgebracht und gestampft bzw. gewalzt.
Zweckmäßig ist es, nicht die ganze, für den Weg vorgesehene Mischung auf einmal zu verteilen, sondern erst einmal nur die Hälfte. Wenn diese Schicht gut festgetreten ist, bringen wir nach und nach das restliche Material auf. Leider ist eine **Unkrautbekämpfung** beim Kiesweg unumgänglich. Bei größeren Wegen kann man sich die Handarbeit durch die Anwendung für den Garten zugelassener Mittel (z. B. Vorox u. a.)

ersparen. Die angrenzenden Kulturen dürfen dabei nicht benetzt werden.

Der Rasenweg, eine grüne Wohltat

Besteht das Gartengelände aus einer Wiese mit trittfester Grasnarbe, so können wir weniger begangene Wege als Rasen belassen. In Gebieten mit höheren Niederschlägen (etwa ab 700 mm) oder in luftfeuchten Lagen macht sich solch ein Rasenweg ausgezeichnet. Und vor allem: Er kostet uns in der Anlage weder Arbeit noch Geld, ist er doch bereits voll ausgebaut vorhanden. Wir müssen ihn nur pflegen, nämlich hin und wieder die Rasenkanten abstechen und mähen.
Während ein solcher Weg für den Garten am Haus meist ausscheidet, brauchen wir uns über die Strapazierfähigkeit in einem Natur- oder Kleingarten, feste Grasnarbe und Feuchtigkeit vorausgesetzt, keine

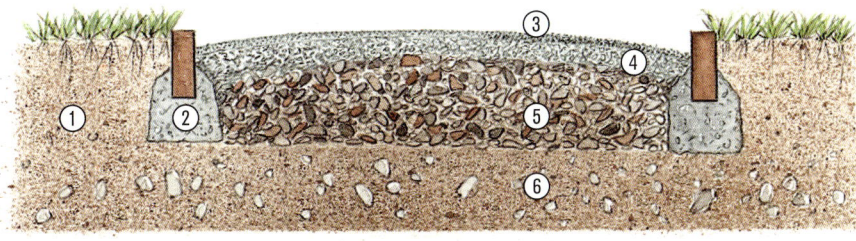

Wenn möglich, belassen wir wenig begangene Wege als Rasen, vor allem in Gegenden mit genügend Regen. Ein solcher Weg sieht immer hübsch aus.

Gedanken zu machen. Mir sind 3 m breite Wege in Kleingartenanlagen bekannt, die viel begangen werden, und sich nach jahrzehntelanger Benutzung noch in demselben ausgezeichneten Zustand befinden wie zu Anfang. Was aber für einen solchen öffentlichen Weg gilt, das trifft umso mehr für den wesentlich weniger benützten Weg im Einzelgarten zu. Für das Auge ist solch ein Rasenweg eine grüne Wohltat.

Ein Weg aus Rindenmulch

Er passt besonders gut für den naturnahen Garten. Auf das ver- dichtete Wegebett wird etwa 10 cm hoch Rindenmulch aufgebracht, den es in Säcken abgepackt im Fachhandel zu kaufen gibt. Auf einem Weg aus Rindenmulch kann man federnd und bequem gehen wie auf einem Waldweg. Dazu kommt, dass er sehr natürlich aussieht und kaum einer Pflege bedarf.

Ein Plattenweg sieht immer sauber aus

Plattenwege bieten viele Variationsmöglichkeiten in Form, Farbe, Größe, Art der Plattenverlegung und Kombination mit anderen Materialien. Hier bedarf es keiner Unkrautbekämpfung wie beim Kiesweg. Das Wichtigste aber ist: Ein gut gestalteter Plattenweg kann die Wirkung unseres Gartens steigern.

Wegbelag aus Rindenmulch, wie er sich vor allem für einen naturnah gestalteten Garten anbietet. Das Rindenmaterial wird auf den befestigten Unterbau aufgebracht.

Welche Platten sollen wir verwenden? **Naturstein** ist sehr hübsch, aber Platten aus Granit, Quarzit, Travertin, Schiefer, Sandstein usw. sind teuer, es sei denn, in unserer Nähe befindet sich ein Steinbruch, sodass der kostspielige Transport entfällt.

PROFI-TIPP

Auch bei Natursteinplatten gibt es große Preisunterschiede; deshalb bei Natursteinhändlern nachfragen!

Plattenweg:
① Mutterboden
② Plattenbelag
③ 3–5 cm Splitt bzw. Sand
④ 15–17 cm Kies, Schlacke, Schotter
⑤ Gewachsener Boden bzw. verdichteter Untergrund

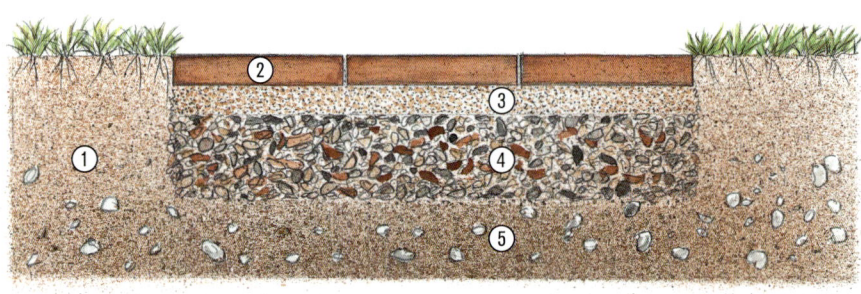

Leicht bearbeiten lassen sich Natursteinplatten aus Schichtgestein, wie z. B. Muschelkalk, Porphyr, Sandstein, Schiefer und andere. Natursteine gibt es in vielfältigen Farben. Abraten möchte ich von zu hellen Platten für Terrasse und Weg, wirken sie doch bei Sonne auf unser Auge unangenehm grell. Hübsch sieht es aus, wenn wir z. B. im Wohnzimmer einen leicht rötlichen Belag haben und auf der Terrasse ein ähnliches Material verwenden.

Bei **Kunststeinplatten** paart sich Dauerhaftigkeit mit einem erschwinglichen Preis. Dabei denke ich nicht an die langweilig grauen Bürgersteigplatten neueren Datums – mit alten Bürgersteigplatten lassen sich dagegen ausgesprochen hübsche Muster verlegen –, sondern speziell für Gärten geschaffene Kunststeinplatten. Das Angebot auf diesem Gebiet ist heute sehr reichhaltig.

Allzu bunte Platten, die durch **Färbung** des Betons hergestellt werden, bringen die Gefahr mit sich, dass man sich wie in einem Nest voller bunter Ostereier fühlt, wenn man auf einer solchen Terrasse steht. Farblich angenehm sind dagegen Zementplatten, deren Oberfläche Zuschlagstoffe aus gemahlenem Naturstein beigemischt wurden. Ganz »ehrlich« sind diese Platten allerdings nicht, täuschen sie doch in Verbindung mit einer entsprechend gestalteten Oberfläche oftmals Naturstein vor. Gut macht es sich, wenn ca. 80 % der benötigten Platten aus einer einzigen Farbe bestehen und die restlichen 20 % aus einer zur Hauptfarbe passenden zweiten Farbe. Wir können beispielsweise 80 % des Plattenbedarfs in dezentem Sand-

> ### PROFI-TIPP
>
> Achten Sie darauf, dass die Steinplatten eine sandgestrahlte, griffige Oberfläche haben und nicht geschliffen sind, sonst droht Rutschgefahr!

steinrot nehmen und die übrigen 20 % in einem angenehmen leichten Gelb. Diese 20 % beleben die gesamte Fläche, lassen sie dabei aber nicht aufdringlich oder unruhig erscheinen. Noch angenehmer ist eine Kombination von Grau mit Rot. In einem quadratischen Innenhof bevorzugen wir das quadratische

Format, während auf größeren Terrassen meist alle Plattenformate im »Römischen Verband« verlegt werden können. Aber auch hier kann das quadratische Format sehr vorteilhaft aussehen, vor allem, wenn es kombiniert mit hartgebrannten Ziegelsteinen, Kleinsteinpflaster o. ä. Materialien verwendet wird. Die Muster auf Seite 36 sollen hierzu Anregungen geben.

Trittplatten aus Naturstein fügen sich hier unauffällig in den Garten ein. Gekonnt auch die Pflanzung: Aus vielen niedrigen Arten ragen wenige höhere heraus.

Schöne Verlegemuster

Neben Natur- und Kunststeinplatten eignen sich für den Garten sehr gut auch hartgebrannte Ziegelsteine, wie sie bei älteren Häusern verwendet wurden, oder Klinker. Das dezente Rot dieses Materials harmoniert ausgezeichnet mit den verschiedenen Pflanzen, ganz besonders mit saftig grünem Rasen. Können wir beim Abbruch eines Altbaus solches Material erstehen, so sollten wir zugreifen.

Solche alten Vollziegel sollten wir im Garten aber nicht für vielbegangene Wege und die Terrasse verwenden, schon gar nicht für Treppen, denn nicht nur zwischen den Fugen siedelt sich bald Moos an – das sieht außerordentlich hübsch aus –, sondern auch die Oberfläche der Steine überzieht sich bald mit grüner Patina, sodass sie bei feuchter Witterung unangenehm rutschig

Hier wurde ein eintöniger »Plattensee« vermieden: Waschbetonplatten und Kleinsteinpflaster sind abwechslungsreich miteinander »verzahnt«.

Platten im Römischen Verband

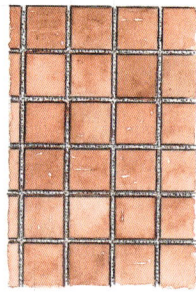

Platten, quadratisch verlegt

Klinker mit Kleinsteinpflaster und Naturstein

Natursteinplatten und Kleinsteinpflaster

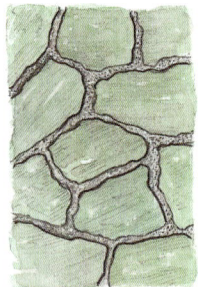

Naturstein, mit breiten Fugen verlegt

Klinker und Granitpflaster in unterschiedlicher Größe

wird. Für Nebenwege oder zur Abtrennung zwischen Rasen und Pflanzbeeten sind sie uns dagegen sehr willkommen.

Wer günstig Straßenpflaster aus Granit bekommen kann, sollte ebenfalls zugreifen, vor allem, wenn eine größere Haus- und Garageneinfahrt damit gepflastert werden soll. Dieses Material ist unverwüstlich. Die schwere Arbeit des Verlegens übergeben wir am besten einem geübten Fachmann, denn ein solcher Granitstein im Format 16 x 18 cm wiegt ca. 12 kg.

Das Verlegen der Platten

Zwar werden wir Plattenwege und Terrasse meist von einem Garten- und Landschaftsbaubetrieb herstellen lassen, doch es gibt auch Hobbygärtner, die dies in Eigenarbeit tun wollen. Für sie hier einige Tipps:

● Das Verlegen auf Weg und Terrasse geht bei allen genannten Materialien in gleicher Weise vor sich. Da weder Weg noch Sitzplatz in einem Garten übermäßig strapaziert werden, genügt es, wenn wir die Platten auf Sand verlegen.

● Die etwa 25 cm tief ausgehobene Weg- und Terrassenfläche wird 15–17 cm hoch mit grobem Material (Kies, Schlacke, Schotter, Betonabfälle u. ä.) aufgefüllt und gestampft.

● Auf leichteren Böden genügt es, wenn Weg und Sitzplatz in geringerer Tiefe ausgehoben werden, denn wir können uns hier den Unterbau mit grobem, wasserdurchlässigem Material ersparen.

● Als nächstes werden etwa 3–5 cm hoch Sand aufgebracht, in dem wir die Platten verlegen.

Als **Werkzeuge** werden dazu Schnur, Maurer- oder Pflanzkelle (zum Unterfüllen von Sand), Wasserwaage, Setzlatte, Schlegel und ein Holzstück benötigt, das wir beim Klopfen auf die Platte legen, um eine Beschädigung zu vermeiden. Wollen wir von einer Platte ein Stück wegnehmen, so erfolgt dies mit einem Maurerhammer oder mit Meißel und gewöhnlichem Hammer.

Ein geschickter Hobbygärtner kann sogar Kleinsteinpflaster fachgerecht verlegen; Knieschützer erleichtern dabei die Arbeit ①. Immer wieder wird mit einem Brett und Wasserwaage geprüft, ob der Weg ein leichtes Gefälle hat, damit das Wasser bei Regen gut ablaufen kann ②. Abschließend Sand in die Fugen einkehren – fertig ③!

Beim Verlegen müssen wir darauf achten, dass alle Platten in der Waage liegen. Befindet sich die Platte an Ort und Stelle, dann prüfen wir dies durch kreuzweises Aufsetzen der Wasserwaage oder mit der Setzlatte. Wenn die Platte wackelt oder schief liegt, wird sie nochmals hochgehoben, der Sand an der entsprechenden Stelle ausgeglichen und dann die Platte wieder eingebettet. Anschließend rammen wir sie unter Beilage eines Holzstückes oder nur mit dem Hammerstiel fest. Nachdem alle Platten verlegt sind, wird mit dem Besen so lange Sand zwischen die Fugen gekehrt und mit Wasser eingeschlämmt, bis alle Platten fest liegen.

Ein Weg von 1,20 m Breite soll von der einen zur anderen Seite ein **Gefälle** von 1–2 cm erhalten. Dies ist beim Prüfen mit der Wasserwaage zu beachten. Beim Bau der Terrasse lassen wir den Plattenbelag, vom

Haus ausgehend, um etwa 2 cm je Meter abfallen.

Einige allgemeine Regeln sind beim Verlegen eines Plattenweges oder einer Terrasse noch zu beachten: Wenn wir uns für das Verlegen im »Römischen Verband« entscheiden, sollten durchlaufende Längsfugen im Weg vermieden werden. Wir versetzen die Platten gegeneinander, da sich sonst für das Auge ein recht unbefriedigendes Bild ergibt. Dies gilt auch für die Terrasse. Auch sollen sich die Fugen nicht kreuzen. Beim Verlegen von Natursteinplatten besteht oft die Neigung, kleine

Abfallstücke zu verwenden. Solche Plattenscherben liegen dann nicht fest genug im Sandbett und sehen auch denkbar unschön aus. Eine Platte sollte mindestens so groß sein, dass wir mit beiden Füßen darauf stehen können.

Wenn Weg oder Terrasse an eine **Rasenfläche angrenzen**, achten wir darauf, dass die Platten mit der Grasnarbe bündig abschließen. Liegen sie tiefer, so sammelt sich Wasser auf den Platten, liegen sie höher, so werden wir uns bei jedem Mähen ärgern und außerdem die Messer des Rasenmähers beschädigen. Nur wenn der Weg an Pflanzflächen entlang läuft, ist es günstiger, wenn er um etwa 2 cm höher als diese liegt. Ein Abschwemmen des Bodens auf den Plattenweg wird dadurch verhindert.

Im Reihenhaus- oder Kleingarten können wir die Gartenplatten vielfach selbst oder mit Hilfe eines erfahrenen Freundes verlegen. Im größeren Hausgarten wird es meist aus rein zeitlichen Gründen nicht möglich sein. Vor allem wurde hier nach Beendigung des Rohbaus rund um das Haus mit lockerem Material aufgefüllt, und es kommt nun darauf an, diese Flächen einwandfrei mit einem Rüttler zu verdichten, ehe die Platten verlegt werden. Wird dies nicht sorgfältig gemacht, so setzt sich im Laufe der kommenden Jahre der Boden, die Platten sinken ebenfalls ab und liegen schief. Die Folge ist unnötiger Ärger – alle Platten müssen noch einmal herausgenommen und neu verlegt werden. Es ist deshalb bei Gärten am freistehenden Haus besser, wenn diese Arbeiten einer Firma übertragen werden.

Wegeinfassungen, schön und unschön

Teilweise verläuft der Weg an gegrabenen Flächen entlang (Gemüseland, Beerensträucher, Rosen, Stauden). Wurde er nicht mit Platten belegt oder als Rasenweg belassen, sondern als Kiesweg ausgebaut, so muss er eine seitliche Begrenzung bekommen, damit sich beim Umgraben Kies und Erde nicht miteinander vermischen. Als trennende Abpflanzung haben sich **Polsterstauden** entlang des Weges bestens bewährt. In wenigen Jahren bereits haben sich die Polster zu einer geschlossenen Reihe entwickelt, sodass keine Erde mehr auf den Weg fallen kann. Eine solche Lösung sieht nicht nur gut aus, sie wirkt vor allem recht lebendig, denn die Polster springen in den Weg vor und schwingen wieder zurück, sodass keine Langeweile aufkommt. Außerdem blüht jede der geeigneten Arten (siehe Seite 110) viele Wochen hindurch, und sie brauchen kaum Pflege. Die Praxis zeigt indessen, dass dem Gartenfreund eine solche einfache und schöne Lösung oft nicht genügt. Eine »richtige« Einfassung wird folgendermaßen gebaut: Die meist 1 m langen **Betonbretter** setzen wir

Eine Einfassung ist nur bei einem Kiesweg nötig und sinnvoll. Eine gute Wirkung erreichen wir mit frostharten Klinkern, die auf Magerbeton gesetzt werden.

Dieser etwas öde graue Plattenweg gewinnt durch eine Einfassung aus lebendigen, farbenfroh blühenden Polsterstauden.

bereits vor oder während des Wegebaues.

Damit jede Veränderung beim Einfüllen des Weges vermieden wird, können wir die Stoßstellen der einzelnen Betonplatten mit Magerbeton (Zement : Kies = 1 : 3 bis 1 : 5) unterbauen. Im allgemeinen ist das aber nicht erforderlich. Für die spätere Gesamtwirkung des Gartens ist es wichtig, dass die fertigen Einfassungen nicht höher als 5 cm aus dem Weg herausragen.

Grenzen solche Betoneinfassungen an **Rasenflächen** an, so müssen sie mit der Grasnarbe bündig sein. An **Gemüseflächen** entlang ist es dagegen günstiger, wenn die Oberkante der Wegeinfassungen einige Zentimeter über dem Gemüseland liegt. Durch die fortlaufende Humuszufuhr wird dieser kleine Höhenunterschied bereits in wenigen Jahren ausgeglichen.

Statt Betonbretter kann auch ein **Metallband** als Trennschicht zwi-

schen Erde und Weg verwendet werden. Wesentlich gefälliger sieht aber 8 x 8 cm **Granit-Kleinsteinpflaster** oder **Klinker** aus. Mit diesen Materialien lassen sich vor allem Wegebiegungen elegant gestalten. In einem mehr naturnah gestalteten Garten können Einfassungen aus **runden Fichtenstämmen** hergestellt werden. Dauerhafter sind allerdings imprägnierte **Rundhölzer**, die in Holzhandlungen erhältlich sind. Sie passen gut zu Pflanzen, besser jedenfalls als Beton.

Auf keinen Fall kommen als Wegeinfassungen in Frage: Bretter (denn sie faulen bald), Bier- und Weinflaschen (werden tatsächlich manchmal verwendet!), sägeblattartig versetzte Ziegelsteine (denn sie machen den Garten spießbürgerlich und hässlich) und ähnliche unfreundliche Materialien.

Ausnahmen bestätigen allerdings die Regel – auch bei Wegeinfassungen! So hatte ein Gartenfreund zu Ende des letzten Weltkrieges, seinen Weinvorrat aus dem Keller geholt und die Flaschen als Wegeinfassungen in den Garten eingebaut. Das Haus wurde geplündert, der Wein jedoch war gerettet.

Sehr wichtig: **Entlang von Plattenwegen** sollten keine Wegeinfassungen verwendet werden, obwohl man dies immer wieder antreffen kann. Einmal sind hier Einfassungen unnötig, das Geld ist also zum Fenster hinausgeworfen, zum anderen sieht eine derartige Kombination recht langweilig aus. Eine solche Lösung ist auch unpraktisch, weil nun der Rasen nicht mehr bündig an den Plattenbelag anschließt und deshalb das Mähen wesentlich erschwert bzw. eine Rasenkantenschere benötigt wird.

Eine Holzterrasse – warm und praktisch

Eine aus starken Brettern gestaltete Terrasse passt gut zu Haus und Garten. Da Holz nicht nur warm wirkt, sondern tatsächlich gut isoliert, können Kinder bereits im zeitigen Frühjahr und im späten Herbst darauf spielen, ohne sich zu erkälten. Und wer gerne hart schläft, der kann auf einer solchen Terrasse über Monate hinweg seinen Mittagsschlaf machen.

Im eigenen Garten wurde beim ersten Versuch eine solche Terrasse aus etwa 15 cm breiten und 3,5 cm starken **Föhrenbrettern** mit einem Unterbau aus alten Eisenbahnschwellen gestaltet. Obwohl die Bretter mit keinem Holzschutzmittel behandelt wurden, hielt die Terrasse genau 15 Jahre lang, was wohl auf das harzreiche Kiefernholz zurückzuführen war. Dann allerdings begannen die Bretter zu faulen, und die Terrasse musste erneuert werden.

Nachdem die ganze Familie die bisherige Holzterrasse als geradezu ideal empfunden hat, kam nur wieder eine solche in Frage. Diesmal mussten wir uns allerdings mit **Fichtenbrettern** zufriedengeben, die mit Kreuzschrauben auf 5 x 5 cm starken Kanthölzern (Riegel) befestigt wurden. Diese wiederum wurden auf Fensterstürze aus Beton (11 x 16 x 130 cm, aus dem Baustoffhandel), die vorher im Terrassenbereich auf ein ebenes Sandbett versetzt wurden, aufgedübelt.

Auch diesmal haben wir auf eine Imprägnierung mit Holzschutzmittel verzichtet, einmal aus Umweltschutzgründen, zum anderen wegen

des höheren Arbeitsaufwandes und Preises. Diese Rechnung ging allerdings nicht auf: Bereits nach 6 Jahren begannen die ersten Bretter zu faulen und brachen beim Begehen durch. Nach nur 8 Jahren mussten bereits einzelne Holzteile erneuert werden, eine arbeitsaufwendige und kostspielige Angelegenheit.

Der Bau einer Holzterrasse
Aus diesen Erfahrungen heraus sollte eine Terrasse wie folgt gebaut werden:
● Unterbau aus Fensterstürzen (Beton) o. ä. anlegen.
● Darauf 6er-Riegel (Kanthölzer), die am Anfang und Ende sowie alle 80 cm mit Dübeln auf der Betonunterlage befestigt werden. Dazu bohrt man mit einem Betonbohrer ein 8er Loch, das wegen des Bohrstaubes, der in das Loch fällt, mindestens 6 cm tief in den Beton hineinreichen sollte.
● Anschließend wird jeder Dübel (8 mm Ø, ca. 40 mm lang) mit den Fingern leicht auf die Spitze der 100er Schraube (10 cm lang) gedreht und dann Schraube und Dübel mit dem Hammer durch das Loch geschlagen, jedoch nur soweit, dass noch 2–3 cm der Schraube oben herausstehen, damit man sie anschließend mit der Bohrmaschine fest anziehen kann.
● Bevor nun die Bretter auf den Kanthölzern befestigt werden, überdecken wir diese mit Dachpappestreifen, die so breit sein sollen, dass sie bis über die Fensterstürze reichen. Dadurch sind die Kanthölzer vor Nässe von oben geschützt.
● Anschließend legen wir die Bretter mit jeweils 0,8 cm Zwischenraum (die Bretter schwinden!) auf die Kanthölzer und befestigen sie

So wird eine Holzterrasse gebaut: Auf den ebenen Untergrund Fensterstürze aus Beton legen ① und auf diese Kanthölzer aufdübeln ②. Gegen Fäulnis überdecken wir sie vor dem Aufbringen der Bretter mit Dachpappestreifen, die bis über die Fensterstürze reichen. Durch Verwendung eines Abstandhalters ③ bekommt man beim Montieren der Bretter ④ gleichmäßig breite Fugen. Eine solche Holzterrasse passt gut zum Garten und lässt sich vielseitig nutzen.

mit 70er–80er Kreuzschlitzschrauben. Wichtig: Schrauben verwenden, bei denen das Gewinde nicht ganz bis oben hin reicht, denn dadurch zieht die Schraube das Brett an den Riegeln fest.

Bevor wir Kanthölzer und Bretter verwenden, schrägen wir die Kanten der Bretter etwas ab und streichen dann beide mit einem zugelassenen **Holzschutzmittel.** Wenn möglich, sollte dies im zeitigen Frühjahr geschehen und anschließend die Holzterrasse gebaut werden. Es ist ratsam, den Anstrich im Herbst zu wiederholen. Inzwischen ist nämlich das Holz etwas abgetrocknet und dadurch saugfähiger geworden. Außerdem haben sich in den Brettern feine Risse gebildet, in die nun ebenfalls Holzschutzmittel eindringen und das Holz vor Fäulnis schüt-

zen kann. An den Schraubstellen, an denen das Holz etwas beschädigt wurde und wo kleine Vertiefungen entstanden sind, verbleibt bei einem solchen zweiten Anstrich mehr vom Holzschutzmittel als auf der übrigen Bretterfläche, was zusätzlichen Schutz bedeutet. Wenn dann alle 2–3 Jahre der Anstrich im Spätherbst oder Winter – die Pflanzen in der Umgebung sind dann ohne Laub – wiederholt wird, dürfte die Haltbarkeit der Terrasse mindestens doppelt so lange sein als ohne diesen Schutz.

Wer sich den Bau einer Holzterrasse einfacher machen möchte und die höheren Kosten in Kauf nimmt, kann von einem Holzwerk **kesseldruckimprägnierte,** ungehobelte Kanthölzer (10 x 10 cm, ca. 400–500 cm lang) und gehobelte Planken beziehen, also starke Bretter (5 x 20 cm, ca. 400–500 cm lang). Ebenso sind bei solchen Firmen quadratische und rechteckige Gartenroste erhältlich, meist in den Maßen 60 x 60 cm bis 100 x 150 cm, die wie Gartenplatten verlegt werden.

Solches kesseldruckimprägniertes Holz darf ebenso wie die mit Holzschutzmitteln behandelten Bretter und Kanthölzern nicht im Ofen verbrannt, sondern muss umweltgerecht entsorgt werden. Auskünfte beim Umweltschutzreferat der Gemeinde oder Stadt.

Mauern und Treppen

Ein Garten am Hang macht bei der Anlage besonders viel Arbeit, von den Mehrkosten ganz abgesehen. Hinterher sieht er meist aber auch attraktiver aus als ein Garten in ebenem Gelände. Es ist eine besonders überlegte Planung nötig, um

Ein Garten am Hang lässt sich besonders reizvoll gestalten, vor allem wenn wir das Gelände mit Trockenmauern terrassieren. Eine aufwändige, aber wohl auch die schönste Lösung.

aus der gegebenen Situation das Beste zu machen und den Blick in die Ferne mit Pflanzen zu »untermalen«. Die Höhenunterschiede überwinden wir mit Mauern und Treppen.

Mauern

Mauern sind meist nötig, um den Hang abzufangen und das Wohnhaus, sofern es am unteren Teil des Grundstückes steht, nicht zu gefährden. Gewöhnliche Betonmauern, einfarbig grau und glatt, wollen wir aber nach Möglichkeit vermeiden.

Es könnte sonst der recht unschöne und wenig einladende Eindruck einer Festung entstehen.

Gut wirkt eine Sicht- oder Waschbetonmauer. Bei letzterer geben wir in die gesamte Betonmasse Flusskiesel, oder wir mischen wenigstens der unmittelbar auf die Außenschalung folgenden Betonschicht gleichmäßig kleinere und größere Flusskiesel bei. Der erdfeuchte Beton, einschließlich der Flusskiesel, ist gut zu stampfen. Sobald der Beton die nötige Standsicherheit, aber noch nicht die endgültige Festigkeit erreicht hat, wird die

Schalung entfernt. Das ist bereits 7–12 Stunden nach dem Einfüllen des Betons der Fall. Mit einer harten Bürste und Wasserstrahl (Schlauch) wird dann die Betonoberfläche gewaschen. Dabei wird der noch feuchte Mörtel entfernt und so das interessante, lebendige Farbenspiel der Flusskiesel sichtbar. Bepflanzen wir eine solche Waschbetonmauer dann noch mit einigen herabhängenden oder sich anschmiegenden **Polsterstauden** bzw. Gehölzen wie Jasmin *(Jasminum nudiflorum)* u. a., so wird sich die Gartenwirkung zweifellos erhöhen. Stützmauern können aber ebenso gut auch aus Natur- oder Kunststeinen hochgemauert werden.

Trockenmauern

Sehr schön sind sogenannte Trockenmauern. Wie der Name schon sagt, werden sie »trocken«, also ohne Mörtel, erstellt. Am besten eignet sich Natursteinmaterial aus der Umgebung. Bei niedrigen Trockenmauern bis zu etwa 1 m Höhe ist ein ca. 20 cm in den Boden reichendes Betonfundament zu

empfehlen, aber nicht unbedingt erforderlich. Bei höheren Trockenmauern müssen wir mit dem Fundament bis auf frostfreie Tiefe (etwa 0,80–1m) gehen. Die Stärke einer Trockenmauer soll etwa ein Drittel ihrer Höhe betragen, mindestens jedoch 25 cm.

Zum Hang hin sollte eine Trockenmauer eine Neigung von 15–20 % (15–20 cm je m Höhe) bekommen. Der Halt der Mauer wird dadurch verbessert, und die in die Fugen gesetzten Pflanzen bekommen ausreichend Niederschläge ab. Die unterste Steinlage setzen wir mit Zementmörtel auf das Fundament, während wir beim Aufsetzen der weiteren Lagen nur lehmige Gartenerde zwischen die Längsfugen bringen. Die vorgesehenen Pflanzen werden dabei gleich in diese Erdschichten eingelegt. Damit die Steine festliegen, helfen wir bei jedem Stein mit einem Holzstückchen oder dem Stiel eines Maurerhammers nach und drücken ihn in das lehmige Erdreich.

Ferner ist beim Aufbau der Mauer wichtig, dass wir die Steine jeder Schicht gegenüber der darunter liegenden versetzt legen. Es sollten keine Fugen von oben nach unten durchlaufen. Dadurch wirkt die Mauer ruhig. Störend sehen hochkant gestellte Steine aus. Jeder Stein soll deshalb auf seiner »faulen« Seite liegen; eine andere Lage ist unnatürlich. An den Ecken verlegen wir besonders schwere, lange Steine, und zwar verzahnt. Sehr wichtig: An Hängen muss auch an eine Entwässerungsmöglichkeit gedacht werden, damit sich kein Wasser hinter der Mauer sammeln und im Winter zu Schäden führen kann. Wir bringen hinter die Stein-

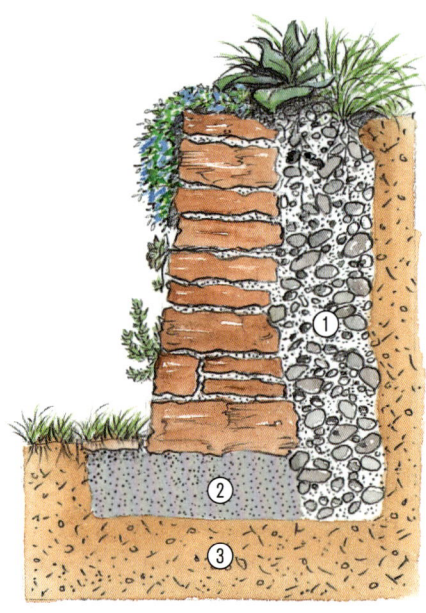

Aufbau einer Trockenmauer
① grober Kies
② Betonfundament bzw. gewachsener Boden
③ gewachsener Boden

reihen groben Kies oder ähnliches Material und sparen bei längeren Trockenmauern in der untersten Reihe einzelne kleine Öffnungen aus, damit das Wasser ablaufen kann. Es müssen aber nicht unbedingt Natursteine sein, aus denen wir Mauern bauen. Auch mit größeren Betonbrocken, wie sie beim Abbruch von Gebäuden, Betonmauern und anderen Betonbauwerken anfallen, lassen sich Trockenmauern aufsetzen. Wenn wir in die Fugen einige Polsterstauden pflanzen und das anfangs grell wirkende Betonmaterial erst einmal durch die Witterung »Patina« bekommen hat, kann selbst solch eine billige Mauer recht ordentlich aussehen. **Eisenbahnschwellen**, die sich von den Ausmaßen und der Lebensdauer her für eine Stützwand gut eignen, sollten aus Umweltschutzgründen nicht mehr verwendet werden. Sie sind mit Teerölpräparaten imprägniert, können gesund-

Auch mit einer Mauer aus Betonformsteinen können wir einen Hang abfangen. Polsterstauden verdecken den grauen Beton.

heitliche Schäden hervorrufen und müssen als Sondermüll entsorgt werden. Wir fragen deshalb in einer Holzhandlung nach Kanthölzern, die in den Ausmaßen den Bahnschwellen (15 x 25 cm, 2 m lang) nahekommen, und stellen sie, Kantholz an Kantholz, in einen 80–100 cm tiefen Graben, sodass sich eine Stützwand von gut 1 m Höhe ergibt. Ebenso eignen sich **Rundhölzer,** die es in verschiedenen Längen und unterschiedlichem Durchmesser gibt. Immer mehr Gartenfreunde entscheiden sich heute für Holz, weil es den Garten wohnlich macht. Kesseldruckimprägnierte Kant- oder Rundhölzer haben zwar eine längere Haltbarkeit, müssen aber ebenfalls als Sondermüll entsorgt werden.

Eine andere Möglichkeit besteht darin, Stützmauern aus **Betonfertigteilen** zu bauen, wie man sie in verschiedenen Formen im Baustoffhandel bekommt. Sie werden abgestuft übereinandergestellt und ergeben kleine Pflanzstellen, die sich vor allem für Stauden, Bodendecker und klein bleibende Gehölze eignen.

Treppen

Außer Stützmauern brauchen wir auf hängigem Gelände auch Treppen. Sie kosten zwar Schweiß und Geld, wirken dafür aber bei richtiger Anlage sehr reizvoll. Die Treppe soll sich den gegebenen Geländeverhältnissen anpassen und nicht stur

Eine schlichte Treppe aus alten Eisenbahnschwellen im Garten des Verfassers, begleitet von Wolligem Ziest, Taglilien und dem bodendeckenden Pfennigkraut. Am Wasserbecken ein paar von selbst aufgegangene Fingerhüte.

auf dem kürzesten Wege zwei Punkte miteinander verbinden. Eine bogenförmig verlaufende Treppe, deren eine Seite sich z. B. an eine Rasenfläche anlehnt, während die andere Seite mit Stauden, Kleingehölzen und Sommerblumen bepflanzt ist, bringt Bewegung in den Garten.

Die Treppe soll aber nicht nur für das Auge ein Genuss sein, wir müssen sie vor allem bequem begehen können. Darum muss beim Treppenbau die normale **menschliche Schrittlänge** von etwa 64 cm berücksichtigt werden.

Als Faustregel gilt:

> Stufenhöhe x 2
> + Auftrittsbreite
> = 64 cm (normale Schrittlänge)

Sind wir gezwungen, verhältnismäßig hohe Stufen zu bauen, so darf der Auftritt nur schmal sein. Andererseits muss bei niedrigen Stufen die Auftrittsfläche verhältnismäßig breit sein. Die **bequemste Stufenhöhe** liegt bei 12–15 cm. Geradezu angenehm werden wir das Begehen einer Treppe mit nur 12 cm Stufenhöhe empfinden. Die Stufen-

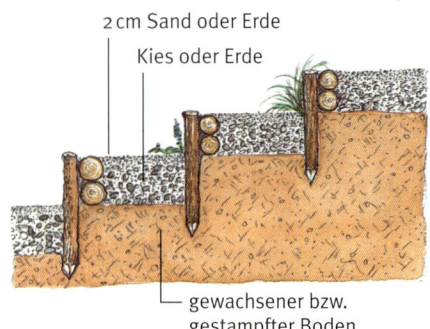

2 cm Sand oder Erde

Kies oder Erde

gewachsener bzw.
gestampfter Boden

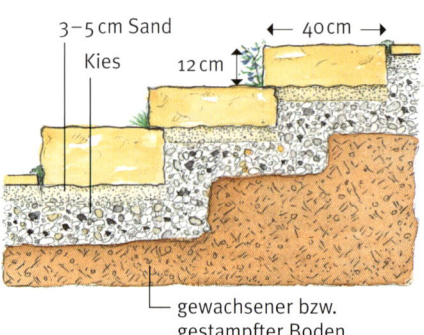

3–5 cm Sand

Kies

40 cm

12 cm

gewachsener bzw.
gestampfter Boden

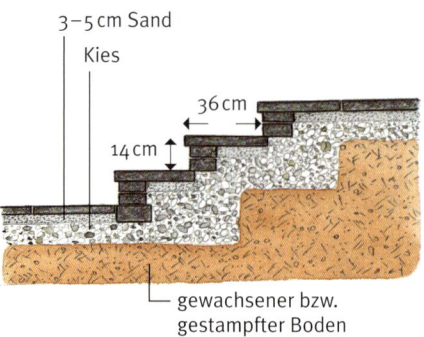

3–5 cm Sand

Kies

36 cm

14 cm

gewachsener bzw.
gestampfter Boden

**Links: Einfache Treppe aus Rundhölzern.
Mitte: Blockstufen aus ganzen Steinen.
Rechts: Legestufen aus Platten.**

breite müsste in diesem Fall allerdings 40 cm sein, denn:

$$12\,cm \times 2 + 40\,cm = 64\,cm$$

Haben wir nur wenig Platz zur Verfügung, so sind wir gezwungen, die Treppe steil ansteigen zu lassen. Die Stufenhöhe müsste in einem solchen Fall etwa 18 oder gar 20 cm betragen. 18 cm ergibt eine Stufenbreite von 28 cm, denn:

$$18\,cm \times 2 + 28\,cm = 64\,cm$$

Bei längeren Treppen sind Treppenabsätze, sogenannte **Podeste**, sehr erholsam. Die Stufenzahl zwischen den einzelnen Podesten soll möglichst ungerade sein, um einen Fußwechsel zu erreichen. Wenn es

der vorhandene Platz gestattet, fassen wir jeweils 3, 5 oder auch 7 Stufen zusammen und lassen dann wieder einen Absatz folgen. Ab 4 Stufen muss nach den derzeitigen Vorschriften ein Geländer angebracht werden.

So wird eine Treppe gebaut

Mit Hilfe einer geraden Latte, Wasserwaage und Meterstab stellen wir sowohl den Höhenunterschied als auch die Länge der Treppe fest. Dann folgt die Berechnung der Stufenausmaße, Anzahl und Länge der einzelnen Treppenabsätze. Angenommen, wir hätten eine Höhe von 3 m auf einer Länge von 12,60 m zu überwinden, so kommen wir mit Hilfe von Papier und Bleistift zu folgendem Ergebnis: Bei 12 cm Stufenhöhe wären 25 Stufen erforderlich, um den vorhandenen Höhenunterschied von 3 m zu überwinden. Da aber bei 12 cm Höhe die Stufenbreite 40 cm betragen müsste, würde der vorhandene Raum bis zu einer Länge von 10 m benötigt, so dass nur noch 2,60 m verblieben. Nun wollen wir aber gerne einige Podeste einbauen, um die Treppe aufzulockern. Ein solcher Treppenabsatz muss ebenfalls dem mensch-

Durch Podeste wirkt eine Treppe kurzweilig. Zusätzlich wurde sie hier zur Straße hin um eine Wegbreite versetzt.

lichen Schrittmaß angepasst sein, also 0,65 m, 1,30 m, 1,95 m usw. lang sein. Damit er sich von den Stufen in seiner Länge gut abhebt, wollen wir 1,30 m wählen. Auf Grund der 2,60 m, die wir noch zur Verfügung haben, lassen sich also 2 Podeste einbauen. Um die Treppe aber noch lebendiger zu gestalten, könnten wir unter den gegebenen Verhältnissen 3–4 Treppenabsätze vorsehen. In diesem Fall müssten wir unserer Berechnung allerdings eine Stufenhöhe von 13–14 cm zugrunde legen.

Nun zum eigentlichen Bau: Eine einfache Treppe, die sich in einen bescheidenen Garten zweifellos gut einfügt, lässt sich aus **imprägnierten Rundhölzern** bauen. Wer in Kauf nimmt, dass er die Teile nach 5–10 Jahren wieder erneuern muss, kann auch unbehandelte Fichtenstangen samt Rinde verwenden. Je nach errechneter Stufenhöhe werden 2–3 solcher Prügel waagerecht gelegt und davor 2 mit der Stufenoberkante bündig abgeschnittene Pfähle in den Boden gerammt. Hinter die einzelnen Rundhölzer füllen wir – ähnlich wie beim Wegebau – erst grobe Steine u. ä. ein, dann Grobkies und schließlich feinen Kies und Sand (siehe Grafik oben links).

Treppen, die viel begangen werden, sollten jedoch aus dauerhaftem Material gebaut werden. Ebenso wie beim Bau von Mauern ist auch hierfür der Naturstein eine ebenso vornehme wie teure Lösung. In den meisten Fällen werden wir uns heute für **Treppen aus Beton** bzw. Waschbeton entscheiden. Als **Blockstufen** ausgebildet, wirken sie besonders ruhig. Ebenso kann die Treppe aber auch in Form von **Legestufen** gebaut werden. Die Stufenkanten und die Stufenflächen bestehen dabei aus Platten. Wichtig ist, dass die Platten der Stufenfläche etwa 2–3 cm über die Stufenkante vorragen. Außerdem sollen die einzelnen Stufen ein leichtes Gefälle haben, damit das Wasser gut ablaufen kann. Die unterste Stufe sollte in Beton verlegt werden, weil sie den gesamten Druck abzufangen hat. Die übrigen Stufen werden dann im gewachsenen Boden auf eine nur wenige Zentimeter starke Kiesschicht gesetzt. Bei frisch aufgefülltem Material muss der Untergrund erst einmal gründlich verdichtet werden; auch ist es hier besser, sämtliche Stufen in Beton zu verlegen.

Anstelle von Betonblockstufen oder Platten lassen sich auch **kesseldruckimprägnierte Kanthölzer** zum Bau von Treppen gut verwenden. Besonders hübsch sieht es aus, wenn diese hochgestellt eingebaut werden und man die erforderliche Auftrittbreite mit Granitpflaster ergänzt.

Rankgerüste und Pergolen

Bauwerke, um die sich Schling- und Kletterpflanzen winden können, sollten niemals für sich allein stehen. Sie wollen sich »anlehnen« an ein Haus, eine Mauer, eine Gartenlaube.

Mit solchen Bauten können wir den Garten gliedern, also beispielsweise den Nutzgarten vom Ziergarten trennen. In Verbindung mit einer Pergola kann aber auch ein besonders intim wirkender Sitzplatz gestaltet werden.

Rankgerüste oder Pergolen bauen wir **aus Holz oder Eisen**. Nachdem diese Bauten stark der Witterung ausgesetzt sind, sollte nur kesseldruckimprägniertes Holz verwendet werden. Wer selbst imprägnieren, das Holz also streichen will, wird meist ein farbloses Holzschutzmittel bevorzugen, denn Holz dunkelt rasch nach. Eisenteile behandeln wir vor ihrer Verwendung mit einem handelsüblichen Rostschutzmittel. Anschließend werden die Eisenteile nach Gebrauchsanweisung mit Vorlack und schließlich mit wetterfestem Lack in der gewünschten Farbe gestrichen.

Zur Befestigung der Latten und sonstiger Holzteile werden nichtrostende Schrauben und Nägel verwendet. Als Säulen für das Rankgerüst oder eine Pergola kommen Vierkant- oder Rundhölzer in Frage. Ebenso sind **Eisenrohre** geeignet, die mir wegen ihrer »Leichtigkeit«

Eine Pergola, berankt von der öfterblühenden Kletterrose 'New Dawn'. Im Rosenkapitel (Seite 119ff.) sind weitere wertvolle Sorten für diesen Zweck genannt.

PROFI-TIPP

Vierkant- oder Rundhölzer dürfen nicht direkt in den Boden gebracht werden. Wir befestigen sie vielmehr an einbetonierten Flacheisen. So hat jede Holzsäule auch von unten her Luft und damit eine wesentlich längere Lebensdauer.

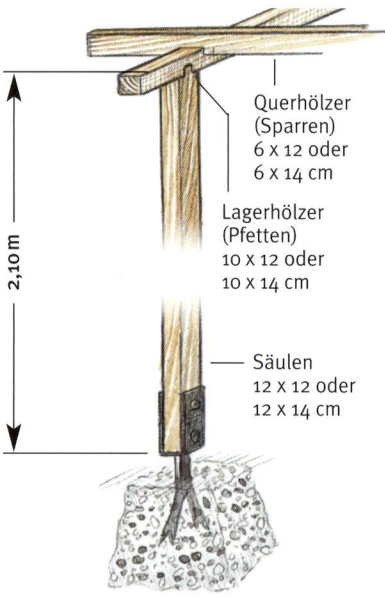

Querhölzer
(Sparren)
6 x 12 oder
6 x 14 cm

Lagerhölzer
(Pfetten)
10 x 12 oder
10 x 14 cm

Säulen
12 x 12 oder
12 x 14 cm

2,10 m

Oben: Konstruktion einer Pergola.

Unten: Der Traum vieler Gärtner – ein Sitzplatz unter Glyzine und Clematis.

Kletterrosen und *Clematis*, eine bildhübsche Zusammenstellung zarter Farben. Passend dazu das elegante, unauffällige Rankgerüst.

im kleinen Garten besonders gut gefallen. Es können einfache Wasserleitungsrohre mit einem Durchmesser von etwa 1,5 Zoll sein; das entspricht einem äußeren Durchmesser von etwa 42–45 mm. Am oberen Ende der Eisenrohre werden zu beiden Seiten etwa 20 cm lange, im rechten Winkel abgebogene Flacheisen angeschweißt, auf denen die Lagerhölzer hochkant aufgelegt und mit Schrauben befestigt werden. Die Eisenrohre werden etwa 50 cm tief in den Boden einbetoniert.

Je kleiner der Garten, desto mehr sollten wir auf die Proportionen solcher Bauten achten. Es kommt auf Feinheiten an. Die Höhe einer Pergola ist für das harmonische Aussehen des fertigen Gartens ebenso entscheidend wie etwa die Größe eines Wasserbeckens oder die Gestaltung der Terrasse. Die Grafik unten zeigt dies viel besser als viele Worte. Vorteilhaft ist es, wenn sich die Höhe der Pergola –

für ein Rankgerüst gilt das ebenso – nach ihrer Länge und der Schwere des verwendeten Materials richtet. Sie sollte nicht unter 2,10 m liegen, auf keinen Fall aber 2,40 m überschreiten. Zu hohe Pergolen sehen aus, als würden sie auf Stelzen stehen. Die Säulenstärke sollte 12 x 12, 12 x 14 oder 14 x 14 cm betragen; dies gilt auch für Rundhölzer. Die Stärke der Lagerhölzer wird diesen Maßen angepasst. Gut sieht es aus, wenn sie 8 x 10, 10 x 12, 10 x 14 oder 10 x 16 cm stark sind. Die Querhölzer werden meist in den Stärken 4 x 8, 6 x 10, 6 x 12 oder 6 x 14 cm verwendet.

Obstspalier

Und noch etwas: Wie wäre es, wenn wir die zusammenhängende Wandfläche des Hauses mit einem Obstspalier unterbrechen würden? Mit einem Pfirsich, einer Sauerkirsche, einer Birne oder vielleicht sogar einem Weinstock? Sie bringen Leben auf die kahle Fläche!

Dieses Spaliergerüst wird aus Latten gefertigt, etwa 4 cm breit und 1,5 cm stark. An den Kreuzungsstellen der Längs- und Querlatten legen wir ein Lattenstück von ca. 10 cm Länge unter, damit sich das Spaliergerüst gut von der Hauswand abhebt und später die Triebe der Pflanzen angebunden werden können. An diesen Kreuzungsstellen wird das Spaliergerüst mit langen, verzinkten Nägeln oder Dübeln an der Hauswand befestigt.

Damit das fertige Lattengerüst auch für das Auge gut aussieht, zeichnen wir es vorher samt Hauswand im Maßstab 1 : 10 auf ein Blatt Papier. So lassen sich die Latten, die einen gegenseitigen Abstand von etwa 50 cm haben sollen, gleichmäßig über die gesamte Hauswand verteilen. Dabei sind die genannten 50 cm nur als sehr grobe Faustzahl zu betrachten, die durchaus variiert werden kann. Entscheidend ist lediglich, dass später einmal Zweige und Äste bequem angebunden

werden können und die Latten harmonisch über die Wandfläche verteilt sind.

Für kleinere Wandflächen, die mit Spalierobst oder einer Kletterrose bekleidet werden sollen, eignet sich sehr gut ein Rankgerüst aus Baustahlgewebe in den Maschenweiten 10 x 10 cm oder 10 x 20 cm und etwa 4–6 mm Stärke. Das Material wird mit Rostschutzmittel behandelt und anschließend in der gewünschten Farbe lackiert. Meist werden wir es in Weiß oder einem angenehmen Grauton halten. Im Handel gibt es kunststoffbeschichtetes Baustahlgewebe, das dauerhaft gegen Rost schützt. Ein solches Rankgerüst brauchen wir nur noch an der Wand zu befestigen. Es liegt allerdings im Preis wesentlich höher als gewöhnliches Baustahlgewebe.

Die Grundstücksgrenze

Zäune

Art und Höhe des Zauns sind meist von der zuständigen Baubehörde vorgeschrieben, sodass uns kaum Gestaltungsspielraum verbleibt. Außerdem lässt sich im Haus- und Wohngarten ein Zaun durch eine immergrüne Hecke ersetzen. So habe ich um unser Grundstück bereits vor Jahrzehnten den ursprünglich vorhandenen Staketenzaun entfernt und eine Hecke gepflanzt, die von Jahr zu Jahr dichter wurde. Ist eine solche Hecke einmal voll entwickelt, so ist es bestimmt schwieriger, hindurchzukommen, als über einen

Interessant: Das Grün der Lupinenblätter wiederholt sich im Gartenzaun. Lupinen mit ihren leuchtenden Blütenkerzen in vielerlei Farbtönen wirken auch ohne Begleitpflanzen recht attraktiv.

Zaun zu klettern. Gegen ungebetene Gäste können wir uns zusätzlich schützen, indem wir in die Hecke noch einige Reihen Stacheldraht mit einbauen.

Wer sein Grundstück auch in den Jahren, in denen die Hecke heranwächst, umfrieden will, kann dazu einen einfachen Maschendrahtzaun spannen. Die Holzpfosten brauchen nicht imprägniert zu sein, denn bis sie unten abgefault sind, ist die Hecke durch das Maschendrahtgeflecht gewachsen und hält dieses fest. Vom Drahtzaun ist dann nichts

Links: Garteneingang, von Hopfen umrankt.

Unten: Mit Wucherblumen, Rosen und Rittersporn wird sogar ein nüchterner Drahtzaun schön.

PROFI-TIPP

Unschöne Maschendrahtzäune lassen sich mit Kletter- und Rankpflanzen verschönern. Zum Begrünen eignen sich z. B. Efeu, Feuerbohnen, Edelwicken, Kapuzinerkresse und Prunkwinde.

mehr zu sehen, in die Pflanzung eingewachsen, schützt er aber auch weiterhin das Grundstück vor Hunden und Wild.

Hecke als Zaunersatz

Statt einer um das Grundstück verlaufenden Schnitthecke kann ebenso gut auch eine Hecke aus freiwachsenden Ziersträuchern oder auch Obstbäumen (Spindelbüschen) gepflanzt werden. Sie braucht zwar mehr Platz, dafür entfällt aber der regelmäßige Schnitt, und die Sträucher bringen Blüten und Früchte.

Mauern

Sie sind eine weitere Möglichkeit der Einfriedung. Gut sieht eine etwa 1,20 m hohe Sichtbeton- oder eine weiß geschlämmte Steinmauer aus, soweit diese erlaubt ist. Grüne Pflanzen und Blüten in allen Farben heben sich vor solch einem neutralen Hintergrund besonders vorteilhaft ab. Nachdem eine Mauer ein Fundament bis in frostfreie Tiefe benötigt, ist dies allerdings nicht nur eine schöne, sondern auch eine recht kostspielige Lösung.

Ganz gleich, welche Einfriedung auch für unser Grundstück in Frage kommt – meist werden wir die Ausführung, einschließlich Tür und Tor, einer Firma übergeben, damit diese ansprechend aussieht.

Wind- und Sichtschutz am Sitzplatz

Wohl jeder von uns hat das Bedürfnis, sich einen kleinen, intimen Bereich zu schaffen, wo man ihm nicht in die Kaffeetasse schauen kann. Dieser Bereich ist in den meisten Fällen der Sitzplatz vor dem Wohnhaus oder vor der Gartenlaube. Besonders im Reihenhaus- und Kleingarten muss dieses Problem gelöst werden, während am freistehenden Wohnhaus meist die Randbepflanzung des Grundstückes ausreicht, um auf der Terrasse unter sich sein zu können.

Für **Rohrmatten** bauen wir eine leichte Konstruktion aus Holz oder Eisenrohren, nicht höher als 2 m, an der die Rohrmatten befestigt werden. Nach einigen Jahren sind diese zwar wieder erneuerungsbedürftig, doch sind Rohrmatten nicht allzu kostspielig.

Noch preiswerter wird ein Wind- und Sichtschutz, wenn wir eine einfache Konstruktion aus Wasserleitungsrohren mit $3/4$ Zoll Durchmesser errichten und diese mit quergespannten Kunststoffschnüren versehen. Mit Efeu, Knöterich oder Wildem Wein bepflanzt, wird von der Konstruktion bald nichts mehr zu sehen sein. Den Sommer über haben wir einen herrlich grünen, natürlichen Wind- und Sichtschutz. Im Frühjahr und im Herbst allerdings müssen wir zusätzlich ein Segeltuch davorspannen oder uns mit einer Rohrmatte behelfen, sofern wir uns nicht für einen Efeu entschieden haben.

Im Kleingarten können wir an die Gartenlaube eine zwei- bis dreiflügelige Wand aus Holz und Glas anfügen. Die einzelnen Flügel werden dabei mit Scharnieren versehen, sodass nach Verlassen des Gartens die Wand zurückgeklappt werden kann und das Gartenhaus an den übrigen Tagen im ursprünglichen Zustand dasteht.

Im Reihenhaus- oder Doppelhausgarten wird meist bereits bauseits für einen ausreichenden Sicht- und Windschutz im Terrassenbereich gesorgt. Dies ist vielfach eine vorgezogene Mauer oder aber eine dauerhafte Holzkonstruktion. Beides passt gut zum Garten und erfüllt den gewünschten Zweck.

Eine Sichtschutzwand, mit Efeu und Wildem Wein berankt, färbt sich im Herbst feurig Rot und Grün. Efeu allein bietet das ganze Jahr über Sichtschutz.

Spaten und Rasenmäher

Nur mit dem richtigen Gerät macht die Arbeit Freude. Trotzdem gibt es noch Gartenfreunde, die sich mit Schlaghacken, primitiven Spaten, unhandlichen Gießkannen und dergleichen herumplagen. Und dann gibt es die extrem Fortschrittlichen, die jedes neue, am Markt erscheinende Gerät kaufen, auch wenn sie es nur selten benutzen und es, wenn die Freude am neuen »Spielzeug« vorbei ist, in irgendeine Ecke stellen. Ebenso wie eine geschickte Hausfrau mit nur wenigen Küchengeräten schmackhafte Gerichte auf den Tisch bringt, genügen wenige Geräte, um erfolgreich Gärtnern zu können. Sie sollen von guter Qualität, einfach zu handhaben und leicht zu reinigen sein – so wie der Kultivator im Bild, mit dem sich der Boden spielend lockern lässt.

Motor- oder Handgeräte?

Diese Frage ist heute auch für den Gartenliebhaber aktuell. Werfen wir doch einen Blick in einen modernen Haushalt. Da gibt es neben Staubsauger, Wasch- und Spülmaschine noch andere, größere oder kleinere Maschinchen. Jeder, der sich etwas mit diesen Dingen befasst, wird bald merken, dass eine solche Maschine nur dann Kraft und Zeit spart, wenn sie oft eingesetzt werden kann und Reinigung und Wartung möglichst einfach sind. Auch die Größe des Haushalts – beim Garten ist es ähnlich – spielt bei solchen Überlegungen eine wichtige Rolle. Weiter sollte die Reparaturanfälligkeit solcher Maschinen beachtet werden, denn Freude macht eine Maschine nur, wenn sie funktioniert.

Aus all diesen Gründen möchte ich zur Anschaffung von Maschinen nur bei größeren Gärten raten. Durch Handarbeit haben wir einen gesunden Ausgleich zur oft einseitigen Berufsarbeit, und außerdem bleiben wir und die Nachbarn ohne Motorlärm!

Grundausstattung an Geräten

Besonders dem Anfänger fällt es schwer, aus dem großen Angebot an Gartengeräten das Richtige auszuwählen. Hier die wichtigsten:
Schaufel und Pickel sind im neuen Garten unentbehrlich, aber auch in späteren Jahren brauchen wir sie immer wieder. Die Schaufel sollte

Werden die Umrisse der Gartengeräte an einer dunklen Holzwand mit Kreide nachgezeichnet, merkt man sofort, wenn ein Gerät im Garten liegen geblieben ist. Eine recht originelle und zugleich praktische Lösung.

spitz zulaufend sein und gut in der Hand liegen. Wir brauchen sie zum Transportieren von Erde, Sand und anderen Materialien.

Der Pickel, auch **Kreuzhacke** genannt, ist ein Universalwerkzeug zum Lockern schwerer, steiniger Böden. Ein Pickel wird gebraucht, wenn wir tiefere Löcher für Bäume, Kletterpflanzen oder Wasserbecken vorbereiten wollen.

Spaten Das klassische gärtnerische Grundgerät! Was für den Bauern der Pflug, ist für den Freizeitgärtner nach wie vor der Spaten. Er wird benötigt, um aus einer Wiese oder einem öden Stück Land einen Garten zu schaffen. Wir brauchen ihn aber auch zum herbstlichen Umgraben auf schwerem Boden, zum Abstechen von Rasenkanten, zum Pflanzen von Bäumen, Sträuchern und Rosen, wenn das Staudenbeet umgestaltet werden soll oder wenn Gehölze zu verpflanzen sind. Ein »Idealspaten« ist für uns das Richtige: kräftig gebaut, unten stumpf

gebogen. Ob wir einen Spaten mit T- oder Knopfgriff wählen, ist persönliche Geschmackssache.

Grabgabel Sie wird im Geräteraum bestimmt keinen Rost ansetzen, denn wir benützen sie noch häufiger als den Spaten. Während wir diesen für grobe Arbeiten verwenden, brauchen wir die Grabgabel vor allem während der Vegetationszeit. Wird im Sommer ein Gemüsebeet neu bestellt, so lockern wir den Boden mit der Grabgabel; das geht schnell, mit geringem Kraftaufwand, und außerdem lässt sich der Boden gut zerkleinern. Beim Umsetzen des Komposthaufens leistet die Grabgabel gute Dienste, ebenso wenn sich zwischen den Beeren-

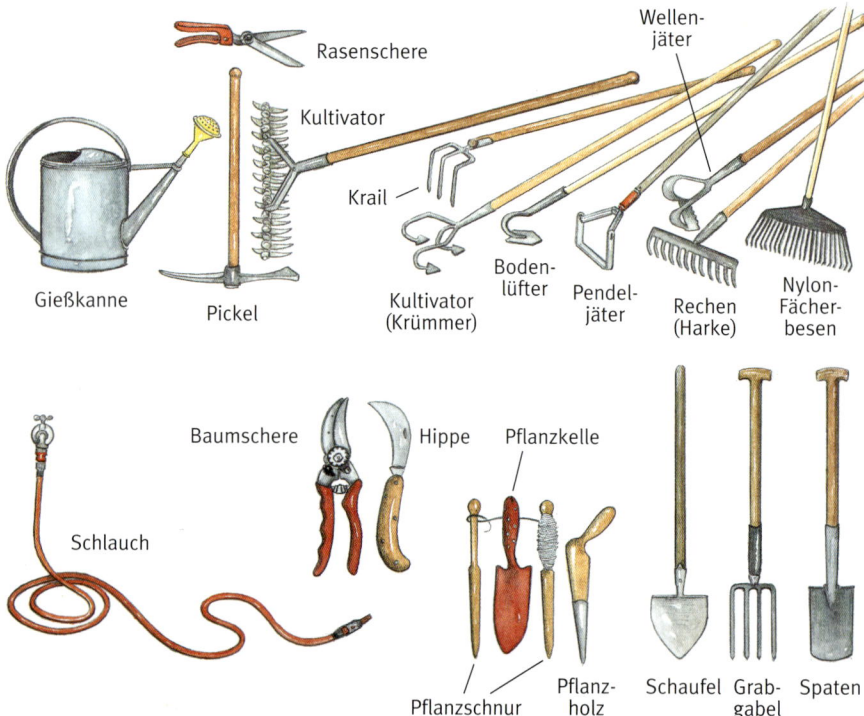

Rasenschere

Kultivator

Wellen-
jäter

Krail

Gießkanne

Pickel

Kultivator
(Krümmer)

Boden-
lüfter

Pendel-
jäter

Rechen
(Harke)

Nylon-
Fächer-
besen

Baumschere

Hippe

Pflanzkelle

Schlauch

Pflanzschnur

Pflanz-
holz

Schaufel

Grab-
gabel

Spaten

Auf diese Geräte kann man im Garten kaum verzichten. Sie gehören zur Grundausstattung.

sträuchern und anderen Kulturen tiefwurzelnde Dauerunkräuter eingenistet haben. Auch bei der Ernte vieler Gemüsearten, wie Sellerie, Möhren, Petersilie und Rettich, ist sie das richtige Gerät.

Ist neues Gartenland mit Dauerunkräutern wie Quecken, Winden oder Giersch durchsetzt, so ist die Grabgabel **das** Bodenbearbeitungsgerät schlechthin, denn mit dem Spaten würden wir die Wurzeln dieser Unkräuter nur zerteilen und wie ein Hexenmeister aus Eins Zwei, aus Zwei Vier und aus Vier Acht machen. Im kleineren Garten erspart uns die Grabgabel die wenig benutzte Mistgabel.

Rechen (Harke) Er wird benötigt, um Beete oder ganze Gartenteile

Der Fächerbesen, ein viel verwendetes Gartengerät. Mit ihm lassen sich kleine Abfälle und abgehackte Unkräuter auf Gartenwegen zusammenrechen, ebenso Laub und Rasenschnitt.

eben zu bekommen. Steine oder größere Erdklumpen lassen sich mit ihm spielend von der Oberfläche entfernen, sodass wir ein einwandfreies saat- oder pflanzfertiges Beet bekommen. Der am häufigsten ver-

wendete **Eisenrechen** ist 16 Zinken breit. Es ist praktisch, wenn wir daneben noch einen schmalen Rechen mit 8 oder 10 Zinken besitzen, um damit die Trittwege im Gemüsegarten sauberzuhalten.

Mit einem breiten, dabei sehr leichten **Holzrechen** lassen sich besonders größere Flächen mühelos ebenziehen. Bei der Neuanlage des Gartens, vor allem zum Planieren der Rasenfläche, ist er sehr praktisch. In größeren Gärten wird man ihn aber auch später immer gerne verwenden.

Fächerbesen Mit ihm säubern wir den Kiesweg, den Kompostplatz und die Rasenfläche. Ideal ist ein Nylon-Gartenbesen mit Aluminiumstiel.

Dieses Gerät bewährt sich ausgezeichnet, vor allem, weil es so leicht ist, dass sogar Kinder damit bequem arbeiten können. Selbst kurzer Rasenschnitt und Laub lassen sich damit auf kleineren Flächen spielerisch zusammenrechen. Für größere Rasenflächen ab etwa 200 m² ist allerdings die Arbeitsbreite zu gering.

Schlauch Er gehört heute unbedingt zur Erstausstattung. Wer damit vernünftig arbeitet, verbraucht mit dem Schlauch kaum mehr Wasser als mit der Gießkanne. Wenn wir abends in den Garten kommen, wollen wir nicht die Zeit mit Kannenschleppen vertun; es gibt genügend andere Arbeiten, und schließlich sollte der Garten auch zum Ausruhen und Entspannen da sein. Die Länge des Schlauches hängt von der Gartengröße ab. Wir sollten auch den letzten Winkel damit bequem erreichen.

Als Armaturen verwenden wir das Wasserschlauch-Stecksystem, wie es von verschiedenen Firmen im Handel ist. Wie oft haben wir uns doch vor noch nicht allzu langer Zeit über tropfende Schlauchanschlüsse und defekte Kupplungen geärgert. Heute kann man sagen: Noch bequemer geht's kaum mehr!

Gießkanne Auf sie können wir nicht verzichten, trotz des Schlauches. Keine runde Kanne im Sandkastenformat kaufen, sondern eine ovale, mit einem griffigen Längsbügel (kein Querbügel!). Eine solche Kanne lässt sich angenehm tragen, denn sie schmiegt sich dem Körper an. Inzwischen werden vorwiegend Plastikkannen für 5 oder 10 Liter Wasser verwendet. Sie sind leicht und billig, ein Produkt, bei dem das Wegwerfen leicht fällt. Dazu meist in schrill-grüner Farbe. Ich jedenfalls finde solche Kannen scheußlich. Leider wird die gute alte Schneider-Kanne, feuerverzinkt, ein Gärtnerleben lang haltbar, nicht mehr hergestellt. Schade! Ab und zu werden noch gebrauchte Schneider-Kannen angeboten.

Scheren Dazu gehört vor allem eine Gartenschere, ohne die wir auch im kleinsten Garten nicht auskommen werden. Wer mehrere Obstbäume im Garten hat, sollte sich die Schweizer »Felco«-Schere kaufen. Zum Schneiden von Blumen, Rosen, und Ziergehölzen genügt auch ein billigeres Fabrikat. Eine Hippe, also ein kräftig gebautes Messer mit geschwungener Klinge, sollten wir uns gelegentlich ebenfalls anschaffen. Geschärft werden diese Geräte mit einem Abziehstein, den wir in krei-

senden Bewegungen über die Klinge der Hippe bzw. Schere führen.

Pflanzholz und Pflanzkelle Weiter brauchen wir ein Pflanzholz, denn zu pflanzen gibt es im Garten immer etwas, seien es Gemüse- oder Blumenarten. Mit dem Pikierstab werden Sämlinge pikiert (siehe Seite 59). Um Stauden, Erdbeeren oder Blumenzwiebeln fachgerecht in den Boden zu bringen, wird eine Handkelle (Pflanzkelle) benötigt.

Pflanzschnur Wir benötigen sie, um gerade Saat- und Pflanzreihen zu bekommen. Sie ist wohl das einzige »Gerät«, das wir auch selbst anfertigen können. Eine etwa 15 m lange, dünne, aber kräftige Schnur befestigen wir an beiden Enden an je einem spitzen, handlichen Holzpflock. Auf einem dieser Pflöcke wird die Schnur überkreuzt aufgerollt.

Hackgeräte

Der Ausdruck ist nicht ganz richtig, denn eine vorsintflutliche Schlaghacke wollen wir uns nicht anschaffen, es sei denn, wir wollten auf einer größeren Fläche die Grassoden abhacken. Für die übliche Bodenlockerung kommen heute nur moderne, bequeme Geräte in Frage, die keine Kreuzschmerzen verursachen. In aufrechter Körperhaltung ziehen wir dabei im Rückwärtsgehen den Boden zwischen den Saat- und Pflanzreihen durch. Die sommerliche Bodenbearbeitung macht mit diesen Geräten geradezu Freude. Das Wachstum der Pflanzen geht flotter voran, weil die nach Regenfällen entstehende Kruste rasch wieder gelockert wird, sodass Sauerstoff an die Wurzeln gelangen und die im Boden entstehende Kohlensäure entweichen kann. Zugleich

Leider ist die gute alte »Schneider-Kanne« nur noch gebraucht zu bekommen. Doch sind inzwischen ähnliche Kannen erhältlich.

wird dem Unkraut das Leben schwer gemacht, ja, es kommt erst gar nicht richtig hoch.

Durch öftere Bodenbearbeitung wird aber nicht nur die Bodengare verbessert, sondern auch Wasser gespart, weil die Verdunstung gehemmt wird. Für den Freizeitgärtner können empfohlen werden:

Krail Mit 3–4 Zinken ähnelt er einer umgebogenen Grabgabel. Ideal zur Bodenlockerung, bevor Beete neu angesät oder bepflanzt werden.

Kultivator In manchen Geschäften und Katalogen wird dieses 10–15 cm breite Gerät mit 3 feststehenden Scharen auch als **Krümmer** angeboten. Die Zinkenenden sind hier als schmale »Gänsefüßchen« ausgebildet. Wenn die Gemüse- oder Blumenbeete nach Regenfällen abgetrocknet sind, ziehen wir sie damit sofort oberflächlich durch.

Grubber Er sieht dem Kultivator (Krümmer) sehr ähnlich, ist knapp 10 cm breit, eignet sich jedoch mit seinen 3 spitzen Zinken vor allem für schwere Böden. Ein Handgrubber ist sehr nützlich, besonders für die Bodenlockerung in Steingärten oder zwischen niedrigen Polsterstauden entlang des Gartenweges.

Bodenlüfter Ein häufig benutztes Gerät mit nur einer Schar, knapp 3,5 cm breit. Wir benutzen ihn für die Bodenlockerung zwischen Einjahrsblumen, Stauden und engen Gemüsereihen.

Wenn wir mit den genannten Geräten den Boden durchziehen, sobald er zu verkrusten beginnt, kann sich kaum Unkraut breitmachen. Sind wir aber doch einmal zwei oder gar drei Wochen nicht zu dieser Arbeit gekommen, so hat sich Unkraut entwickelt, das wir beim Durchziehen mit dem Kultivator, Krümmer oder Lüfter zwar lockern, das aber bei feuchter Witterung doch wieder an- und weiterwächst.

Auch von den Wegen müssen wir während der Vegetationszeit immer wieder Unkraut entfernen. **Wellenjäter und Pendeljäter** sind gute Geräte hierzu. Mit Seitenschutz und mit scharfgeschliffener Wellenschneide, geht mit ersterem die Arbeit rasch voran. Mit den beiderseitigen Winkelschneiden lassen sich auch einzeln stehende Unkräuter bequem aus den Kulturen entfernen.

Den Pendeljäter benutze ich fast noch lieber. Wenn wir an einem

heißen, sonnigen Tag damit arbeiten, sind die oft dicht auflaufenden, einjährigen Unkräuter im Nu abgetrocknet und können nicht mehr anwachsen.

Geräte zur Rasenpflege

Rasenmäher Eigentlich gehört er heute zur Grundausstattung, denn wo gibt es noch Gärten ohne Rasenfläche? Für Flächen unter 100 m² genügt ein Handmäher, der durchaus bis 200 m² Rasenfläche ausreicht. Wer gerne Frühsport treibt, kann auch noch mehr bewältigen. Die normale Schnittbreite von ca. 40 cm ist in den meisten Fällen richtig, nur bei geneigten und nicht zusammenhängenden Flächen ist eine geringere Breite von 32 cm und

darunter vielfach günstiger. Bei größeren Flächen haben wir die Wahl zwischen einem Motor- und einem Elektro- bzw. Akkumäher. Ersterer macht Lärm und stinkt, ist aber von Steckdose und Kabel unabhängig. Am besten, wir lassen uns im Fachgeschäft beraten um Einzelheiten über die verschiedenen Fabrikate zu erfahren.

Rasenmäher sind heute technisch genauso ausgereift wie etwa Rundfunk- und Fernsehgeräte oder Waschmaschinen. Sie unterscheiden sich lediglich noch durch kleine technische Raffinessen voneinander.

Weitere Geräte zur Rasenpflege Während sich kurzer Rasenschnitt und Laub von kleinen Flächen bequem mit einem **Fächerbesen** (Gartenbesen) entfernen lassen, hat sich für größere Rasenanlagen der **Rasenrechen** mit schmalen, langen Zähnen gut bewährt. Mit ihm lässt sich auch kurzer Grasschnitt sehr rasch entfernen.

Zur Durchlüftung der Rasenfläche gibt es spezielle Geräte. Sie ritzen

Je nach Gartengröße und vorhandenen Kulturen erleichtern diese Geräte die Arbeit.

Rechts: Ein praktischer und platzsparender Gerätehalter.

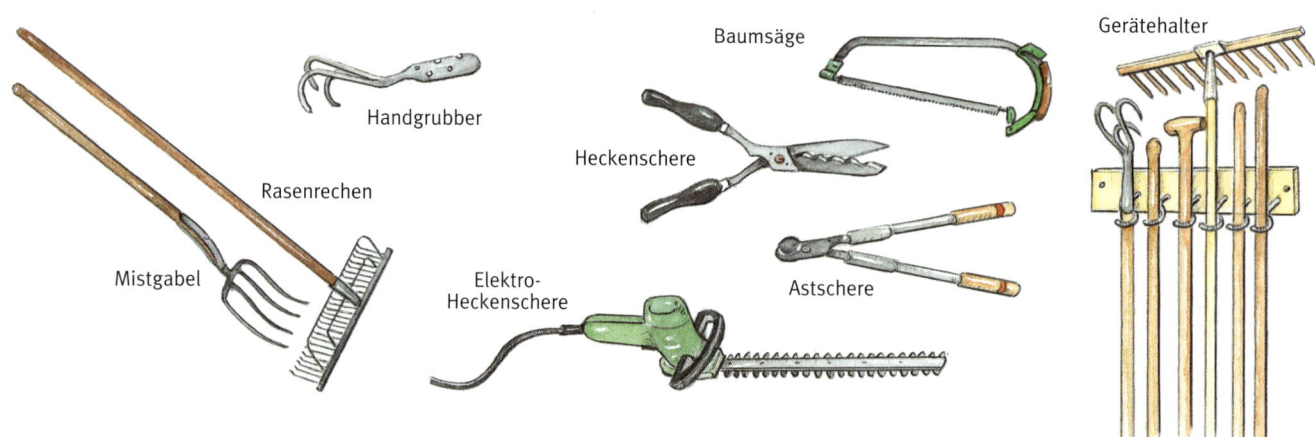

Mistgabel — Rasenrechen — Handgrubber — Heckenschere — Baumsäge — Elektro-Heckenschere — Astschere — Gerätehalter

die Wurzeln an und entfernen vorhandenes Moos, damit der Rasen dann wieder besser wächst. Eine **Rasenkantenschere** wird benötigt, um Rasenränder nachzuschneiden. Besonders bequem lässt sich diese Arbeit mit einem elektrischen Rasenkantenschneider oder einem Akku-Trimmer erledigen.

Weitere Gartengeräte

Verschiedene Geräte sind zwar sehr praktisch und meist unentbehrlich, sie werden aber nicht in jedem Garten benötigt. Von ihnen soll hier die Rede sein.

Obstbaumspritze In kleineren Gärten genügt oft ein Drucksprüher mit 1 Liter Füllinhalt. Nachdem der Zerstäuber mit der eingebauten Pumpe aufgepumpt ist, braucht beim Spritzen nur noch die Auslösetaste gedrückt zu werden. Vor allem, wenn nur wenige Rosen vorhanden sind und an Obstbäumchen lediglich die an jungen Triebspitzen saugenden Blattläuse oder andere Schädlinge bekämpft werden sollen, kommen wir mit einem solchen Kleingerät gut aus.

Für größere Gärten empfiehlt sich eine Druckspritze bzw. ein Drucksprühgerät aus stabilem Kunststoff mit 5 Liter Füllinhalt.

Eine Hochleistungsspritze mit feuerverzinktem Stahlbehälter, 10 Liter Fassungsvermögen, ist besonders solide, aber auch schwerer, und sie kostet ein Mehrfaches. Darauf achten, dass das Gerät TÜV-geprüft, mit dem GS-Zeichen versehen und Ersatzteile erhältlich sind.

Schubkarre Für die Anlage eines Gartens ist sie unentbehrlich. Später kann jedoch in kleineren Gärten

darauf verzichtet werden, denn Komposterde können wir auch mit Plastikeimern, Grasschnitt und Laub mit Kunststoffkörben wegschaffen.

Heckenschere
Hecken bis zu 10 oder 15 m Länge können wir spielend von Hand schneiden. Es gibt heute verschiedene gute Fabrikate im Fachhandel, mit denen die Arbeit rasch vor sich geht. Bei längeren Hecken ist jedoch eine Elektro-Heckenschere angebracht, mit einer Schnittbreite von ca. 40 cm oder 70 cm.

Baumsäge Sie wird für die Pflege der Obstbäume und Ziergehölze gebraucht. Das Sägeblatt sollte verstellbar sein, damit die Äste sauber abgesägt werden können.

Astschere Ein wertvolles Gerät, wenn wir viele Beerensträucher und Ziergehölze zu pflegen haben. Diese Schere besteht aus besonders langen Griffen, sodass eine günstige Hebelwirkung entsteht. Äste bis etwa 3, ja 4 cm Durchmesser kön-

Mit dem Fugenkratzer lässt sich Unkraut in Plattenfugen rasch beseitigen.

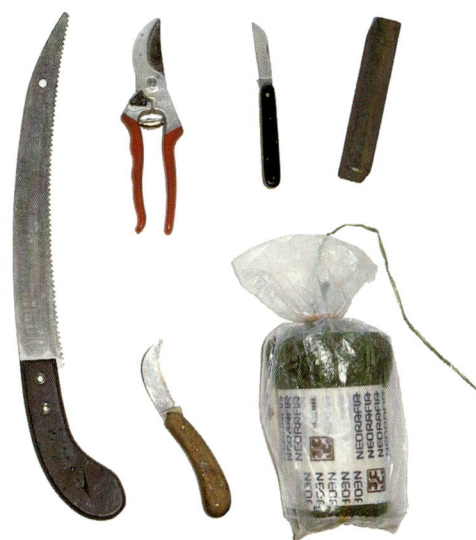

Diese Geräte sind speziell für den Obstbaumschnitt, aber auch für andere Arbeiten nützlich (von links nach rechts): Baumsäge mit verstellbarem Blatt, Stichsäge, Baumschere, Veredlungsmesser, Abziehstein, Hippe und Bindematerial (Bast).

nen bequem aus den Sträuchern entfernt werden.

Komposthäcksler Kräftige Stengel und andere holzige Teile, abgeschnittene Stauden usw. sollten mit der Gartenschere oder mit Hackstock und Beil zerkleinert werden, ehe sie auf den Komposthaufen gebracht werden. Dadurch verrotten sie wesentlich schneller.

Wer sich diese Arbeit bequemer machen möchte, kann sich einen auf dem Markt befindlichen Häcksler anschaffen, die all diese Materialien fein zerfasern. Inzwischen ist eine große Zahl von Fabrikaten auf dem Markt, und es gibt ständige Neuerungen. Wir informieren uns deshalb vor einem Kauf über den neuesten Stand in Fachzeitschriften oder bei Hobbygärtnern, die bereits ein Gerät in Betrieb haben und praktische Erfahrungen damit sammeln konnten.

Bei der Wahl sollte man vor allem darauf achten, dass der Häcksler verhältnismäßig leise läuft, dass er nicht störanfällig ist, über einen Fülltrichter leicht mit Häckselgut beschickt werden kann und auch im Preis vernünftig liegt, im Hinblick auf den Einsatz und die Gartengröße. Vorteilhaft ist es auch, wenn sich der Häcksler zerlegen lässt bzw. nicht viel Platz beansprucht, da er den größten Teil des Jahres nicht benötigt wird und in der Gartenhütte herumsteht.

Leiter Wenn sich im Garten höhere Obstbäume oder am Haus Spalierbäume bzw. Weinreben befinden, wird eine standsichere Leiter benötigt. Zweckmäßig sind Leichtmetall-Leitern. Sie sind spürbar leichter als eine Holzleiter, können bei Lagerung im Freien nicht ver-

Ein Kreisregner benötigt nur geringen Wasserdruck. Unten ein Hobbygärtner als »Erfinder«: Eine Kleinstausgabe des städtischen Spritzwagens, wie ihn die Älteren noch aus früheren Zeiten kennen.

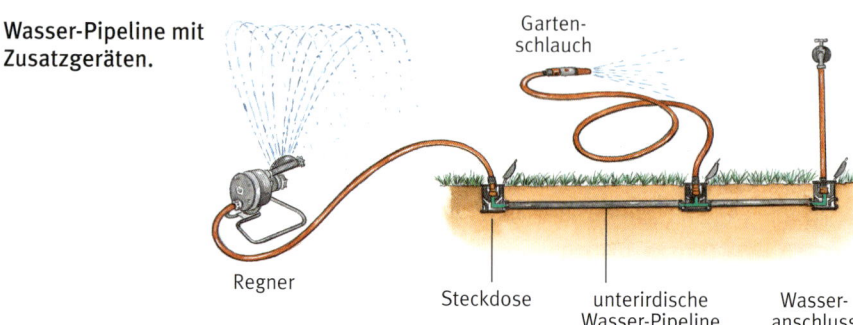

Wasser-Pipeline mit Zusatzgeräten.

Regner
Gartenschlauch
Steckdose
unterirdische Wasser-Pipeline
Wasseranschluss

wittern, sehen allerdings bei weitem nicht so gut aus.

Gerätepflege

Alle Geräte zur Bodenbearbeitung werden im Herbst von anhaftender Erde gesäubert und mit altem Auto-Öl eingerieben. Vorher spannen wir sie in einen Schraubstock ein und schärfen die Schneiden mit einer Eisenfeile. So haben wir im Frühjahr gepflegte Geräte, mit denen die Arbeit doppelten Spass macht. Der Rasenmäher wird im Winter in ein Fachgeschäft zur Überholung gebracht.

Luxusgeräte mit Pfiff

Regner Vielleicht können wir uns einen Regner zum Geburtstag schenken lassen. Das Gießen wird damit wesentlich vereinfacht, und gleichzeitig können wir uns an dem hübschen Wasserspiel freuen.

Elektropumpe Wenn wir einen größeren Behälter zum Auffangen von Regenwasser am Haus stehen haben, ist eine Elektropumpe ein praktisches Gerät, um dieses Wasser zu verregnen.

Wasser-Pipeline Eine Attraktion besonderer Art, die der Gartenfreund sicherlich stolz seinen Besuchern vorführen wird. In »Do-it-yourself-System« werden Plastikrohre und Steckdosen im Boden verlegt, an die dann mit einem raffiniert einfachen Stecksystem Regner und Schläuche angeschlossen werden können.

Besonders bei Rasenflächen ist darauf zu achten, dass der Deckel der Steckdosen bodeneben sitzt, sonst wird er beim nächsten Rasenschnitt in kleine Stücke zerfetzt.

Die Pipeline lässt sich an die Wasserleitung anschließen oder aber an eine Elektropumpe, sodass die Leitung mit Regenwasser aus einem größeren Behälter gespeist werden kann.

Anzucht von Gemüsepflanzen und Blumen

Jedem halbwegs fortgeschrittenen Hobbygärtner macht es Spaß, die benötigten Gemüsepflanzen und Blumen wenigstens zum Teil selbst heranzuziehen. Dadurch lassen sich Kosten sparen, vor allem aber haben wir die Pflanzen immer dann zur Hand, wenn wir sie wirklich benötigen.

Bei Sommerblumen kommt noch hinzu, dass der Garten farbenfroher, ja geradezu verschwenderisch gestaltet werden kann, wenn wir die Pflanzen selbst heranziehen; wir haben dann im Mai genügend Pflanzen vorrätig, die bereits in wenigen Wochen zu blühen beginnen.

Jungpflanzenanzucht – Aussaat und Pikieren

Wir säen am besten in Saatschalen oder Blumentöpfen und stellen diese ins Frühbeet oder Gewächshaus bzw. ans Zimmerfenster. Vor allem Kunststoffschalen sind handlich; sie sind leicht, gut zu stapeln und bequem zu reinigen. Wer sparen will, nimmt Flachsteigen, wie sie in Supermärkten kostenlos abgegeben werden.

Zuerst bedecken wir die am Boden der Saatschale befindlichen Löcher mit Topfscherben o. ä., damit überschüssiges Wasser abziehen kann. Dann wird lockere humose Erde aufgefüllt, aber keine Komposterde. Damit die zarten Keimlinge nicht von Pilzkrankheiten befallen werden, verwenden wir am besten eine weitgehend **keim- und unkrautfreie Aussaaterde,** der die nötigen Nährstoffe in richtiger Dosierung beigemischt sind.

Wichtig ist, das es sich um spezielle »Aussaaterde« handelt, auf keinen Fall um »Blumenerde«. Bei letzterer würden die Sämlinge infolge des höheren Nähstoffgehaltes eingehen oder zumindest dahinkümmern. Geeignet ist dagegen auch gedämpfte Erde, wie man sie mitunter in Gärtnereien bekommen kann. In solchen weitgehend sterilen Substraten wachsen die Keimlinge prächtig heran.

Ist die Schale mit Erde gefüllt, drücken wir diese mit den Händen leicht an, entfernen mit einem Brettchen überschüssige Erde und streichen die Oberfläche glatt. Damit die Keimlinge genügend Platz haben, darauf achten, dass der Samen nicht zu dicht aus dem Tütchen fällt! Werden von jeder Art oder Sorte nur wenige Pflänzchen benötigt, unterteilen wir die Saatschalen mit dünnen Stäben, stecken in jedes Feld ein Etikett mit Sorte/Aussaatdatum und übersieben die Samen, sofern es sich nicht um Lichtkeimer handelt. Dann die Saatschale mit Schlitzfolie überdecken und bei Bedarf mit feiner Brause gießen. Sobald die Sämlinge zu sehen sind, die Folie entfernen und für reichlich Luft und Licht sorgen!

Wird am Zimmerfenster ausgesät, brauchen wir erst später, wenn es bereits etwas wärmer ist, in das Gewächshaus oder Frühbeet zu pikieren. Es ist sogar möglich, Gemüse und Blumen bis zum Auspflanzen in der Wohnung heranzuziehen. Die Schalen oder Töpfe müssen dann aber sehr dicht am Glas stehen und es darf nicht zu warm sein, d. h. wir öffnen das Fenster, sobald es die Temperatur erlaubt oder – noch besser – stellen die Sämlinge bald nach dem Aufgehen und erst recht nach dem Pikieren tagsüber auf den Balkon oder die Terrasse. Diese Art von Pflanzenanzucht macht allerdings viel Arbeit, denn wenn es im April/Mai kalt zu werden droht, müssen die Schalen immer wieder nach innen gebracht werden. Nur wenn dies beachtet wird, bekommen wir gedrungene, kräftige, abgehärtete Pflanzen; im anderen Fall werden sie geil und verweichlicht.

PROFI-TIPP

In ein und dieselbe Schale nur Blumen- oder Gemüsearten säen, die etwa die gleiche Keimdauer haben. Andernfalls müsste die eine Art bereits pikiert werden, während die andere noch gar nicht keimt. Möglichst auch nur Arten mit ähnlichen Wärmeansprüchen in ein und dieselbe Schale säen.

Aussaat in Saatschalen: Auf die Abzugslöcher kleine Topfscherben o. ä. legen, Aussaaterde einfüllen und glattstreichen … Samen dünn und möglichst gleichmäßig aussäen … Schale übersieben.

Pikieren von Kopfsalat. Neben den beiden Keimblättern ist das erste winzige Laubblatt zu erkennen. Lange Wurzeln mit den Fingern einkürzen, damit sie sich besser verzweigen.

Pikieren

Sobald die Pflänzchen mit den Fingern gut zu fassen sind, werden sie auf etwa 5–7 cm Abstand pikiert. Dadurch bekommen wir kräftige Pflanzen mit gut ausgebildetem Wurzelballen. Es lohnt sich deshalb, die meisten Sommerblumen, Frühgemüsearten sowie die ersten Salatpflanzen zu pikieren, während es bei Spätkohlarten, Endivie u. a. genügt, auf einem Freilandsaatbeet dünn auszusäen und vom Saatbeet weg direkt auf die Beete zu pflanzen.

Wenn die Sämlinge aus der Saatschale entnommen werden, reißt meist die zarte Wurzel ab, wenn nicht, kürzen wir sie mit den Fingern etwas ein. Dadurch wird das verbleibende Wurzelstück zu vermehrter Seitenwurzelbildung angeregt; es entsteht ein kräftiger Ballen, der beim späteren Auspflanzen gut zusammenhält.

Beim Pflanzen auf die Beete heben wir dagegen die Pflänzchen möglichst vorsichtig mit Wurzelballen aus dem Anzuchtbeet, damit sie rasch weiterwachsen ohne erst tagelang zu »trauern«.

So geht man vor: Neben der bereits erwähnten Aussaaterde kann zum Pikieren auch ein bewährtes Torfsubstrat wie TKS 1 u. a. verwendet werden. Wir fassen die Pflänzchen mit Daumen und Zeigefinger der linken Hand, während die rechte das Pikierholz hält – heute meist aus Kunststoff – und damit ein kleines Loch vorbohrt, in das die Wurzel gehalten wird. Dann die Erde seitlich mit dem Pikierholz etwas andrücken, damit das Pflänzchen so fest sitzt, dass es sich nicht mehr allzuleicht herausziehen lässt. Anschliessend die Schalen fein überbrausen und in das Frühbeet oder Gewächshaus stellen.

Das Anwachsen der soeben pikierten Sämlinge, die ja einen Teil ihrer Wurzeln verloren haben, wird gefördert, wenn wir die ersten Tage für »gespannte« Luft sorgen, d. h. die Fenster weitgehend geschlossen halten, wobei gegen Sonne schattiert wird. Sobald die Pflänzchen anzeigen, dass sie Fuß gefasst haben, wird zunehmend mehr gelüftet und die Schattierung weggelassen. Vorteilhaft ist es, in kleine Töpfchen oder in eine Multitopfplatte zu pikieren (siehe Bild). Dadurch wird ein Wurzelballen erzielt, der beim Auspflanzen gut zusammenhält. Vom Pikieren bis zur fertigen Pflanze dauert es vielfach nur 3–4 Wochen. Die Pflanzen sollten sich beim Auspflanzen in flottem Wachstum befinden. Ist der Wurzelballen zu sehr verfilzt und sehen die Wurzelspitzen bereits bräunlich aus, so

waren die Pflanzen zu lange in den Töpfen, sie sind »verhockt«.

Bei Nährstoffmangel während der Jungpflanzenanzucht (ungesunde, fahlgrüne Blätter, stockendes Wachstum) geben wir einen leicht wasserlöslichen Volldünger (Hakaphos, Mairol u. ä.) – 20–30 g auf eine 10-Liter-Kanne, also etwa eine halbe Hand voll, bzw. die auf der Packung empfohlene Menge. Anschließend mit klarem Wasser nachbrausen.

Oben: Multitopfplatte 50 x 33 cm mit 11 x 7 = 77 Töpfchen à 4 x 4 cm, so dass die einzelnen Pflanzen etwa 5 cm voneinander entfernt stehen. Sie eignet sich zum Pikieren der verschiedenen Blumen- und Gemüsearten. Auf dem Bild ist Löwenmaul mit ideal durchwurzelten Ballen zu sehen, fertig zum Auspflanzen.

Unten: Planzenanzucht in Styroporkistchen, die die Wärme besonders gut halten.

Düngen – wann und wie

Grundlage jeder Düngung sind organische Stoffe, wie Kompost, Stallmist, Torf, bzw. Torfersatzstoffe. Sie erhalten und fördern das Bakterienleben; ein schwerer Boden wird lockerer, wenn wir ihn gut mit Humus versorgen, ein leichter hält das Wasser besser fest.

Wichtigste Humusquelle im Garten ist der Komposthaufen, auf den wir die organischen Abfälle aus Küche und Garten bringen. Damit sie rasch verrotten, sind vor allem Sauerstoff, Wärme und Feuchtigkeit nötig. Im kleineren Garten haben sich hierfür Kompostbehälter verschiede-

ner Hersteller bewährt. Das Bild hier zeigt den Kompostplatz im eigenen Garten. Natürlich habe ich ihn für die Aufnahme extra schön gemacht. Er kann sich aber das ganze Jahr über sehen lassen und gehört ebenso zu unserem Garten wie bunte Blumen, Obst und Gemüse.

Wie Boden entsteht

Boden entsteht durch Verwitterung von Gestein. Dieser Vorgang, der seit Jahrmillionen andauert, steht auch heute noch nicht still. Großes Gestein wird durch Frost, Temperaturschwankungen, Wasser und andere Einflüsse zu immer feineren Teilchen zerkleinert. Auch Algen, Pilze, Flechten und Moose, die sich auf dem Gestein ansiedeln, tragen mit ihren Ausscheidungen dazu bei, das harte Gestein aufzulösen. Schließlich lassen sich auf dem Material höhere Pflanzen nieder, die durch ihre Wurzeln den Prozess der Bodenbildung beschleunigen. Sicher haben wir im Gebirge oder an Steinbrüchen schon beobachtet, wie die Wurzeln kräftiger Bäume Gesteinsschichten sprengen und aufschließen.

Ist dann die Verwitterung weit genug fortgeschritten, wachsen auf dem ursprünglich toten Boden eine große Zahl verschiedener Pflanzen. Wenn sie absterben, werden sie durch eine Vielzahl von Bodenlebewesen zu fruchtbarem Humus abgebaut, der neuen Pflanzen als Lebensgrundlage dient. Die Nähr-

stoffe, die bei der Gesteinsverwitterung frei werden, stehen den Pflanzen ebenfalls als Nahrung zur Verfügung. Trotz vorangegangener langer Zeiträume ist die fruchtbare Humusschicht meist nur 20–30 cm stark; sie unterliegt einem ständigen Abbau. Wir bezeichnen diese dunklere Erdschicht als **Mutter- oder Oberboden**. Bei Baumaßnahmen sollten wir dafür sorgen, dass sie für die Anlage des Gartens erhalten bleibt.

Warum düngen?

Die Pflanze nimmt die für das Wachstum wichtigen Nährstoffe aus dem Boden auf. In Verbindung mit der Photosynthese im grünen Blatt baut die Pflanze daraus Wurzeln, Triebe, Blätter, Blüten und Früchte auf. Dem Boden werden gerade im Garten durch die intensive Nutzung alljährlich größere Mengen wichtiger Nährstoffe entzogen. Hinzu kommt die Auswaschung durch Regen- und Schneewasser in tiefere Bodenschichten. So verarmt der Boden im Laufe der Jahre an Nährstoffen, die Ernten werden geringer, und die

Links: Blumenkohl, normal gedüngt, daneben ohne Dünger, mit kümmerlich entwickelter Blume.
Rechts: Zuckerhut in Multitopfplatte, vorne ohne zusätzliche Düngung und hinten 1 x mit Hakaphos 3 g/1 l Wasser gedüngt.

Pflanzen machen recht bald einen mageren Eindruck.

Um die fehlenden Pflanzennährstoffe zu ergänzen, können wir organisch oder mineralisch düngen. Die Nährstoffe wirken allerdings nur, wenn der Boden gesund ist und sich in ihm ein reiches Bakterienleben entfaltet. Dies wird durch Gaben von Kompost, verrottetem Stallmist und anderen organischen Stoffen erreicht. Nachteilig ist es, übermäßig hohe Düngermengen zu geben. Von einer gewissen Grenze ab nimmt der Ertrag nicht mehr zu, denn jede Pflanzenart und Sorte hat eine Höchstgrenze für ihr Leistungsvermögen. Geben wir darüber hinaus noch weiteren Dünger, so wird bald der Punkt erreicht, von dem ab der Dünger sogar schädlich wird, sei es, dass die Pflanzen krankheitsanfälliger werden, die Haltbarkeit oder der Geschmack der Früchte leiden oder dass Nitrat (Stickstoff) in den Untergrund (Grundwasser) ausgewaschen wird.

Oft wird die Frage gestellt, warum die Pflanzen in der freien Natur wachsen, ohne dass sie in irgendeiner Form zusätzlich gedüngt werden. Nun, in der freien Natur können sich die Pflanzen von den Stoffen ernähren, die bei der Zersetzung des Gesteins und bei der Humusbildung entstehen. Es wird unter einem frei stehenden Baum nichts weggenommen! Die Pflanzendecke unter seiner Krone stirbt ab und liefert Humus, das Laub bleibt liegen und verrottet.

Sobald wir aber von einer Fläche gleich mehrere Ernten im Jahr erzielen wollen und dazu noch ertragreiche Sorten anbauen, reichen die von Natur aus vorhandenen Nährstoffe nicht mehr aus. Es wird auf intensiv genutzten Flächen auch kaum natürlicher Humus gebildet, denn die erzeugten Pflanzenteile, seien es nun Wurzeln (Rettich, Sellerie), Blätter (Salat, Spinat) oder

Für eine Bodenuntersuchung eine Bodenprobe an mehreren Stellen der Anbaufläche entnehmen, mischen und 0,5 kg an eine Bodenuntersuchungsanstalt einschicken. Rechts: Das Ergebnis mit Düngeempfehlung.

Früchte (Obst, Tomaten), werden zum großen Teil abgeerntet und verbraucht. Aber auch üppig blühende Beetstauden und Rosen haben einen erhöhten Nährstoffbedarf. Aus diesem Grunde sorgen wir dafür, dass dem Boden ständig Humus zugeführt wird und in vernünftigem Maße auch Nährstoffe, wenn wir die durch Züchtung entstandenen ertragreichen Obst-, Gemüse- und Blumenarten anbauen wollen. Nur so bleibt die Bodenfruchtbarkeit erhalten.

Die Bodenuntersuchung

Wenn wir uns ein Grundstück kaufen oder pachten, werden wir dies nach den verschiedensten Gesichtspunkten tun. Am allerwenigsten aber wird unsere Entscheidung durch die vorhandene Bodenart und den Zustand des Bodens beeinflusst werden. Mit anderen Worten, wir nehmen den Boden so, wie er ist, und es zeigt sich in der Praxis, dass man aus jedem Boden einen halbwegs fruchtbaren Garten machen kann. In extremen Fällen sollten wir neben Kompost vor allem Torfersatzstoffe, Sand oder bodenlockern-

de Stoffe wie Perlite, Ziegelsplitt u. ä. zusetzen, um günstige Wachstumsbedingungen für die Pflanzen zu schaffen. Irgendeine Lösung gibt es immer. **Torfersatzstoffe** werden unter verschiedenen Namen im Handel angeboten. Sie enthalten außer Torf auch andere organische Bestandteile. So besteht z. B. die vom BdB (Bund deutscher Baumschulen) entwickelte BdB-Pflanzerde aus Kompost, Rindenhumus, Torf und allen nötigen Nährstoffen.

Wer genau erfahren will, mit welchem Boden er es zu tun hat, inwieweit Nährstoffe vorhanden sind bzw. fehlen, welche und wie viel Dünger eingebracht werden sollen und wie es mit den pH-Wert aussieht, der sollte vor der Anlage des Gartens eine Bodenprobe entnehmen und diese an eine Landwirtschaftliche Untersuchungs- und Forschungsanstalt (LUFA) einschicken (Adressen siehe Seite 250). Auch auf bereits seit Jahren bewirtschafteten Böden empfiehlt es sich, alle 3–5 Jahre eine Bodenprobe untersuchen zu lassen.

Zu diesem Zweck werden an etwa 10 gleichmäßig über die Anbaufläche verteilten Stellen gleich große Bodenproben in Spatenstichtiefe

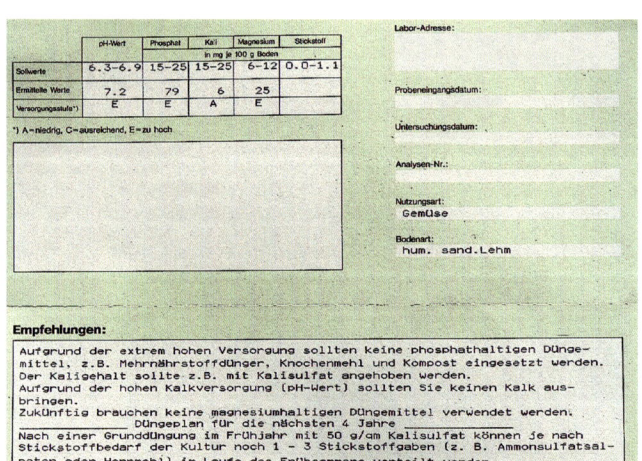

	pH-Wert	Phosphat	Kali	Magnesium	Stickstoff	
			in mg je 100 g Boden			Labor-Adresse:
Sollwerte	6.3–6.9	15–25	15–25	6–12	0.0–1.1	
Ermittelte Werte	7.2	79	6	25		Probeneingangsdatum:
Versorgungsstufe*)	E	E	A	E		

*) A=niedrig, C=ausreichend, E=zu hoch

Untersuchungsdatum:

Analysen-Nr.:

Nutzungsart: Gemüse

Bodenart: hum. sand.Lehm

Empfehlungen:

Aufgrund der extrem hohen Versorgung sollten keine phosphathaltigen Düngemittel, z.B. Mehrnährstoffdünger, Knochenmehl und Kompost eingesetzt werden.
Der Kaligehalt sollte z.B. mit Kalisulfat angehoben werden.
Aufgrund der hohen Kalkversorgung (pH-Wert) sollten Sie keinen Kalk ausbringen.
Zukünftig brauchen keine magnesiumhaltigen Düngemittel verwendet werden.
Düngeplan für die nächsten 4 Jahre
Nach einer Grunddüngung im Frühjahr mit 50 g/am Kalisulfat können je nach Stickstoffbedarf der Kultur noch 1 - 3 Stickstoffgaben (z. B. Ammonsulfatsalpeter oder Hornmehl) im Laufe des Frühsommers verteilt werden.

entnommen. Es genügt, wenn wir je Stelle $^1/_2$ Hand voll Boden in einen Eimer geben und anschließend gut durcheinander mischen. Von dieser Durchschnittsprobe werden 0,5 kg in einen Plastikbeutel abgefüllt und gut verpackt an das nächst gelegene Untersuchungsinstitut geschickt bzw. dort abgegeben.

Damit es keine Verwechslung gibt, wird der Probe ein Zettel mit der genauen Anschrift und einer Angabe über die beabsichtigte Nutzung (Gemüse, Obstgarten u.a.) beigelegt. Nachdem der Boden untersucht ist, bekommen wir eine Mitteilung über Bodenart, Bodenreaktion (pH-Wert), Gehalt des Bodens an Phosphat und Kali sowie eine Empfehlung, wie der Boden gedüngt und verbessert werden soll. Wünschen wir zusätzlich Angaben über organische Substanz und Spurenelemente, so können wir dies im Begleitschreiben ebenfalls anfordern. Solche Untersuchungen sind aber sehr aufwändig und entsprechend teuer. Im Normalfall genügt jedoch eine übliche Untersuchung; die Gebühren betragen einschließlich individueller Düngerempfehlung ca. 10 €.

Der pH-Wert

Vorhin ist der Begriff »pH-Wert« gefallen. Diese Kennzahl beschreibt die Bodenreaktion, von der die Verfügbarkeit der Nährstoffe abhängt. Die Skala der pH-Werte reicht von 0 bis 14, wobei pH 0 extrem sauer (Salzsäure) und pH 14 extrem alkalisch (Natronlauge) bedeuten; pH 7 nennt man die Reaktion neutral. Die meisten Gartenpflanzen bevorzugen eine neutrale bis schwach saure Bodenreaktion, etwa zwischen

pH 6 und 7. Nur Rhododendren, Gartenheidelbeeren und andere **Moorbeetpflanzen**, also ausgesprochen kalkfeindliche Pflanzen, vertragen bzw. wünschen einen sauren Boden mit einem pH-Wert um 4,5. Zu sauren Boden können wir durch kohlensauren Kalk auf den gewünschten pH-Wert bringen, während übermäßiger Kalkgehalt durch reichliche Gaben an Torf, Torfersatzstoffen und Kompost abgeschwächt werden kann.

Kompostieren im Garten

Organische Stoffe sind die Grundlage der Bodenfruchtbarkeit. Der Boden bleibt durch alljährliche Humusgaben gesund und lebendig. Grobe Humusteilchen, sogenannter Nährhumus, sind ein Leckerbissen für die Bodenorganismen. Die Bodenbakterien wiederum sind für die Fruchtbarkeit entscheidend. Sie

Kompostbehälter sollten praktisch sein und sich unauffällig in den Garten einfügen. Hier eine ansprechende Lösung, bei der sich der Behälter leicht zerlegen lässt.

wandeln die Nährstoffe in eine für die Pflanze aufnehmbare Form um und schaffen gleichzeitig die so wichtige Bodengare. Es entsteht eine stabile Krümelstruktur, die den Boden vor dem Verschlämmen und Verkrusten bewahrt. Bei der Atmung der unzähligen Kleinlebewesen entsteht gasförmige Kohlensäure, durch die wiederum das Pflanzenwachstum gefördert wird.

Der wichtigste Humuslieferant ist unser Garten selbst. Er liefert alle Stoffe, die wir für den Komposthaufen brauchen. Nur Pflanzenteile mit hartnäckigen Krankheiten (z. B. Kohlhernie) sollten wir fernhalten. Wir brauchen aber mit befallenem Pflanzenmaterial nicht gerade zimperlich zu sein, denn durch den Kompostierprozess werden manche Krankheiten weitgehend vernichtet.

Die Anlage eines Komposthaufens

Der Platz soll möglichst im lichten Schatten eines Baumes oder größeren Strauches liegen. Alle Pflanzenteile aus Garten und Haushalt, gleich, ob Salatblätter oder Kartoffelschalen, ob abgeschnittene Blütenstauden oder Rasenschnitt in kleiner Menge, werden für die Kompostierung verwendet. Um die Küchenabfälle zu verwerten, stellen wir unter die Spüle – durch ein Türchen abgeschlossen – einen Eimer für die organischen Stoffe wie Eierschalen, Schalen von Kartoffeln, Gurken, Gemüseabfälle usw. Sobald dieser Eimer voll ist, wird er auf den Komposthaufen entleert.

Der Komposthaufen wird so angelegt, dass er unten etwa 1,20–1,50 m breit ist. Die Länge spielt keine Rolle, sie richtet sich ganz nach Anfall und Platz. Fertig aufgesetzt sollte der Haufen etwa 1,20 m hoch sein. Seit vielen Jahren kompostiere ich nach dem bewährten Rezept von Professor Alwin Seifert, der sich vier Jahrzehnte hindurch mit diesen Fragen befasst hat. Er hat auf seinem Grundstück vorgeführt, wie man durch Kompost selbst aus einem extremen Boden – zäher Ziegeleiboden, also Tonboden, der in trockenem Zustand so hart wie ein Stein wird – fruchtbares Gartenland machen kann. Dieses einfache Rezept sieht so aus: Auf die vorgesehene Grundfläche wird erst eine etwa 20 cm hohe Schicht von Abfällen ausgebreitet und mit etwas kohlensaurem Kalk leicht überpudert, etwa so wie ein Kuchen überzuckert wird. Darauf streue ich je m² etwa 4 Hand voll eines im Handel erhältlichen organischen Düngers

Thermo-Komposter mit 420 Liter Fassungsvermögen, hergestellt aus Recycling-Kunststoff in den Maßen 75 x 75 x 95 cm. Der fertige Kompost ist leicht zu entnehmen.

wie Oscorna, Hornoska Spezial, Engelharts Gartendünger u. a. bzw. 2 Hand voll Spezial-Kalkstickstoff. Diese Dünger sind Futter für die Bakterien, und die Komposterde wird mit Stickstoff und anderen wichtigen Pflanzennährstoffen angereichert.

Gleichzeitig kommen auf die erste Schicht einige Schaufeln voll weitgehend fertiger Komposterde von einem benachbarten Haufen. Dadurch **impfen** wir das frische Kompostmaterial mit einer Fülle von Bakterien, die nun sofort zu arbeiten beginnen. Dann wird das Ganze gut angegossen und die nächste Schicht aufgesetzt, die wir ebenso behandeln. Zwischen die einzelnen Schichten bringe ich Zweige und schwächere Äste, die beim winterlichen Schnitt der Obstbäume, Ziersträucher und Hecke anfallen. Sie werden vorher in fingerlange Stücke geschnitten. Wenn wir von diesem sperrigen

Material auf jede Schicht einige Arm voll aufbringen, können wir uns das Umsetzen des Komposthaufens ersparen. Es kann viel Sauerstoff an das Material heran, sodass es rasch verrottet.

Rasche Verrottung

Bei trockener Witterung wird der mietenförmig aufgesetzte Komposthaufen ab und zu gründlich gewässert. Das Material soll leicht feucht, aber nicht nass sein. Reichliche Sauerstoffzufuhr, Wärme und Feuchtigkeit sind entscheidend für eine rasche Verrottung.

Wenn wir so vorgehen, ist der Haufen in einem guten halben Jahr, im Sommer vielfach bereits in einem kürzeren Zeitraum, so weit verrottet, dass die Komposterde verwendet werden kann. Der Haufen wird dazu durch ein sehr grobes Wurfgitter geworfen. Dabei rutschen die vielen Holzstücke ab und können gleich wieder in einem neuen Haufen mitverwendet werden. Ohne irgendwelche Hexerei, ohne aufwendige Sonderkonstruktionen und mit geringem Zeitaufwand haben wir mit dieser Methode immer reichlich lebendigen Kompost.

Es wäre falsch, den Haufen drei Jahre liegen zu lassen, wie dies früher vielfach gemacht wurde. Für den Boden und die Kulturen ist gerade der aus groben Teilchen bestehende Nährhumus am wertvollsten. Komposterde wird unter den verschiedensten Kulturen auf dem Boden verteilt und nur oberflächlich eingearbeitet. Es wäre schade, dieses wertvolle Material tief in den Boden zu graben. Wenn wir alljährlich Komposterde geben, wachsen die Pflanzen gesund und werden dadurch widerstandsfähiger gegen

Krankheiten und Schädlinge. **Kompost** ist deshalb das **Pflanzenschutzmittel Nr. 1**.

Bei Kompostgaben sollte der Nährstoffgehalt berücksichtigt werden, d.h. je mehr Kompost, desto geringere Mengen mineralischer oder organischer Dünger! Als Anhaltspunkt gilt: Ein 10-Liter-Eimer Kompost enthält 10–20 g Stickstoff, 10 g Phosphat, 30 g Kali; 1 Eimer à 10 Liter reicht bei Gemüse für 3 m²; bei Schwachzehrern wie z. B. Kopfsalat oder Bohnen und im Ziergarten genügt diese Menge, vom Phosphatgehalt her gesehen, meist für 5 m².

Fertige Kompostbehälter

Legen wir Wert auf besonders sauberes Aussehen des Kompostplatzes, so können wir einen fertigen Kompostbehälter kaufen. Dies empfiehlt sich besonders für kleinere Gärten. Es ist eine Vielzahl von Fabrikaten im Handel. Entscheidend ist, dass ein solcher Behälter praktisch ist, d. h. es muss reichlich Luft an das Material herankommen können, und er muss leicht zu zerlegen sein. Schwere Betonkonstruktionen wird man deshalb meiden. Außerdem sind sie nicht schön. Und gerade darauf sollten wir Wert legen – auch der Kompostplatz kann eine Zierde für den Garten sein!

Ich verwende seit über 30 Jahren die schlicht-unauffällige Schwarzwälder Kompostlege – bestehend aus kesseldruckimprägnierten Rundhölzern – und das Fabrikat »Miorin«, das aus Betonsäulen und eingeschobenen Brettern besteht. In den Boden betonierte Kompostplätze sind ungeeignet, weil bei ihnen der Luftzutritt fehlt. Aus den Abfällen wird dann kein lockerer Nährhumus, sie faulen nur.

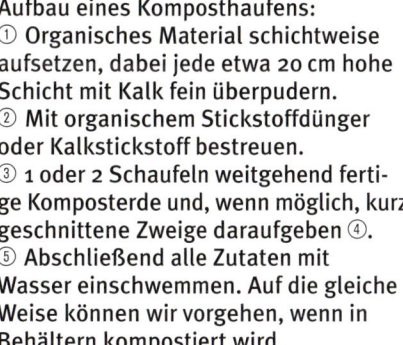

Aufbau eines Komposthaufens:
① Organisches Material schichtweise aufsetzen, dabei jede etwa 20 cm hohe Schicht mit Kalk fein überpudern.
② Mit organischem Stickstoffdünger oder Kalkstickstoff bestreuen.
③ 1 oder 2 Schaufeln weitgehend fertige Komposterde und, wenn möglich, kurz geschnittene Zweige daraufgeben ④.
⑤ Abschließend alle Zutaten mit Wasser einschwemmen. Auf die gleiche Weise können wir vorgehen, wenn in Behältern kompostiert wird.

Im Handel werden inzwischen sogenannte **Thermo-Komposter** angeboten. Sie sind aus Recycling-Kunststoff hergestellt und ermöglichen durch die rundum doppelwandige Konstruktion eine besonders gute Wärmedämmung, sodass die eingebrachten Garten- und Küchenabfälle bereits in kurzer Zeit zu wertvollem Mulchkompost verwandelt werden. Während der Heißverrottungsphase kann es in einem solchen Behälter zu Temperaturen bis 70 °C kommen.

Stallmist

Über Stallmist braucht nicht viel gesagt zu werden, er ist rar geworden. Sollten wir trotzdem eine Fuhre davon bekommen, so wollen wir ihn wie einen kostbaren Schatz verwerten und zusammen mit Garten- und Küchenabfällen abwechselnd in je etwa 20 cm hohen Schichten aufsetzen. Der Haufen wird feucht gehalten und im Abstand von mehreren Monaten zweimal umgesetzt, sodass sich die organischen Abfälle und verrotteter Stallmist eng miteinander vermischen. Sobald die Verrottung weit genug fortgeschritten ist, bringen wir die dunkle, krümelige Masse auf die Beete und arbeiten sie nur oberflächlich ein. Brauchen wir dagegen mit Stallmist nicht zu sparen, so bringen wir ihn im Herbst beim grobscholligen Umgraben mit unter.

Klärschlamm

sollte nicht verwendet werden. Obwohl bei der Gewinnung eine starke Erhitzung erfolgt, konnte nachgewiesen werden, dass Wurmeier und einige Virusarten nicht immer abgetötet werden. Außerdem ist Klärschlamm häufig durch hohe Schwermetall-Gehalte belastet.

Torf

Eine große Rolle für die Humusversorgung im Garten spielte bisher der Torf. Er besteht aus unzähligen

Das weitgehend verrottete Kompostmaterial werfen wir durch ein grobmaschiges Wurfgitter und bringen es auf Gemüse- und Blumenbeeten, unter Stauden, Obstbäumchen und Beerensträuchern aus.

kleinen Moospflänzchen, die in den Moorgebieten im Laufe von Jahrtausenden zu Humus, eben zu Torf, geworden sind. Heute wollen wir stattdessen möglichst Kompost oder zur Bodenlockerung bei Gartenneuanlagen die auf Seite 32 genannten Torfersatzstoffe verwenden und nur bei Spezialkulturen und der Jungpflanzenanzucht auf Torf bzw. torfhaltige Substrate zurückgreifen.

Gründüngung

Bewährt hat sich außerdem die Bodenlockerung durch Gründüngungspflanzen, allen voran Lupinen, Erbsen und Wicken, die zur Familie der Leguminosen gehören. In Symbiose mit Knöllchenbakterien sind sie in der Lage, den Luftstickstoff zu sammeln, der dem Boden zugute kommt. Solche Pflanzen beschatten den Boden von Neubaugrundstücken, ihre Wurzeln lockern ihn bis auf eine Tiefe von 1 m und mehr.

Die wichtigsten Pflanzennährstoffe

Stickstoff (N) fördert das Pflanzenwachstum. Die Blätter wachsen üppig und sind bei reichlicher Stickstoffgabe dunkelgrün. Stickstoff ist der Motor des Wachstums. Stickstoffmangel zeigt sich in geringem Triebwachstum, in einem hellen, ungesunden Grün der Blätter; die Früchte bei Obst bleiben klein, ebenso die »Blumen« bei Blumenkohl, die Kohlrabi-Knollen usw., siehe Bilder Seite 61.
Stickstoff sollte, außer bei Gemüse und Einjahrsblumen, nur bis Ende Juni gegeben werden, da sonst der Trieb nochmals angeregt, und Obstgehölze, Rosen usw. nicht ausreifen, was wiederum Frostschäden begünstigt. Zu hohe N-Gaben müssen vermieden werden; sie fördern geiles, mastiges Wachstum, und das Gemüse kann während des Kochens üblen Geruch verbreiten. Außerdem besteht die Gefahr, dass Nitrat in tiefere Bodenschichten (Grundwasser) ausgewaschen wird.
Phosphor (P) kommt der Blüten- und Fruchtbildung zugute. Pflanzen, die blühen und fruchten sollen, haben also diesen Nährstoff besonders nötig.
Kalium (K) fördert die Zucker- und Stärkebildung. Die Pflanzen werden standfest. Die Widerstandsfähigkeit gegen Kälte und Krankheiten wird günstig beeinflusst.
Kalk bzw. Kalzium (Ca) nimmt unter den Pflanzennährstoffen eine Sonderstellung ein. Er lockert den Boden, fördert die Bodengare und wirkt Säuren entgegen. Zugleich ist er ein unentbehrlicher Pflanzennährstoff.

Magnesium (Mg) muss nach neueren Erkenntnissen als fünfter Hauptnährstoff betrachtet werden. Apfelbäume, Rote Rüben, Buschbohnen u. a. entziehen dem Boden ebenso viel Magnesium wie Phosphor. Magnesium ist ein wichtiger Bestandteil des Blattgrüns.

Spurenelemente

Außer diesen Hauptnährstoffen braucht die Pflanze noch eine Reihe von Spurenelementen wie Bor, Mangan, Kupfer, Zink und Kobalt. Andere Spurennährstoffe wie Eisen, Chlor, Natrium, Schwefel, Silicium und Molybdän sind meist in ausreichender Menge im Boden vorhanden. Die Spurennährstoffe sind für die Pflanze ebenso wichtig wie die Hauptnährstoffe. Wie aber der Name schon sagt, genügen bereits kleinste Mengen.

Düngerformen

Volldünger erleichtern die Arbeit

Wir wollen uns die Arbeit im Garten möglichst einfach machen. Deshalb wird bei den einzelnen Kulturen nur von chloridarmen (= salzarmen) Volldüngern (Blau-Volldünger) gesprochen, welche die wichtigsten Haupt- und Spurennährstoffe in einer harmonischen, gut pflanzenverträglichen Form enthalten. Als Maß habe ich immer die menschliche Hand genommen, die etwa 50 g fasst, denn im Garten steht uns kaum eine Briefwaage zur Verfügung, auf der wir 60 oder 80 g genau abwiegen könnten. Außerdem wäre das viel zu umständlich. Ob die Hand etwas größer oder kleiner ist, also ob wir einige Gramm mehr

oder weniger ausbringen, ist nicht so entscheidend. Wichtig ist nur, dass wir uns ungefähr an die genannten Mengen halten. Bewusst wurde auf komplizierte Tabellen und Berechnungsbeispiele verzichtet. Die Düngung darf für den Freizeitgärtner keine Geheimwissenschaft bleiben, sie soll genauso viel Freude machen wie das Säen, Pflanzen und Ernten.

Trotz dieser Vollernährung der Pflanzen kann der Boden im Laufe der Jahre von einem der Hauptnährstoffe zu wenig erhalten, bzw. es kann sich ein Nährstoff ungünstig anreichern. Eine gelegentliche Bodenuntersuchung (Seite 62) gibt uns darüber Aufschluss, sodass für Abhilfe gesorgt werden kann. Der Nährstoffgehalt wird bei den Volldüngern (Mehrnährstoffdüngern) stets in gleichbleibender Reihenfolge angegeben: 1. Stickstoff (N), 2. Phosphat (P_2O_5), 3. Kali (K_2O), 4. Magnesium (MgO). Der Kalkgehalt von Volldüngern beträgt meist 8–10 %.

Nach heutigen Erkenntnissen sollen in 100 g Boden 15–25 mg Phosphat und 15–25 mg Kali enthalten sein. Der ideale pH-Wert liegt – von Spezialkulturen abgesehen – bei 6,0–7,0 (siehe Seite 63). Wie zahlreiche Bodenuntersuchungen der letzten Zeit ergeben haben, werden diese Werte vor allem bei Phosphat vielfach erheblich übertroffen. In solchen Fällen ist auf einen phosphatarmen Blau-Volldünger (z.B. Nitrophoska perfekt) auszuweichen bzw., wenn auch der Kaligehalt zu hoch ist, geben wir nur einen organischen oder mineralischen Stickstoffdünger. Von letzterem immer nur geringe Gaben, z.B. 20–25 g/m² Kalkammonsalpeter. Bei Bedarf

kann dies nach etwa 4 Wochen wiederholt werden, sodass den Pflanzen zwar laufend dieser Motor des Wachstums zur Verfügung steht, er aber als leicht wasserlöslicher Pflanzennährstoff möglichst nicht in tiefere Bodenschichten ausgewaschen wird. Andernfalls könnte es zu einer Nitratanreicherung im Grundwasser kommen. Dies gilt vor allem bei leichten Böden. **Stickstoffmangel** lässt sich verhältnismäßig leicht an der hellen, ungesunden Blattfärbung und in stockendem Triebwachstum erkennen. In einem solchen Fall sollte mit Stickstoff nachgedüngt werden, evtl. in Wasser aufgelöst, damit die gewünschte Wirkung rasch eintritt.

Übrigens: Auch bei Verwendung organischer Stickstoffdünger kann eine Einwaschung des Stickstoffs in tiefere Bodenschichten und damit eine unerwünschte Nitratanreicherung im Grundwasser erfolgen, wenn im Übermaß gedüngt wird.

Einige bewährte Einzeldünger

Wenn aufgrund einer Bodenuntersuchung nicht andere Düngeempfehlungen gegeben werden, kann man statt mit einem Blau-Volldünger auch mit Einzeldüngern arbeiten. Zur Zeit der herbstlichen Bodenbearbeitung wird die Phosphorsäure in Form von Thomasphosphat (10 kg je 100 m²), das Kali als Kalimagnesia (8 kg je 100 m²) gegeben. Um den Boden mit Stickstoff zu versorgen, bringen wir gleich nach der Schneeschmelze Spezial-Kalkstickstoff (5 kg je 100 m²) aus. Diese Mengen genügen im Durchschnittsgarten. Wenn nötig, kann dann während der Vegetationszeit noch eine Kopfdüngung mit einem leicht wasserlöslichen Volldünger bzw. Stickstoffdünger gegeben werden. Sollte sich bei einer Bodenuntersuchung herausstellen, dass ein Nährstoff in besonderem Maße fehlt bzw. im Überschuss vorhanden ist, können wir mit Düngern, die nur einen Nährstoff enthalten, regulierend eingreifen.

Organisch-mineralische Volldünger

Obwohl, wie bereits erwähnt, bei einer harmonischen Versorgung der Pflanzen mit mineralischen Düngern keine Nachteile festgestellt werden konnten, gibt es doch eine große Zahl von Hobbygärtnern, die ihren Pflanzen die benötigten Nährstoffe lieber in organischer Form zuführen möchten. Dies ist durchaus möglich, denn es gibt bewährte Dünger, die den Stickstoff in Form von tierischem Hornmehl und die Phosphorsäure als Knochenmehl enthalten (siehe Tabelle rechts). Lediglich das Kali wird diesen Düngern meist in Form des aus dem Boden abgebauten

Chlorose bei Rhododendren.

PROFI-TIPP

Chlorose tritt besonders häufig bei Rhododendren und anderen Moorbeetpflanzen auf, wenn der Boden zu kalkreich ist. Auch Magnesiummangel kann hierfür die Ursache sein. Auch Rosen leiden manchmal unter Chlorose. Abhilfe kann mit Fetrilon geschaffen werden, einem wasserlöslichen Dünger mit 13 % Eisen in organischer Bindung.

Kalimagnesia (Patentkali) zugesetzt. Organisch-mineralische Volldünger enthalten auch die von den Pflanzen benötigten Spurenelemente. Bei den in der Tabelle Seite 69 genannten, organisch-mineralischen bzw. rein organischen Düngern ist der Nährstoffgehalt meist geringer als bei mineralischen Volldüngern. Um die gleichen Nährstoffmengen auszubringen, muss man also entsprechend mehr geben. Angaben für die einzelnen Obst- und Gemüsearten sind auf den Packungen der genannten organischen Düngemittel aufgedruckt.

Die ausschließlich organischen Dünger enthalten meist kein oder nur eine unbedeutende Menge an Kali. Fehlt es im Boden an Kali (Bodenuntersuchung!), dann kann man diesen Nährstoff nach den Angaben der Bodenuntersuchung in Form von Kalimagnesia (Patentkali) einbringen. Auch Holzasche ist kalireich, aber häufig durch hohe Gehalte an Kadmium belastet.

Wirkdauer

Die organischen bzw. organisch-mineralischen Dünger wirken langsamer als mineralische, die Nähr-

---

stoffe werden bei ihnen erst durch das Bodenleben für die Pflanzen aufgeschlossen. Die Kleinlebewesen machen sie je nach Feuchtigkeits- und Wärmeverhältnissen für die Pflanze aufnehmbar, sie legen mit ihnen aber auch – wenn sie nicht gleich benötigt werden – Reserven in Form von Humusstoffen an. Organische Dünger stellen also eine langsam fließende Nährstoffquelle für die Pflanzen dar. Da sowohl Stickstoff als auch die Phosphatverbindungen bei organischen Düngern in unlöslicher Form vorliegen und erst durch mikrobiellen Abbau frei werden, ist die Gefahr von Salzschäden ausgeschlossen. Eine Überdüngung dürfte hier auch schon vom Preis her gesehen kaum möglich sein, man kann also kaum Fehler machen.

PROFI-TIPP

In spezieller Aussaaterde sind ausreichend Nährstoffe enthalten, abgestimmt auf den Bedarf der jungen Sämlinge. Wird dann das gleiche Substrat zum Pikieren verwendet, so kann es nach anfänglich flottem Wachstum zu Mangelerscheinungen kommen. Die Pflanzen in den Pikierschalen, Töpfen oder Multitopfplatten bekommen ein fahles, ungesundes Aussehen, das Wachstum stockt, die Pflanzen »verhocken«. Wenn wir dies beobachten, ist es Zeit, mit einem wasserlöslichen Dünger in der auf der Packung angegebenen Konzentration – siehe Tabelle rechts – zu gießen und mit klarem Wasser nachzubrausen.

Düngemittel für den Garten

Name	Gehalt in % N	P_2O_5	K_2O	MgO		Bemerkungen
Mineralische Blau-Volldünger (chloridarme Mehrnährstoffdünger)						
Blaukorn ENTEC	14	7	17	2	+ Spurenelemente	Neuer chloridarmer Universaldünger; durch den Nitrifikationshemmer ENTEC nutzen die Pflanzen den Stickstoff besser aus, die Gefahr der Nitratauswaschung ins Grundwasser wird reduziert; ebenso wirkt sich der verringerte Phosphatgehalt umweltschonend aus. Blaukorn ENTEC flüssig (8+8+6+Spurenelemente) wirkt besonders rasch.
Nitrophoska spezial	12	12	17	2	+ Spurenelemente	chloridarm; nicht geeignet für Böden, die mit Phosphat und Kali gut bis sehr gut versorgt sind
Nitrophoska perfekt	15	5	20	2	+ Spurenelemente	chloridarm; phosphatarm, optimales Nährstoffverhältnis; nicht geeignet bei zuviel Kali im Boden
Langzeitdünger						Bei diesen Düngern wird eine auf den Bedarf der Pflanzen abgestimmte Nährstoffmenge freigegeben, ohne nennenswerte Auswaschverlust, ohne Erhöhung der Salzkonzentration im Boden, deshalb umweltschonend. Die Wirkung dieser Langzeitdünger hält 4 bzw. 6 Monate an. Darüber hinaus sind spezielle Langzeitdünger für verschiedene Kulturen (Rosen, Stauden, Buchs usw.) in Kleinpackungen zu 500 g oder 1 kg im Handel, deren Nährstoffgehalt auf diese Kulturen abgestimmt ist.
Floracote Depot-Gartendünger	19	6	12	–		
Floracote Plus Blumendünger	16	12	12	–		
Wasserlösliche Volldünger (zur Flüssigdüngung, vor allem bei der Anzucht von Blumen und Gemüsepflanzen)						
Hakaphos Nährsalz	14	7	14	3	+ Spurenelemente	chloridarm; Menge: 2–4 g/l
Mairol	2	7	10	0,3	+ Spurenelemente	chloridarm; Menge: 2–4 ml/l
Organische Einzeldünger						Diese stickstoffhaltigen organischen Dünger sind gut geeignet zur Düngung im Frühbeet und Gewächshaus sowie auf Böden, die mit Phosphat und Kali reichlich versorgt sind. Fehlt Kali, muss es zusätzlich gegeben werden.
Hornmehl	13	–	–	–		
Hornspäne	14	–	–	–		
Organische Volldünger						
Compo Bio Sana Bio-Gartendünger	5	1	5	–		Rein organischer Dünger; eignet sich zur ganzjährigen Anwendung für alle Pflanzen im naturgemäßem Garten.
Fertofit Garten-Dünger	7	3	6	–		Ein NPK-Dünger mit ausgewogenem Nährstoffverhältnis, hergestellt aus pflanzlichen und tierischen Stoffen; der Kalianteil wird aus der Zuckerrübe gewonnen.
Organisch-mineralische Volldünger						Den organisch-mineralischen Volldüngern ist Kali beigemischt. Dieser Nährstoff braucht also bei Mangel nicht zusätzlich gegeben zu werden wie bei den genannten organischen Einzeldüngern. Organisch-mineralische Volldünger wirken langsam und lange anhaltend; sie sind bestens geeignet für Frühbeet und Gewächshaus, aber ebenso für den Garten, wenn es nicht auf eine rasche Wirkung ankommt. Die meisten enthalten wenig Phosphat und eignen sich deshalb besonders für mit diesem Pflanzennährstoff überversorgten Böden. Von verschiedenen Garten-Centern und Firmen werden außerdem hauseigene Volldünger, z. T. unter Zusatz von Guano, angeboten.
Hornoska Spezial	8	4	10	2		
Engelharts Gartendünger	7	7	7	–		
Engelharts Sti-p-Ka	7	4	8	–		
Oscorna-Animalin	7	4	1	–		
Compo Bio Sana Bio-Universaldünger	6	4	6	2		

Bei den Obst- und Gemüsearten werden nur vereinzelt Düngeempfehlungen gegeben, nachdem inzwischen auf beinahe jeder Rückseite der Düngemittelpackungen angegeben ist, wie der betreffende Dünger (g/m², Zeitpunkt) angewendet werden soll. Aus Platzgründen konnten hier nur einige wichtige und wohl überall erhältliche Düngemittel genannt werden.

Sommerblumen, Stauden, Rosen...

Ein umfangreiches Kapitel! Gehölze bilden das dauerhafte Gerüst unseres Gartens. Aber erst wenn Sommerblumen, Stauden und Rosen hinzukommen, entsteht die Vielfalt, von der wir träumen. Wir sollten jedoch den Garten nicht überladen und Pflanzen auswählen, die sich im vorhandenen Klima, Boden, Sonne oder Schatten wohlfühlen. Ja, »... die Pflanze gleicht den eigensinnigen Menschen, von denen wir alles erhalten können, wenn wir sie nach ihrer Art behandeln ...«, wie schon Goethe sinngemäß gesagt hat.

Im Bild: Ein Traum in Rosa, Blau und Weiß! Der Schmetterlingsstrauch *(Buddleja)* steht hier goldrichtig als Eckpunkt der Staudenpflanzung. Für den grünen Rahmen eines Grundstücks eignet er sich dagegen weniger; er friert im Winter häufig zurück, sodass eine Lücke entsteht. Hübsch neben dem vielen Weiß auch der rosa Phlox, die zartlila Katzenminze und der blaue Salbei.

Blumenrabatte mit niedrigen orange-farbenen Tagetes, gelbem Ruhrkraut *(Lonas annua)*, fliederblauen Verbenen *(Verbena rigida)*, weißer Zierkamille *(Tanacetum parthenium* 'Schneeball'), dahinter die orange Tithonie *(Tithonia rotundifolia)*, auch Mexikanische Sonnenblume genannt.

Ohne Sommerblumen geht es nicht

Wie schon der Name sagt, müssen Sommerblumen (= Ein- bzw. Zwei-jahrsblumen) alljährlich neu ausge-sät oder ausgepflanzt werden, im Gegensatz zu den ausdauernden Stauden. Mancher Gartenfreund wird sich fragen, ob es denn aus diesem Grunde nicht besser sei, auf Einjahrsblumen ganz zu verzichten. Diese Frage ist rasch beantwortet, wenn wir uns Gärten ansehen, die nur mit Gehölzen und Stauden ge-staltet sind, und solche, in denen Einjahrsblumen die Farbenpracht steigern. Ich möchte sogar sagen: **Je kleiner der Garten, desto unent-behrlicher sind Einjahrsblumen,** nutzen sie doch ihr kurzes Dasein zu einer verschwenderischen Far-ben- und Blütenfülle.

Im neu angelegten Garten, in dem zwischen den Stauden, Ziersträu-chern und Obstbäumchen noch viel freier Platz ist, sind es ausschließ-lich die Ein- und Zweijahrsblumen, mit denen wir in kurzer Zeit Farbe an die noch leeren Stellen zaubern

können. Ebenso gibt es im fertigen Garten viele Möglichkeiten, Som-merblumen unterzubringen, etwa entlang des Weges oder an abge-blühten Stellen des Staudenbeetes. Schnell können wir mit ihnen un-schöne Stellen rot, blau, weiß und gelb »überpinseln«.

Einjahrsblumen für die Direktaussaat

Manche Einjahrsblumen kommen ohne Vorkultur aus. Wir können sie im April bis Mai direkt an Ort und Stelle aussäen. Schon die bunten Abbildungen auf den Samentüten erwecken in uns Vorfreude auf das kommende Gartenglück. Der Samen wird möglichst gleichmäßig und recht dünn ausgestreut, mit dem Eisenrechen leicht festgeklopft – aber nicht eingeharkt – und mit der Gießkanne überbraust. Nach dem Aufgehen müssen die meisten Arten auf etwa 30 cm Abstand vereinzelt werden.

Godetien
Sie werden direkt ins Freie gesät und auf 20–30 cm vereinzelt.

Hier soll nur eine kleine Auswahl genannt werden, und zwar solche Arten, die besonders farbwirksam sind und sich größtenteils auch gut zum Schnitt für die Vase eignen.

Nachfolgend werden die Som-merblumen in alphabetischer Reihenfolge ihrer deutschen Namen genannt.

Godetie, Sommerazalee
(Clarkia, Syn.: *Godetia)*
Höhe: 40–60 cm

Die seidig schimmernden Blüten bezaubern durch ihre Pastellfarben in verschiedenen Rosa- und Rot-tönen sowie in Weiß. Da sich Gode-tien leicht verpflanzen lassen, können wir erst auf ein Saatbeet aussäen und die Setzlinge im Mai an die gewünschte Stelle bringen. Gute Schnittblume!

Goldmohn
Hier in bunter Mischung, dazu Ageratum und Wiesenkerbel *(Anthriscus sylvestris)*.

Goldmohn, Eschscholzie
(Eschscholzia californica)
Höhe: 30–40 cm

Er ist anspruchslos und blüht unaufhörlich bis tief in den Oktober hinein. Seine Blütenfarben Creme, Gelb und Rot ergeben ein herrliches Zusammenspiel von wohltuenden Pastelltönen. Gut geeignet zur Füllung von leeren Stellen auf Stau-

Jungfer im Grünen
Die Sorte 'Miss Jekyll' blüht himmelblau.

denbeeten! Einmal im Garten, sät sich Goldmohn von selbst aus und blüht sogar auf Kieswegen oder dicht an einer sonnigen Hauswand.

Jungfer im Grünen, Gretel im Busch
(Nigella damascena)
Höhe: 40–60 cm

Eine beliebte Sommerblume, die wir auf etwa 25 cm Abstand vereinzeln. Durch die fein zerteilten Blätter wirkt sie sehr dekorativ. Hinzu kommen aparte blaue, rosa und weiße Blüten und anschließend kugelige Früchte, die sich gut für Trockensträuße eignen.

Kap-Ringelblume
(Dimorphotheca sinuata)
Höhe: ca. 30 cm

Meist werden Prachtmischungen in Orange, Lachs und Weiß angeboten. Wegen der Frostempfindlichkeit sollte die Freilandaussaat erst ab Mitte Mai erfolgen. Gut geeignet für leere Stellen im Steingarten und als Einfassungspflanze. Schnittblume!

Kornblume, Flockenblume
(Centaurea cyanus)
Höhe: 60–80 cm

Die Blütenfarbe und -form ähnelt der wilden Kornblume, die heute allerdings selten zu finden ist. Wertvolle Schnittblume. Unter dem Namen *C. moschata* (jetzt: *Amberboa moschata*) sind wohlriechende Flockenblumen in Rosa, Purpur, Gelb und Weiß im Handel.

Portulakröschen
(Portulaca grandiflora)
Höhe: 10–15 cm

Die einfachen oder gefüllten Blüten schimmern in allen Farben, außer in Blau. Eine wirkungsvolle Einjahrsblume, die sich jedoch nur in sandigem, leichtem Boden wohl fühlt und viel Sonne will. Verschwindet die Sonne hinter Wolken, so schließen sich die vielen Röschen ebenso wie beim Goldmohn, bei Mittagsblumen oder Gazanien. Gut geeignet für den Steingarten und vor allem als Wegeinfassung. Einmal im Garten, säen sich Portulakröschen alljährlich von selbst aus. Wir brauchen sie dann nur noch auf Fingerlänge zu vereinzeln.

Portulakröschen
Sie wachsen am besten an trockenen, heißen Stellen, auch am Rand eines Gartenweges.

Ringelblume
(Calendula officinalis)
Höhe: ca. 50 cm

Die Farbskala reicht von hellgelben über orange bis zu aprikosenfarbenen Tönen. Eine unverwüstliche Sommerblume, die auf bunten Beeten bis zum Frost hin blüht und sich ebensogut zum Schnitt für die Vase eignet. Sie sät sich von selbst aus, so dass wir uns im nächsten Jahr nicht mehr um sie zu kümmern brauchen.

Schleifenblume
(Iberis amara und *I. umbellata)*
Höhe: ca. 30 cm

Die erstgenannte Art blüht von Mai bis August in Weiß. *I. umbellata* blüht dagegen von Juni bis in den August hinein lila- und purpurfarben. Beide einjährige Arten sind für sommerlich bunte Beete und für Wegeeinfassungen gut geeignet. Ebenso brauchbar sind sie für kleine Tischgestecke. Sie sind denkbar genügsam und säen sich alljährlich von selbst aus. Sogar in den schmalen Fugen zwischen Gartenplatten entwickeln sie sich zur vollen Schönheit.

Schmuckkörbchen, Kosmee
(Cosmos bipinnatus)
Höhe: 80–120 cm

Blütenfarben: Lila-Rosa, Scharlachrot, Purpurviolett und Reinweiß. Die lichten Farben geben den Kosmeen in Verbindung mit dem fein zerteilten Grün der Blätter ein duftiges und sehr zartes Aussehen. Während wir bei niedrigen und überreich blühenden Sommerblumen die verblühten Teile nicht zu entfernen brauchen, wirkt sich dies bei höheren Arten, besonders bei Kosmeen, vorteilhaft für den weiteren Blütenflor aus. Nicht zusätzlich düngen, denn Kosmeen schießen sonst zu sehr ins Kraut und blühen nur spärlich! Wenn beim Schnitt die Röhrenblüten noch geschlossen sind, halten Kosmeen bis zu 2 Wochen in der Vase.

Wertvoll ist auch *C. sulphureus,* je nach Sorte gelb oder orange, Höhe 30–60 cm, Blüte ab August.

Schöngesicht, Mädchenauge
(Coreopsis tinctoria)
Höhe: 40–100 cm

Die Blüten sind goldgelb mit purpurroter Mitte. Als »Lückenbüßer« auf Staudenbeeten, zusammengepflanzt mit anderen Sommerblumen, und zum Schnitt bestens geeignet!

Schmuckkörbchen
Hier zusammen mit der Stauden-
Sonnenblume *(Helianthus rigidus).*

Sommer-Margerite
(Chrysanthemum carinatum)
Höhe: meist 50–60 cm

Es gibt Sorten wie 'Frohe Mischung', deren Blüten wie Kokarden aussehen. Auf der weißen Grundfläche zeigen sich rote, gelbe und braune Ringe; andere entwickeln ein eigenartiges Farbenspiel von mahagoniroten über bronzefarbenen bis zu gelben Tönen. Ich halte die Sommer-Margerite für eine der schönsten Einjahrsblumen. Auf fruchtbarem Boden blüht sie besonders reich und ausdauernd. Je mehr wir für die Vase abschneiden, desto mehr Blüten kommen nach.

Sommer-Margerite
'Frohe Mischung' mit besonders leuchtenden, lange haltbaren Blüten.

Sonnenblume
(Helianthus annuus)
Höhe: bis zu 3 m

Die Blütenfarben reichen von Gelb bis zu dunklem Purpur. Wir können entweder an Ort und Stelle aussäen, dann aber nicht vor Anfang Mai, oder aber in kleinen Töpfchen vorkultivieren und die Pflanzen nach den Eisheiligen ins Freie setzen. Der Abstand sollte bei dieser allbekannten Pflanze mindestens 50 cm betragen.

Vielfach gehen Sonnenblumen als Nebenprodukt der winterlichen Vogelfütterung im Garten von selbst auf. Vielleicht haben wir Glück und können sie gleich stehen lassen, denn ein Verpflanzen vertragen sie schlecht. Kinder haben ihre helle Freude an der für sie riesenhaften Sonnenblume, mit der sich manche unschöne Stelle farbig »übertünchen« lässt. Als Schnittblumen für die Bodenvase eignen sich allerdings die »Riesen« mit nur einer Sonne weniger gut als reichverzweigte. Inzwischen gibt es auch niedrige Sorten wie 'Pacino' u. a., die nur 30–40 cm hoch werden.

Sonnenflügel
(Helipterum manglesii)
Höhe: 30 cm

Weiße, rosa und rote Farbtöne. Unter *H. roseum* sind in Samengeschäften großblumige, gefüllte Spielarten in Rosa, Karmin und Weiß erhältlich. Aussaat erfolgt wie bei Strohblumen an eine warme, sonnige Stelle. Abstand nach dem Verpflanzen bzw. Verziehen: 15–20 cm. Auch diese guten Trockenblumen müssen bereits vor dem Aufblühen geschnitten werden.

Strohblumen
(Helichrysum bracteatum)
Höhe: 60–80 cm

Außer der lebhaften Prachtmischung sind gelbe, orangefarbene, rosa, rote, violette und weiße Farbtöne

Sonnenblume
'Hohe Sonnengold', goldgelb, gefüllt, Blütenscheiben an 1,50 m hohen Stielen.

im Handel. Besonders kräftige Pflanzen und eine frühe Blüte erzielen wir, wenn die Aussaat im April ins Frühbeet erfolgt. Verpflanzt wird

Sonnenflügel
Hier *Helipterum roseum* 'Tetred', eine Sorte mit besonders großen tiefrosa Blüten.

Strohblumen
'Monstrosum'-Prachtmischung mit lebhaftem Farbenspiel, dazu lila Verbenen *(V. rigida).*

nach den Eisheiligen. Wir können aber auch Ende April dünn an Ort und Stelle säen und die Pflänzchen auf 30 cm Abstand halten.
Zum Trocknen schneiden wir die Knospen kurz vor dem Aufblühen. Nachdem die Blätter entfernt sind, werden die noch geschlossenen Blüten mit den Köpfen nach unten an einem luftigen, schattigen Platz zum Trocknen aufgehängt. Sind die Strohblumen nur für das Sommerblumenbeet gedacht, kann die farbenfrohe Zwerg-Strohblumen-Mischung 'Bikini Formel Mix' empfohlen werden, die nur 30 cm hoch wird. Besonders attraktiv sind die niedrige feurigrot blühende Sorte 'Bikini Hot', aber auch andere Einzelfarben wie 'Bikini Gold' u. a.

Weißes Steinkraut, Steinrich
(Lobularia maritima)
Höhe: je nach Sorte 6–15 cm

In Katalogen finden wir es manchmal noch unter dem alten botanischen Namen *Alyssum maritimum.* Je nach Sorte sind die zahllosen winzigen Blüten weiß, rosa oder violett gefärbt. Das Steinkraut eignet sich ausgezeichnet für Wegeinfassungen. Ebenso können wir es aber auf ein Beet dicht aussäen und in diesen weißen Teppich einige höhere Sommerblumen pflanzen. Zauberhaft schön sieht es aus, wenn wir zwischen rosafarbenen oder roten Beetrosen die nur 8 cm hohe weiße Sorte »Schneeteppich« säen. Die Rosen müssen aber in einer solchen Pflanzung weiter voneinander ent-

fernt stehen als normal, am besten in kleinen Gruppen mit reichlich Abstand damit der weiße Rasen aus Steinkraut genügend Sonne bekommt. Auch das Weiße Steinkraut sät sich von selbst aus.

Feldblumenmischungen

Eine etwas abgelegene Ecke, an der man zwar immer wieder vorbeikommt, die aber nicht ständig im Blickfeld liegt, wäre der geeignete Platz für eine Feldblumenmischung. Hier braucht man keine Hemmungen zu haben, ständig für die Blumenvase zu schneiden, und auch 1 m hoch werdende Feldblumen wie Seidenmohn und Kornblume, die sich bei Regen zur Seite legen, fallen nicht so störend ins Gewicht. Eine solche Mischung enthält bunte Blumenarten aus Europa und Nordamerika, die in ihrer Heimat wild wachsen. Sie blühen schnell und reich und eignen sich hervorragend

Blumenmischung »1001 Nacht«,
eine begeisternde Mischung aus vielen bezaubernden Wildblumen, aber auch kleinblütigen Zinnien u. a.

zum Schnitt für die Vase. Ebenso gut ist ihre Wirkung im Garten, auch an Stellen, die wenig gepflegt werden können. Wichtig ist, dass die Saat bis zur Keimung gleichmäßig feucht gehalten wird, denn wegen der großen Artenvielfalt zieht sich die Keimung lange hin. Die ersten Pflanzen erscheinen schon nach 10 Tagen, bis die letzten da sind, muss man sich 1 Monat lang gedulden. Nicht düngen, und auf keinen Fall zu dicht säen, damit sich die einzelnen Arten gut entwickeln können! Und noch etwas Besonderes für Liebhaber von Ton-in-Ton-Pflanzungen: »Traumgarten in Weiß« heißt

Tagetes-Erecta-Hybride 'Orange Jubilee' mit *Zinnia angustifolia* 'Classic', Ringelblumen, Ageratum 'Blue Horizont' und Levkojen *(Matthiola incana* 'Blütenwunder Gelb').

eine Mischung, die nur 30–50 cm hoch wird, ebenso gibt es welche in Gelb, Rosa und Blau (50–70 cm). **Aussaat:** April – Anfang Juli an Ort und Stelle, Blüte von Juli bis zum Frost. Das »blaue« Tütchen enthält Samen von Ochsenzunge, Natternkopf, Sommerrittersporn, Buschwinde, Blaues Gänseblümchen, Liebeshainblume, Jungfer im Grünen und andere. Ein Erlebnis auch die »Romantik-Mischung« mit einer Vielfalt nostalgischer Sommerblumen. Doch fast noch mehr bin ich begeistert von »1001 Nacht« mit an die 25 verschiedenen Arten bezaubernder Wildblumen, die von Schmetterlingen, Bienen und Hummeln besucht werden. Auch diese Mischung blüht bis Oktober, doch wie bereits gesagt, die Fläche sollte vollsonnig, ungedüngt und möglichst frei von Unkräutern sein.

Einjahrsblumen mit Vorkultur

Bei einigen der bisher genannten Arten wurde bereits darauf hingewiesen, dass es besser sei, sie im April unter Glas oder Folie auszusäen, obwohl dies auch an Ort und Stelle möglich ist. Jetzt folgen Sommerblumen, die in jedem Fall eine Vorkultur brauchen, sei es eine längere, die wir besser dem Gärtner überlassen sollten, oder aber eine nur mehrwöchige, wie das beispielsweise bei Astern, Buschmalven, Tagetes und Zinnien der Fall ist. Um alle leeren Stellen den Sommer über mit Farbe füllen zu können, werden wir die »einfacheren« Arten selbst heranziehen. Ein bescheidenes **Frühbeet** von etwa 2 m² Größe mit Folienabdeckung (siehe Seite 202ff.) genügt bereits. Wegen der

Nachtfröste dürfen wir nur nicht zu früh aussäen. Es genügt Mitte April. Aber auch dann sollten wir das Frühbeet abends mit einer Strohmatte, mit Säcken oder etwas Ähnlichem abdecken, damit die Wärme besser erhalten bleibt. Noch besser: Wir säen Ende März bis Anfang April in Saatschalen ganz dünn aus und stellen diese zum Keimen ans Zimmerfenster. Ab Mitte April kommen dann die kleinen Pflänzchen in das einfache Frühbeet.

PROFI-TIPP

Besonders Zinnien, Dahlien, Tagetes, Fleißiges Lieschen u.a. sind schneckengefährdet. Deshalb gleich zu Beginn der Kultur einige Körner Schneckenkorn ausstreuen! Löwenmaul und Levkojen werden dagegen nach meiner Erfahrung kaum von Schnecken heimgesucht.

Wer ein **Kleingewächshaus** oder einen **heizbaren Frühbeetkasten** besitzt, kann auch die Sommerblumen mit längerer Vorkultur selbst heranziehen. Auch am Fenster des warmen Wohnzimmers gelingt dies, doch müssen wir dafür viel Zeit aufwenden, und die Pflänzchen werden doch etwas lang und gekrümmt werden, weil sie von Natur aus dem Licht entgegenwachsen.

In den folgenden Zeilen möchte ich eine Auswahl treffen. Es werden nur Arten genannt, die sich für den »normalen« Haus- oder Kleingarten besonders gut eignen, weil sich mit ihnen farbenprächtige Pflanzungen anlegen oder Blumen für die Vase schneiden lassen.

Ageratum, Leberbalsam
(Ageratum houstonianum)
Höhe: je nach Sorte 15–60 cm

Blütenfarbe: Blau. Eine herrliche Gruppenpflanze, von der wir für Sommerblumenbeete und Wegeinfassungen eine der niedrigen Sorten wählen; sie wachsen gedrungen und werden genauso breit wie hoch. Die höheren sind dagegen zum Schnitt und für Farbtuffs inmitten niedriger Einjahrsblumen bzw. als Füller zwischen Stauden geeignet. Die blauen und blauvioletten Farbtöne von *Ageratum* kommen erst richtig zur Wirkung, wenn gelbe, weiße oder rosa Sommerblumen dazugepflanzt werden. Unermüdlich hält die Blütenfülle an, bis hin zum Frost. Aussaat ab Anfang März oder Pflanzenkauf gegen Mitte Mai.

Aster, Sommeraster
(Callistephus chinensis)
Höhe: je nach Sorte 20–80 cm

Eine der wichtigsten und beliebtesten Einjahrsblumen, die es in allen Farben und Formen gibt; pompös gefüllt die einen, schlicht und einfach die anderen. Ich ziehe letztere vor, wirken sie doch im Garten wie in der Vase mit ihrer naiv-gelben Mitte und dem blauen oder roten Strahlenkranz besonders duftig und ursprünglich. Ich finde auch, dass diese einfachblühenden Sorten weniger von der gefürchteten **Asternwelke** befallen werden, gegen die bis heute noch kein Kraut gewachsen ist. Wir sollten nur welkeresistente Sorten aussäen bzw. auspflanzen.

Interessant sind vor allem die niedrigen Zwerg-Astern, die breitbuschig

Astern
Einfache Aster 'Victoire de Geneve' mit Strahlenblüten und großer Leuchtkraft.

wachsen und sich deshalb besonders gut für Sommerblumenbeete eignen. Bildhübsch ist eine Mischung der 'Fan'-Aster mit kleinen halbgefüllten Blüten und leuchtend gelber Mitte. Wir können mit ihnen während des Sommers Lücken in den Pflanzungen ausfüllen, da sie sich auch im blühenden Zustand noch gut versetzen lassen.

Aussaat erfolgt Anfang April, ausgepflanzt wird ab Anfang Mai. Astern wollen viel Sonne, einen kräftigen Boden, bei Trockenheit viel Wasser und gelegentlich flüssige Düngung, wie die meisten hier genannten, züchterisch bearbeiteten Sommerblumen.

Begonie
(Begonia-Semperflorens-Hybriden)
Höhe: 10–20 cm

Eine bekannte dankbare Beet-
pflanze, mit der sich – ebenso wie
mit Ageratum – geschlossene
niedrige Flächen in rosa und roten
Farbtönen erzielen lassen. Weiße
Begonien werden wir dagegen nur
ausnahmsweise verwenden. Begonien wachsen in Sonne und Halbschatten; die Pflanzen kaufen wir
meist im Mai beim Gärtner.

Buschmalve
(Lavatera trimestris)
Höhe: 60–80 cm

Diese prächtige Sommerblume ist
je nach Sorte mit rosa ('Silver Cup')
oder weißen ('Mont Blanc') Blüten
von Juli bis September geradezu
überschüttet. Vorkultur ab April
oder Aussaat gleich an Ort und Stelle und Verziehen auf etwa 40 cm.

Dahlie, Mignon-Dahlie
(Dahlia-Hybriden)
Höhe: ca. 30 cm

Die einfachen, reichblühenden und
dabei sehr niedrig bleibenden Dahlien sehen bezaubernd aus. Sie sind
ideal für Sommerblumenpflanzungen und zum Füllen von Lücken zwischen Stauden. Aussaat gegen
Ende März und Ende Mai ins Freie
pflanzen oder aber Pflanzen bzw.
Knollen beim Gärtner kaufen. Die
jungen Pflänzchen werden im Frühbeet entspitzt, damit sie möglichst
buschig wachsen. Auf Schnecken
achten!

Buschmalve
Die seidig-duftigen Blüten erinnern an
den Petticoat eines hübschen Mädchens.

Fleißiges Lieschen
Diese ideale Sommerblume für den
Halbschatten blüht unermüdlich bis
zum ersten Frost.

Fleißiges Lieschen
(Impatiens walleriana)
Höhe: 30–40 cm

Viele Farben außer reinem Gelb und
Blau. Besonders beliebt, weil vielseitig verwendbar, sind die reichblühenden, nur 15–25 cm hoch
werdenden neuen Züchtungen.
Bezaubernd z. B. die wetterfeste
'Victorian Rose' mit gefüllten rosaroten Blüten auf dunkelgrünem
Laub, die neuen 'Candy'-Sorten in
zartleuchtenden Farben u. a. Geradezu unentbehrlich ist das Fleißige
Lieschen für sommerliche Blumenbeete im Halbschatten. Dort blüht
es ohne Unterbrechung bis zum
Frost und ist wohl die einzige Sommerblume, die sich für den schattigen Bereich hervorragend eignet,
während alle übrigen möglichst viel
Sonne wollen. Fleißig gießen und
gelegentlich Düngergüsse geben!
Aussaat spätestens Anfang April,
besser schon Anfang März. Durch
Entspitzen erzielt man gut verzweigte, gedrungene Pflanzen.

Gazanie, Mittagsgold
(Gazania-Hybriden)*
Höhe: 10–30 cm

Sie liebt eine warme, sonnige Stelle, dann aber blüht sie von Juni bis Oktober schier unerschöpflich in vielerlei gelben, rosa, rotbraunen, lila und violetten Farbtönen. Es muss allerdings die Sonne scheinen, damit sich die großen, apart gezeichneten Blütenkörbe ganz öffnen. Bei Regen bleiben sie geschlossen und auch sonst meist bis gegen Mittag. Eine der schönsten Sommerblumen! Aussaat Februar/Anfang März und Auspflanzen nach Mitte Mai.

Levkoje
(Matthiola incana)
Höhe: 40–90 cm, je nach Sorte

Eine liebenswerte barocke Gartenblume, die sich auf dem Beet ebenso gut ausnimmt, wie in einem üppig wirkenden Blumenstrauß. Hinzu kommt der einmalige Duft, außerdem hatte ich bei Levkojen noch nie Probleme mit Schnecken. Aussaat im März unter Glas oder am Zimmerfenster und nach dem Aufgang am besten in Multitopfplatten oder kleine Töpfchen pikieren. Hell, kühl und luftig weiter kultivieren, wenig gießen, erst nach dem Auspflanzen ab Ende April feuchter halten. Wer nur gefüllt blühende Levkojen haben möchte, stellt die Saatschale nach Entwicklung der Keimblätter 1 Woche lang bei 4–8 °C auf. Dadurch zeigen sich Farbunterschiede: gelbgrüne Pflänzchen bringen gefüllte Blüten, dunkelgrüne sind einfachblühend.

Löwenmaul
Unermüdlich blühend und schneckenfrei!

Lobelie, Männertreu
(Lobelia erinus)
Höhe: 10–20 cm

Das Blau der Blüten ist noch intensiver als das von *Ageratum*. Neben dem besonders wertvollen Kornblumenblau gibt es auch rote und weiße Sorten. Für teppichartige

Levkoje
Eine meiner Lieblingsblumen! Duftende barocke Schönheit in Rosa-Lila-Weiss!

Sommerblumenpflanzungen bestens geeignet! Sehr gut auch als Reservepflanze, mit der erst im Sommer frei werdende Lücken gefüllt werden können. Aussaat spätestens Anfang April. Beim Pikieren werden immer mehrere der kleinen Pflänzchen zusammengenommen, damit es später die bekannten Büschel gibt. Pflanzenkauf meist beim Gärtner.

Löwenmaul
(Antirrhinum majus)
Höhe: 70–100 cm

Neben den hohen gibt es Zwergsorten für Gruppen und Einfassungen, die nur 15–25 cm hoch werden. Wegen des schier unerschöpflichen Farbenreichtums lässt sich das Löwenmaul vielseitig verwenden, besonders auch für die Vase. Vor allem die im Samenfachhandel angebotenen F_1-Hybriden sind, auf Sommerblumenbeeten und gruppenweise zwischen Stauden gepflanzt, von prächtiger Wirkung. Interessant: An Löwenmaul habe ich noch nie Schneckenfraß entdeckt. Aussaat Anfang Februar – Anfang März und Ausplanzen bereits ab April auf 25–30 cm Abstand oder fertige Pflanzen beim Gärtner kaufen.

Nelken, Einjährige Gartennelken
(Dianthus caryophyllus, D. chinensis)
Höhe: bei *D. caryophyllus* 40–50 cm, bei den China-Nelken 20–35 cm

Außer Blau kommen alle Farben vor, besonders häufig Rot. Die höheren Chabaud-Nelken eignen sich weniger für Sommerblumenbeete, von denen wir eine geschlossene Farbwirkung

erwarten; umso mehr sind sie als wertvolle Schnittblumen bekannt und begehrt. Aussaat bereits im Februar; deshalb besser die Pflanzen beim Gärtner holen.
Die niedrigen China-Nelken eignen sich dagegen ausgezeichnet für Wegeinfassungen und Sommerblumenbeete. Aussaat Anfang März und Ausplanzen Anfang Mai.

Phlox, Einjährige Flammenblume
(Phlox drummondii)
Höhe: 20–25 cm

Im Gegensatz zu Astern oder Löwenmäulchen ist der einjährige Sommerphlox nur in wenigen Gärten zu finden. Sehr zu Unrecht, denn das herrliche Farbenspiel ist für das Auge ein Genuss. Wir können mit dieser Einjahrsblume lustig-bunte Farbflächen in den Garten zaubern oder aber nur eine Reihe davon als Randbepflanzung des Gemüsegartens setzen. Immer werden wir begeistert von der Wirkung sein. Aussaat spätestens Anfang April, ausplanzen gegen Mitte Mai.

Salbei, Mehlsalbei
(Salvia farinacea)
Höhe: 50–60 cm

Das Blau dieser Salbeiart bereichert jede Sommerblumenpflanzung. Eine ideale Begleitpflanze zu Rosen! Aussaat im März, Ausplanzen nach den Eisheiligen.
'Victoria', tiefblau, hat eine enorme Fernwirkung, 'Reference' bringt eine neue Farbkombination von blauer Blüte und weißem Kelch in den Gar-

Phlox
Dazu Ziertabak und Lampenputzergras.

ten. *Salvia patens* mit auffallend großen Lippenblüten in saftem Blau aber ohne Fernwirkung ist etwas für den Genießer. Blüte dieser Salbeiarten ausdauernd von Juli bis zum Frost.

Sonnenhut, Einjahrs-Sonnenhut
(Rudbeckia hirta)
Höhe: 60–80 cm

Blütenfarben: goldgelbe, orangegelbe und reingelbe Töne mit bronzefarbenen und rotbraunen Schattierungen. Der einjährige Sonnenhut sieht dem ausdauernden Stauden-Sonnenhut sehr ähnlich. Er eignet sich hervorragend als Schnittblume, für Sommerblumenbeete und für freie Stellen auf Staudenflächen. Interessant die nur 25–40 cm hohe Neuheit 'Toto', kompakt wachsend, leuchtend goldgelb. Die einzelnen Blüten halten bei dieser Sorte sehr lange. Einmal im Garten, samen sich einige Sorten von selbst aus, sodass jedes Jahr ohne unser Zutun genügend Pflänzchen vorhanden sind. Aussaat im April, Ausplanzen im Mai auf etwa 25 cm Abstand.

Tagetes, Studentenblume
(Tagetes erecta)
Höhe: je nach Sorte 70–100 cm

Gelb und Orange in verschiedenen Tönungen. Besonders die F_1-Hybriden mit ihren riesigen ballförmigen Blüten von 10 cm Durchmesser ziehen die Blicke schon von weitem auf sich. Die hohen Sorten der genannten Art eignen sich zum Schnitt und können in hohen Pflanzungen, also vorwiegend auf größeren Flächen, verwendet werden. (siehe Foto Seite 71)

Besonders reizvoll sind die einfach-blühenden *T. patula*- und die klein-blütigen *T. tenuifolia*-Sorten für Beete und Einfassungen, mit einer Höhe von nur 20–30 cm. Unter ihnen sind auch Sorten mit mahagoni-braunen Farbtönen. Sie sind frei vom Tagetesgeruch, der nicht jeder-manns Sache ist und lassen sich leicht in der Blüte verpflanzen. Auch die Vorkultur ist recht einfach: Aussaat gegen Anfang April, Aus-pflanzen ab Mitte Mai. Achtung: Schnecken!

Verbene, Eisenkraut
(Verbena-Hybriden)
Höhe: 20–50 cm

Hier kommen alle Farben vor, teil-weise sind die Blüten mehrfarbig oder mit weißem Auge. Eine pracht-

Sonnenhut
Hier die niedrige Sorte 'Toto', zusammen mit Salbei *(Salvia farinacea)*, Ageratum und roter *Verbena peruviana*.

volle Einjahrsblume, vorzüglich ge-eignet für Beete, Einfassungen und zum Schnitt! Mit Ballen versetzt, wachsen sie auch in der Blüte ohne Störung weiter. Trotz des Farben-reichtums sehen Verbenen stets duftig aus, und bunte Sommer-sträuße wirken zusammen mit Ver-benen noch fröhlicher. Neben den bekannten farbenfrohen Verbenen ist besonders die mit der Fleuro-select-Goldmedaille ausgezeichnete Sorte 'Imagination' interessant. Sie wächst in die Breite und eignet sich mit ihren kleinen violettblauen Blü-ten an zierlichen, reichverzweigten Trieben geradezu als einjähriger Bodendecker. Aussaat ab Anfang März, Auspflanzen ab Mitte Mai, oder Pflanzenbezug beim Gärtner. Wenn wir die Verbenen vor dem Auspflanzen entspitzen, wachsen sie besonders buschig.

Zinnie
(Zinnia elegans)
Höhe: 40–90 cm

Wer kennt sie nicht, die riesenblüti-gen Zinnien, die es heute in vielerlei Farben und Formen gibt? Auf bunten Beeten geben Gruppen von kräfti-gen, stabil dastehenden Zinnien den benachbarten zarten Sommer-blumen optischen Halt und schaffen den erwünschten Kontrast. Wie bei all den bisher genannten Sommer-blumen geben Kataloge guter Samenfirmen erschöpfend Auskunft über die verschiedenen Gruppen von Zinnien und deren Eigenschaf-ten. Interessant sind niedrige 'Lili-put'-Zinnien mit einer Höhe von nur 30 cm. Sie eignen sich vorzüglich zur Beeteinfassung, außerdem für zierliche Rokoko-Sträußchen und Tischdekorationen.

Zinnie
'Profusion Cherry', eine neuere niedrige Sorte mit erstaunlich reichem Blütenflor.

Und für den, der das Besondere, aber Schlichte liebt: *Z.*-Hybride ' Profusion Cherry', runder Wuchs, 5 cm große leuchtend kirschrosa Blüten. Die Pflanzen erreichen einen Durchmesser von etwa 80 cm und bringen an die 100 Blüten hervor, die beim Verblühen zwar etwas ver-blassen, aber noch lange gut aus-sehen. *Z. angustifolia* 'Perserteppich', 40 cm, bunte Blumen in farbenfroher Mischung.

PROFI-TIPP

Damit die Sommerblumenpflan-zung bis zum ersten Frost nichts an Schönheit einbüßt, ständig alles Verblühte abschneiden, vor allem bei den großblumigen Ar-ten. Dazu gelegentlich flüssig düngen, wenn nötig gießen und Boden lockern.

Einjährige Kletterer für Zäune und Spaliere

Unter den Einjahrsblumen, die wir an Ort und Stelle aussäen können, finden sich auch wertvolle Arten zum Beranken von Zäunen und Spalieren. Besonders für schmale Reihenhausgärten sind sie geeignet, weil sie bereits in wenigen Wochen fröhlich an Zwischenzäunen entlang klettern. Aber auch in anderen Gärten sind sie uns willkommen, weil sich mit ihrer Hilfe so manche Unvollkommenheit auf reizvolle Art verdecken lässt. Einige Arten für

Edelwicken
Sie lieben lockeren Boden. Bei Vorkultur in Töpfen luftdurchlässiges Substrat oder Fichtensägemehl verwenden.

diesen Zweck brauchen allerdings eine Vorkultur.

Edelwicke, Duftwicke
(Lathyrus odoratus)
Höhe: 1,50–2 m

Im April wird in einer Reihe ausgesät und bei Beginn des Rankens auf etwa 20 cm Abstand verzogen. Die duftigen Blüten erscheinen in einer schier unerschöpflichen Farbenvielfalt. Wenn wir 2–3 Folgesaaten im Abstand von 4 Wochen durchführen, können wir bis in den Herbst hinein Blumen schneiden. Je fleißiger geschnitten und je mehr der Samenansatz verhindert wird, desto reicher ist die Blüte. Bei Trockenheit reichlich gießen und oft flüssig düngen!

Feuerbohne, Prunkbohne
(Phaseolus coccineus)
Höhe: bis 4 m

Die Aussaat darf nicht vor Anfang Mai erfolgen, es sei denn, wir säen ab Mitte April in Töpfchen und pflanzen erst nach den Eisheiligen aus. Die Blütenfarbe ist bei 'Preisgewinner' Ziegelrot, bei 'Weiße Riesen' Weiß. Besonders für höhere Zäune, als Windschutz aufgestellte Stangen oder Spaliergerüste eignen sich die gegen rauhe Witterung unempfindlichen Feuerbohnen ausgezeichnet. Dazu kommt, dass sie als Gemüse oder Salat besonders herzhaft schmecken. Die Hülsen müssen in jungem Zustand geerntet werden, also bevor sie fädig werden.

Kapuzinerkresse
(Tropaeolum majus u. a. *T.*-Arten)
Höhe: je nach Art bis zu 3 m

Die Blütenfarbe ist Gelb mit Rot. Besonders zum Beranken von Holz- und Drahtzäunen sowie Lauben ist diese altbekannte Pflanze gut geeignet. Wir säen in der 1. Maiwoche aus, wobei die Samen etwa 10 cm voneinander entfernt ausgelegt werden. Für halbschattige Stellen eignet sich *T. peregrinum* sehr gut.

Prunkwinde, Trichterwinde
(Ipomoea purpurea bzw.
I. tricolor)
Höhe: je nach Art und Sorte 2–3 m

Eine Prachtmischung von *I. purpurea* bringt uns blaue, rote, weiße und gestreifte Blüten. Von einem einmaligen duftigen Blau sind die seidigen Blüten bei *I. tricolor* 'Himmelblau'.
Die Aussaat kann ab Anfang Mai ins Freie erfolgen, Abstand etwa 10 cm. Besser ist es jedoch, bereits Mitte April unter Glas oder Folie in Töpfchen auszusäen und die Pflanzen erst Ende Mai an warme, windgeschützte Stellen bringen.
Die Blüten öffnen sich morgens gegen 4–5 Uhr und schließen sich an sonnigen Tagen bereits wieder zwischen 10 und 12 Uhr. Nur an trüben Tagen bleiben sie an der Westseite bis zum späten Nachmittag hin geöffnet. Dies sollten wir bei der Auswahl der Pflanzstellen berücksichtigen. Jeden Tag sind aber wieder neue Blüten vorhanden, den ganzen Sommer über. Der Boden wird gut mit Kompost versorgt, mit flüssiger Düngung jedoch sparen, da sonst die Pflanzen zu sehr ins Kraut wachsen. Viel gießen!

Kapuzinerkresse
Sie blüht auf durchlässigem, magerem Boden besonders reich. Wenig düngen!

Schwarzäugige Susanne
(Thunbergia alata)
Höhe: 1–1,50 m

Die gelben Blüten mit lackschwarzer Mitte sehen von Juni bis Oktober recht apart aus. Besonders sagt es ihr zu, wenn sie vor einer Südmauer an ein niedriges Gitter oder ein kleines Spalier gepflanzt wird. Wichtig sind jedenfalls eine warme, sonnige, windgeschützte Stelle und nahrhafter, gut durchlässiger Boden, denn stauende Nässe und »kalte Füße« kann diese zierliche Kletterpflanze nicht vertragen. Aussaat erfolgt im März bei 18–20 °C, dann eintopfen und Ende Mai auspflanzen. Bei Temperaturen unter 15 °C kümmern die Pflanzen, und die Blätter vergilben.

Zierkürbisse
(Cucurbita pepo)
Höhe: bis zu 6 m und mehr

Unter dieser Bezeichnung werden die vielen Sorten von Zierkürbissen zusammengefasst, deren Früchte von recht origineller Form und verschiedener Farbe sind. Nachdem sie stark ranken, eignen sie sich zur Bekleidung von größeren Mauern, Balkons, Rankgerüsten usw. Wegen des Gewichts der Pflanzen müssen die Rankgerüste stabil gebaut sein. Die Aussaat erfolgt entweder in der ersten Maiwoche, oder aber wir kultivieren in Töpfchen vor, ähnlich wie bei den Trichterwinden.
Die kuriosen Früchte werden vor dem ersten Nachtfrost geerntet. Sie halten sich mehrere Monate lang und können als winterlicher Zimmerschmuck in Schalen oder flache Körbe gelegt werden. Zierkürbisse wünschen eine geschützte Lage, mit Kompost verbesserte Erde, aber nur wenig Mineraldünger.

Schwarzäugige Susanne
Das Entfernen der Samenkapseln fördert die Blüte im Spätsommer.

Zweijahrsblumen

Neben den einjährigen Arten gibt es unter den Sommerblumen auch die Zweijährigen. Diese Gruppe hat für unseren Garten große Bedeutung, weil sich mit einigen von ihnen besonders im Frühjahr bezaubernde Farbwirkungen erzielen lassen.

Alle hier genannten Arten werden am besten zwischen Mitte Juni und Mitte Juli auf ein kleines Freilandbeet ausgesät, einige von ihnen in Schalen mit Aussaaterde, die wir dann unter einen Folientunnel stellen. Wenn ein Frühbeet vorhanden ist, säen wir dort aus. Bis zum Auflaufen ist die Saat schattig und feucht zu halten. Danach wird Luft und Teilschatten gegeben, und schließlich werden Fenster oder Folie ganz entfernt, damit die jungen Pflänzchen möglichst gedrungen heranwachsen können. Sobald sich die kleinen Pflänzchen berühren, werden sie auf etwa 5 cm Abstand pikiert. Bereits im Herbst können die Zweijährigen an die vorgesehenen Stellen gepflanzt werden. Im folgenden Frühjahr oder Frühsommer stehen sie in Blüte und sterben dann ab. Unter zusagenden Verhältnissen können einige von ihnen, z.B. Fingerhut oder Bartnelke, über Jahre hinweg aushalten.

Bartnelke
(Dianthus barbatus)
Höhe: 30 – 50 cm

Blütezeit: Juni–August. Farben: Rosa bis Rot, Purpurn, Lachs, Weiß und auch zweifarbig.
Bartnelken sind uns von den Bauerngärten her bekannt, wo sie in voller Sonne überreich blühen. In den modernen Wohngarten bringen sie mit ihren lustig-bunten Farben einen Hauch Gemütlichkeit.

Fingerhut
(Digitalis purpurea)
Höhe: 100 – 150 cm

Blütezeit: Juni–Juli. Farben: Rosa, Rötlich und Weiß in vielen Schattierungen, vielfach auch gefleckt.

Vergissmeinnicht
'Compindi' inmitten von Stiefmütterchen und *Bellis* 'Pomponette Rosa'.

Fingerhut
Im lichten Schatten werden keine lauten Töne angeschlagen – hier herrscht zarte Schönheit!

Fingerhut säen wir im Juni locker auf ein Freilandsaatbeet und bringen die kräftigen Pflänzchen im August an Ort und Stelle. Ein Pikieren ist hier nicht nötig. Diese bekannte Pflanze fühlt sich im Halbschatten, aber auch in voller Sonne wohl. Vor allem vor grünen Nadelgehölzen sehen die hohen Blütenstände prächtig aus. Wir pflanzen möglichst in größeren Gruppen im Abstand von etwa 20 cm. Da der Fingerhut ein starkes Herzgift enthält, müssen wir unsere Kinder darauf hinweisen. Haben wir erst einmal Fingerhutpflanzen im Garten, ist für alle kommenden Jahre für Nachwuchs gesorgt.
Interessant ist es, ein Tütchen Samen der Zuchtform *D. purpurea* 'Gloxiniaeflora' auszusäen. Diese Pflanzen schmücken sich nicht nur mit den bekannten Fingerhutblüten entlang des ganzen Schaftes, sondern sie entwickeln zusätzlich an ihrer Spitze eine recht vielgestaltige Blüte, die oft einer Gloxinienblüte ähnlich sieht. Deshalb auch der Sortenname.

Gänseblümchen, Maßliebchen
(Bellis perennis)
Höhe: 15 cm

Blütezeit: März–Juni. Farben: Rosa, Rot und Weiß.
Mir gefallen besonders die 'Pomponette'-Sorten. Der sehr feine Samen wird am besten mit Sand gemischt und von Juni an in Reihen ausgesät. Ein Pikieren ist hier nicht nötig. Sobald die Pflänzchen kräftig genug sind, pflanzen wir sie mit 15 cm Abstand aus. Gegen Kahlfröste schützen wir sie mit einer lockeren Reisigdecke oder einem Vlies. Gänseblümchen werden gerne von Kaninchen und Hasen abgefressen. Pflanzen mit besonders schönen Blüten können wir teilen und dadurch erhalten.

Goldlack
(Cheiranthus cheiri)
Höhe: bei Busch-Goldlack 50–60 cm, bei Zwerg-Goldlack 25–30 cm

Blütezeit: April–Juni. Farben: Gelb bis Braun und Violettbraun.
Die Aussaat erfolgt Mai bis Juni. Pflänzchen pikieren und bereits im Sommer auf 25 cm Abstand auspflanzen. Nur die einfachen Sorten überwintern im Freien, aber auch ihnen sollten wir Winterschutz geben. Sonst eintopfen und frostfrei in einem hellen, kühlen Raum überwintern. Goldlack ist ein vorzügliches Hasenfutter. Wo Gefahr besteht, umzäunen wir die Pflanzen mit Drahtgeflecht, andernfalls ist es besser, auf die Kultur zu verzichten. In geschützter Lage kann Goldlack mehrere Jahre alt werden und prächtige Büsche entwickeln.

Islandmohn
(Papaver nudicaule)
Höhe: 30 – 40 cm

Blütezeit: Mai–September. Farben: Gelb, Orange, Creme, Rot und Weiß. Wenn im Spätsommer im Abstand von 25–30 cm ausgepflanzt wird, haben wir bereits ab nächstem Frühjahr duftige Farbflecke im Garten, in denen es nie an Blüten mangelt. Mit den Pastelltönen der Blüten lassen sich fröhliche Blumensträuße zusammenstellen. Reizvoll die großblumige Neuheit 'Partyfun' mit reichem Farbenspiel.

Islandmohn
Ein Bild aus dem eigenen Garten. Jedes Jahr freue ich mich auf die zarten Pastelltöne.

Malve
Bei Trockenheit und Nährstoffmangel neigen Malven zu Rostbefall.

Königskerze
(Verbascum olympicum,
V. bombyciferum u. a.)
Höhe: 100–200 cm

Blütezeit: Juni–August. Farbe: Gelb.
Von *V. phoeniceum*, 90 cm, gibt es
Spielarten – weiße, rosa, rote und
violette Farbtöne.
Königskerzen lieben trockene Böden
und viel, viel Sonne. Wir werden sie
deshalb nur pflanzen bzw. aussäen,
wenn in unserem Garten solche Vor-
aussetzungen gegeben sind. Dann
aber ist es ein prächtiges Bild, wenn
sich im Sommer über einer kleinen
Fläche von Kieselgeröll, über Bodendeckern oder inmitten einer kleinen
Heidepflanzung einige dieser wahr-
haft königlichen Kerzen mit ihren
weißfilzigen Blättern erheben. Ansonsten sind Königskerzen in der
Kultur völlig unproblematisch, sie
samen sich selbst aus.

Malve, Stockrose
(Alcea rosea)
Höhe: 200 – 250 cm

Blütezeit Juli–September. Farben:
Rosa, Rot, Gelb und Weiß. Wir säen
von dieser altbekannten Bauern-
blume eine Prachtmischung aus
und bringen die Pflanzen im Spätsommer an ihren Platz. Die Abstände
sollen wenigstens 50 cm betragen,
damit sich das mächtige Laub ausbreiten kann. Ausreichende Abstände wirken auch vorbeugend gegen
Malvenrost. Außerdem soll der
Boden möglichst kräftig und gut
gedüngt sein. Wenn dies nicht
genügt und man trotzdem Malven
im Garten haben möchte, kann bei
den ersten Anzeichen der Krankheit
mit einem organischen Pilzbekämpfungsmittel, wie z. B. Dithane-Ultra,
gespritzt und dies nach 2–3 Wochen
wiederholt werden. Die Wirkung ist
sehr gut. Das gilt auch für Rost an
Bartnelken. Doch wer spritzt schon
gerne? Malven lassen sich gestalterisch gut verwenden. Welch ein
prächtiges Bild, wenn vor einer
weißgeschlämmten Mauer die gelben, roten und rosa Blüten auf-
leuchten!

Marienglockenblume
(Campanula medium)
Höhe: 50–90 cm

Blütezeit: Juni/Juli. Farben: Blau,
Rosa und Weiß.
Ebenfalls eine altbekannte Garten-
pflanze, die als Schnittblume sehr
haltbar ist. Gut eignet sie sich auch,
um Lücken im Staudenbeet zu füllen. Es sieht bezaubernd aus, wenn
wir einen Strauß aus Bartnelken und
Marienglockenblumen auf den Tisch
stellen. Wer also ein Plätzchen frei
hat, sollte es einmal mit ein paar
Pflanzen versuchen. Nach dem Aufgang der Saat wird pikiert und im
Herbst auf 30–40 cm Abstand an
Ort und Stelle verpflanzt. Im Winter
empfiehlt sich ein leichter Schutz
aus Fichtenzweigen.

Marienglockenblume
Blau-Weiß-Rosa, ein Dreiklang für's Auge!

Nachtviole

(Hesperis matronalis)
Höhe: 150 cm

Blütezeit: Mai–Juli. Farbe: Purpurviolett. Auch sie ist vom Bauerngarten her bekannt, wie die meisten der Zweijährigen. Schade, dass man diese Pflanze so selten sieht, denn sie ist völlig unkompliziert in der Kultur und blüht 2–3 Monate lang, ganz gleich ob die Sonne scheint oder ob es regnet. Der ganze Aufbau ist sehr grazil. Nachtviolen stehen gut vor einer weißen Mauer oder vor dunkelgrünen Nadelgehölzen, wenn möglich in Verbindung mit gelb blühenden Pflanzen. An die langen Triebe werden vor dem Aufblühen dünne Stäbe gesteckt. Wenn wir zum Anbinden grünen Kunststoffbast verwenden, fällt dies kaum auf. Besonders geschätzt ist die Nachtviole wegen des Duftes, den ihre violetten Blüten an warmen Mai- oder Juniabenden verströmen. Vermehrt sich selbst.

Stiefmütterchen

(Viola-Wittrockiana-Hybriden)
Höhe: 20–30 cm

Blütezeit: ab Herbst, Hauptblüte im Frühjahr bis zum Frühsommer. Alle Farben, meist mit »Auge«.

Das Sortiment der Garten-Stiefmütterchen ist sehr groß und wird in verschiedene Gruppen eingeteilt, über die jeder Katalog Auskunft gibt. Die 'Riesen-Vorbote'-Stiefmütterchen setzen z. B. schon im Herbst mit dem Blühen ein und sind gleich nach der Schneeschmelze wieder zur Stelle. Gegen das Auswintern sind sie besonders widerstandsfähig. Die jungen Pflänzchen werden pikiert und im Spätherbst mit 15 cm Abstand ausgepflanzt. Ebenso wie Gänseblümchen oder Vergissmeinnicht lassen sie sich auch in voller Blüte leicht versetzen. In rauen Lagen ist ein Winterschutz zu empfehlen, denn Barfröste schädigen das Laub. Nach einer flüssigen Startdüngung im zeitigen Frühjahr erholen sie sich aber meist recht bald wieder.

Stiefmütterchen
Dazu rosa Tulpen und blaue Vergissmeinnicht. Frühling wie aus dem Bilderbuch!

Vergissmeinnicht

(Myosotis sylvatica)
Höhe: 10–25 cm

Blütezeit: Mai-Juni. Blütenfarbe: Blau, aber auch Rosa und Weiß. Nachdem wir die letztgenannten Farben durch großblumige Gänseblümchen und Stiefmütterchen viel besser in die Frühjahrspflanzung bringen können, kommt für uns als wichtige Farbe eigentlich nur Blau in Frage. Besonders reizvoll die leuchtend tiefblaue Sorte 'Compindi', aber auch die hellblaue 'Annemarie Fischer'. Gesät und ausgepflanzt wird wie bei Stiefmütterchen. Auf genügend feuchtem Boden gedeihen Vergissmeinnicht besonders gut. Sie lassen sich in Pflanzungen recht reizvoll mit gelben oder roten bzw. rosa Tulpen kombinieren. Ebenso eignen sich cremefarbene Narzissen als Nachbarn. Hübsch sieht es aus, wenn wir einen Goldrosenstrauch *(Rosa hugonis)*, der im Mai blüht, mit blauen Vergissmeinnicht unterpflanzen.

Zwiebel- und Knollenpflanzen

Frühjahrsblüher

Ein sonniger Frühlingstag und dazu die klaren Farben der Tulpen, Narzissen und Hyazinthen! Dieses Blühen im Mai, zusammen mit Primeln, Vergissmeinnicht, Stiefmütterchen, Goldlack, den gelben, blauen, lilafarbenen und weißen Polsterstauden vor dem Hintergrund blüten-

Frühling auch im kleinsten Garten: Einfache Tulpen 'Prinz von Österreich' umgeben von Dichter-Narzissen, Kaukasus-Vergissmeinnicht und Farnen.

schneebedeckter Obstbäume, ist der Auftakt im Gartenkonzert. Auch Stadtmenschen ohne Verbindung zur Natur bleiben vor einer solchen Farbenpracht stehen und freuen sich.

Nachfolgend die wichtigsten Frühjahrsblüher mit Zwiebeln bzw. Knollen für den Garten:
Die Wildtulpen, in den Katalogen auch als Botanische Tulpen geführt, dann Hyazinthen, die Zwiebel-Iris (*Iris*-Hollandica)-Hybriden), Traubenhyazinthen, Narzissen, Kaiserkronen, Blausternchen *(Scilla* bzw. *Hyacinthoides)*, Schachbrettblumen *(Fritillaria meleagris)* und die vielen großen Gartentulpen, deren Blüte sich bis Ende Mai hinzieht.

Kleinzwiebelblumen

Die kleineren von diesen Arten, wie Schneeglöckchen, Winterlinge, Krokusse, Blausternchen u. a., siedeln wir in unregelmäßigen Gruppen unter Sträuchern oder auf dem Staudenbeet an. Wir legen die kleinen Zwiebeln aber nicht in gleichmäßigen Abständen, denn das würde zu steif wirken. Vielmehr wird eine ganze Hand voll an der vorgesehenen Stelle ausgestreut. Wo die kleinen Zwiebelchen hinfallen, drücken wir sie in den Boden. Dort bleiben sie sich selbst überlassen. Sie werden bei zusagenden Verhältnissen von Jahr zu Jahr mehr, das Blühen wird immer reicher.

Winterlinge
Selbst Eis und Schnee können ihnen während der Blüte im März nichts anhaben.

Der Fachmann sagt, diese kleinen Frühlingsblüher **verwildern**, wobei dieses Wort hier im positiven Sinne gemeint ist. Nach der Blüte setzen sie reichlich Samen an, den wir nicht abschneiden. Zur Blütezeit dieser allerliebsten Frühlingsboten sind die Gehölze, unter denen wir sie angesiedelt haben, noch kahl. Es fällt genügend Licht auf die Blüten und Blätter. Später, wenn es im Bereich der Sträucher dunkler und trockener wird, beginnen die Blättchen bereits zu vergilben. Noch ein kleiner Tipp für die Verwendung von Frühlingsblühern: Steht in unserer Rasenfläche ein einzelner Obstbaum oder ein wirkungsvoller Zierstrauch, so können wir unter dessen Krone farbenfrohe Krokusse ansiedeln. Die Knollen streuen wir gleich von der Tüte aus auf den Rasen und stecken sie dort in den Boden, wo sie hingefallen sind.
Wichtig: Der erste Rasenschnitt darf an diesen Stellen erst erfolgen, wenn die Blätter der Frühlingsblüher eingezogen haben. Auch sollte der Rasen an diesen Stellen vorher nicht betreten werden. Zu den Krokussen

PROFI-TIPP

Überraschen sie einen lieben Menschen mit einem Krokusherz! In seiner Abwesenheit im Rasen die Herzform mit Sand oder Sägemehl vorstreuen, die Grassoden in einem schmalen Streifen ausheben, Krokusknollen dicht an dicht legen, Rasen aufbringen und Pflanzstelle so zurücklassen, dass sie sich vom übrigen Rasen nicht mehr abhebt. Im nächsten Frühling blüht das Herz auf. Ein Einfall, der wenig kostet, dafür umso mehr Freude macht.

können wir auch mehrere Trupps von Blausternchen an die gleiche Stelle bringen. Sie kommen erst zur Blüte, wenn die Krokusse bereits abwelken, und verlängern dadurch das frühlingshafte Bild.

Tulpen

Gartentulpen, die ebenfalls offenen, nährstoffreichen Boden brauchen, bringen wir am besten gruppenweise im Hintergrund eines Staudenbeetes unter. Das Blühen beginnt mit den Frühen Einfachen Tulpen, wird von den Mendel- und Triumphtulpen weitergetragen, erreicht mit den Rembrandt-, Breeder- und Darwintulpen seinen Höhepunkt und klingt schließlich mit Cottagetulpen aus.
Zwei Gruppen, die ebenfalls im Mai blühen, unterscheiden sich von der

Seerosentulpen
Hier eingebettet in Sibirische Blausterne *(Scilla siberica)*. Sie blühen bereits im März, bald nach Schneeglöckchen, Winterlingen und Krokus.

Papageientulpe
»Verrückte« Farben und Formen.

üblichen Tulpenform. Es sind dies die eleganten, edel geformten lilienblütigen Tulpen und die exotisch anmutenden Papageientulpen, die ein wenig »verrückt« aussehen und die wir deshalb besser für sich pflanzen. Die Stiele sind meist nicht gerade, was aber ihre extravagante Wirkung, besonders in der Vase, noch erhöht.

Tulpen
Tulipa orphanidea (Syn.: *T. whittallii),* blüht leuchtend bronze-orange.

Tulpen werden in lockeren Gruppen zu je 5–15 Stück in einer Farbe gepflanzt. Sehr gut lassen sie sich auf Beeten mit Stiefmütterchen oder Vergissmeinnicht kombinieren. Äußerst wirkungsvoll ist es, wenn sich aus einer niedrigen, flächigen Bepflanzung nur einige höhere Tulpengruppen herausheben, während »Nur-Tulpenbeete« allzuleicht etwas langweilig aussehen.

Botanische Tulpen eignen sich gut zum Verwildern und stellen keine besonderen Ansprüche. Wir werden sie meist in Hausnähe pflanzen, weil sie an geschützten Stellen besonders früh blühen und wir außerdem so besser Gelegenheit haben, die hübschen Blütenformen und -farben aus der Nähe anzusehen. Bezaubernd sieht es aus, wenn die scharlachroten Blüten von *Tulipa undulatifolia* (Syn.: *T. eichleri)* über einer dichten Bodendecke von gelbgrünem Thymian stehen, oder die zierliche *T. linifolia* mit der blassgelben *T. batalinii* 'Bright Gem' neben stahlblauen Büscheln des Blauschwingels blühen. Diese letztgenannten, nur 10 cm hoch werdenden Tulpen eignen sich aber auch sehr gut für den Steingarten oder zur Pflanzung an Trockenmauern. *T. praestans* 'Fusilier' wird 40 cm hoch und bringt mehrere leuchtend scharlachrote Blüten an einem Stiel. Zusammengepflanzt mit einem Polster der um die gleiche Zeit blühenden Gänsekresse und einem kleinen Trupp Blausternchen, haben wir den Frühling auf kleinster Fläche vor uns. *T. sylvestris*, eine andere botanische Art mit goldgelben Blüten auf 30 cm hohen Stielen, wirkt besonders gut, wenn wir sie mit Blaukissen-Polstern zusammenbrin-

gen. Diese Vorschläge sollen zum Beobachten anregen, denn ein Garten bekommt nur dann den gewissen Pfiff, wenn wir geeignete Partner aus der schier unerschöpflichen Pflanzenpalette zusammen gruppieren.

Narzisse
Hier mit lila und weißen Kugelprimeln
(Primula denticulata) **zusammengepflanzt.**

Narzissen

Narzissen in ihren cremefarbenen oder intensiv gelben Sorten wirken besonders vor dunklen Nadelgehölzen. Wir können die Zwiebeln im Herbst unter Zuhilfenahme eines Pickels truppweise unter die Grasnarbe legen, wenn sich an einer solchen Stelle Rasen befindet.

Hyazinthen

Anders als mit den anspruchslosen Wildtulpen ist es mit den recht pompös wirkenden Hyazinthen. Sie wollen auf ein Beet in gutem Kulturzustand gepflanzt werden. Ob wir sie überhaupt verwenden, wirken sie doch in ihrem Blütenaufbau beinahe wie Fremdkörper inmitten einer naturnahen Staudenpflanzung? Unauffällig fügen sich dagegen die eleganten mehrblütigen »Multiflora«-Hyazinthen in den Garten ein.

Pflanzung und Pflege

Kleinblumenzwiebeln im Rasen können mit einer schmalen Pflanzkelle in den Boden gebracht werden. Es geht aber auch mit dem Spaten, mit dem wir an 3 Seiten einstechen und die Rasensoden umklappen. Nun legen wir einige Krokus- und Blausternchenzwiebeln in den Boden, schlagen die Grassode mit dem Fuß wieder zurück und treten leicht an. Auf offenem Boden bringen wir die Zwiebeln von Tulpen, Narzissen und anderen Frühlingsblühern mit einer Pflanzkelle (kleiner Handspaten) in die vorher gut gelockerte Erde. Alle Zwiebelpflanzen sind empfindlich gegen stehende Nässe im Wurzelbereich!

Auf Wühlmäuse achten! Blumenzwiebeln sind für sie ein besonderer Leckerbissen.

Die Pflanztiefen der einzelnen Blumenzwiebelarten sind aus der Zeichnung zu ersehen. Im allgemeinen sollte die Erddecke je nach Boden zwei- bis dreimal so stark sein wie die Zwiebel oder Knolle. Das Billigste ist auch beim Blumenzwiebelkauf meist nicht das Beste, es sei denn, es handelt sich um Angebote zum Ende der Pflanzzeit. Wir sollten uns nicht durch vor Farbe strotzende Kataloge unbekannter Firmen täuschen lassen, in denen Blumenzwiebeln zu Schleuderpreisen angeboten werden. Aus einer kleinen Zwiebel kann keine große

Blumenzwiebeln im Gittercontainer können blühend an die gewünschte Stelle gebracht werden.

Blüte entstehen. Tulpenzwiebeln von 11 cm Umfang und mehr ergeben eine gute Blütenqualität. Allerdings gibt es Ausnahmen: So sind einwandfreie Zwiebeln der Frühen Tulpen und Rembrandttulpen etwas

kleiner. Noch kleiner sind die Zwiebeln der Botanischen Tulpen.

Die sonstige Pflege

Nach der Blüte werden die verblühten Teile abgeschnitten, denn jeder Samenansatz kostet die Pflanze Kraft. Die Blätter bleiben dagegen an der Pflanze, bis sie von selbst vergilben und absterben. Wie wir wissen, werden in den Blättern Baustoffe (Assimilate) erzeugt, in Zwiebeln und Knollen abtransportiert und dort für das kommende Frühjahr gespeichert.

Sobald nach einigen Jahren die Blütengröße der Tulpen uneinheitlich wird, können wir gegen Ende Juni die Zwiebeln aus dem Boden nehmen, sortieren und die großen Zwiebeln im Oktober erneut pflanzen.

Blumenzwiebeln im Topf

Wer am schattig gelegenen Hauseingang oder an anderer Stelle lange Zeit des Jahres hindurch einen reich blühenden Farbklecks haben möchte, kann Blumenzwiebeln im Oktober mit nur 10 cm Abstand in

Legetiefen für Blumenzwiebeln

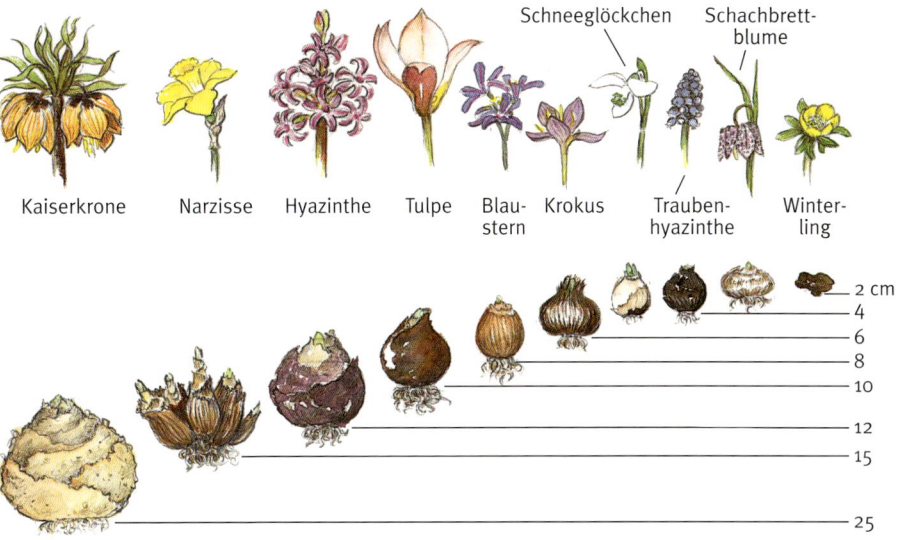

Kaiserkrone Narzisse Hyazinthe Tulpe Blaustern Krokus Schneeglöckchen Traubenhyazinthe Schachbrettblume Winterling

2 cm
4
6
8
10
12
15
25

mit Erde gefüllte Kunststofftöpfe, Schalen oder größere Kübel legen. Die Gefäße werden den Winter über an einer abgelegenen Stelle, z. B. am Kompostplatz, aufgestellt. Sobald im Frühjahr der erste Container blüht, wird er an die vorgesehene Stelle gebracht und dort in ein Übergefäß gestellt. Ist die Blüte vorbei, kommt der nächste Container mit einer anderen Blumenart oder einer später blühenden Sorte an die Reihe. Wir können dies den ganzen Sommer über fortsetzen, denn auch Azaleen, Lilien, Dahlien und die verschiedensten Sommerblumen und Stauden lassen sich in solchen Gefäßen kultivieren und zur Blütezeit z. B. an den schattig gelegenen Hauseingang bringen.

Weitere Anregungen

Wo können wir uns über die Vielzahl der Frühlingsblüher informieren? Über die zahlreichen Arten, Klassen und Sorten kann alles Wissenswerte in Büchern und Katalogen nachgelesen werden. Besonders wertvoll ist der Besuch eines Botanischen Gartens, eines Staudensichtungsgartens oder einer Gartenschau. Dort können wir uns Notizen über Höhe, Farbe, Zusammenstellungen, usw. machen.

PROFI-TIPP

Im Garten gibt es Stellen, an denen das Braun der Erde schon nach den ersten, wärmenden Sonnenstrahlen durchkommt. Diese sollten wir uns merken und dort im nächsten Herbst Zwiebeln von Schneeglöckchen, Winterlingen oder zierlichen Wildkrokussen auslegen.

Lilien

Manchen von uns ist vielleicht die weißblütige Madonnenlilie bekannt, die sich mit blauem Rittersporn und roten Rosen zu einer farbenfrohen Gruppe zusammenpflanzen lässt. Früher waren Lilien in Klostergärten und an Bauernhäusern zu Hause, heute haben sie Einzug in jeden Garten gehalten. Seit es so viele bildhübsche Sorten gibt, hat der Gartenfreund allen Grund, diese Schönheiten in seine Pflanzungen mit einzubeziehen. Durch Kreuzungen sind prächtige Hybriden entstanden, die sich durch Widerstandsfähigkeit auszeichnen und über Jahre hinweg im Garten ausdauern.

Formen und Farben von hinreißender Schönheit sind unter diesen Neuen. Man muss sie selbst blühen sehen, um von ihnen begeistert schwärmen zu können. Pompöse Blütentrompeten bringen die einen, zierliche, elegante Blüten die anderen, und dann gibt es manche, die kostbaren Orchideen gleichen – so unwirklich ist ihre Farbe, so edel ihre Form. Edelsteine sind im allgemeinen teuer. So auch hier. Gute Sorten gibt es bereits für ein paar Mark, Neuheiten kosten entsprechend mehr.

Pflanzung Lilien pflanzen wir im Oktober/November, je früher, desto besser. Aber auch im Frühjahr ist die Pflanzung möglich. Nur die Madonnenlilie macht eine Ausnahme, sie wird bereits in der 2. Augusthälfte in den Boden gebracht. Sollte der Boden bei Ankunft der Sendung noch gefroren sein, so ist es durch-

Madonnenlilien
Makellos hebt sich das strahlende Weiß vor dem dunklen Gehölzhintergrund ab.

Lilien pflanzen
Dabei für guten Wasserabzug sorgen und wenn nötig gegen Wühlmäuse schützen (Gittertopf).

aus möglich, die meist in Folienbeutel verpackten Zwiebeln einige Wochen an einem kühlen, frostfreien Ort zu lagern.

Der Boden sollte für Lilien möglichst locker und durchlässig sein. Ist dies von Natur aus nicht der Fall, so können wir die Zwiebeln auf künstlich erhöhte Beete pflanzen dadurch ist für guten Wasserabzug gesorgt –, und außerdem bringen wir unter jede Zwiebel 1–2 Hand voll Sand. Wo Wühlmausgefahr besteht, können die Zwiebeln in Gittertöpfe gepflanzt werden.

Pflanztiefe
Wichtig ist auch die richtige Pflanztiefe. Als Faustregel gilt, dass die Zwiebel dreimal so tief in die Erde kommen soll, als sie selbst hoch ist; d.h. wenn die Zwiebel 5 cm hoch ist, dann sollte die Spitze nach der Pflanzung mit einer 15 cm starken Erdschicht bedeckt sein. Diese tiefe Pflanzung ist gleichzeitig ein guter Frostschutz, außerdem kommt sie der Standfestigkeit zugute. Eine

Ausnahme macht hier wiederum die Madonnenlilie *(Lilium candidum)*; sie will nur 3 bis höchstens 5 cm hoch Erde über sich haben.

Standort
Lilien wollen möglichst viel Sonne, außerdem lieben sie keinen Tropfenfall. Das sollten wir berücksichtigen und sie nicht unter Bäume, sondern vor Gehölzgruppen pflanzen. An zu schattigen Stellen biegen sich die Pflanzen bald nach dem Austrieb um und strecken sich der Sonne entgegen. Am Fuß haben sie dagegen gerne Kühle und Schatten. Deshalb bepflanzen wir den Boden unter Lilien mit sehr niedrig bleibenden Stauden oder Ziergräsern.

Pflege
Als Dünger eignen sich Kompost oder organische Dünger. Von Aus-

triebsbeginn an bis zur Blüte bekommen die Pflanzen etwa alle vier Wochen einen möglichst stickstoffarmen Volldünger. Wir geben knapp 1 Hand voll davon in eine Kanne Wasser und begießen damit die Lilien.

Damit die Zwiebeln ausreifen können, halten wir die Pflanzen nach der Blüte trocken.

Im Gegensatz zu Tulpen und anderen Zwiebelgewächsen, die wir in der Ruhezeit ohne weiteres aus dem Boden nehmen und an anderer Stelle neu pflanzen können, bleiben Lilien jahrelang am gleichen Platz. Erst wenn die Blüten kleiner werden, pflanzen wir auch Lilien an eine andere Stelle.

Lilie »Bellingham Hybriden«
Vor dem dunklen Hintergrund leuchten die gelben Blüten besonders intensiv.

Lilienhähnchen
Ein hübscher, aber ärgerlicher Schädling.

Neben Wühl- und Feldmäusen richtet vor allem das Lilienhähnchen Schaden an. Wir können es absammeln oder mit einem Insekten-Stäubemittel bekämpfen. Vorsicht vor Schnecken! Im Winter genügen als Schutz eine handhohe Laubdecke oder Fichtenzweige. Dieses Material nehmen wir bereits im zeitigen Frühjahr weg, damit die Lilien durch die Wärmepackung nicht zu vorzeitigem Austrieb verlockt werden. Die jungen Triebe sind nämlich durch Nachtfröste gefährdet. Vorsorglich stellen wir einige große Blumentöpfe, Körbe oder Plastikeimer bereit, mit denen wir in Frostnächten die zarten Jungtriebe schützen können. Abends werden sie über die Lilientriebe gestülpt, morgens wieder weggenommen.

Und noch etwas: Beim Kauf von Lilienzwiebeln darauf achten, dass die fleischigen Schuppen noch prall sind. Bräunliche, eingetrocknete Zwiebeln sind ein Zeichen von schlechter Qualität.

Dahlien
Schade, dass sie an den Herbst erinnern; aber ihre Farbenpracht ist überwältigend.

Dahlien

Je nach Sorte werden die Pflanzen 30–150 cm hoch. Die Blütezeit erstreckt sich vom Juli bis hin zu den ersten Herbstfrösten. Die Pflanzen wollen einen kräftigen Boden und viel Sonne.

Pflanzung
Erst ab Anfang bis Mitte Mai pflanzen wir die Knollen, weil die Triebe sehr frostempfindlich sind. Auf 1 m² kommt etwa eine Pflanze, für kleine Sorten genügt ein Abstand von 75 cm, und bei den ganz niedrigen Mignon-Dahlien, die bereits bei den Sommerblumen behandelt wurden, kann noch enger gepflanzt werden. Die Knollen können wir vor dem Auspflanzen mit einem scharfen

Messer teilen, aber so, dass jedes Teilstück mindestens eine Knospe behält. Gepflanzt wird mit dem Spaten. Der obere Teil der Knolle soll etwa 3 cm hoch mit Erde bedeckt sein. Vorsicht vor Schnecken!

Pflege
Ab Frühsommer bekommen die Pflanzen mehrmals eine Volldüngerlösung. Je nach Wachstum werden sie an Pflöcken aufgebunden, die wir nach Möglichkeit bereits bei der Pflanzung in den Boden schlagen sollten, um später die Knolle nicht zu beschädigen. Verblühte Teile laufend entfernen!
Im Herbst lassen wir die Knollen so lange wie möglich im Boden. Sobald nach der ersten Frostnacht die grünen Blätter und Stengel schwarz

geworden sind, schneiden wir die Pflanzen bis dicht über den Boden zurück.

Dann werden die Knollenklumpen mit der Grabgabel möglichst ohne Beschädigung aus dem Boden geholt und bei frostfreiem Wetter im Freien getrocknet. Bei Frostgefahr bringen wir die Knollen in einen Raum, schütteln in trockenem Zustand die noch anhaftende Erde ab und überwintern die Knollen in einem kühlen, frostfreien Raum, in trockenem Torf eingebettet. Bereits vor den ersten Frösten bringen wir an jeder Pflanze ein Etikett mit Angabe von Farbe und Höhe an.

Verwendung

Wir können die raumfüllenden Dahlien durchaus mit Sommerblumen

und Stauden zusammen pflanzen, sollten aber ihren großen Platzbedarf berücksichtigen. Vorzüglich eignen sich hierfür Mignon-Dahlien, die gerade für kleine Gärten wie geschaffen sind. Einfach in der Blütenform und nur 30–40 cm hoch, passen sie gut zu Blütenstauden, zwischen denen wir damit Lücken füllen können.

Auch für breitere Einfassungen, für Pflanzungen zusammen mit anderen Sommerblumen und zum Schnitt, werden Mignon-Dahlien gerne verwendet. Wir können sie entweder im Mai als Knollen pflanzen oder aber wie Astern, Zinnien usw. im April unter Glas aussäen. Bereits im Sommer treffen wir eine Auswahl der hübschesten Blütenfarben, wobei auch auf möglichst niedrigen Wuchs und Blütenreichtum zu achten ist. Die Knollen der ausgewählten Pflanzen werden dann wie oben beschrieben überwintert, während die übrigen auf den Komposthaufen kommen. Ansonsten gibt es gerade bei Dahlien eine so große Sortenvielzahl, dass sich jeder Interessent auf Ausstellungen, an Hand von Katalogen oder bei der Deutschen Dahlien- und Gladiolen-Gesellschaft (Anschrift siehe Seite 250) informieren kann.

Gladiolen

Pflege

Sie werden möglichst auf einem eigenen Beet aufgepflanzt, da wir sie doch überwiegend zum Schnitt für die Vase verwenden. Wegen ihrer etwas steifen Gestalt und den prunkvollen Blüten gelingt es selten, sie in Stauden- oder Sommerblumenpflanzungen harmonisch

Schutz vor Schnecken: Dahlien vorziehen und erst nach Austrieb auspflanzen.

einzufügen. Eine Ausnahme machen die Schmetterlings-(Butterfly-) und Baby-Gladiolen mit graziösen Blüten, lockerem Aufbau des Blütenstandes und schmalen Blättern. Sorten dieser Gladiolenklasse sind niedriger als die bekannten großblumigen Formen, vor allem aber sind sie elegant im Aussehen und dürften deshalb der Gladiole einen größeren Kreis von Gartenliebhabern erschließen.

Die Knollen werden ab Mittel April bis in den Juni hinein etwa 10–15 cm tief in den Boden gelegt. Der Reihenabstand soll 20 cm betragen; in der Reihe genügen 10 cm von Knolle zu Knolle. Gladiolen gibt es heute beinahe in allen Farben und in Höhen bis zu 120 cm. Durch Folgepflanzung früher, mittelfrüher und später Sorten kann die Blütezeit vom Juli bis zum Frosteintritt hingezogen werden.

Gesunde Gladiolen werden ähnlich wie Dahlien behandelt: Nach dem Vergilben des Laubes die Knollen aus dem Boden nehmen und im Schatten trocknen lassen. Die dürren Blätter etwa 5 cm über der Knolle abschneiden, trocken und frostfrei überwintern.

Begonien
Hier die hübsche 'Crispa Marginata Weiß'.

Pflanzenschutz

Häufig tritt der Gladiolenblasenfuß (Thrips) auf und schädigt Pflanzen und Blüten. An den Blättern zeigen sich weißlich-graue Flecken und Streifen, die sich schließlich über die ganze Blattfläche verteilen. An den sich öffnenden Blüten entstehen an den Spitzen und Rändern der Blütenblätter ausgebleichte, eingetrocknete Stellen. Die Blüten können verkrüppelt sein bzw. schon in der Knospe stecken bleiben. Die Schäden zeigen sich besonders bei rot und rosa blühenden Sorten. Bekämpfung: Beim Herausnehmen der Gladiolen im Herbst die Stängel sofort bis auf etwa 5 cm über der Knolle abschneiden, damit die Thripse nicht auf die Knollen abwandern und dort überwintern können. Oder: Befallene Gladiolen nach dem Schnitt der Blüten in die Mülltonne geben und jedes Jahr neue

kaufen, nachdem 30 Stück bereits ab etwa 3,50 € (kleinste Größe) angeboten werden. Bei Grauschimmelbefall *(Botrytis)* die befallenen Pflanzen aus dem Boden nehmen und vernichten!

Andere sommerliche Knollenpflanzen

Montbretien *(Crocosmia)* Ihre kleineren, zierlicheren Blüten behandeln wir in der Kultur genauso wie Gladiolen. Die Knollen werden im April etwa 10 cm tief an einer sonnigen Stelle in nahrhaftem Boden gepflanzt. Im milden Klima können die Knollen im Herbst im Boden verbleiben. Es empfiehlt sich aber ein Abdecken mit Laub oder Fichtenzweigen. Die schön geformten Blüten in Gelb mit Rot sind von einer sehr langen Haltbarkeit. Die Blüte beginnt Ende Juli und hält bis in den Oktober hinein an.

Pfauenauge, Pfauenlilie *(Tigridia pavonia)* Von dieser exotisch blühenden Knollenpflanze legen wir im April eine kleine Gruppe 10 cm tief in kräftige Gartenerde. Bereits im Juni öffnen sich die zauberhaften Blüten, die schwebenden Faltern gleichen. Es gibt rosa, rote, gelbe und reinweiße Sorten.
Die Pflanzen werden etwa 50 cm hoch. Die Einzelblüte hält nur einen Tag, es folgen aber immer wieder neue Blüten nach. Im Spätsommer werden die Knollen frühzeitig aus dem Boden genommen und getrocknet. Wir betten sie in trockenen Torfmull und lagern sie den Winter über bei Temperaturen von 10–15 °C.

Knollenbegonien sind nicht nur sehr wertvoll für Blumenkästen an Ost- oder Nordseiten, sondern ebenso für den Garten. Mit ihnen lassen sich an halbschattigen, ja sogar an vollschattigen Stellen, für die es außer dem Fleißigen Lieschen kaum brauchbare Einjahrsblumen gibt, die herrlichsten Farbeffekte erzielen. Die Pflanzen werden meist 30–40 cm hoch und blühen unermüdlich vom Juni bis zum Frost. Die Farben reichen von Weiß über Gelb bis Orange und von Rosa bis Dunkelrot.
Die großblumigen, meist gefüllten Sorten sind allgemein bekannt. Wenig zu sehen sind bisher zwei Sorten, die ich ganz entzückend finde und die ganz normal im Preis liegen. Die eine, 'Crispa Marginata Gelb', blüht ungefüllt in einem sehr aparten Gelbton mit zierlichen roten Rüschen am Rande, die andere, 'Crispa Marginata Weiß', hat weiße Blütenblätter mit rosa Rüschen und gefällt mir besonders.
Die Knollen werden ab März in flachen Obststeigen oder Blumentöpfen vorgetrieben, die wir am besten mit einem Torfsubstrat wie TKS 2 füllen und die Knollen nur flach eindrücken. Ab Mitte Mai können die jungen Pflanzen ins Freie gebracht werden. Wer sich die Mühe des Vortreibens nicht machen kann, kauft im Mai bereits blühende Pflanzen beim Gärtner. Den Sommer über werden Knollenbegonien alle paar Wochen flüssig gedüngt, nach dem ersten Frost handhoch zurückgeschnitten, die Knollen aus dem Boden genommen und wie Dahlien überwintert. Knollenbegonien lieben eine nahrhafte, humusreiche Erde und viel Feuchtigkeit.

Aus dem großen Reich der Stauden

Unübersehbar groß ist dieses Reich, denn es umfasst Pflanzen aller nur denkbaren Standortansprüche. Wir kennen Stauden für das Wasserbecken und andere, die sich nur in der Trockenheit des Steingartens wohl fühlen, Stauden für Schatten und für pralle Sonne, Stauden, die sich für große Gärten zum Verwildern eignen, und andere, sehr hochgezüchtete Arten, die ein gelockertes, gedüngtes Beet und unsere ständige Pflege brauchen. Die bei dieser Vielfalt sehr schwierige Auswahl wird hier wie bei allen anderen Abschnitten unter dem Gesichtspunkt des »Normalgartens« getroffen.

Was sind eigentlich Stauden?
Vielfach wird so von »Rosenstauden« oder »Heckenstauden« gesprochen, in manchen Gegenden nennt man das Unterholz im Wald »Stauden«.

Staudenpflanzung
Eine geglückte Zusammenstellung: Rittersporn, Brennende Liebe, Goldgarbe und Steppenkerze *(Eremurus bungei).*

Gärtnerisch gesehen, gilt der Begriff Stauden jedoch nur für solche krautartigen Pflanzen, die mehrere Jahre ausdauern und deren oberirdische Teile meist im Herbst absterben, während der Wurzelstock überwintert. Es gibt allerdings viele niedrige Stauden, die überwintern, ohne dass die Blätter absterben. Dazu gehören verschiedene Fetthennen-Arten, Blaukissen, Teppichphlox und andere.

Auch eine andere irrige Meinung muss berichtigt werden: Viele Gartenfreunde glauben, Stauden brauche man nur zu pflanzen und könne sie dann sich selbst überlassen. Das ist falsch. Auch Stauden brauchen Pflege, im Gegensatz zu Gehölzen sogar viel Pflege: Lange Blütenstiele aufbinden, abgeblühte Triebe entfernen (zur Samenbildung würde sonst zuviel Kraft verbraucht), Boden lockern, Fläche unkrautfrei halten, düngen. Außerdem sollten nach etwa 3–5 Jahren verschiedene Stauden aus dem Boden genommen, geteilt und neu aufgepflanzt werden.

Der Vorteil der Stauden liegt darin, dass sie meist viele Jahre überdauern und wir nicht alljährlich neue Pflanzen zu kaufen oder selbst heranziehen brauchen. Gegenüber den Einjahrsblumen haben sie aber einen Nachteil: Die meisten Arten blühen nur kurze Zeit.

Die wichtigsten Beetstauden

Sie spielen in den meisten Gärten die Hauptrolle. Wir nennen sie auch **Prachtstauden,** denn es sind meist große Pflanzen, wie Pfingstrosen, Rittersporn, Phlox, Herbstastern usw., die hauptsächlich wegen ihrer Blütenpracht gepflanzt werden.

Diese Stauden blühen überwiegend im Sommer und im Herbst. Im Frühjahr sorgen wir deshalb mit Blumenzwiebeln, Vergissmeinnicht und anderen für Farbe.

Pflege

Die Prachtstauden stellen hohe Ansprüche an Boden und Pflege. Der Boden sollte stets offengehalten und gedüngt werden. Dazu wird reichlich Kompost auf dem Beet verteilt. Höher werdende Arten, wie z. B. Rittersporn, Herbstastern u. a. sollten rechtzeitig gestäbt werden, um sie vor Umfallen bei Sturm zu schützen.

Verwendung

Verschiedene zweijährige Pflanzen können mit den Beetstauden zusammengepflanzt werden, denn sie passen in ihrem Aussehen sehr gut zu diesen: Vergissmeinnicht, Stiefmütterchen, *Bellis*, Goldlack, Nachtviole, Marienglockenblumen und Bartnelken. Auch Gruppen von einfachblühenden Rosen und manche Sommerblumen eignen sich für diesen Zweck.

Besonders auffällige Pflanzengestalten, die später einmal das Gesamtbild beherrschen und langlebig sind, wollen wir möglichst in Wiederholung auf die Pflanzfläche bringen. Wir lassen zwischen diesen markanten Gestalten genügend Raum, um niedrigere Arten einfügen zu können. Solche das ganze Jahr über hervortretende Stauden sind: Edelpaeonie und Bauernpfingstrose, Rittersporn, Sommerphlox, Sonnenauge, Sonnenhut, Sonnenbraut und hohe Herbstastern. Zwischen diese beherrschenden Arten werden gepflanzt: Kaiserkrone, Trollblume, Tränendes Herz, Bunte Frühlingsmagerite, Schwert-

lilie, Lupine, Federnelken, Feinstrahl, Türkischer Mohn, Brennende Liebe, Goldfelberich, Mädchenauge oder Schöngesicht, Schleierkraut, Weiße Sommermargerite, Gelbe und Rote Schafgarbe, Madonnenlilie und andere Lilien, Goldrute, Große Goldkamille, Sommersalbei, Kissenaster und Gartenchrysanthemen.

Das ist nur eine Auslese aus dem reichen Angebot an Stauden. Von einigen der genannten Arten gibt es viele Sorten, so dass uns der Kopf schwirrt und die Wahl sehr schwierig wird. Um sie zu erleichtern, werden die wichtigsten Arten für eine bunte Prachtstaudenpflanzung kurz vorgestellt. Sorten können in Katalogen nachgesehen werden. Eine ausführliche Beschreibung wertvoller Stauden und ihre Verwendungsmöglichkeiten im Garten (Sonne, Schatten, am Wasser) sowie Pflanzvorschläge finden Sie in meinem Buch »Stauden im Garten« (BLV Verlagsgesellschaft München).

Nachstehend werden die einzelnen Stauden in der Reihenfolge ihrer Blütezeit genannt, also vom Frühjahr bis zum Herbst.

Gämswurz, Gelbe Frühlingsmargerite
(Doronicum orientale)
Blütezeit: April/Mai
Höhe: je nach Sorte 35–70 cm

Sie gehört zu den ersten weithin leuchtenden Stauden des Jahres. Nicht nur im Garten, auch in der Vase halten sich die gelben Blüten sehr lange. Dabei stellt sie kaum Ansprüche. Die gelbe Farbe wirkt noch leuchtender, wenn wir blaue Vergissmeinnicht und rote Tulpen hinzugesellen.

Tränendes Herz
Eine besonders liebenswerte Staude.

Tränendes Herz
(Dicentra spectabilis)
Blütezeit: Mai/Juni
Höhe: 80 cm

Diese Pflanze ist wohl jedem von Kindheit an vertraut, ist doch die Blüte in Form kleiner Herzen sehr einprägsam. Bezaubernd wirkt das zarte Rosa der Blüten, wenn wir das liebliche Blau des Kaukasus-Vergissmeinnichts *(Brunnera)* danebenstellen oder ganz einfach einige Vergissmeinnicht hinzupflanzen. Auf das Prachtstaudenbeet sollten wir nicht mehr als 1–2 Pflanzen bringen, denn bereits früh im Sommer zieht diese Staude ein.

Pfingstrose, Edelpaeonie
(Paeonia-Lactiflora-Hybriden)
Blütezeit: Ende Mai/Juni
Höhe: 70–100 cm

Eine ostasiatische Schönheit! Leider ist sie manchmal launisch und lässt sich Zeit mit dem Wachstum. Dafür hält sie aber 15 und mehr Jahre am gleichen Platz aus. Geschnitten, wenn die prallen Knospen bereits

Farbe zeigen, ergeben sie einen prächtigen Schmuck für die Vase. Die Pflanze will leicht sauren Boden; also keinen Kalk geben! Auf der Pflanzfläche rücken wir die Paeonien, ebenso wie das Tränende Herz und andere Frühsommerblüher etwas nach hinten, damit sie nach dem Abblühen von Sommer- und Herbststauden verdeckt werden. Bei Trockenheit vor der Blüte sollten wir gründlich gießen. Nach der Blütezeit wird dagegen Trockenheit vertragen.
Bis heute wurden etwa 3 000 Sorten gezüchtet, mit allen Arten der Blütenfüllung und Farben von Weiß, Rosa, Rot, Violett und Gelb. Sicher ist auch eine für uns passende darunter!

Bauernpfingstrose
(Paeonia officinalis)
Blütezeit: Mitte Mai/Juni
Höhe: 50–60 cm

Sie ist uns vom Bauerngarten her bekannt, aber auch im Haus- und Kleingarten hat sie ihren angestammten Platz. Mit einem stärkeren Drahtring können wir verhindern, dass die großen, gefüllten Blütenbälle bei Regen zu Boden sinken.

Pfingstrose
Die Pfingstrosenblüte ist ein Höhepunkt im Gartenjahr. Das kleine Bild zeigt die ungefüllte, hellgelbe *Paeonia mlokosewitschii*. Paeonien lieben naturhaften, lehmigen Boden in voller Sonne. Wichtig: Nicht zu tief pflanzen, die Knospen sollten nur daumenstark mit Erde bedeckt werden.

Lupine
(Lupinus-Polyphyllus-Hybriden)
Blütezeit: Juni
Höhe: 80–100 cm

Die Farbskala reicht von reinweißen über gelbe, orange, rosa, rote und blaue bis hin zu tiefschwarzblauen Tönen. Die Lupinenblätter werden bei vielen Sorten in kalkhaltigem Boden gelb, und die Pflanzen verschwinden dann bald ganz. Der Boden sollte deshalb leicht sauer, durchlässig und im Frühling feucht sein. Bis auf die empfindlicheren gelb blühenden Sorten sind Lupinen recht winterhart. Nach der Blütezeit werden die verblühten Triebe heruntergeschnitten und treiben dann neu aus. Wenn möglich, pflanzen wir auch Lupinen mehr in den Hintergrund des Staudenbeetes. Nachdem sich Lupinen am besten mit sich selbst »vertragen«, pflanzen wir verschiedene Farben zusammen, um eine gute Wirkung zu erzielen.

Garten-Iris, Bart-Iris
(Iris germanica, Barbata-Media- und Barbata-Elatior-Gruppe)
Blütezeit: Mai/Juni
Höhe: 70–120 cm

Mit den alten Schwertlilien haben diese aus verschiedenen *Iris*-Arten hervorgegangenen Hybriden nicht mehr viel gemeinsam. Das Sortiment umfasst heute mehrere Tausend Sorten in allen Blütenfarben, außer Schwarz. Iris lieben einen sonnigen Standort und durchlässigen Boden, der jedoch während der Wachstumszeit nicht trocken sein sollte. Die Rhizome werden so flach gepflanzt, dass die Oberseite noch etwas aus der Erde herausschaut.

Türkischer Mohn, Türkenmohn
(Papaver orientale)
Blütezeit: Juni/Juli
Höhe: 50–100 cm

Diese Staude mit den riesengroßen, seidigen Blüten gehört zu den altvertrauten Gestalten des Gartens. Wir wollen den Türkischen Mohn so in die Pflanzung einbauen, dass er ab Sommer durch andere Arten verdeckt ist, denn nach der Blüte zieht er sofort ein.

Lupinen
Elegante Blütenkerzen über fingerförmig zerteilten Blättern.

Türkenmohn
Ein echtes Gartenerlebnis, wenn die seidig-zerknitterten Blüten nach dem Öffnen von der Sonne glattgebügelt werden!

Feinstrahl
(Erigeron-Hybriden)
Blütezeit: Juni/Juli und September
Höhe: 50–60 cm

Diese überreich blühende Staude ist in Kreisen der Gartenliebhaber noch weitgehend unbekannt. Schade, denn sie gehört mit zum Schönsten. Je mehr Blumen im Juni/Juli geschnitten werden, desto größer wird der zweite Blütenflor. Die zierlich-eleganten Blumen halten sich 2 Wochen in der Vase; wir schneiden sie voll erblüht, da sich die Knospen sonst nicht öffnen. Farben: Blau, Rosa und Weiß. Als Nachbarn eignen sich u. a. Rittersporn, Sonnenbraut, Sonnenauge. Sehr hübsch sehen Rosen und Gräser daneben aus.

Rittersporn
(Delphinium-Hybriden)
Blütezeit: Juni/Juli und September/Oktober
Höhe: meist 130–180 cm

Wer würde sie nicht kennen, diese Prachtstaude, deren majestätische Blütenrispen über zierlich geschlitzten Blättern aufragen. Es gibt viele gute Partner, die wir dem Rittersporn zugesellen können: Weiße Madonnenlilien, rosa und rote Bartnelken, Brennende Liebe, Rosen usw. Als Schnittblume eignet sich Rittersporn besonders für Bodenvasen. Mit den zierlichen Seitenrispen, die noch länger nachblühen, lässt sich ein hübscher Tischschmuck erzielen.

Nur bei genügend Platz kann sich diese Prachtstaude, von der es Sorten in vielen Blautönen gibt, zu voller Schönheit entwickeln. Sie kann viele Jahre hindurch am gleichen Platz bleiben, wenn wir mit Düngung nachhelfen und in Trockenperioden ausgiebig wässern.

Die Blütenrispen sollten rechtzeitig gestützt werden, damit sie nicht bei starkem Wind oder Regen umknicken. Sofort nach der ersten Blüte werden die Pflanzen bis auf Handbreite über dem Boden

zurückgeschnitten. Es erfolgt ein neuer Austrieb, die Pflanzen blühen im Herbst ein zweites Mal, wenn auch nicht mehr so hoch. Auf Schnecken achten!

Eine Sonderstellung unter den vielen Sorten nehmen 'Piccolo' und 'Völkerfrieden' ein. Die Pflanzen werden nur 130 cm hoch, die Farbe ist ein hübsches, leuchtendes Blau. Nachdem die Hauptrispe verblüht ist und abgeschnitten wird, kommen zahlreiche duftige Seitenrispen zur Blüte.

Rittersporn
Hier die standfeste Sorte 'Schildknappe', zusammen mit Feinstrahl und Frauenmantel.

Taglilien
Zusammen mit Mädchenauge
'Zagreb', dahinter eine Scheinaster
(Boltonia asteroides).

Brennende Liebe
(Lychnis chalcedonica)
Blütezeit: Juni/Juli
Höhe: bis 100 cm

Es ist wirklich ein brennendes Rot, das diese Staude in unseren Garten bringt. Zusammenpflanzen können wir sie mit spät blühenden Rittersporn en (z. B. 'Völkerfrieden'), dunkelblauem Eisenhut und weißen Sommer-Margeriten (siehe das Bild auf Seite 97).

Goldfelberich
(Lysimachia punctata)
Blütezeit: Juni/August
Höhe: 80 cm

Diese Wildstaude passt nicht nur in naturnahe Pflanzungen. Auch für das Prachtstaudenbeet ist sie bestens geeignet, sind doch die goldgelben Blüten viele Wochen hindurch in so großer Zahl vorhanden, dass die Blätter völlig verschwinden. In der Prachtstauden-pflanzung steht der Goldfelberich wegen seiner gelben Farbe gut in der Nähe von Rittersporn, Eisenhut oder roten Rosen. Mit seinen Ausläufern breitet er sich nach überall hin aus, sodass wir ihn ab und zu mit dem Spaten in seine Grenzen verweisen sollten.

Mädchenauge
(Coreopsis verticillata)
Blütezeit: Juni–Oktober
Höhe: 50 cm

Uns interessiert hier nur die Sorte 'Grandiflora', denn sie ist mit ihrer Leuchtkraft und Blühfreudigkeit ein Edelstein in der Staudenpflanzung. Diese Staude mit den fast nadelartigen Blättern blüht nämlich unermüdlich vom Juni/Juli bis in den Oktober hinein in einem weithin leuchtenden Gelb bzw. Schwefelgelb ('Moonbeam') und sieht immer sauber aus. Alle drei Jahre teilen und neu aufpflanzen!

Sonnenbraut
(Helenium-Hybriden)
Blütezeit: Ende Juni–September
Höhe: meist 80–130 cm

Eine der dankbarsten Prachtstauden, von der es viele Sorten in gelben und rotbraunen Farbtönen gibt. Die bereits im Juni/Juli blühenden Frühsorten sind niedriger als die

Sonnenbraut 'Moerheim Beauty'
Eine samtig-kupferrote Sorte; dahinter in strahlendem Gelborange das Sonnenauge *(Heliopsis)* in der Sorte 'Mars'.

späten. Die Blüten werden stark von Bienen beflogen. Herrlich zum Schnitt geeignet; zusammen mit Rittersporn, Sommerphlox, Sonnenhut, Herbstastern und anderen lassen sich farbenfrohe Sträuße zusammenstellen. Diese Arten sind auch gute Begleiter in der Staudenpflanzung.

Eisenhut
(Aconitum)
Blütezeit: Juli–September
Höhe: 80–150 cm

Ebenso wie Pfingstrosen, Phlox und Madonnenlilien gehört der im Juli/August blühende Eisenhut *(A. napellus)* zum eisernen Bestand alter Bauerngärten. Die Pflanzen wollen möglichst lange an ihrem Platz bleiben. Für das gute Gedeihen sind kräftige Düngung und genügend Feuchtigkeit wichtig. Für eine farbenfrohe Staudenpflanzung erscheint er mir unentbehrlich, setzt doch der Eisenhut das Blau des Rittersporns fort.
Im Herbst blühen die 150 cm hohe Art. *A. carmichaelii* 'Wilsonii' und der nur 100 cm hohe *A. carmichaelii* 'Arendsii'. Als Partner geben wir dem im Sommer blühenden Eisenhut weiße Margeriten, Sommerphlox und all die vielen gelben Stauden bei, die um diese Zeit blühen.

Schafgarbe, Goldgarbe
(Achillea)
Blütezeit: Juni–September
Höhe: 80–140 cm, je nach Art

Jeder Gartenboden ist dieser anspruchslosen und dabei sehr wirkungsvollen Staude recht. Ihre volle Schönheit erreicht sie allerdings nur auf gutem, nahrhaftem Boden, der

Eisenhut
Aconitum napellus 'Bicolor' blüht im Juli in duftigem Weiß-Blau.

nicht zu trocken sein soll. Des öfteren ist in Gärten die 120–140 cm hohe Goldgarbe *A. filipendulina* 'Parker' zu sehen, z. B. in Verbindung mit blauem Eisenhut und der rotblühenden Brennenden Liebe. Niedriger (70–80 cm) bleibt die wertvolle *A. filipendulina* 'Coronation Gold' mit leuchtend goldgelben Blüten (siehe Bild Seite 97). Und wer eine hübsche, dunkelrote Schafgarbe pflanzen möchte, dem sei *A. millefolium* 'Kelwayi' (50 cm) empfohlen.

Katzenminze
(Nepeta x *faassenii)*
Blütezeit: Juni–September
Höhe: 30–50 cm

Unermüdlich blüht diese kleinbuschige Staude den ganzen Sommer

über. Mit den lavendelblauen Blüten und graugrünen Blättchen lässt sie sich nicht nur in der Prachtstaudenpflanzung, sondern auch für andere Zwecke im Garten gut verwenden. Neben ihr sollten gelb bzw. rosa blühende Pflanzen und Rosen stehen.

Sommer-Margerite
(Leucanthemum- bzw. *Chrysanthemum-*Maximum-Hybriden)*
Blütezeit: Juli–September
Höhe: 70–100 cm

Die großblumigen, einfach blühenden Sorten wirken auf dem Staudenbeet besonders gut. Wir sollten sie aber nur sparsam verwenden, da ihr leuchtendes Weiß alles andere überstrahlt. Gute Partner sind Eisenhut, Phlox und andere. Damit sie kräftig blühen, teilen wir die Pflanzen alle 3–4 Jahre und setzen sie neu.

Sommer-Margerite
Die züchterisch bearbeitete Form der allgemein bekannten Wiesenmargerite.

Sommerphlox
Wunderbar leuchtkräftig und duftend.

Sommerphlox

(Phlox-Paniculata-Hybriden)
Blütezeit: Juli–September
(je nach Sorte)
Höhe: 80–120 cm

Eine der wertvollsten Blütenstauden, die in keiner Pflanzung fehlen darf! Es gibt Phloxsorten in zauberhaften Farben, nur reines Blau und Gelb fehlen. Der Boden soll kräftig sein, vor allem sollten wir rechtzeitig gießen, denn es handelt sich bei Phlox um einen typischen Flachwurzler.
Durch einen kleinen Kniff können wir die Blütezeit verlängern. Wir brauchen nur bei beginnender Knospenbildung etwa ein Drittel der Triebe zu entspitzen, dann entstehen aus den Blattachseln neue Triebe mit Blütenknospen, die sich erst später entfalten. Um gelbe und bräunliche Töne in die Nähe von

Phlox zu bringen, pflanzen wir Goldfelberich, Sonnenauge, Mädchenauge oder Sonnenbraut *(Helenium)* dazu. Eine gute weiße Begleitpflanze ist die Margerite, während der Eisenhut das um diese Jahreszeit rare Blau liefert.

Sonnenauge

(Heliopsis helianthoides var. *scabra)*
Blütezeit: Juli–September
Höhe: 80–150 cm, je nach Sorte

Den ganzen Sommer hindurch blüht das Sonnenauge in leuchtendem Gelb (siehe Bild Seite 102). Dabei ist diese Staude sehr standfest und kann viele Jahre am gleichen Platz verbleiben. Gegen Trockenheit ist sie recht unempfindlich; wird ihr Durst aber einmal unerträglich, so zeigt sie uns dies durch das Schlappen der Blätter an. Für Volldüngergaben während des Sommers besteht immer Bedarf.
Wertvolle Begleitpflanzen sind Rittersporn oder Eisenhut, bunte Sommerphloxe, weiße Margeriten,

rosa und blauvioletter Feinstrahl, rotbraune Sonnenbrautsorten und schließlich Herbstastern in Blau und Lila. Das Sonnenauge ist so reichblühend, dass es gar nicht auffällt, wenn wir einige Blüten für die Vase schneiden.

Goldrute

(Solidago-Hybriden)
Blütezeit: Juli–September
Höhe: meist 60–80 cm

Bei mancher der neuen, wertvollen Goldrutensorten erinnern die locker aufgebauten Blütenrispen an die gelben Mimosenblüten der Mittelmeerländer. Ebenso wie bei Sonnenbraut und den Herbstastern summen in den gelben Blüten im Spätsommer die Bienen, um den Pollen als begehrtes Winterfutter einzubringen.
Sollte die Mitte eines umfangreichen Stockes nach Jahren zu kümmern beginnen, dann nehmen wir die Pflanze aus dem Boden, teilen und setzen sie neu. Rotbraune Sonnenbrautsorten sowie blaue und violette Herbstastern sind gute Partner. In der Vase sind Goldruten lange haltbar. Besonders in Verbindung mit Skabiosen sehen sie ganz entzückend aus.

Sonnenhut

(Rudbeckia)
Blütezeit: Juli – Oktober
(je nach Art)
Höhe: 50–200 cm (je nach Art)

Alle zur Gattung *Rudbeckia* gehörenden Stauden zeichnen sich durch die gelbe Farbe und eine lange Blühdauer aus. In unserer Pflanzung stehen sie deshalb mit an erster Stelle; ebenso wertvoll sind

Sonnenhut
Hier die bekannte Sorte 'Goldsturm';
davor: Mädchenauge *(Coreopsis)*.

sie zum Schnitt. Auch Halbschatten
wird von den Sonnenhüten noch gut
vertragen.
Eine weitverbreitete Sorte – und
dies zu Recht – ist *R. fulgida* var.
sullivantii 'Goldsturm', mit goldgelben Blüten und schwarzer Mitte,
also einem Mexicaner-Hut ähnlich.
Sie blüht unermüdlich.

Herbstastern
(Aster)
Blütezeit: September – Oktober
Höhe: 90–150 cm

Diese Astern sind viele Jahre hindurch ausdauernd; sie blühen von
September bis Oktober. Unter die
Sammelbezeichnung fallen neben
anderen die **Raublattastern** *(Aster
novae-angliae)* mit einer Höhe von
90–150 cm. Wegen ihrer Mächtigkeit
pflanzen wir sie einzeln, wenn es
der Platz erlaubt aber in Wiederholung, denn sie gehören mit zum
eisernen Bestand unserer Staudenpflanzung und sind alljährlich zuverlässig zur Stelle. Es gibt Sorten
von erfreulicher Leuchtkraft.
Als Begleitpflanzen wählen wir
niedrige Herbstastern in geeigneten

Farben, späte Goldruten, Sonnen-
hüte und Gartenchrysanthemen. So
leuchtet das Staudenbeet noch einmal farbenfroh auf. Diese Astern
sind auch für Halbschatten geeignet. Leider schließen sie ihre Blüten
bei trübem Wetter und gegen
Abend etwas.
Die **Glattblattaster** *(A. novi-belgii)*
blüht zur gleichen Zeit und wird je
nach Sorte 80–130 cm hoch. Ebenso
wie die vorhin genannte Art braucht
auch sie kräftigen Boden und reichlich Nährstoffe zum Aufbau der großen Büsche. An sonnigen Herbst-
tagen gut wässern, sonst werden
die Pflanzen ballentrocken! Leider
müssen wir die sehr leuchtkräftigen
Sorten rechtzeitig stützen, damit sie
bei Regenwetter nicht auseinanderfallen. Ein weiterer Schönheitsfehler: Viele Sorten sind sehr mehltauanfällig.
Kissenastern *(A.*-Dumosus-Hybri-
den) werden nur 20–40 cm hoch.
Wir pflanzen sie immer in größeren

Gruppen, und zwar in voller Sonne,
damit die Farben so richtig auf-
leuchten. Sie wachsen rasch zusammen und bilden dadurch geschlossene Blütenteppiche.

Gartenchrysantheme
(Chrysanthemum [Dendranthema]-
Grandiflorum- bzw. -Indicum-Hybri-
den)
Blütezeit: September–November
Höhe: 40–90 cm, je nach Sorte

Eine farbenprächtige Herbststaude,
deren schönste Sorten noch viel zuwenig in den Gärten zu sehen sind!
Alle Farben, außer Blau, sind hier
vertreten. Ein weiterer Vorteil ist es,
dass sich Chrysanthemen noch im
Knospenzustand, ja selbst in voller
Blüte gut verpflanzen lassen. Für
die Vase können wir von ihnen fröh-

Herbstastern
Eine Zusammenstellung von Kissen-,
Myrten- und Rauhblattastern.

Stauden für den Halbschatten und Schatten

Nicht immer werden wir für unsere Staudenpflanzung einen Platz in voller Sonne finden. Vielfach ist nur eine Fläche dafür vorhanden, die mehrere Stunden oder sogar mehr als den halben Tag im Schatten liegt. Wenn hierfür auch klassische Prachtstauden wie Pfingstrosen, Phlox, Weiße Sommermargeriten und fast alle, die das Wort »Sonne« in ihrem Namen führen, ausscheiden müssen, so verbleiben doch noch genügend, die sich an abson-

PROFI-TIPP

Mit Stauden lassen sich farbenprächtige Sträuße gestalten, vor allem zusammen mit Sommerblumen. Hier sind es Rittersporn, Paeonien und Marienglockenblumen, meisterhaft vereint. Ein Blütentraum in Blau und Rosa, entdeckt in der romanischen Kirche von Altenstadt bei Schongau.

Gartenchrysanthemen
Sie blühen im Spätherbst viele Wochen hindurch – ideale Schnittblumen!

lich-bunte Sträuße schneiden, die sich 2 Wochen lang halten. Besonders duftig finde ich die einfach blühenden Sorten, die mit ihrer goldgelben Mitte wie bunte Margeriten aussehen. Die kleinen, pomponblütigen halten sich dagegen in der Vase besonders lange. Meist sind es im September/Oktober nur wenige Frostnächte, in denen die Blüten gefährdet sind. Darauf folgt dann wieder wärmere Witterung. In diesen Nächten lohnt es sich, empfindlichere Sorten mit Folien, Sackleinen o. ä. zu schützen. Sie blühen noch lange weiter.

Wenn Gartenchrysanthemen auswintern oder eingehen, dann meist wegen Nässe. Es hat sich bewährt, die Pflanzen nach der Blüte aus dem Boden zu nehmen und dicht an der Hauswand einzuschlagen (Ost- oder Nordseite). Dort ist der Boden den Winter über ausreichend trocken. Im Frühjahr pflanzen wir sie wieder an die vorgesehene Stelle.

niger Stelle wohl fühlen, wie Phlox aber auch noch Rittersporn und Herbstastern, während die gelbe Gemswurz, der Goldfelberich und der blaue Eisenhut gerade im Halbschatten ihre volle Schönheit entfalten.

Darüber hinaus gibt es eine ganze Reihe von prächtigen Stauden, die an schattigen Stellen besonders gut gedeihen und reich blühen. Zu ihnen zählen die **Christrose,** die be-

Stauden für den Halbschatten:
Forellenlilie *(Erythronium tuolumnense)* und Gedenkemein *(Omphalodes verna).*

reits im Winter zu blühen beginnt, dann Veilchen, Kissenprimeln, Schlüsselblumen und Kugelprimeln, gefolgt von einigen etwa 50 cm hohen Arten, wie der **Elfenblume** *(Epimedium)* mit gelblichen und rötlichen Blüten, dem lieblichen **Kaukasus-Vergissmeinnicht** *(Brunnera macrophylla)* und der unverwüstlichen Bergenie mit herzförmigen, lederartigen Blättern und Blüten in Rosa, Rot und Weiß. Etwa 60 cm hoch wird die **Akelei,** eine altbekannte Staude aus den Bauerngärten, die im Mai/Juni blüht und sich von selbst aussät.

Ungefähr um dieselbe Zeit, eher ein wenig früher, ist es das Tränende Herz, das die Blicke auf sich lenkt und das besonders hübsch aussieht, wenn wir es mit dem Kaukasus-Vergissmeinnicht und einfachblühenden, cremefarbenen Narzissen zusammenpflanzen. Blüten von großer Leuchtkraft bringt die **Nelkenwurz** *(Geum),* die je nach Sorte von Mai bis in den August hinein die Staudenpflanzung mit orangeroten, kräftiggelben oder karminroten Farbtupfern belebt.

Im Juni/Juli blüht der **Fingerhut,** der gut in eine solche Pflanzung passt. Am besten steht er in einer größeren Gruppe zusammen und nicht allzuweit vom **Waldgeißbart** entfernt, einer mächtigen, unverwüstlichen Staude. Sie wird bis 2 m hoch und wirkt am besten, wenn sie einzeln inmitten niedriger Bodenbedecker herausragt.

Um diese Zeit zeigen sich auch verschiedene **Etagenprimeln** von ihrer schönsten Seite.

Jetzt beginnt zudem eine farbenprächtige Gruppe zu blühen, die sich sogar im vollen Schatten prächtig entwickelt, wenn nur der Boden

Waldgeißbart
Eine mächtige Staude, ideal für Einzelstellung im lichten Schatten.

nahrhaft und genügend feucht ist: die **Astilben.** Um es gleich vorweg zu sagen, unter flach wurzelnden Gehölzen eignen sie sich nicht; sie kümmern an solchen Stellen kläglich dahin, weil ihnen das Wasser fehlt. Besonders üppig und reich blühend entwickeln sich Astilben, wenn es im Frühsommer viel regnet. Je nach Sorte erscheinen die graziösen, duftigen Blüten von Ende Juni bis in den September hinein. Es gibt weiße, rosa- und lilafarbene sowie tiefrote Astilbensorten, meist 50–100 cm hoch. Astilben sollten möglichst in Gruppen gepflanzt werden. In Höhe und Farbe sind sie so unterschiedlich, dass wir auf Begleitpflanzen durchaus verzichten können. Gut passen aber Farne, Silberkerzen und Funkien dazu. Am

Etagenprimeln
Primula-Bullesiana-Hybriden in zarten Pastelltönen.

schönsten wirken sie in ihren Pastellfarben vor dunkeln Gehölzen. Astilben können durchaus auch für sich allein auf ein Beet gepflanzt

Herbstanemone
Die bekannte Sorte 'Honorine Jobert' blüht einfach und schneeweiß.

werden. Wenn wir an das Ende des Beetes die ausladende Gestalt einer Herbstanemone oder einer noch spät im Jahr blühenden Silberkerze stellen und zwischen die Astilben Tulpenzwiebeln legen, haben wir lange Wochen hindurch Farbe. Astilben wirken aber nicht nur während der Blüte. Bereits der rötliche Austrieb ist von eigener Schönheit, und auch nach der Blüte sehen die Pflanzen mit ihren zierlichen Blättern sehr gepflegt aus.

Doch zurück zu unserem absonnigen Staudenbeet: Im Juli folgt das Blau des **Eisenhuts,** von dem es wertvolle Arten gibt, die erst im Herbst blühen (siehe Seite 103). In lichtem Schatten fühlt sich diese Staude besonders wohl. Sehr wertvoll sind die verschiedenen **Silberkerzen** mit 2 m hoch aufragenden weißen Blüten. Die Juli-Silberkerze (*Cimicifuga racemosa*) macht zur Hauptblütezeit der Astilben den Anfang, es folgt die Lanzen-Silberkerze (*C. racemosa var. cordifolia*) und schließlich die September-Silberkerze (*C. ramosa*). Den Abschluß bildet die Oktober-Silberkerze (*C. simplex*), nur bis 1,40 m hoch, mit stark verzweigten, leicht überhängenden Blütenrispen. Gute Nachbarn sind Farne, Herbstanemonen und schattenverträgliche Bodendecker.

Vom Juli bis zum September und in einer Höhe von 30–80 cm blühen die **Funkien** (*Hosta*), überaus dekorative Blattstauden. Besonders die Blätter sind hier ein wirkungsvoller Schmuck; sie können grün oder gelb, weißbunt oder stahlblau sein. Bei einigen Sorten sind aber auch die violetten oder weißen Blüten reizvoll. Ihre Schönheit kann sich erst voll entfalten, wenn sie, einzeln gestellt, aus niedrigen Stauden

herausragen. Sonst sind Funkien denkbar anspruchslos, und man kann sogar sonst recht öde, dunkle Stellen mit ihnen recht farbenfroh gestalten.

Eine wichtige Gruppe für diese Staudenpflanzung im leichten Schatten sind die **Herbstanemonen** (*Anemone*-Japonica-Hybriden). Sie gehören zu unseren lieblichsten und dabei wertvollsten Stauden. Je nach Sorte blühen sie von August bis Oktober in Weiß, Rosa oder Dunkelrot, und immer leuchten aus der Mitte die goldgelben Staubgefäße. Die Höhe beträgt je nach Sorte 60–120 cm. Herbstanemonen zeigen das ganze Jahr über gesundes Laub; gegen Trockenheit aber sind sie etwas empfindlich. Mit Ausnahme der Sorte 'Robustissima' bringen wir im Herbst auf die Pflanzen eine handhohe Laub- oder Torfschicht als Winterschutz.

Den Platz für die Herbstanemonen müssen wir überlegt auswählen, wollen sie doch ebenso wie z. B.

Filigranfarn
Polystichum setiferum 'Plumosum Densum' mit zart gefiederten Wedeln.

Funkie *(Hosta)*
Neben den Blüten wirken hier vor allem die Blätter in vielerlei Grüntönen.

Eisenhut, Waldgeißbart und Silberkerze nach der Pflanzung nicht mehr gestört werden. Erst nach Jahren entfalten sie ihre volle Schönheit und beginnen sich nach allen Seiten hin auszubreiten. Wir müssen also genügend Platz, je Pflanze etwa 1,5 m², vorsehen. Bezaubernde Farbwirkungen lassen sich erzielen, wenn wir sie mit spät blühendem blauem Eisenhut, Astilben, Silberkerzen, Gräsern, Funkien u. ä. zusammenpflanzen. Im Herbst können wir außerdem Zwiebeln von Schneeglöckchen, Wildkrokusse, Blausternchen oder Traubenhyazinthen zwischen die Herbstanemonen legen, damit es dort bereits im Frühjahr zu blühen beginnt.

Wertvolle Bodendecker für Sonne und Schatten

Bei den Blütenstauden für halbschattige Lagen wurde darauf hingewiesen, dass einige unter ihnen besonders gut wirken, wenn sie aus einer niedrigen, ruhigen Umgebung herausragen; z. B. Farne, Astilben,

Silberkerzen, Funkien und Herbstanemonen. Mit Bodendeckern können wir diesen ruhigen Untergrund schaffen, sie sind aber auch geeignet, um als Rasenersatz zu dienen. Auf sonnig gelegenen Prachtstaudenbeeten oder zwischen eng gepflanzten Rosen haben sie dagegen nichts zu suchen, denn hier muss der Boden ständig offengehalten, bzw. – bei Rosen – im Herbst angehäufelt werden. Sehr gut sind sie dagegen geeignet, um in naturnahen Pflanzungen einen bunten Teppich auf den Boden zu legen, aus dem dann – ähnlich wie im Halbschatten – einzeln oder in kleineren Gruppen Rosen, höhere Ziergräser und andere Pflanzen herausragen, die in eine solche Gemeinschaft passen.

Bodendecker für sonnige, trockene Stellen

Hierfür eignen sich Thymian in seiner grünen oder gelbgrünen Form, verschiedene Arten von Fetthenne (z. B. *Sedum floriferum* 'Weihenstephaner Gold', *S. spurium, S. hybridum* 'Immergrünchen'), Habichtskraut *(Hieracium)* mit rotorangen Blütchen, silbergrauer Ehrenpreis *(Veronica spicata* ssp. *incana)* mit blauen Blüten und der silbergraue, niedrige Beifuß *(Artemisia schmidtiana* 'Nana') ausgezeichnet. Bei letztem stören mich die silbrigen Blüten; ich schneide sie gleich nach Erscheinen ab, damit dieser attraktive Bodendecker noch besser wirkt. Auch das Hornkraut *(Cerastium bieberstenii)* oder der Polsterphlox *(Phlox subulata)* sind gut zu gebrauchen.

In Sonne und Halbschatten gleich gut gedeihen der Kriechende Gün-

sel *(Ajuga reptans)* mit blauvioletten Blüten, das Fiederpolster *(Cotula squalida)* mit hübschem, frischgrünem Laub und das goldgelb blühende Pfennigkraut *(Lysimachia nummularia)*. Wenn größere Flächen, vor allem im Bereich von Gehölzen, bedeckt werden sollen, ist auch das 30 bis 40 cm hohe Johanniskraut *(Hypericum calycinum)* zu empfehlen. Weiter sind empfehlenswert der völlig anspruchslose Kriechknöterich *(Polygonum affine)* mit rosaroten Blüten und der unverwüstliche Wollige Ziest *(Stachys byzantina,* Syn.: *S. lanata)*, von dem wir auch besser die unordentlich aussehenden Blüten bei Erscheinen abschneiden, damit die Wirkung des geschlossenen, silbrig filzigen Bodenbelags erhalten bleibt.

Für Halbschatten bis Vollschatten wählen wir das im Frühling blau blühende Gedenkemein *(Omphalodes verna)*, die immergrüne Haselwurz *(Asarum europaeum)*, das allen bekannte Maiglöckchen, den stark wuchernden und sehr anspruchslosen Waldmeister (er wird allerdings 20–30 cm hoch), den

Fetthenne
Sedum floriferum 'Weihenstephaner Gold' ist ideal für volle Sonne.

kleinblätterigen Efeu, den immergrünen Ysander *(Pachysandra terminalis)* mit einer Höhe von etwa 30 cm, das unverwüstliche Immergrün, die ebenso dicht deckende Golderdbeere *(Waldsteinia geoides)* und die dichtwachsende niedrige *Astilbe chinensis* var. *pumila.* Für größere Flächen eignet sich im Schatten wie in der Sonne gleich gut die sehr stark wuchernde Goldnessel.

Zuletzt noch **Universal-Bodendecker,** die unter allen Verhältnissen den Boden dicht zumachen, den Winter über grün bleiben und immer gut aussehen: Efeu und *Cotoneaster dammeri*-Sorten sowie andere kriechende Arten der Felsenmispel. Es handelt sich hierbei zwar um niedrig wachsende Gehölze, nachdem sie aber für den gleichen Zweck benötigt werden wie alle erwähnten Stauden, werden sie hier genannt.

Immergrün
Ein Bodendecker für lichten Schatten, mit blauen Blüten und gesundem Grün.

Niedrige Stauden als Wegeinfassung

Dieser Gruppe kommt besondere Bedeutung zu. Einmal lassen sich unschöne Wegeinfassungen damit einsparen oder gut verdecken, und zum anderen wird die Farbenpracht im Frühjahr durch Polsterstauden wesentlich verstärkt. Pflanzen aus dieser Gruppe eignen sich gut für den Steingarten, ebenso lassen sich mit ihnen Böschungen dicht bepflanzen, die uns dann im Mai als einzige blühende Farbfläche entgegen leuchten. Gepflanzt wird auf 30 bis 40 cm Abstand. Dies sieht zwar in den ersten beiden Jahren noch etwas lückenhaft aus, umso besser ist aber die spätere Wirkung. Wertvoll sind für diesen Zweck das **Steinkraut** *(Alyssum),* dessen strahlendes Gelb nicht fehlen darf. Dann die sehr reich blühenden weißen Polster der **Gänsekresse** *(Arabis)* und die sich flächig ausbreitenden **Blaukissen** *(Aubrieta).* Ebenfalls weiß blüht die **Schleifenblume** *(Iberis),* während es unter den **Zwerg-Schwertlilien** (Iris-Barbata-Nana-Gruppe) alle Farben gibt. Hellblaue Töne sind hier ebenso vertreten wie goldgelbe, rötliche, samtig-violette und ins Schwarz-Purpur gehende. Schließlich darf auf dieser bunten Frühlingspalette der **Polsterphlox** *(Phlox subulata)* nicht fehlen, von dem es weiße, schieferblaue und rosarote Sorten gibt.

Alle diese Polsterstauden blühen im April/Mai und werden nur 10–30 cm hoch. Wurden sie als Wegeinfassung verwendet, so bringen wir dicht hinter diese Pflanzen bunte Einjahrsblumen, sonst wäre das Bild entlang des Weges den Sommer über zu eintönig. Es gibt aber auch Polsterstauden, die erst im Frühsommer blühen, wie z. B. das **Hornkraut** *(Cerastium),* die **Grasnelke** *(Armeria)* und verschiedene niedrige **Nelken** *(Dianthus gratianopolitanus, D. plumarius).* Noch etwas: Diese niedrigen Stauden bilden keine gleichmäßig großen Polster aus, sie wachsen je nach Art etwas stärker in den Weg herein und schwingen wieder zurück. Es wäre denkbar unschön, wollten wir alle nach einer Schnur schneiden, um eine gerade Wegekante zu erhalten. Nur wenn sich die Gänsekresse oder der Teppichphlox gar zu mächtig ausbreiten, zupfen wir mit den Händen etwas weg, aber immer so, dass man es hinterher nicht merkt.

PROFI-TIPP

Bei Stauden sollten wir immer wieder einmal eingreifen, damit die Pflanzung nicht allzusehr »ausufert«. Das gilt auch für Gehölze. Allerdings ist bei solchen Arbeiten nicht der Stil der »Saubermänner« und »Sauberfrauen« gefragt. Hier zeigt sich der wahre Gärtner, der so vorgeht, dass die menschliche Hand nicht zu spüren ist und die Pflanzung ihren natürlichen Charme behält. Nur wenn der Eindruck entsteht, als würde alles von selbst wachsen, ergibt sich ein Gartenbild von paradiesischer Schönheit.

Pflanzen rund um den Gartenteich

Seerosen

Die Primadonna unter den Wasserpflanzen ist die Seerose. Während die uns allen bekannte heimische Art *(Nymphaea alba)* eine Wassertiefe von gut 1 m benötigt, geben sich die rosablühende *Nymphaea*-Hybriden 'Marliacea Rosea' und die rote 'Laydeckeri Purpurata' mit einem Wasserstand von 40–60 cm zufrieden. Letztere und die purpurrote *N.* 'Froebeli' kommen sogar mit einer Wassertiefe von 30–50 cm aus, ebenso die weiße *N. odorata* 'Superba'.

Wer Seerosen für Becken mit sehr flachem Wasserstand von nur 10–15 cm sucht, dem seien die weißblühenden *N. tetragona,* Syn.: *N.* x *pygmaea* 'Alba' sowie die kanariengelbe *N.* x *helvola* empfohlen. Den Wasserstand rechnet man vom oberen Rand des Pflanzgefäßes bis zur Wasseroberfläche.

Es gibt spezielle Wasserpflanzengärtnereien, die alle gewünschten Seerosen und andere Wasserpflanzen verschicken (siehe Seite 251). Man lasse sich einen Katalog zusenden und kann dann Sorten aufgrund der gewünschten Farbe und der Wassertiefe bestellen.

Pflanzung Die Pflanzung erfolgt im Mai/Juni in Wasserpflanzenkörbe, wie sie in jedem Garten-Center angeboten werden. Zur Pflanzung können wir die im Handel erhältliche Teicherde verwenden, ein Spezialsubstrat, das aus Torf, Quarzsand und Tonmineralien besteht. Außerdem enthält es alle für das Wachstum wichtigen Nährstoffe. Nach der Pflanzung wird die Ober-

fläche des Substrats mit gewaschenem Kies abgedeckt.

Bevor wir das Pflanzgefäß mit der Seerose einbringen, sollte das Wasser bereits etwas angewärmt sein. Am besten ist es, wenn wir das Pflanzgefäß erst einmal auf untergelegte Steine setzen, sodass die Wasserhöhe über den austreibenden Blättern nicht mehr als 10–15 cm beträgt. Allmählich, immer mit dem fortschreitenden Wachstum der Blätter, senken wir das Gefäß tiefer ab, bis schließlich der gewünschte Wasserstand erreicht ist. Günstig ist es, wenn Regenwasser verwendet wird. Damit sich Pflanzen und Tiere wohl fühlen, sollte der Gartenteich in voller Sonne liegen.

Die Seerose, eine strahlende Schönheit unter den Wasserpflanzen.

Wenn bei genügend Tiefe (80 cm und mehr) keine Gefahr besteht, dass das Wasser an den Pflanzstellen der Seerosen bis unten hin gefriert und auch den Fischen genügend offenes Wasser verbleibt, bleiben Pflanzen und Fische im kleinen Teich. Andernfalls lassen wir das Wasser ab und sollten dazu bereits beim Bau einen Ablauf, der in eine mit Kies gefüllte Grube reicht, vorsehen. Andernfalls müssten wir das Wasser mühselig ausschöpfen. Die Seerosen werden dann mit einer kniehohen Laubschicht abgedeckt, auf die wir zum Schutz gegen Nässe eine Folie breiten. Obenauf kommen noch ein paar Bretter oder Fichtenzweige, damit das Laub nicht vom Wind verweht werden kann.

Weitere Wasserpflanzen

Für einige andere, durch ihre Blattgestaltung recht interessante Pflanzen genügt ein Wasserstand ab 5–10 cm. Hierzu gehören der **Froschlöffel** (*Alisma plantago-aquatica*) mit duftigen Blütenständen, der

Rechts: Pflanzkorb für Wasserpflanzen. Unten: Aus dem bodendeckenden Knöterich erheben sich Sibirische Wieseniris und die gelbe Sumpfschwertlilie. Links im Bild die handförmig geschlitzten Blätter von *Ligularia przewalskii*.

Tannenwedel (*Hippuris vulgaris*), das **Pfeilkraut** (*Sagittaria sagittifolia*) und die Simse (*Scirpus* = Schoenoplectus *lacustris*), deren Stängel langen Zwiebelröhren gleichen. Die Zebrasimse *S. tabernaemontani* 'Zebrinus' mit ihren zebraartig weiß und grün geringelten Stängeln sieht besonders apart aus. Hübsch wirkt auch ein **Rohrkolben** (*Typha*). Für kleine Wasserflächen sind nur *T. angustifolia* mit schmalen Blättern von etwa 1 m Höhe und die nur etwa 70 cm hoch werdende Art *T. minima* geeignet. Falsch wäre es, aus Begeisterung gleich alle die genannten Arten pflanzen zu wollen, sollte doch das Wasserbecken nur zu einem Drittel zugepflanzt werden. Alle die genannten Pflanzenarten wirken nur, wenn noch genügend Wasser zu sehen ist.

Pflanzung und Pflege Bei kleinen Becken setzen wir jede Art für sich in einen Wasserpflanzenkorb und legen so viele Ziegelsteine unter, bis der gewünschte Wasserstand erreicht ist. Das Pflanzen in einzelne Gefäße ist auch aus einem anderen Grund günstig: Rohrkolben, Froschlöffel und Pfeilkraut wuchern sehr. Wenn wir neben dem Seerosenteich noch ein Feuchtbiotop mit niedrigem Wasserstand haben, können wir auch direkt in dieses auspflanzen und von den sich zu üppig ausbreitenden Arten ab und zu einen Teil entfernen. Dies gilt auch für Gartenteiche mit flachem Uferverlauf, die wir aus Folien bauen.

Uferstauden

Nicht nur in das Wasser, auch in seine Umgebung wollen wir geeignete ausdauernde Pflanzen, also Stauden, bringen. Dazu eignen sich

alle schmalblättrigen Arten wie **Fackellilie** *(Kniphofia),* **Schwert-lilien** *(Iris sibirica* u. a. *Iris*-Arten), **Taglilie** *(Hemerocallis)* und andere. Sehr gut wirken höhere Gräser wie Riesenchinaschilf, Silberfeder-Chinaschilf und Riesen-Pfeifengras, von dem attraktive Sorten wie 'Windspiel' u. a. im Handel sind.

Auch Stauden mit großen, mastigen Blättern, denen man förmlich ihren ständigen Durst ansieht, passen gut ans Wasser. Hierher gehören z. B. die **Ligularien**, wobei die Art mit dem zungenbrechenden Namen *Ligularia przewalskii* (siehe Bild links) für kleinere Gärten besonders geeignet ist. Schade, dass auch Schnecken eine Vorliebe für die Blätter haben. Von den bodenbedeckenden Stauden fügen sich das **Pfennigkraut** *(Lysimachia nummularia),* der flach-wachsende **Knöterich** *(Polygonum affine)* und verschiedene **Fetthenne**-Arten *(Sedum)* gut in die Umgebung des Wasserbeckens ein.

Taglilie 'Ariba'
Dahinter die Weidenblättrige Sonnenblume, deren zarte Blätter sich beim leisesten Windhauch bewegen.

Schildblatt *(Peltiphyllum peltatum)*
und Hyazinthenähnlicher Blaustern
(Hyacinthoides hispanica **'Blue Queen').**

Eine besonders aparte, gut manns-hoch werdende Einzelstaude ist die **Weidenblättrige Sonnenblume** *(Helianthus salicifolius).* Bereits beim leisesten Windhauch bewegen sich ihre Blätter und spiegeln sich im Wasser wider. Sie gehört übrigens zu den wenigen Pflanzen, die mir besser ohne als mit Blüten ge-fallen. Die kleinen, gelben Blüten erscheinen aber erst im Spätherbst. Wer der Umgebung seines Garten-teiches einen Hauch des Besonde-ren geben möchte, soll sich von einer Staudengärtnerei eine **Japani-sche Wasser-Iris** *(Iris ensata,* Syn.: *I. kaempferi)* kommen lassen. Die Blütenformen und die feinen Farben sind von eigenartigem Reiz. Wir pflanzen sie in ein Gefäß und ver-senken dieses bodeneben in der Umgebung des Wasserbeckens. Vom Frühjahr bis zur Blüte gießen wir so reichlich, dass die Erde im Kübel immer etwas mit Wasser bedeckt ist (2 cm). Nach der Blüte dagegen wird nur noch so viel ge-gossen, dass die Pflanze nicht ver-trocknet. Die Einzelblüte dieser fernöstlichen Schönheit hält sich zwar nur einige Tage, umso mehr freuen wir uns an ihr.

Grazile Gräser

Auch sie gehören zum großen Reich der Stauden. Ich weiß, wenn der Gartenfreund von Gräsern hört, denkt er gleich an Unkraut und Unkrautbekämpfung, an die saure Zeit des ersten Beginnens, in der er mühselig Queckenwurzel um Queckenwurzel entfernte. Doch keine Angst, es sollen hier nur grazile Gartengräser empfohlen werden. Wer nicht allein von Blau, Gelb und Rot leben möchte, wer sich auch an schlichten, grazilen, duftigen Formen und am Spiel des Windes mit Blättern und Blüten erfreuen kann, für den sind Gräser genau das Richtige. Übrigens lassen sich Gräser und Blütenstauden durchaus kombinieren, wenn auch manche Gräser besser mit Wild- als mit hoch gezüchteten Beetstauden harmonieren. Zum Zusammenpflanzen mit farbig blühenden Beetstauden eignen sich besonders das Chinaschilf, die Rutenhirse, das Lampenputzergras, das Goldleistengras und die blaugrünen Horste des Blaustrahlhafers.

In der Sonne können wir all die verschiedenen Arten von **Chinaschilf** *(Miscanthus)* pflanzen. Es sind hohe, stattliche Gräser mit schilfartigen, meist überhängenden Blättern. Die Pflanzen wirken vor allem als malerische Blattbüsche. Das Riesen-Chinaschilf *(M. floridulus,* Syn.: *M. japonicus)* wird 2–3 m hoch. *M. sinensis* 'Gracillimus', mit schmalen, überhängenden Blättern, eignet sich dagegen mit nur etwa 120 cm Höhe gut für kleinere Gärten. Interessant, aber etwas steif sieht das Stachelschweingras *(M. sinensis* 'Strictus') mit gelblichen Querstreifen auf den Blättern aus. Höhe: 150 cm. Sehr wertvoll ist *M. sinensis* 'Silberfeder' mit einer Höhe von

Wimperperlgras
Bei *Melica ciliata* leuchten die silbrigen Ähren im Herbst weithin sichtbar.

200 cm, schmal überhängenden Blättern und silbrigen Blütenfahnen im Herbst. Es gilt als Ersatz für das empfindliche Pampasgras.

Beim **Goldleistengras** *(Spartina pectinata* 'Aureomarginata', Syn.: *S. michauxiana)*, Höhe 150 cm, sind die elegant überhängenden Blätter mit gelben Längsstreifen versehen. Das **Lampenputzgras** *(Pennisetum alopecuroides* 'Hameln', Syn.: *P. compressum)* bildet 60 cm hohe, kräftige, satt grüne Horste. Die attraktiven Blütenähren entwickeln sich bereits ab Juli. Der **Blaustrahlhafer** *(Helictotrichon sempervirens,* Syn.: *Avena sempervirens)* wird 60 cm hoch; die eleganten 120 cm hohen Blüten sind bereits im Sommer vorhanden.

Sehr zierlich sehen die verschiedenen Arten von **Federgras** *(Stipa pulcherrima,* Syn.: *St. barbata, St. capillata* und *St. pennata)* mit einer Höhe von 60–80 cm aus. Die langen, fedrigen Grannen bewegen sich beim leisesten Windhauch. »Star« unter den hohen Ziergräsern ist das **Pampasgras** *(Cortaderia selloana)* mit übermannshohen, federbuschartigen Blüten, die im Herbst aus dem Garten leuchten! Sehr gut wirkt es als Einzelpflanze oder kleine Gruppe vor einem Gehölzhintergrund, an der Terrasse oder neben einem Wasserbecken. Offen gestanden: Mir ist es zu pompös. Sehr wichtig: Im Winter will das Pampasgras trocken stehen und gegen Frost geschützt werden. Wir binden im Herbst die Blätter schopfartig zusammen, bedecken die ganze Pflanze gut kniehoch mit Laub und stülpen eine Kiste darüber. Während der Wachstumszeit braucht es viel Wasser und im Frühjahr eine flüssige Düngung.

Lampenputzergras
Pennisetum compressum 'Hameln' mit hübschen walzenförmigen Blütenähren.

Federgras
Stipa ucrainica, auch als Mädchenhaargras bekannt, mit langen fedrigen Grannen.

Horstgräser für die Sonne

Nun noch einige horstbildende, niedrige Gräser für volle Sonne. Sie können flächig oder in kleinen Gruppen gepflanzt werden, stets sind sie sehr wirkungsvoll. Auch für kleine Gärten bestens geeignet! Hierher gehört vor allem der **Blauschwingel** *(Festuca cinerea,* Syn.: *F. glauca)*, ein robustes, nur 20 cm hohes blaues Gras. Ebenso hübsch ist der **Bärenfellschwingel** *(F. gautieri*, Syn.: *F. scoparia)*, der saftig grüne, breite Horste bildet. Auch mit der **Bergsegge** *(Carex montana)* lassen sich hübsche Gartenbilder erzielen, wenn sie z.B. mit Farnen, Zwerg-Nadelgehölzen u.ä. zusammengepflanzt wird. Die Bergsegge wird nur 20 cm hoch und bildet zart grüne, überhängende Schöpfe, die sich im Herbst goldbraun oder dun-

Gletscherschwingel
Festuca glacialis passt ebenso in eine Steppenpflanzung wie der Blauschwingel *(F. cinerea)*.

kelbraun färben. Gedeiht sehr gut auch im Halbschatten.
Im Schatten fühlt sich die 100 cm hoch werdende **Riesensegge** *(Carex pendula)*, mit schmal überhängenden Blättern, wohl. Das gleiche gilt für die **Waldschmiele** *(Deschampsia caespitosa)*, deren Horste nur 40 cm hoch werden und sich für flächige Bepflanzung eignen. Die im Sommer erscheinenden, gelblich-braunen Blütenähren erreichen eine Höhe von 80–120 cm. Nach der Blüte schneiden wir die Ähren ab, denn sie sind dann keine Zierde mehr. Die Blattschöpfe belassen wir dagegen bis zum Frühjahr. Dieses Gras

ist auch für volle Sonne geeignet. Sehr anspruchslos ist die **Waldmarbel** *(Luzula sylvatica)*, ein 25 cm hohes Gras, das sich sogar unter flachwurzelnden Bäumen als Bodendecker eignet. Selbst unmittelbar am Stamm von starken Bodenräubern, z.B. Birken, haben die Blattschöpfe ein tadelloses Aussehen. Voller Schatten wird gut vertragen.

Pflege
Alle die genannten Gräser werden im Frühjahr gepflanzt. Bei Herbstpflanzung gibt es allzuleicht Ausfälle. Die höheren Arten sollten als Solitärpflanzen behandelt, also einzeln gestellt werden; dann sind sie am wirkungsvollsten. Die Blätter bleiben bei den meisten Arten auch den Winter über stehen. Sie wirken gerade bei Rauhreif und Schnee oft recht reizvoll. Im Frühjahr werden sie dann bis dicht über den Boden heruntergeschnitten. Manche horstbildenden niedrigen Gräser, wie z.B. Blau- und Bärenfellschwingel, deren Blätter auch im Frühjahr noch blau bzw. grün sind, brauchen nicht zurückgeschnitten zu werden. Wir »kämmen« sie lediglich aus, d.h. dürre Blätter und vor allem die vergilbten Blüten werden mit der Hand herausgezogen.
Bei manchen Gräsern müssen wir gelegentlich mit dem Spaten nachhelfen, damit sie sich nicht allzusehr ausdehnen. Manchmal braucht man dazu sogar den Pickel, wie bei den verschiedenen Arten von Chinaschilf. Wir können solche mächtig werdenden Gräser in einen Betonring oder einen alten Kübel, aus dem der Boden entfernt wird, pflanzen. So müssen sie sich weitgehend auf den ihnen zugedachten Platz beschränken.

Staudenvermehrung, Pflanzung, Pflege

Vermehrung

Die Vermehrung ist bei verschiedenen Stauden sehr einfach: Sie werden aus dem Boden genommen und mit der Hand geteilt, wie z. B. die verschiedenen Fetthennenarten, viele andere Bodendecker und niedrige Gräser. Stauden, die verholzen, zerlegen wir mit dem Messer oder dem Spaten in mehrere faustgroße Stücke, aber so, dass an jedem Teilstück Knospen verbleiben. Hier wären zu nennen: Taglilie, Schafgarbe, Sommermargerite, Rittersporn, Sonnenauge, Sonnenhut, Sonnenbraut, Astilbe, Schwertlilie, Sommerphlox, Pfingstrose usw. Wenn Stauden nach mehreren Jahren zu kümmern beginnen, vor allem im Stockinneren, wird es Zeit zum Teilen und zu einer Neupflanzung. Andere Stauden lassen sich durch Stecklinge, Abrisse und Wurzelschnittlinge vermehren. Gesät werden die verschiedenen Primelarten, Mohn, Lupine, Nelkenarten, Akelei und viele andere.

Pflanzung

Gepflanzt wurde bisher meist von Anfang September bis Ende Oktober, und im Frühjahr von März bis Mitte Mai. Inzwischen werden viele Stauden in Containern angeboten, die wir fast das ganze Jahr über pflanzen können, auch wenn sie blühen. Bei Sumpf- und Wasserpflanzen liegt der richtige Zeitpunkt im Mai, wenn sich das Wasser ausreichend erwärmt hat. Sofern Gräser, Farne, Fackellilien, Gartenchrysanthemen, Weiße Sommer-

margeriten, Staudenastern und Lupinen nicht im Container angeboten werden, ist für diese Arten die beste Pflanzzeit im Frühjahr. Lilien werden im Spätsommer und frühen Herbst gepflanzt oder im Frühjahr. Nur die weiße Madonnenlilie bringen wir bereits im August an Ort und Stelle.

Ein Staudenbeet anlegen

Ein Staudenbeet sollte nicht breiter als 2 m sein, sonst wird die Pflege sehr erschwert. Beim Pflanzen legen wir erst einmal die wenigen hohen, lange ausdauernden Stauden auf dem Beet aus. Je m² kommen davon nicht mehr als 1–2 Stück. Sie sollen das Gerüst bilden. Diese hohen Stauden werden einzeln oder höchstens in Dreiergruppen mit dem Spaten bzw. mit der Pflanzkelle (Handspaten) gepflanzt. Dann erst legen wir die mittelhohen und gleichzeitig die vielen niedrig bleibenden Stauden aus und bringen sie ebenfalls in den Boden. Von mittelhohen Stauden werden je m² 3–5 Stück gebraucht, von niedrigen 10–15 Stück.
Bereits vor dem Kauf der Stauden fertigen wir eine Skizze im Maßstab 1:10 an. Darin sollten auch Gruppen

Teilung
Bodendeckende Stauden lassen sich vielfach von Hand teilen, bei Stauden mit kräftigem Wurzelstock braucht man den Spaten, manchmal sogar den Pickel.

von Beetrosen mit vorgesehen und kleinere Flächen für Sommerblumen freigehalten werden. So erreichen wir ein langes Blühen. Auf keinen Fall sollte die Fläche mit hohen und mittelhohen Arten vollgestopft werden, die Pflanzung würde bald recht krautig und unbefriedigend aussehen. Ganz anders dagegen, wenn aus niederen Farbflächen höhere Stauden nur vereinzelt oder in kleinen Gruppen herausragen. Gepflanzt wird erst nach gründlicher Bodenvorbereitung und Verbesserung mit Torfersatzstoffen, Kompost oder zugekaufter Pflanzerde. Queckenwurzeln, Giersch und andere Dauerunkräuter sind dabei gründlichst zu entfernen. Möglichst nur bei trübem Wetter pflanzen, denn die Wurzeln sind sehr empfindlich. Bei bewölktem Himmel und Windstille können wir auf kleineren Flächen sämtliche Pflanzen auf einmal auslegen und sie dann in Ruhe in den Boden bringen.
Wenn wir uns die Stauden von einer Gärtnerei schicken lassen und sie

zu einem unpassenden Zeitpunkt eintreffen, so stellen wir sie dicht an dicht nebeneinander an schattiger Stelle auf. Sollten sich die Pflanzen nicht in Kunststofftöpfen befinden, werden sie vorübergehend in Erde eingeschlagen. Dort können die Pflanzen tagelang oder sogar über Wochen bleiben, ohne dass sie Schaden leiden.

Damit wir bei der Pflanzung den gelockerten Boden nicht zusammentreten, arbeiten wir vom Weg aus, soll doch die Staudenrabatte auch später bearbeitet werden können, ohne dass wir sie betreten. Am besten wir legen ein breites Brett auf die Erde, auf dem wir beim Pflanzen stehen. Lange Faserwurzeln werden vor dem Pflanzen mit dem Messer auf Handbreite eingekürzt. Pfingstrosen und Iris sehr flach pflanzen! Anschließend alle Stauden mit der Gießkanne ohne Brause angießen.

Pflegearbeiten

Und nun zu den Pflegearbeiten: Sobald der Boden nach Regenfällen oberflächlich abgetrocknet ist, wird flach gelockert. Dass bei andauernder Trockenheit hin und wieder gründlich gegossen werden muss, dürfte sich eigentlich von selbst verstehen. Im Frühjahr bringen wir auf das Staudenbeet organische Stoffe, also vor allem Kompost aus, etwa 2 cm hoch. Im April wird zusätzlich ein organischer oder mineralischer Volldünger gegeben. – Nicht auf die Blätter streuen! Bewährt haben sich auch Langzeitdünger, die ihre Nährstoffe dosiert je nach Witterung und Wachstum abgeben.

Sehr wichtig: Diese Düngervorschläge gelten nur für die hoch-

Staudenpflege
Verblühte Teile laufend abschneiden! Hier: **Wolliger Ziest** *(Stachys byzantina)*.

gezüchteten Pracht- oder Beetstauden. Keinesfalls düngen wir Wildstauden oder die flach wachsenden Bodendecker. Sie würden sonst zu sehr ins Kraut wachsen und ihre hübsche Form und Färbung verlieren. Hier sollte nur Kompost gegeben werden. Viele alpine Pflanzen und sonstige Hungerkünstler wie z. B. Hauswurz-Arten, graufilzige Katzenpfötchen, Ehrenpreis, niedrigen Beifuß *(Artemisia)*, Thymian usw. sind sogar dagegen »allergisch«. Sie wollen möglichst bescheiden leben.

Entfernen der verblühten Teile

Dadurch wird der Pflanze viel Kraft für weiteres Blühen gespart, die sonst für die Samenbildung verloren geht. Also: Abgeblühte Teile wegzupfen oder mit der Schere abschneiden. Rittersporn, Feinstrahl, Lupine u. a. schneiden wir nach der

Blüte bis Handbreite über dem Boden zurück. Wir bekommen dadurch im Spätsommer eine zweite, wenn auch bescheidenere Blüte. Im Spätherbst werden von den Beetstauden die abgeblühten alten Triebe bis dicht über dem Boden zurückgeschnitten. Dann graben wir mit der Grabgabel zwischen den Stauden flach um, wobei die Wurzeln nicht verletzt werden dürfen, und entfernen alles vorhandene Unkraut. Nach spätestens 5 Jahren empfiehlt es sich, viele Arten von Beetstauden zu teilen und neu aufzupflanzen. Sie werden aus dem Beet genommen, geteilt und nach Verbesserung des Bodens mit Kompost oder Pflanzerde wieder neu gepflanzt. Es gibt allerdings einige Stauden, die möglichst lange ungestört an ihrem Platz bleiben wollen. Dazu gehören Tränendes Herz, Kaiserkrone, Sonnenauge, Taglilie, Lilienarten, Pfingstrose, Christrose und einige Sonnenhut-Arten *(Rudbeckia laciniata, R. nitida)*. Viele Wildstauden, die ebenfalls lange an Ort und Stelle bleiben wollen, sind hier nicht genannt, nur die Christrose, weil sie sich häufig auf Staudenbeeten befindet.

Winterschutz

Verschiedene Stauden brauchen einen Winterschutz. Es sind dies vor allem solche, deren Triebe und Blattrosetten über dem Erdboden überwintern. Hierher gehören zahlreiche Steingartenstauden, die ohne den idealen Winterschutz einer Schneedecke gefährdet sind. Wir decken sie leicht mit Fichtenzweigen ab. Auch Stauden-Neupflanzungen und spät gelegte Blumenzwiebeln erhalten eine lockere Decke aus Fichtenreisig.

Keine Rose ohne Stacheln

Verwendung im Garten

Ein Garten ohne Rosen ist undenkbar. Über 5 000 Züchtungen soll es bereits Ende des letzten Jahrhunderts gegeben haben. Wie viele mögen es heute sein? Es gibt Betriebe, die sich ausschließlich mit der Züchtung und Vermehrung neuer Sorten beschäftigen. Im Garten haben wir zahlreiche Möglichkeiten, Rosen unterzubringen. Statt eines anderen Schlinggewächses können wir an den Hauseingang, an ein Rankgerüst, eine Pergola oder das Gartenhaus **Kletterrosen** pflanzen. **Beetrosen** nehmen sich in der Umgebung der Terrasse gut aus, ebenso entlang des Weges. **Bodendeckerrosen** eignen sich für Beete und Böschungen. Je nach Sorte wachsen sie flach oder überhängend. In der Nähe des Sitzplatzes oder als Abdeckung des Kompostplatzes kann eine **Strauchrose** stehen. Polyantha- und Floribundarosen, also Beetrosen, können gut zu Blütenstauden gesellt werden. Sehr hübsch wirken sie auch in Verbindung mit Ziergräsern. Die edlen **Teehybridrosen** schließlich bauen wir in den Gemüseteil ein. Sie wirken im Ziergarten meist nicht so gut wie die üppiger blühenden Beetrosen; umso bezaubernder sind sie, wenn wir sie langstielig in die Vase stellen. Ein Rosenliebhaber kann

Kletterrose 'Raubritter'
Eine Rose wie aus dem Märchen! Doch: Keine Rose ohne »Dornen« – man muss sie gegen Mehltau spritzen.

aber auch einen kleinen Garten oder einen Gartenteil zu einem regelrechten Rosengarten gestalten, zu einem Märchen von Duft und Farbe.

In ein solches Rosengärtchen passen auch die großblumigen Edelrosen (Teehybriden) sehr gut hinein, vor allem, wenn wir sie sortenweise in kleine Quadrate oder Rechtecke pflanzen, und diese mit niedrigen Einfassungen aus geschnittenem Buchs oder Gamander *(Teucrium chamaedrys)* umgeben. Auch das duftige, weiß blühende Schleierkraut *(Gypsophila)* kommt in einem solchen Rosengärtchen zu

Rosa multiflora
Sie überschüttet den Eingang mit weißen Blütenbüscheln. Darunter: anspruchsloser Goldfelberich.

guter Wirkung. Bildhübsch sieht es aus, wenn wir die Rosen auf einem größeren Beet etwas weiter auseinander als gewöhnlich pflanzen und dazwischen das einjährige Weiße Steinkraut *(Lobularia maritima,* Syn.: *Alyssum maritimum)* säen oder den Rosen als Partner verschiedene blaublühende Stauden wie Salbei-Arten, Katzenminze, Lavendel, Feinstrahl und Rittersporn sowie elegante Gräser beigeben.

Einkauf und Pflanzung

Die beste Pflanzzeit ist von Ende Oktober bis November, auch noch im Dezember, wenn der Boden offen ist. Im Frühjahr wird gepflanzt, sobald der Boden abgetrocknet ist. Rosen in Containern können fast das ganze Jahr über gepflanzt werden. Um die Pflanzen im Herbst termingerecht zu bekommen, geben wir die Bestellung bis spätestens Anfang Oktober auf. Im Frühjahr sind oft verschiedene Sorten bereits vergriffen, und wir müssen uns häufig mit Ersatz begnügen.

Beziehen wir die Rosen von einer auswärtigen Baumschule, so wird die Sendung nach der Ankunft ausgepackt. Die Rosen werden mehrere Stunden mit den Wurzeln und Trieben in Wasser gestellt und anschließend gepflanzt. Ist dies nicht möglich, schlagen wir sie sofort in feuchter, lockerer Erde dicht an dicht im Garten ein. Vor der Pflanzung werden die Wurzeln auf Handlänge eingekürzt.

Der Boden wird tiefgründig umgegraben und die obere Bodenschicht mit Kompost oder anderen Humusstoffen (Pflanzerde) wie sie im Fachhandel angeboten werden, verbes-

Rosen pflanzen
Darauf achten, dass die Veredlungsstelle etwa 5 cm tief in den Boden kommt.

sert. Sonst brauchen wir uns um die Düngung im ersten Jahr nach der Pflanzung nicht zu kümmern. Lehmiger Boden sagt den Rosen besonders zu, sie wachsen aber in jedem normalen Gartenboden. Sollte der Boden sehr schwer sein, kann er durch Zusatz von Quarzsand u.a. (siehe Seite 31) lockerer gemacht werden.

PROFI-TIPP

Containerrosen können fast das ganze Jahr über gepflanzt werden. Rose aus dem Topf nehmen, Wurzelfilz lockern, den trockenen Ballen so lange in Wasser tauchen bis keine Blasen mehr aufsteigen. Pflanzloch ausreichend groß machen, damit der Wurzelballen von lockerer Erde umgeben ist.

Rosen kombinieren
Hier die weiß blühende Steppenkerze
(Eremurus himalaicus) inmitten bezaubernder Strauchrosen.

Pflanzung

Edelrosen, Beetrosen und andere werden so tief gepflanzt, dass die Veredlungsstelle, die als Verdickung am Wurzelhals zu sehen ist, anschließend 2–3 Finger breit, also etwa 5 cm, unter der Bodenoberfläche liegt. Zu tiefes Pflanzen ist für die Entwicklung nicht gut. Sieht aber die Veredlungsstelle oben heraus, so können leicht Frostschäden auftreten.

Mit dem Spaten wird ein Pflanzloch ausgehoben, die Sohle gelockert, die Rose hineingehalten und die Erde eingefüllt. Dabei dürfen die Wurzeln nicht umgebogen werden. Auch bei einer Frühjahrspflanzung werden die Pflanzen für einige Stunden in Wasser gelegt, dann die Triebe auf Handlänge zurückgeschnitten und nach dem Pflanzen so hoch mit Erde angehäufelt, dass nur noch ein wenig von den Trieben sichtbar bleibt. Erst wenn die Pflanzen austreiben, wird bei trüber, regnerischer Witterung abgehäufelt. Nach der Pflanzung gießen wir besonders kräftig an und wiederholen dies bei trockener Frühjahrswitterung des öfteren.

Pflanzabstand

Von niedrigen Beetrosen werden auf 1 m² etwa 6–8 Stück gepflanzt. Es genügt ein Abstand von 35–40 cm, bei stärker wüchsigen Sorten bis zu 50 cm (3–5 Stück/m²). Bei Strauchrosen soll der Abstand 1–2 m betragen. Wollen wir sie aber als **Rosenhecke** aufpflanzen, dann dürfen die Pflanzen nicht mehr als 50–60 cm

voneinander entfernt sein. Vielfach wird in kleineren Gärten nur eine einzelne Strauchrose gepflanzt, um einen Punkt zu betonen. Damit ein solcher Rosenbusch besonders attraktiv aussieht, pflanzen wir 3 Strauchrosen im Dreieck zusammen, wobei der Abstand voneinander 60–80 cm sein sollte. Kletterrosen an Mauern werden mit 3–4 m Abstand gepflanzt, entlang eines Zaunes, der zu einer dichten, blühenden Rosenwand werden soll, genügt dagegen meist ein Abstand von 2 m.

Winterschutz

Bei Beginn stärkerer Fröste, also etwa ab Mitte November, werden die **Beetrosen** 20 cm hoch angehäufelt. Entweder ziehen wir mit einer Hacke die Erde aus dem Rosenbeet an die einzelnen Stöcke oder aber wir bringen an jede Pflanze einen drittel bis halben Eimer Komposterde und decken eventuell noch mit Fichtenzweigen locker ab.

Geschnitten wird im Spätherbst nicht, es sei denn, die Rosensorte hat sehr lange Triebe, bzw. die Triebe sind recht unregelmäßig in der Höhe, was nicht gerade schön aussieht. In diesem Fall können wir die Pflanzen auf etwa Kniehöhe zurückschneiden.

Rosen-Hochstämmchen werden im Spätherbst über die Zapfenschnittstelle (Stummel in Bodennähe) hinweg vorsichtig zu Boden gebogen und die Krone etwa 20 cm hoch mit Erde bedeckt. Dabei darauf achten, dass die Zapfenschnittstelle etwa eine Hand breit über der Erde bleibt. Sind die Stämmchen zum Herunterlegen bereits zu stark, so binden wir die Krone mit Fichtenzweigen ein. Das Innere der Krone wird vorher mit Stroh oder kurzen Fichtenzweigen ausgefüllt, und auch den Stamm umwickeln wir damit. Vor der Verwendung von Kunststofffolien oder Ölpapier sei gewarnt. Durch die Sonneneinstrahlungen wird es in solchen Hüllen unter Tags sehr warm, sodass im Winter extreme Temperaturschwankungen und somit Schäden auftreten können.

Bei **Kletterrosen** wird die Veredlungsstelle wie bei den Beetrosen gut angehäufelt. Da das Niederlegen wegen der kräftigen Triebe und der vielen Stacheln kaum zumutbar ist, schützen wir Kletterrosen mit Fichtenzweigen gegen Sonneneinstrahlung und austrocknende Winde.

Frühjahrsarbeiten

Gegen Mitte März entfernen wir bei allen Rosen das Deckreisig. Dem Ende des Monats zu wird abgehäufelt. Bei den im Frühjahr gepflanzten Rosen erfolgt das Abhäufeln erst 4–6 Wochen nach der Pflanzung.

Niedergelegte Hochstammrosen werden gegen Mitte März aufgerichtet und an den Pfählen festgebunden. Dies soll nur bei trüber Witterung geschehen, da die bisher in Erde eingebetteten Triebe gegen Sonne empfindlich sind.

Rosenschnitt

Gegen Ende März bis Anfang April erfolgt der Rückschnitt. Bei **Beet- und Hochstammrosen** werden zuerst einmal alle dünnen und erfrorenen, dürren Teile ganz entfernt. Die verbleibenden Triebe nehmen wir dann auf etwa 3–5 Augen zurück, also meist bis auf etwa 20 cm über dem Boden bzw. 20 cm Trieblänge (bei Hochstammrosen). Bei kräftig wachsenden Sorten können auch durchaus einige Knospen mehr belassen werden, d. h. wir kürzen die Triebe auf etwa 20–40 cm ein. Unter »**Augen**« versteht man die Blatt- und Triebknospen der Rosen.

Winterschutz
Kletterrosen abdecken (links), Hochstammrosen niederlegen (rechts oben), Beetrosen anhäufeln (rechts unten).

Wir brauchen sie aber durchaus nicht ängstlich abzuzählen. Im allgemeinen wird mindestens die Hälfte, vielfach aber werden zwei Drittel oder drei Viertel der Trieblänge weggeschnitten. Das ist je nach Sorte verschieden, und wir werden durch eigene Beobachtungen in den folgenden Jahren bald das richtige Maß gefunden haben. Gleich bei der Pflanzung rate ich jedoch zu einem besonders kräftigen Rückschnitt. Meist zeigen uns die im letzten Herbst oder diesem Frühjahr gepflanzten Rosen von selbst an, wo sie zurückgeschnitten werden wollen, über dem Auge nämlich, das in den unteren Teilen der Pflanze besonders stark auszutreiben beginnt. Grundsätzlich sollten

PROFI-TIPP

An Wildrosen brauchen die verblühten Teile nicht weggenommen zu werden. Hier freuen wir
uns auf die Hagebutten, die bei
vielen Arten recht zierend aussehen. Bei mehrmals blühenden
Strauchrosen und ebenso bei
Kletterrosen darf diese Arbeit
jedoch nicht übersehen werden,
da es sonst zu Fruchtansatz
kommt und die zweite Blüte nur
recht schwach ausfällt.

Schnitt der
Kronen von
Stammrosen.

dürfen, desto schöner werden die
Büsche. Nur bei Strauchrosen-Sor-
ten, die sehr lange einjährige Triebe
bilden, werden diese um die Hälfte
eingekürzt. Sie würden sonst zu
sehr auseinanderfallen, wenn an
den Triebspitzen die schweren Blüten zu Dutzenden sitzen. Vor allem
bei Regen besteht diese Gefahr. Ein
zu groß gewordener Strauch kann
radikal verjüngt werden. Wir lichten
ihn bis auf einige wenige Triebe aus
und kürzen sie auf etwa 40 cm ein.
Bei **Kletterrosen** schneiden wir
dagegen nicht viel herum, sondern
lichten lediglich aus. Nur neu ge-

**Rosenstämmchen
Sorte: 'Ferdy'. Darunter die lila
blühende Katzenminze.**

schwachwüchsige Sorten kräftiger,
starkwüchsige dagegen nicht so
weit zurückgeschnitten werden.
Sind in kalten Wintern die Rosen
weit zurückgefroren, schneiden wir
auf gesunde Augen zurück, auch
wenn diese ganz dicht über der Veredlungsstelle sitzen.
Haben wir **Beetrosen** in freie Pflanzungen eingestreut, so brauchen
diese nicht so scharf zurückgenommen zu werden wie Rosen, die auf
geschlossenen Beeten zusammen-
stehen. Hier genügt es meistens,
wenn alle schwachen und dürren
Triebe entfernt und die verbleibenden nur um etwa ein Viertel bis ein
Drittel ihrer Länge eingekürzt werden. Sollten sie in den unteren Partien im Laufe der Jahre verkahlen
und im Blühen nachlassen, so werden sie kräftig verjüngt, d.h. ins alte
Holz zurückgeschnitten.
Strauchrosen und strauchartig
wachsende **Wildrosen** werden nur
ausgelichtet, d.h. wir entfernen
dürre und sehr dünne Triebe oder
solche, die zu dicht stehen. Die
natürliche Form sollte erhalten bleiben. Je ungezwungener sie wachsen

PROFI-TIPP

Wie bei Obstbäumen gilt auch
bei Rosen: Je stärker der Rückschnitt, desto stärker der Neutrieb; aus den verbleibenden
Augen (Knospen) entstehen
dann nur wenige, dafür aber
besonders lange, kräftige Triebe. Und umgekehrt: Ein schwa-
cher Rückschnitt bei dem viele
Augen verbleiben, hat einen
schwachen Austrieb zur Folge;
es entstehen zahlreiche, aber
nur kurze Triebe.
Wollen wir wenige, lange Triebe,
wie bei den vorwiegend zum
Schnitt gepflanzten Edelrosen,
erfolgt ein kräftiger Rückschnitt.
Bei Beetrosen lassen wir dagegen die Triebe etwas länger,
damit sich viele schwächere
Blütentriebe entwickeln und die
Pflanzen insgesamt niedriger
bleiben.

Wildlinge nicht oben abschneiden, sondern den Wurzelhals freilegen und an der Ansatzstelle entfernen.

pflanzte Kletterrosen werden mindestens um die Hälfte eingekürzt. Ältere Triebe, erkenntlich am dunkleren Holz, entfernen wir am Boden bzw. wenn sich an ihnen in Boden-

nähe kräftige Jungtriebe entwickelt haben, werden sie auf diese zurückgesetzt. Die kräftigen Jungtriebe dagegen, die oft für Wildtriebe gehalten werden, sind bei der Kletterrose sehr wertvoll und dürfen auf keinen Fall entfernt werden. Etwas waagrecht gebunden, blühen sie besonders reich.

Eine überalterte Kletterrose, deren untere Partien verkahlt sind, wird durch Verjüngung wieder zu neuem Leben erweckt. Entweder werden alle alten Teile bis auf Jungtriebe entfernt, oder noch radikaler – wir schneiden alle Triebe bis dicht über den Boden zurück. Meist erfolgt dann der erwünschte kräftige Austrieb.

Düngen, Mulchen, Gießen

In der Praxis bewährt, soweit eine Bodenuntersuchung nicht etwas grundsätzlich anderes ergeben hat: Bereits im März zwischen den Rosen 1–2 Finger stark Kompost oder andere Humusstoffe aufbringen und diese flach einarbeiten. Gleichzeitig geben wir einen organischen Volldünger, in dem die Pflanzennährstoffe als Knochen- und Hornmehl, Kali meist in mineralischer Form, enthalten sind. Ebenso kann ein Blau-Volldünger (1 Hand voll/m² = ca. 50 g) verwendet werden.

Gute Erfahrungen habe ich mit Floracote-Blumendünger gemacht.

Bei diesem umweltschonenden Langzeitdünger hält die Wirkung 5 Monate lang an (siehe Seite 69). In diesem Zeitraum wird eine auf den Bedarf der Pflanze abgestimmte Nährstoffmenge abgegeben. Mengenangabe auf der Packung. Im Juni wird die Frühjahrsdüngung vom März wiederholt, sofern nicht ein Langzeitdünger verwendet wurde. Im Jahr der Pflanzung keine mineralischen Dünger (Blaukorn u.a.) geben! Dagegen fördert eine gute Handvoll Hornspäne je Pflanzloch die Entwicklung.

Später als Juni sollte auf keinen Fall mehr mit stickstoffhaltigen Volldüngern gearbeitet werden. Die Pflanzen würden sonst noch Neutriebe bilden, die bis zum Herbst hin nicht ausreifen. Es hat sich bewährt, wenn nach der ersten Rosenblüte 30 g = etwa ½ Handvoll Patentkali (Kalimagnesia) ausgestreut wird. Durch die Kaligabe werden die Rosen besonders frosthart.

Die sommerliche Bodenbearbeitung unter Rosen soll flach sein, damit die Wurzeln nicht beschädigt werden. Gut hat sich in trockenen Gebieten das Mulchen bewährt. Wird Rindensubstrat verwendet, sollte zusätzlich Stickstoff in organischer oder mineralischer Form gegeben werden, um den Bedarf der Mikroorganismen zu decken. Andernfalls holen sie ihn aus der Umgebung der Rosen, die dann unter Stickstoff-Entzug leiden.

Muß bei längerer Trockenheit gegossen werden, dann mit dem Schlauch gründlich zwischen den Pflanzen wässern. Blätter, die län-

Rosa gallica 'Scharlachglut'
Eine einmal blühende Strauchrose von zeitloser Schönheit und Eleganz.

PROFI-TIPP

Ab September nicht mehr gießen, damit die Triebe verholzen und frosthart werden.

'Erotika'
Eine wundervoll duftende Edelrose.

PROFI-TIPP

Was bedeutet ADR?
Die Anfangsbuchstaben von **A**llgemeine **D**eutsche **R**osenneuheiten-Prüfung sind ein Qualitätszeichen. Bei dieser Prüfung werden die Rosen vieler Züchter über drei bis vier Jahre an elf verschiedenen Standorten ohne Verwendung chemischer Pflanzenschutzmittel bewertet.
Die Jahreszahl in Verbindung mit dem ADR-Zeichen gibt an, in welchem Jahr das Prädikat verliehen wurde. Ein wertvoller Hinweis für den Hobbygärtner, denn ab Mitte der siebziger Jahre wird neben den sonstigen Eigenschaften einer Rose vorrangig ihre Widerstandsfähigkeit gegen Krankheiten bewertet.

gere Zeit feucht sind, werden besonders stark von Sternrußtau, aber auch von Rosenrost befallen.

Pflanzenschutz

Bei den Sortenempfehlungen habe ich vorwiegend robuste bzw. wenig anfällige Rosen genannt, die in einem nicht allzu verregneten Sommer weitgehend gesund bleiben. Wer allerdings Rosen haben möchte, die bis in den Spätherbst hinein reich blühen und völlig gesundes Laub behalten, kommt um einige Spritzungen nicht herum. Gute Erfahrungen wurden gemacht mit einer 1. Spritzung gleich nach dem Austrieb mit Dithane NeoTec, diese nach 2–3 Wochen wiederholen und ab Mitte – Ende Mai abwechselnd in mehrwöchigen Abständen mit Baymat u. a. zugelassenen Mitteln. Umweltschonend ist es, wenn wir beobachten und den Sommer über nur spritzen, wenn sich an den unteren Blättern die ersten Anzeichen von Sternrußtau u. a. zeigen. Bei trockener Witterung lassen sich so die Abstände zwischen den einzelnen Behandlungen oft erheblich ausdehnen.

Schnittrosen

Während der Blüte brauchen wir nicht ängstlich zu sein, wenn wir die Rosen für die Vase schneiden. Wir sollten die Triebe sogar möglichst

weit zurücknehmen, weil aus den unteren Blattachseln die kräftigsten Neutriebe nachkommen. Auch an der Pflanze verblühte Triebe sind mit etwa 2 Blättern zurückzuschneiden. Meist zeigt uns die Sorte die richtige Stelle schon durch eine austreibende Knospe an, über der wir die verblühenden Teile wegschneiden. Wer in seinem Nutzgarten ein Beet mit Teehybridrosen gepflanzt hat, die nur für den Schnitt gedacht sind, sollte beim Blumenschnitt darauf achten, dass noch 2–3 Blätter am Trieb verbleiben. Bei solchen Rosen wird auch der Frühjahrsschnitt besonders kurz durchgeführt. An jedem kräftigen Trieb sollen nur 2–3 Augen verbleiben. Dadurch bekommen wir lange Stiele und große Blumen.
Anfällige Sorten, die nicht gegen Pilzkrankheiten (siehe Seite 245) behandelt werden, verlieren bereits im Sommer ihre Blätter, blühen dann kaum noch und gehen geschwächt in den Winter. Wer Spritzungen vermeiden möchte, sollte Sorten auswählen, die in der betreffenden Gegend von den genannten Krankheiten kaum befallen werden.

Sortenwahl

Um dem Gartenfreund die Wahl aus vielen hundert Sorten zu erleich-

tern, werden hier einige genannt, mit denen ich oder Kollegen gute Erfahrungen gemacht haben. Nachdem aber die Eignung mancher Sor-

'Graham Thomas'
Bis zum Herbst blühende, Englische Strauchrose; bernsteinfarben, im Verblühen blassgelb.

te von Gegend zu Gegend schwankt, sollte sich jeder nach Möglichkeit selbst informieren. Besonders wertvoll ist es, wenn wir uns den Sommer über in beschilderten öffentlichen Anlagen, Rosengärten, Botanischen Gärten und anderen Schaupflanzungen in unserer Nähe selbst Aufzeichnungen über Farbe, Höhe und Gesundheit von Sorten machen können. Gut bebilderte Kataloge sind uns dabei eine wertvolle Hilfe.

Hier noch eine Einteilung der Beetrosen, soweit diese zum Verständnis der Kataloge und für unsere praktischen Zwecke wichtig ist:

'Westerland'
Eine farbenfrohe, stark duftende Strauchrose, mit gelb durchschimmerten, orange farbenen Blüten, die wohl jeden Gartenfreund begeistert. Die Sorte ist robust, wird fast mannshoch, ist reich blühend vom Juni bis zum Frost.

● Unter **Polyantharosen** (z.B. die bekannte Sorte 'Orange Triumph') verstehen wir Sorten mit großen Blütendolden, aber kleinen Einzelblüten.
● **Polyantha-Hybriden** blühen ebenfalls in Büscheln, bringen aber bereits größere Einzelblüten.
● **Floribundarosen** zeichnen sich schließlich durch noch größere Einzelblüten aus. Sie sind bereits den Edelrosen ähnlich, blühen aber in großen Dolden.
Sorten aus diesen drei Gruppen kommen vor allem für die Bepflanzung von Beeten in Frage, denn mit ihnen lässt sich Farbe in den Garten zaubern. Die **Teehybridrosen**, auch **Edelrosen** genannt, sind dagegen speziell für den Schnitt geeignet. Sie bringen wenige, dafür jedoch sehr große Einzelblüten.
Alljährlich werden in den Katalogen neue Sorten angeboten, die – in der Werbesprache – alles Bisherige an Schönheit, Blütenreichtum und Duft zu übertreffen scheinen. Es macht Spaß, solche Neuheiten auszuprobieren. Selbstverständlich werden wir uns fürs erste mit 1 oder 3 Pflanzen begnügen, denn Enttäuschungen werden nicht ausbleiben.

Neben all den in den Tabellen genannten kann ich mich für die Schönheit dieser Rosen besonders begeistern:
'Mary Rose', öfterblühende Strauchrose, »Englische Rose«, 120–150 cm, frisches Rosa mit Duft, Pflanze verzweigt sich recht eigenwillig, deshalb auch im Winter interessant, Strauch bereits Ende Mai mit Blüten überschüttet, dann nach mehrwöchiger Pause erneutes Blühen bis zum späten Herbst.
'Ghislaine de Feligonde', öfterblühende Strauchrose, 150 bis 180 cm, kleine gelborange/aprikotfarbige Blüten, dann rosaweiß, eignet sich auch als Rambler-Rose am Rosenbogen, frosthart, auch für Halbschatten, ein Klassiker unter den alten Rosen.
'Colette', neuere öfterblühende Strauchrose, 150–180 cm, rosettenartige Blüten in apartem, goldbraunrosa, außerordentlich reichblühend.
'Paul's Himalayan Musk', einmalblühende Rambler-Rose mit enormer Wuchskraft, 600 bis 800 cm, verträgt Halbschatten, deshalb ideal zum Einwachsen in alte Bäume, von deren Ästen die mit kleinen violettrosa Blüten besetzten Triebe wie ein Wasserfall herabfließen.

Bewährte Rosensorten
Strauchrosen (nach Blütenfarben geordnet)

Sorte	Blüte	Höhe (m)	ADR-Rose[1]	Bemerkungen
'Bischofsstadt Paderborn'	rot	1–1,5	–	Die Sorte ist übersät mit einfachen, schalenförmigen Blüten. Das flammende Zinnoberscharlach zieht die Blicke auf sich. Ideale Sorte für Hecken, da kräftiger, gut verzweigter Wuchs.
'Dirigent'	rot	1,5–2	–	Halb gefüllte, glühend blutrote Blüten sitzen in dichten Büscheln bis in den späten Herbst hinein. Breiter, kräftiger Wuchs. Die Farbe hält jedem Regenwetter stand. Gut für Hecken geeignet.
'Grandhotel'	rot	1,5–2	1977	Sehr große, leuchtend samtig-blutrote Blüten, gut gefüllt, wächst sehr buschig. Wohl die schönste Sorte in Blutrot.
'Robusta'	rot	1,8–2	–	Leuchtend rote, schalenförmige Blüten die sich selbst reinigen. Ideal für blühende Hecken, da sehr stark bestachelt, undurchdringlich.
'Westerland'	orange	1,5–2	1974	Eine herrliche, farbenfrohe Sorte mit großen, weithin leuchtenden Blüten, aprikosenfarben mit Lichtgelb. Die Blumen sind halb gefüllt, haltbar und stark duftend. Früh- und reichblühend bis zum Frost.
'Angela'	rosa	1	1982	Schalenförmige, kräftig rosa Blüten in Büscheln. Reich und lange blühend, niedrig, mit dem Zauber einer »Alten Rose«. Robust.
'Centenaire de Lourdes'	rosa	1,5	–	Eine außergewöhnlich reich blühende Sorte mit beinahe edelrosen-gleichen, reinrosa Blüten. Problemlose Strauchrose, kräftiger Wuchs, sehr gesund. Wildrosenduft!
'Elmshorn'	rosa	1,5–2	–	Die zierlichen Blüten mit kräftigem Rosa mit Lachsschein stehen in großen Büscheln zusammen. Gut zum Schnitt (kleine Gestecke).
'Golden Wings'	gelb	1,5	–	Große, einfache Blüten (Durchmesser 10–12 cm), schwefelgelb bis rahmgelb mit auffälligen orangeroten Staubfäden. Kräftiger, breit-ausladender Wuchs; im Herbst große, orangerote Hagebutten.
'Lichtkönigin Lucia'	gelb	1,5	1968	Reiche Blüte bis Spätherbst in leuchtendem Zitronengelb. Gesund, glänzend grünes Laub, sehr regenfest. Duftend! Passt gut zu Stauden.
'Schneewittchen'	rein-weiß	1	–	Die reinweißen Blüten sind edelrosengleich und sitzen zu vielen in großen Dolden zusammen, die Blüte dauert ununterbrochen bis zum Frost; eine sehr wertvolle Sorte. Ideal für niedrige Hecken.

Nostalgische Rosen

Darunter verstehen wir **Alte, Romantische** und **Englische Rosen,** also Rosen mit viel Charme, die unserer Sehnsucht nach der »guten alten Zeit« entgegen kommen. Die ballonförmigen oder rosettenartigen Blüten vieler Sorten verströmen einen bezaubernden Duft. Hier einige die mir besonders gut gefallen, d. h. die Auswahl ist recht subjektiv.

Sorte	Blüte	Höhe (m)	Duft[2]	Bemerkungen
'Othello'	rot	1,2–1,5	DD	Große Blütenbälle. Die Farbe wechselt von dunklem Scharlachrot bis zum hellen Purpur. Nicht vor heiße Mauer pflanzen, da Farbe rasch verblasst. Etwas Mehltau anfällig. Eine attraktive Sorte mit starkem Duft.
'Rose de Resht'	rot	1–1,2	D	Blüten fuchsienrot, klein, rosettenförmig, dicht gefüllt, duftend. Eine robuste historische Rose, auch für Hecken.
'Eden Rose '85'	rosa	1,5–2	D	Beinahe kugelige, gut gefüllte Blütenbälle, außen zart seidenrosa, zur Mitte hin kräftig rosa. Widerstandsfähig, ideal zur Einzelstellung. Romantik pur, eine Rose zum Träumen!

[1] siehe Seite 125, [2] D = duftend und DD = stark duftend

Sorte	Blüte	Höhe (m)	Duft	Bemerkungen
'Heritage'	rosa	1–1,5	D	Rosettenartig, dicht gefüllt. Reichblühend, mit Duft.
'Louise Odier'	rosa	1,5–1,8	D	Reinrosa, dicht gefüllt, nicht verblassend. Binden, da die starkwüchsige Sorte zum Auseinanderfallen neigt. Sehr robust, duftend.
'Maiden's Blush'	rosa	1–1,5	D	Die gefüllten Blüten verströmen einen süßen, angenehmen Duft. Passt gut in Bauerngärten.
'Abraham Darby'	gelb	1,5–2	DD	Aprikosengelbe, rosa überhauchte Blüten an langen, bogenförmigen Trieben. Stark duftend, gesundes Laub.
'Graham Thomas'	gelb	1,2–1,5	D	Im Aufblühen bernsteinfarben, dann in Gelb übergehend, das beim Verblühen verblasst. Eine duftende Englische Rose, reich blühend und gesund, die den Gartenfreund begeistert.
'Leander'	gelb	1,5–2	D	Die aprikosenfarbenen, kleinen, gefüllten Blüten stehen in dichten Büscheln. Kräftiger Strauch, robust, widerstandsfähig, Duft.
'Suaveolens'	weiß	2–3	D	Alte Strauchrose mit dicht gefüllten, weißen Blüten; braucht reichlich Platz, damit sie sich zu voller Schönheit entwickeln kann.

Kletterrosen

Sorte	Blüte	ADR-Rose[1]	Bemerkungen
'Dortmund'	rot	1954	Starkwüchsig, mit einfachen Blüten, leuchtendrot mit weißem Auge, große Blütenstände; frosthart, robust, verträgt Halbschatten.
'Flammentanz'	rot	1952	Während die meisten Kletterrosen 2–3 m hoch wachsen, erreicht diese eine Höhe von 4–5 m. Gefüllte Blüten leuchtend blutrot. Besonders frosthart, verträgt Halbschatten, einmal aber enorm reichblühend im Juni/Juli.
'Sympathie'	rot	1966	Wohl die schönste aller roten, öfter blühenden Kletterrosen mit edelrosengleichen Blüten von samtig-dunkelroter Farbe. Wildrosenduft!
'New Dawn'	zartrosa	–	Altbekannte Sorte von zartrosa Farbe, duftend, unermüdlich blühend bis in den Herbst hinein, gesund, gute Winterhärte, verträgt Hitze und Halbschatten, sehr geeignet auch zum Blumenschnitt.
'Maria Lisa'	rosa	–	Einmal, aber sehr reich blühend, in Büscheln, mit vielen kleinen kaminroten Blüten mit weißer Mitte und auffallend gelben Staubfäden. Robust, fast stachellos.
'Raubritter'	rosa	–	Meine Lieblingskletterrose! Sie hätte einen anderen Namen verdient, der nicht an das Finanzamt erinnert. Ein Traum in Purpurrosa, siehe Bild Seite 119! Allerdings: »Keine Rose ohne Dornen« – unbedingt vorbeugend gegen Mehltau spritzen, damit sich die Schönheit entfalten kann. Einmalblühend.
'Super Dorothy'	rosa	–	Kleine, pomponartig gefüllte Blüten in großen Büscheln; robust, verträgt Hitze und Halbschatten; widerstandsfähig gegen Pilzkrankheiten. Lange, dünne Triebe an Rankgerüst aufbinden, bzw. Sorte als flach wachsenden Bodendecker verwenden. 'Super Excelsa', kräftiges dunkleres Rosa.
'Golden Showers'	gelb	–	Früh blühende Kletterrose mit zitronengelben, weitgehend gefüllten Blüten, einzeln und in Büscheln. Bewährt, öfterblühend. Verträgt Halbschatten.
'Ilse Krohn Superior'	weiß	–	Edel wirkende weiße gefüllte Blüten einzeln oder in kleinen Büscheln. Eine robuste, frostharte Kletterrose mit Duft.

[1] siehe Seite 125

Beetrosen (Polyantha- und Floribundarosen, Bodendeckerrosen)

Sorte	Blüte	Höhe (cm)	ADR-Rose[1]	Bemerkungen
'Gruß an Bayern'	blutrot	60–70	–	Eine wertvolle Beetsorte mit halbgefüllten, leuchtend samtig-blutroten Blüten. Haltbar bis zum sauberen Verblühen. Wildrosenduft.
'Tornado'	blutrot	50–60	–	Haltbare, pflegeleichte Sorte von leuchtendem Blutrot. Farbbeständig bei Regen und Sonne. Sauber verblühend. Sehr winterhart.
'Lili Marleen'	dunkel-rot	50–70	–	Eine der schönsten unter den samtig dunkelroten vielblütigen Beetrosen. Die Sorte blüht unendlich reich bis in die späten Herbst hinein. Optimaler Rosenstandort ist vorteilhaft.
'Andalusien'	rot	60–80	–	Leuchtend blutrot mit dunkelgrünem Laub. Ebenso robust wie die ältere Sorte 'Paprika'. Auch für ungünstige Lagen, da sehr frosthart.
'Sarabande'	rot	50	–	Einfache, geranienrote Blüten mit auffallend goldgelben Staubfäden von ungewöhnlicher Leuchtkraft. Gesunder Wuchs, bis zum Herbst blühend. Idealer Partner zu Stauden. Auch für heiße Lagen.
'Escapade'	lilarosa	80–100	–	Überreich in Büscheln blühend. Lilarosa Blüten mit goldgelben Staubfäden über der weißen Mitte, außergewöhnlich. Sehr regenfest, verträgt Halbschatten. Zarter Duft. Wirkt wie eine »Alte Rose«.
'Bonica '82'	rosa	50–70	1982	Weitgehend gefüllte mittelgroße Blüten in großer Zahl von zart bis kräftig rosa Farbe. Sehr gesund, regenfest, auch für weniger optimalen Standort. Verträgt Halbschatten.
'Mirato'	rosa	40–60	1993	Eine auffallende Bodendeckerrose mit leuchtendrosa Blütenbüscheln. Dauerblüher, selbstreinigend, verträgt Halbschatten. Selbst in verregneten Sommern ohne Spritzung kerngesund!
'Play Rose'	rosa	60–80	1989	Hübsche Beetrose mit lockeren Blüten in kräftigem Rosa. Obwohl weitgehend gefüllt, sind die gelben Staubfäden sichtbar. Pflegearm, reinigt sich sehr gut. Ohne Spritzung gesund, auch in Regenjahren.
'The Fairy'	rosa	60–80	–	Eine bildhübsche Bodendeckerrose mit ungezählten kleinen zartrosa Blüten. Pflanze breitwüchsig, elegant überhängend. Sehr regenfest, verträgt Hitze und Halbschatten. Gute Wirkung zusammen mit Lavendel, Katzenminze und weißem, bodendeckendem Duftsteinrich (Lobularia). Für Böschungen bestens geeignet.
'The Queen Elizabeth Rose'	rosa	80–150	–	Enormer Blütenreichtum bis in den November hinein. Reinrosa Blüten, in der Knospe edelrosengleich, sehr groß und gefüllt. Sehr gesund. Unverwüstlich, verträgt Hitze und Halbschatten.
'Münchner Herz'	aprikot	50–70	–	Vornehm mehrfarbig: lachs-apricot-zartgelb-zartrosa. Blüten edelrosengleich, groß, gut gefüllt. Angenehmer Duft. Eine farbenfrohe Rose.
'Bayerngold'	gelb	50–60		Eine der gesündesten, gelb blühenden Rosen, die ständig durchtreibt und weiterblüht. Robust und sehr winterhart. 'Friesia', 60–70 cm, blüht in Goldgelb, das sich bis zum Verblühen hält.
'Alba Meidiland'	weiß	60–100	–	Viele kleine, dicht gefüllte Blüten in verträumtem Weiß erinnern uns an Großmutters Garten. Sie sitzen in Büscheln zusammen. Unempfindlich gegen Regen und Hitze. Vorzüglich für Gestecke! Bodendeckerrose, einzeln und für Gruppen, vor allem mit Stauden.
'Aspirin Rose'	weiß	60–70	–	Edel geformte Blüten überdecken das hellgrüne Laub. Selbstreinigende Spitzensorte. Widerstandsfähig gegen Pilzkrankheiten. Ideal zu Stauden. 'Edelweiß', 40–50 cm, cremeweiß, robust und regenfest.

[1] siehe Seite 125

Teehybriden (Edelrosen, Schnittrosen)

Sorte	Blüte	Höhe (cm)	Duft[1]	ADR-Rose[2]	Bemerkungen
'Duftrausch'	violett	80–100	DD	–	Der Name sagt bereits alles. Robust, große Blüten auf straffen Stielen.
'Erotika'	dunkel-rot	80–100	DD	–	Sehr große, dicht gefüllte, samtig-dunkelrote Blüten auf kräftigen Stielen. Stark duftend und reich blühend! Sehr robust.
'Papa Meilland'	dunkel-rot	60–80	DD	–	Edle Knospenform und samtig-dunkelrote Blüten. Einmalig duftende Schnitt- und Beetrose. Allerdings Mehltau anfällig, deshalb nicht zu nahe an heiße Südwand pflanzen.
'Duftwolke'	rot	60–80	DD	–	Haltbare, sehr große korallenrote Blüte. Einmalige, weit verbreitete Duftrose. Sehr winterhart, unermüdlich blühend.
'Christoph Columbus'	orange	60–80	–	–	Kupferorangefarbene, große Blüten von 12 cm Durchmesser, apart in der Knospe. Äußerst robust, sehr gesund.
'Banzai '83'	gelb-rot	70–90	D	–	Goldgelb, äußerer Rand orangerot. Duftend, kräftiger Wuchs, stark bedornt. Eine Rose, deren Farbenspiel begeistert.
'Kleopatra'	gelb-rot	70–90	–	–	Außen messingfarben, innen vornehmes Rot, obwohl zweifarbig nicht knallig bunt. Eine aparte Edelrose, ohne Duft.
'Violina'	zart-rosa	80–100	D	–	Edel geformte Knospen, nostalgisch anmutende Blüten, starker Wuchs, sehr gesund.
'Acapella'	rosa	70–80	DD	–	Blüten zweifarbig, innen kirschrot, außen silberfarbig, auf langen eleganten Stielen. Sehr gesund und winterfest.
'Carina'	rosa	80–100	–	–	Eine wundervolle Rose mit edel geformten, reinrosa Blüten. Hervorragend zum Schnitt. Jedoch Rosenkrankheiten!
'Lady Like'	rosa	60–80	D	–	Kräftig Altrosa, mit starkem Duft. Winterhart, wetterfest, widerstandsfähig gegen Krankheiten.
'Myriam'	rosa	60–80	DD	–	Blüten zartrosa, locker gefüllt, Blütenblätter gekräuselt. Herrlich duftend; bezaubernde »Englische Rose«.
'Pariser Charme'	rosa	50–70	DD	–	Reinrosa, etwas niedriger als andere. Starker Duft, winterhart und sehr gesund.
'The McCartney Rose'	rosa	60–80	DD	–	Reinrosa, mit betörendem Duft, allerdings anfällig für Krankheiten, vor allem Mehltau.
'Gloria Dei'	gold-gelb	80–100	–	–	»Weltsorte« mit riesengroßen, lange haltbaren Blüten. Blütenblätter erst goldgelb, im Verblühen hellgelb, rosa überhaucht. Außerordentlich robust, gesund und sehr winterhart. Verträgt Halbschatten. Die meistverkaufte Sorte weltweit.
'Candlelight'	dunkel-gelb	80–100	DD	–	Große, nostalgisch gefüllte Blüten auf langen, kräftigen Stielen, regenfest und in der Vase lange haltbar. Sehr gesund.
'Elina'	gelb	70–90	D	1987	Zart rahmgelb; kräftiger Wuchs; eine pflegeleichte, robuste Edelrose mit Duft. Weitgehend gesund.
'Evening Star'	weiß	60–80	DD	–	Blüten leuchten reinweiß, dicht gefüllt. Herrlich duftend, reich blühend! Ebenso empfehlenswert: 'Memoire', 'Roy Black'.
'Polarstern'	weiß	80–100	D	–	Makellos weiße Blüten auf langen, starken Stielen. Duftend, gesundes Laub, frosthart.

[1] D = duftend und DD = stark duftend, [2] siehe Seite 125

Ziergehölze für viele Zwecke

Gestalten mit Ziergehölzen im Garten

Mit Ziergehölzen schaffen wir entlang der Gartengrenze oder in Terrassennähe einen guten Sichtschutz. Beschreibungen hierzu, Abbildungen und Sortenangaben bringen Bücher über Gehölze und jeder gute Baumschulkatalog. Noch besser: Wir sehen uns in der Schaupflanzung einer Baumschule o. ä. um, damit wir einen möglichst naturgetreuen Eindruck vom späteren Aussehen der verschiedenen Gehölze bekommen. Der erfahrene Baumschulgärtner wird uns sicher gut beraten, wenn wir ihm sagen, was wir uns vorstellen und wie viele Meter Grundstücksgrenze bepflanzt werden sollen.

Zweckmäßig ist es, wenn wir bereits vorher in unserem Gartenplan die Ziersträucher in Form kleinerer Kreise und vereinzelte größer werdende Laub- und Nadelgehölze entsprechend größer einzeichnen. Ähnliches gilt für Hecken. Damit

Ein Garten zum Träumen! Rechts die elegant überhängenden Blütentriebe des Chinesischen Sommerflieders *(Buddleja alternifolia)*.

sich die meisten Ziersträucher zu voller Schönheit entwickeln können, sollten wir sie im Abstand von mindestens 1,50 m und immer etwas versetzt pflanzen, sodass keine langweilige Reihe entsteht.

Laubgehölze

In die Randpflanzung um unser Grundstück lassen sich auch Strauchrosen gut einfügen. Ich möchte aber raten, diese nur einzeln oder in kleinen Gruppen vor die grüne Wand der vorhin genannten, alt bewährten Sträucher zu stellen. In regenreichen Sommern können sie nämlich – wenn wir die nötigen Spritzungen übersehen – weitgehend entblättert dastehen, und dann hätte unsere Sichtschutzpflanzung ein unschönes Loch.

Das gleiche gilt für den Schmetterlingsstrauch, auch Sommerflieder genannt *(Buddleja davidii)*. Er friert im Winter leicht zurück, sodass im

Frühsommer eine Lücke in unserer Pflanzung ist. An einer anderen Stelle im Garten, für sich allein gestellt, wirkt die Buddleje sehr hübsch – und vor allem freuen sich die Kinder, wenn die Blüten von vielen Schmetterlingen besucht werden.

Wer Sträucher mit farbigen Blättern in seiner Pflanzung haben möchte, dem rate ich zur weißbuntblättrigen Kornelkirsche *(Cornus alba* ‘Argenteomarginata’), einem robusten Gehölz, welches immer gut aussieht.

Gehölze mit kräftig roten Blättern sind die Bluthasel *(Corylus maxima* ‘Purpurea’), dann die dunkelrot laubige Berberitze *(Berberis* x *ottawensis* ‘Superba’) und die Blutpflaume *(Prunus cerasifera* ‘Nigra’) mit schwarzrotem Laub. Letztere wird allerdings im Laufe der Jahre ein mächtiger Strauch von gut 6–7 m Höhe und entsprechendem Durchmesser, was wir bei der Pflanzung berücksichtigen müssen. Ein hübsches gelbbuntblättriges Gehölz von 5–7 m Höhe ist die Sorte ‘Aureovariegatum’ des Eschenahorns *(Acer negundo)*.

Der Korkflügelstrauch *(Euonymus alatus)* verfärbt sich im Herbst leuchtend rot.

Robuste Ziersträucher, die sich wegen ihres hübschen Wuchscharakters oder einer besonders attraktiven Blüte für eine Einzelstellung (Solitär) eignen, sind die Sommerbuddleje *(Buddleja alternifolia)*, auch Chinesischer Sommerflieder genannt, mit elegant überhängenden hell violetten Blütentrieben im Juni, oder der bereits vorhin genannte Schmetterlingsstrauch *(Buddleja davidii)*.

Sehr duftig wirkt die Frühlingstamariske *(Tamarix parviflora)* mit zartrosa Blüten im April/Mai. Ein Strauch mit überhängenden Trieben und reicher weißer Blüte ist *Spiraea nipponica*, die sich besonders in freier Stellung zu voller Schönheit entfaltet. Bei der Felsenmispel *Cotoneaster dielsianus* wirkt der sehr dekorative, überhängende Wuchs.

In den Tabellen auf den folgenden Seiten ist eine bewährte Grundausstattung an Ziergehölzen in der Reihenfolge ihrer Blütezeit aufgeführt.

Abgrenzung des Gartens mit freiwachsenden Ziersträuchern: Flieder, Spierstrauch, Goldregen und andere.

Ziersträucher, die sich zur Abgrenzung des Gartens eignen
(nach Blütezeit geordnet)

Name	Blütezeit	Höhe in m	Bemerkungen
Duftschneeball (*Viburnum farreri,* Syn.: *V. fragrans*)	Februar/März	2–3	Wohlriechend. Ein Blütenstrauch, der in milden Wintern schon ab Dezember seine rosaweißen Blüten öffnet.
Goldglöckchen (*Forsythia* x *intermedia* in verschiedenen Sorten)	März/April	2–3	Bekannter, weitbogig überhängender Zierstrauch, der im Frühjahr wie mit Gold überschüttet aus den Gärten leuchtet.
Brautspiere, Schneespiere (*Spiraea* x *arguta*)	April/Mai	1,5–2	Sieht zur Blütezeit wie mit frischem Schnee bedeckt aus.
Blutjohannisbeere (*Ribes sanguineum* 'Atrorubens')	April/Mai	2	Locker aufrecht wachsende Triebe. Dunkelrote Blütentrauben.
Prachtspiere (*Spiraea* x *vanhouttei*)	Mai/Juni	2–2,5	Strauch zur Blütezeit über und über mit weißen Dolden bedeckt.
Gefüllter Schneeball (*Viburnum opulus* 'Sterile')	Mai/Juni	2,5–3	Der deutsche Name trifft hier ins Schwarze. Gefüllte, kugelige, schneeballartige Blütenstände. Wertvoll sind auch einige wohlriechende Schneeball-Arten (*Viburnum* x *burkwoodii, V. carlcephalum*), die gut 2 m hoch wachsen und während der Blütezeit im Mai geradezu Duftwolken verströmen.
Ranunkelstrauch (*Kerria japonica* 'Pleniflora')	Mai/Juni		Die einfache Form blüht gelb im Mai/Juni, die genannte gefüllt blühende von Mai bis September.
Falscher Jasmin, Pfeifenstrauch (*Philadelphus*-Coronarius-Hybriden u. a. *P.*-Arten)	Mai/Juni	1,5–3	Bewährte, reich blühende Sträucher, die gut decken. *P.* x *lemoinei* 'Erectus' mit straff aufrechten, locker verzweigten Trieben wird nur 1,50–2 m hoch, weiß blühend.
Weigelie (*Weigela*-Hybriden)	Mai/August	1,5–3	Im Mai/Juni blüht die karminrote 'Bristol Ruby' (2–3 m), im Juni/Juli die tiefrote 'Newport Red' (2–3 m), und von Juni bis August die breitbogig überhängende, karminrote Sorte 'Eva Rathke' (1,50 m).
Maiglöckchenstrauch (*Deutzia* in verschiedenen Arten)	Juni	2–3	Bekannter Zierstrauch, der je nach Art weiß oder rosa blüht.
Kolkwitzie (*Kolkwitzia amabilis*)	Juni	2–3	Auffallender, hübscher Blütenstrauch mit bogig überhängenden Zweigen. Wirkt im Juni wie eine rosa Blütenkaskade, da zu dieser Zeit die Blätter völlig in den Hintergrund treten.
Bogenflieder (*Syringa reflexa, S.* x *swegiflexa*)	Juni/Juli	3–4	Große Sträucher mit trichterförmigen Grundtrieben. Triebe im oberen Bereich und Seitentriebe hängen elegant bogig über. Blüten in händenden Rispen. Die Art *S.* x *swegiflexa* wächst etwas kräftiger und lockerer, die Blüten sind größer und im Aufblühen tiefrot.
Spierstrauch (*Spiraea nipponica*)	Juni/Juli	1,5–2,5	Ein prächtiger Blütenstrauch, der die früher blühenden Arten an Schönheit beinahe noch übertrifft. Die cremeweißen Doldentrauben sitzen dicht an dicht entlang der vorjährigen Triebe. Sehr gut auch zur Einzelstellung geeignet.
Felsenmispel (*Cotoneaster dielsianus, C. multiflorus* u. a. *C.*-Arten)	Juni/Juli	2–2,5	Verschiedene strauchartig wachsende Felsenmispel-Arten eignen sich in einer gemischten Rahmenbepflanzung sehr gut, um den Garten nach außen hin abzuschirmen.

Höhere Ziergehölze zur Abgrenzung des Gartens
(Sie können vereinzelt mit den Ziersträuchern kombiniert werden)

Name	Blütezeit	Höhe in m	Bemerkungen
Feuer-Ahorn (*Acer ginnala*)	Ende Mai	4–6	Blätter glänzend dunkelgrün, feurigrote Herbstfärbung.
Felsenbirne (*Amelanchier laevis*)	April/Mai	2,5–3,5	Mehrstämmiger, locker wachsender Deckstrauch. Duftige, reiche Blüte, orangefarbene Herbstfärbung. Sehr gut auch in Einzelstellung im Garten zu verwenden.
Kornelkirsche (*Cornus mas*)	März/April	5–7	Wertvoller Großstrauch. Auffallende Blüte im März/April.
Goldregen (*Laburnum anagyroides* 'Vossii')	Mai/Juni	4–5	Prächtiger hoher Blütenstrauch, der im Mai zusammen mit Flieder, Spiräen u. a. blüht. Rinde und Fruchtstände giftig.
Blutpflaume (*Prunus cerasifera* 'Nigra')	April	6–7	Kleiner Baum oder Großstrauch mit sehr dichter Krone, der nach 5–10 Jahren rosarot blüht. Belaubung braun bis schwarzrot mit metallischem Glanz.
Heckenkirsche (*Lonicera tatarica* u. a. Arten)	Mai/Juni	3–3,5	Anspruchslose, breit ausladende Deck- und Schattensträucher.
Japanische Zierkirsche (*Prunus sargentii* 'Accolade')	April	3–4	Überaus elegant wirkende Zierkirsche mit zierlichen, leicht überhängenden Zweigen. Die Blüten sind leicht gefüllt.
Chinesischer Flieder (*Syringa* x *chinensis*)	Mai/Juni	3–4	Großer Blütenstrauch mit ausladenden, überhängenden Trieben und lilarosa, duftenden Blüten. Wertvoll auch zur Einzelstellung.
Edelflieder (*Syringa*-Vulgaris-Hybriden und Veredelungen)	Mai	2–3,5	Bewährte Sorten sind: 'Andenken an Ludwig Späth, dunkelpurpurrot, einfach; 'Charles Joly', purpurrot, gefüllt; 'Michael Buchner' rosa, gefüllt; 'Marie Legraye', weiß, einfach; 'Mme. Lemoine', weiß, gefüllt.

Ziergehölze für die Einzelstellung (als Solitär)

Name	Blütezeit	Höhe in m	Bemerkungen
Japanischer Fächerahorn (*Acer palmatum*)	Mai	2–3	Apartes Solitärgehölz, liebt etwas Schatten, leuchtend rote Herbstfärbung. *A. p.* 'Atropurpureum' das ganze Jahr über mit schwärzlich-rotem Laub; *A. p.* 'Dissectum'-Sorten mit geschlitzten hellgrünen Blättern, 1–1,50 m hoch.
Felsenbirne (*Amelanchier laevis*)	April	2,5–3,5	Locker aufgebauter, mehrstämmiger Strauch, weißblühend in hängenden Trauben. Austrieb leuchtend rot, später grün. Herbstfärbung orange.
Chinesischer Sommerflieder (*Buddleja alternifolia*)	Juni	2,5–3	Breitausladend, Seitentriebe lang und dünn, überhängend. Auffallend purpurlila Blüten entlang der letztjährigen, elegant überhängenden Triebe; stark duftend. Sehr wirkungsvoll auf Mauerkronen und an Böschungen.
Schmetterlingsstrauch (*Buddleja davidii*)	Juli–Okt.	2,5–3	Beliebt wegen der vielen Schmetterlinge, die sich an den langen Blütenrispen tummeln. Farbe je nach Sorte unterschiedlich (rosa, blauviolett, dunkelviolett, purpurrot). Radikaler Rückschnitt nach Winterende bringt reiche Blüte.

Name	Blütezeit	Höhe in m	Bemerkungen
Scheinquitte, Zierquitte (*Choenomeles speciosa*)	März/April	2–3	Auffallender Blütenstrauch mit leuchtend roten Blüten in Büscheln. Wuchs sparrig aufgelockert. Sorten 1–1,50 m hoch.
Amerikanischer Blumen-Hartriegel (*Cornus florida*)	Mai	4–5	Typischer Blütenstrauch für Einzelstellung. Die weißen Blüten haben einen Durchmesser bis zu 8 cm, die Herbstfärbung ist leuchtend rot. Braucht bis zur vollen Entwicklung etwa 10 Jahre. Kalkempfindlich (saurer Boden!) und empfindlich gegen Hitze und Trockenheit. Die Form *C. florida* 'Rubra' blüht rosa bis rot und zeigt noch intensivere Herbstfärbung.
Japanischer Blumen-Hartriegel (*Cornus kousa*)	Mai/Juni	5	Blüte wie bei oben genannter Art, aber später. Entwickelt sich ebenfalls erst nach etwa 10 Jahren zu voller Schönheit. Herbstfärbung leuchtend scharlachrot.
Wintergrüne Felsenmispel (*Cotoneaster salicifolius* var. *floccosus*)	Juni	3	Großstrauch mit bogig überhängenden Trieben und immergrüner Belaubung. Weiße Blüten kaum auffallend. Ab August dicht besetzt mit hellrot leuchtenden Beeren.
Perückenstrauch (*Cotinus coggygria*)	Juni/Juli	3–4	Breitausladender Strauch mit grüngelben Blüten und auffallend rötlichen, perückenartigen Fruchtständen ab Ende Juli bis September. Herbstfärbung orangegelb.
Rotlaubiger Perückenstrauch (*Cotinus coggygria* 'Royal Purple')	Juni/Juli	2–3	Wie die genannte Art, nur schwächer wachsend. Friert im Winter gelegentlich zurück, sodass man ihn in rauheren Gebieten nur 1–2 m hoch vorfindet. Laub metallisch glänzend, intensiv schwarzrot, später bräunlich. Auffallend grün-rote Blütenrispen im Juni/Juli, bis 20 cm lang.
Zaubernuss (*Hamamelis japonica*, *H. mollis*)	Febr.–April	2–3	Bizarr verzweigter, langsam wachsender Strauch, der bereits ab Februar goldgelb blüht, bevor das Laub kommt. Will schwach sauren bis neutralen Boden. Man sollte die Zaubernuss in Hausnähe pflanzen oder in der Nähe eines Weges, damit man sich bereits früh im Jahr an den Blüten freuen kann, die wenig Fernwirkung haben. In ihrer eigenartigen Form erinnern sie an Luftschlangen.
Geschlitztblättriger Essigbaum (*Rhus typhina* 'Dissecta')	Juni/Juli	3–4	Die schwächer wachsende Form des Essigbaums zeichnet sich durch tief geschlitzte Blätter und bizarren Wuchs aus. Hervorragend zur Einzelstellung.
Japanische Zierkirsche (*Prunus sargentii* 'Accolade')	April	3–4	Eine bezaubernde Art mit zierlichen, leicht überhängenden Zweigen, die sich im April mit unzähligen rosaroten Blütenbüscheln schmücken. Ein elegant wirkender Blütenstrauch.
Japanische Hänge-Nelkenkirsche (*Prunus serrulata* 'Shidare Sakura'), Hänge-Strauchkirsche (*Prunus subhirtella* 'Pendula')	April/Mai	3–4	Ein kleinbleibender, auffallender Blütenbaum, dessen Äste bogig überhängen und nach Jahren bis zum Boden reichen. Zur Blütezeit bedeckt mit dicht gefüllten rosa Blütenbüscheln. Ebenfalls empfehlenswert: Rosa Frühlingskirsche (*P. subhirtella* 'Fukubana') mit elegant überhängenden Trieben.
Japanische Säulen-Zierkirsche (*Prunus serrulata* 'Amanogawa')	April/Mai	4–5	Eine säulenförmig wachsende Zierkirsche, die zur Blütezeit wie eine mit hellrosa Blüten über und über geschmückte Pyramidenpappel aussieht.
Japanischer Schneeball (*Viburnum plicatum* f. *tomentosum* 'Mariesii')	Mai/Juni	2–3	Breitausladender Zierstrauch mit beinahe etagenbildenden Seitentrieben und auffallend flachen, weißen Blütenzweigen. Wirkt auch aus der Ferne sehr apart.

Vogelschutzgehölze

Wer sich mehr einen naturgemäßen Garten anlegen will, wird anstelle der in den Tabellen ab Seite 133 aufgeführten Ziergehölze meist einheimische Vogelschutzgehölze verwenden. Mit ihnen lässt sich für viele Vogelarten ein abwechslungsreicher Lebensraum schaffen, denn sie bieten Nahrung, Schutz, Aufenthalt, Übernachtungsplätze und ermöglichen den Freibrütern das Nisten. Das Fall-Laub sollte unter diesen Gehölzen verbleiben. Es dient als natürlicher Mulch, düngt, fördert die Bodengare, beherbergt eine große Zahl von Kleinlebewesen und zieht viele Vögel fast magnetisch an.

Oben: Eberesche im herbstlichen Fruchtschmuck.

Links: Der Holunder, ein prächtiger Blütenstrauch mit vielseitig verwertbaren schwarzblauen Beeren im Herbst (kleines Bild).
Die Samen werden von Amseln vertragen, sodass der Holunder an allen möglichen – und unmöglichen! – Stellen von selbst aufgeht.

Es eignen sich z. B.
● **für feuchte Standorte:**
Faulbaum, Kreuzdorn, Liguster, Gemeiner Schneeball, Öhrchenweide, Grauweide u. a. Weiden.
● **für trockene und magere Böden:**
Sanddorn, Eberesche, Apfelrose, Schlehe, Salweide, Wacholder, Krummholzkiefer u. a.
● **für schattige und halbschattige Lagen:** Alpenjohannisbeere, Feldahorn, Haselnuss, Hartriegel, Heckenkirsche, Holunder, Kornelkirsche, Mahonie, Schneeball, Schneebeere, Eibe u. a.

Vogelschutzgehölze

Name	Höhe in m	Ansprüche	Bemerkungen
Alpenjohannisbeere (Ribes alpinum)	1–2,5	Kalkhaltige Böden, schattenverträglich	Bildet selbstständig Nestquirle[1]
Brombeere (Rubus fruticosus)	0,5–2	Nicht zu trockene und arme Böden, verträgt Halbschatten	Undurchdringlich, Vogelschutz, Früchte als Vogelnahrung
Eberesche (Sorbus aucuparia)	15	Anspruchslos	Früchte als Vogelnahrung; es gibt auch Züchtungen mit essbaren Früchten
Eibe (Taxus baccata)	bis 10	Frische, kalkhaltige Böden, verträgt starke Beschattung	Langsamwüchsig, verträgt starken Schnitt
Erbsenstrauch (Caragana arborescens)	bis 5	Anspruchslos	Bodenverbesserer, verträgt Schnitt
Feldahorn (Acer campestre)	bis 15	Keine nassen Böden, verträgt Halbschatten	Bildet selbstständig Nestquirle[1], verträgt Schnitt
Feuerdorn (Pyracantha coccinea)	1–3	Eher trockenen als feuchten Boden	Früchte als Vogelnahrung, färben sich im August/September
Hartriegel (Cornus sanguinea)	2–4	Verträgt starke Beschattung	Füllgehölz, Früchte als Vogelnahrung
Haselnuss (Corylus avellana)	3–5	Verträgt Halbschatten	Bildet selbstständig Nestquirle[1], Füllgehölz
Holunder, Schwarzer (Sambucus nigra)	bis 5	Verträgt Halbschatten	Früchte als Vogelnahrung, Füllgehölz
Kornelkirsche (Cornus mas)	5–7	Verträgt Halbschatten	Füllgehölz, Früchte als Vogelnahrung
Liguster (Ligustrum vulgare)	2–3	Auch auf mageren und feuchten Böden, verträgt Halbschatten	Früchte als Vogelnahrung, verträgt starken Schnitt
Mahonie (Mahonia aquifolium)	0,5–1,5	Verträgt Schatten	Immergrün
Pfaffenhütchen (Euonymus europaeus)	bis 7	Kalkliebend, bevorzugt frische bis feuchte Böden	Füllgehölz, Früchte als Vogelnahrung
Rose-, Apfel-, Kartoffel- (Rosa rubiginosa)	2	Auch für magere und trockene Böden	Früchte als Vogelnahrung
Rose, Hecken- (Rosa canina)	2–3	Sehr anspruchslos, auch für rohen Boden geeignet	Früchte als Vogelnahrung
Sanddorn (Hippophaë rhamnoides ssp. carpatica)	2–5	Auch auf magersten Böden	Zweihäusig, männliche und weibliche Exemplare gemeinsam pflanzen!
Schneeball, Gemeiner (Viburnum opulus)	2–3	Für feuchte Standorte, verträgt Halbschatten	Füllgehölz
Schneebeere (Symphoricarpos albus)	1,5–3	Anspruchslos, verträgt Halbschatten	Fruchtstrauch
Sal-Weide (Salix caprea)	8	Alle Böden, extrem nass bis extrem trocken	Von der Gattung Salix gibt es unzählige Arten und Züchtungen; hier wurden nur drei, für extreme Standorte geeignete Vertreter aufgeführt
Weißbuche, Hainbuche (Carpinus betulus)	bis 20	Verträgt Schatten	Verträgt starken Schnitt, kann auf den Stock gesetzt werden

[1] Dicht verzweigte Äste, die als Nistgelegenheit dienen

Nadelgehölze und immergrüne Laubgehölze

Besonders wertvoll sind Nadelgehölze den Winter über, wenn die meisten Laubgehölze längst ihre Blätter abgeworfen haben. Und wenn sie dann gar noch mit Schnee bedeckt sind oder Rauhreifkristalle an den

Nadeln glitzern, dann glaubt man, ein Bild aus einem Märchenbuch vor sich zu haben. Dabei sind Nadelgehölze, einmal angewachsen, denkbar anspruchslos. Trotz dieser Vorteile wollen wir uns beschränken und vorwiegend Laubgehölze pflanzen, denn ein Garten mit zu vielen Koniferen wirkt düster, steif und leblos.

Zwergkonifere
Die Nest-Fichte *(Picea abies* 'Nidiformis')
eignet sich auch für kleinste Gärten.

Ein Wintermärchen! Die Mähnen-Fichte
(Picea breweriana) **mit Trieben, die**
wie Lametta am Weihnachtsbaum nach
unten hängen.

Fichten sehen richtig nett aus, aber nur solange sie klein sind. Im »Normalgarten« würden sie später einmal alles erdrücken, denn sie erreichen immerhin eine Höhe von gut 25 m und einen Durchmesser von 5 m und darüber. Das gleiche gilt von Tannen, Föhren und Lärchen. Es gibt aber unter all diesen vom Wald her bekannten Nadelgehölzen Formen, die wesentlich schwächer wachsen als die gewöhnliche Art. Einige davon sind in der Tabelle genannt.

Auch die **immergrünen Laubgehölze** bringen Leben in den winterlichen Garten. Die meisten eignen sich vorzüglich für Einzelstellung oder für Pflanzgruppen (Rhododendron). Buchs, Stechpalme und Mahonie lassen sich vorteilhaft mit den laubabwerfenden Ziersträuchern kombinieren, mit denen wir den Garten zur Straße oder zum Nachbargrund-

Nadelgehölze

Name	Höhe in m	Blütenfarbe
Korea-Tanne (*Abies koreana*)	2–5	Für den Haus-, ja sogar für den kleinen Reihenhausgarten geeignet; wächst sehr langsam; bringt bereits an jungen Pflanzen viele auffallende purpur-violette Zapfen.
Muschelzypresse (*Chamaecyparis obtusa* 'Nana Gracilis')	1–2	Langsam wachsend mit muschelförmig gedrehten Trieben; für Einzelstand im Halbschatten, da gegen Hitze und Trockenheit empfindlich.
Silberzypresse (*Chamaecyparis pisifera* 'Boulevard')	2–5	Die ersten Jahre langsam wachsend mit silbergrauem, später graublauem nadelartigem Laub; für Einzelstand; für trockene, heiße Stellen nicht geeignet.
Wacholder (*Juniperus*)	0,5–3	Zahlreiche zwergig- bzw. strauchartig oder säulenförmig wachsende Arten und Formen, die sich auch für kleine Gärten eignen.
Japanische Hänge-Lärche (*Larix kaempferi* 'Pendula')	5–6	Langsam wachsend; Höhe wegen vielgestaltiger Wuchsform schwankend; liebt kühlen, etwas feuchten Standort; mit stark herabhängenden Ästen ein apartes Gehölz für Einzelstellung.
Mähnen-Fichte (*Picea breweriana*)	5–7	Eine einmalige Erscheinung für den größeren Garten, die einzeln gestellt werden sollte (als Solitär), um zu wirken; die dünnen Triebe hängen lang nach unten, sodass der Baum bei Rauhreif wie ein mit Lametta behangener Weihnachtsbaum aussieht.
Orientalische Gold-Fichte (*Picea orientalis* 'Aurea')	6–8	Eine im Austrieb goldgelbe Form der Morgenländischen Fichte, wie sie auch genannt wird; auch für kleinere Gärten, denn es dauert an die 10–15 Jahre bis eine in üblicher Pflanzgröße gekauftes Exemplar an die 3 m hoch wird.
Latsche, Legföhre (*Pinus mugo*)	3–5	Allgemein bekannt und vielseitig verwendbar; anspruchslos in Bezug auf Boden und Lage.
Blaue Mädchenkiefer (*Pinus parviflora* 'Glauca')	2–5	Eine auffallende, langsam wachsende Kiefer mit silberblauer Benadelung; malerisch, ja recht bizarr wachsend, vor allem, wenn der Boden etwas zur Trockenheit neigt; dekorative Kiefer; auch für kleine Gärten bestens geeignet.
Kiefer, Föhre (*Pinus sylvestris*)	10–20	Sie wächst zwar in vielen Jahren zu einem großen Waldbaum heran, als Einzelexemplar findet sich vielfach aber auch im Garten ein geeigneter Platz; eigenwilliger, malerischer Wuchs; gut geeignet um unter der lichten Krone einige Rhododendren zu pflanzen, da wandernder Schatten; ohne große Wurzelkonkurrenz.
Säulen-Eibe (*Taxus baccata* 'Fastigiata')	2–5	Eine säulenförmige Form der bekannten Eibe; geeignet für Einzelstand, im Heidegarten und für Pflanzgefäße auf der Terrasse.
Hemlocktanne (*Tsuga canadensis*)	8–10	Ein bildhübsches Nadelgehölz mit zierlichen, elegant überhängenden Trieben; wird zwar einmal 10, ja 15 m hoch, doch das dauert sehr lange; wirkungsvoll durch lichtgrüne Benadelung und lockeren Kronenaufbau; wertvoll als Schattenspender für Azaleen und Rhododendren; empfindlich gegen heiße Mittagssonne in den ersten Jahren nach der Pflanzung; für windgeschützte Lage und genügend feuchten Boden.

stück hin abschirmen. Von den Nadelgehölzen hat sich für diesen Zweck die Eibe bewährt, die sich gut in eine solche Rahmenpflanzung einbauen lässt. Nachdem Eiben einen Rückschnitt vertragen, lässt sich ihre Größe sehr gut regulieren.

Außer den hier genannten, nicht allzu hoch wachsenden Nadelgehölzen gibt es vor allem bei Scheinzypresse, Wacholder, Fichte, Kiefer und Eibe

Thuja occidentalis 'Rheingold'
Diese buntnadelige Konifere bringt gelblich-grüne Farbe in die Pflanzung.

zahlreiche Zwergformen. Sie werden meist nur 2 m hoch, bleiben vielfach wesentlich niedriger. Hierher gehören z. B. die Zuckerhutfichte, die Nestfichte, der Blauzedernwacholder, die Zwerglatsche – um nur einige der bekanntesten zu nennen. Jede Baumschule und jedes Garten-Center hält diese Zwergkoniferen in den verschiedensten Grün-, Gelb- und Blaufärbungen in großer Auswahl bereit. Sie lassen sich in jedem Garten, selbst im allerkleinsten, vielseitig verwenden.

Pflanzung und Pflege

Nadelgehölze und immergrüne Laubgehölze im Container können fast das ganze Jahr über gepflanzt werden. Ballenware pflanzen wir am besten nach Abschluss des Triebes, also ab September oder im Frühjahr kurz vor dem Austrieb. Sind die Wurzelballen auf dem Transport trocken geworden, so stellen wir sie für eine Stunde in Wasser. Nachdem das Pflanzloch um gut $1/3$ größer als der Ballen ausgehoben ist, stellen wir die Pflanzen hinein und füllen bis über die Hälfte mit Erde auf, die mit feuchtem Torf oder einer im Handel erhältlichen Pflanzerde vermischt wurde. Dann das

Immergrüne Laubgehölze

Name	Höhe in m	Blütenfarbe
Buchs (*Buxus sempervirens* var. *sempervirens*)	2–3	Die genannte Größe wird erst nach vielen Jahren erreicht, denn meist wird wegen des Preises eine kleine Pflanzware verwendet; vorzüglich geeignet, um in die Rahmenpflanzung des Gartens einige auch im Winter grüne Gehölze einzufügen.
Immergrüne Strauchmispel (*Cotoneaster salicifolius* var. *floccosus*)	2–3	Ein dekorativer immergrüner Strauch mit bogenförmig überhängenden Zweigen; in strengen Wintern verfärbt sich das Laub rötlich-braun; zur Einzelstellung z. B. vor Hauswand neben dem Eingang, für Pflanzgruppen oder in Gefäßen; ab August hellrot leuchtende Beeren.
Stechpalme (*Ilex aquifolium*)	6–8	Langsam wachsend mit gezahnten, glänzend dunkelgrünen Blättern; im Herbst leuchtend rote Beeren. Als Einzelexemplar in die Rahmenpflanzung, ähnlich wie Buchs.
Mahonie (*Mahonia aquifolium*)	1–2	Glänzend grüne Blätter, die sich im Winter dunkelrot verfärben; blüht im April gelb, ab August blaue, hellbereifte Beeren; für Pflanzgruppen, vereinzelt in die Rahmenpflanzung, für niedrige Hecken und Pflanzgefäße.
Feuerdorn (*Pyracantha coccinea*)	1,5–3	Verschiedene Sorten; weiße Blüten im Mai/Juni streng duftend, ab September auffallender Beerenschmuck, je nach Sorte goldgelb, orange, rot; für Einzelstellung und in Gruppen, für frei wachsende oder geschnittene Hecken.
Rhododendron in vielerlei Sorten	1–3	Prächtige Blüte im Mai und immergrünes Laub; benötigt sauren, lockeren, humosen Boden, keine Trockenheit aber auch keine Staunässe; für Einzelstellung und in Gruppen zusammen im wandernden Schatten unter Koniferen oder zusammen mit hellgrünen Laubgehölzen.
Immergrüner Schneeball (*Viburnum rhytidophyllum*)	3–4	Ein großer immergrüner Strauch, mit zungenbrechendem botanischem Namen, der allerdings bei stärkeren Frösten die Blätter abwirft; weiße, wenig auffällige Blüten im Mai, strenger Duft; für Einzelstellung und in Gruppen.

leinen o. ä. Material unter. Bei Trockenheit werden die frisch gepflanzten Gehölze jede Woche gründlich gewässert.

Sobald höhere Nadelgehölze angewachsen sind, also in etwa einem Jahr, muss die Drahtverspannung gelöst bzw. erweitert werden. Andernfalls kann der Draht trotz Unterlage den dicker werdenden Stamm einschnüren, und dieser bei einem Sturm abbrechen.

In den kommenden Jahren ist es wichtig, dass wir die Nadelgehölze (Koniferen) und immergrünen Laubgehölze im Spätherbst nochmals gründlich wässern, sofern es nicht genügend regnet. Andernfalls kann es leicht zu Trockenschäden kommen, denn die Nadeln verdunsten zwar den ganzen Winter über, die Wurzeln können aber aus dem oft bis in größere Tiefe gefrorenen Boden kein Wasser aufnehmen.

Oben: Buchskugeln

Links: Buchs-Stecklinge
Feucht und schattig gehalten, bewurzeln sie sich bereits in einem halben Jahr.

Ballentuch aufknoten oder aufschneiden, umlegen, aber nicht entfernen und mit Pflanzerde bis obenhin auffüllen.

Nach kräftigem Einschlämmen sollte das Gehölz nicht wesentlich tiefer stehen als vorher in der Baumschule. Ein Abdecken des Bodens mit kurzem Rasenschnitt, Stroh oder Rindenmulch fördert das Anwachsen. Ein schräg eingeschlagener Pfahl gibt kleineren Exemplaren genügend Halt. Höhere Nadelgehölze werden mit drei Drähten fest im Boden verankert.

Damit die Drähte nicht den Stamm einschnüren, legen wir ein Stück eines alten Fahrradreifens, Sack-

Azaleen
Im Mai blühen sie wie die Rhododendren in den prächtigsten Farben.

PROFI-TIPP

Bei Rhododendron und anderen Moorbeetpflanzen nicht nur die Pflanzerde, sondern auf kalkreichem Boden die gesamte Pflanzfläche mit saurem Substrat wie Florahum (Weißtorf), Rhodohum, zerkleinertem Reisig u. ä. verbessern. Seitliches Eindringen von Kalk durch Einbau von Folie vermeiden (siehe Bild Seite 68)!

Hecken pflanzen

Wer Hecken pflanzen will, sollte sich darüber im klaren sein, dass sie im Jahr zweimal geschnitten werden müssen, im Juni und im Winter. Nur bei Nadelholzhecken (Eibe, Thuje, Fichte u. a.) genügt ein einmaliger Schnitt im Juli/August, wenn der Jungtrieb abgeschlossen ist. Hecken sollten unten breiter gehalten werden als oben. Das entspricht dem natürlichen Wuchs; im anderen Falle würden sie unten verkahlen.

Fichtenhecken sollten nur dort gepflanzt werden, wo die Fichte von Natur aus gut gedeiht und ausreichende Niederschläge vorhanden sind. Dort aber bekommen wir sehr dichte Hecken, die auch im Winter das Grundstück gut nach außen abschließen und im Gegensatz zu Thujen besser in ländliche Gebiete passen. Auf keinen Fall darf bei einer Fichtenhecke ein Holzzaun verwendet werden, sie würde sonst in den unteren Teilen kahl. Ein Drahtzaun, durch den die Triebe durchwachsen können, ist dagegen gut geeignet.

Wer also die Schnittarbeit zur rechten Zeit durchführen kann, was durch elektrische Heckenscheren inzwischen sehr erleichtert wird, kann um sein Grundstück anstelle einer ungezwungenen Abpflanzung mit freiwachsenden Ziersträuchern ebensogut eine Hecke wählen. Hecken haben den Vorteil, dass sie wenig Platz benötigen und dabei nach außen hin dicht abschließen. Bevor wir pflanzen, sollte der Boden etwa 50 cm breit und 30 cm tief umgegraben und wie bei Rosen und Stauden verbessert werden. Dauerunkräuter sind vor der Pflanzung zu entfernen. Je laufenden m brauchen wir gewöhnlich 4–5 Pflanzen, bei Thujen als Ballenware genügen 2,5 Stück, und bei Fichten, die bereits 60–80 cm hoch sind, kommt man mit 1,5–2 Stück aus. Haben wir dagegen bei Laub- und Nadelgehölzen sehr kleine Pflanzware, also zwei- bis dreijährige Jungpflanzen, so kann die Stückzahl auf 10 je m erhöht werden.

Nach der Bodenvorbereitung wird ein Graben ausgeworfen, etwa 20 cm breit und ebenso tief. In diesen werden die Pflanzen nach der Schnur in den entsprechenden Abständen gesetzt, mit Erde bedeckt, angetreten und gründlich eingeschlämmt.

Zwei- bis dreijährige Hainbuchen u. a. Laubgehölze werden anschließend kräftig eingekürzt, während wir höhere Heckenpflanzen, die einen Ballen haben, nur auf eine einheitliche Höhe zurückschneiden und auch seitlich etwas einkürzen, um ein ordentliches Bild und einen kräftigen Austrieb zu erzielen. Laubhecken werden im Herbst oder Frühjahr gepflanzt, Fichtenhecken am besten im August/September sowie im Frühjahr.

Hecken von 40–100 cm Höhe

Für niedrige, streng geschnittene Hecken eignen sich der Gewöhnliche Liguster (*Ligustrum vulgare*), oder noch besser dessen winterharte immergrüne Form *L. vulgare* 'Atrovirens'. Weiter sind hier die Alpenjohannisbeere (*Ribes alpinum*) und die wegen ihrer tiefroten Blattfärbung beliebte Blutberberitze (*Berberis thunbergii* 'Atropurpurea') brauchbar. Auch Hainbuchen lassen sich durch Schnitt in der angegebenen Höhe halten. Besonders hübsch finde ich eine Hecke aus Buchs oder

Heckenschnitt
Laubgehölze, hier Hainbuchen, werden im Juni/Juli und im Winter geschnitten.

Eibe, die auch den Winter über grün bleibt.

Hecken von 100–200 cm Höhe

Dies ist die Höhe, wie wir sie meist für die Einfriedung von Gartengrundstücken benötigen. Da es darauf ankommt, das Grundstück gegen Einsicht abzuschirmen, genügt im allgemeinen eine Hecke von 170 cm Höhe.

Auch hierfür eignet sich Liguster, der einen gelegentlichen radikalen Verjüngungsschnitt gut verträgt, doch werden wir der wohl schönsten laubabwerfenden Heckenpflanze, der Hainbuche, den Vorzug geben. Mit Hainbuchen lässt sich eine absolut dichte Hecke erzielen, bildhübsch im Austrieb. Das braune Laub behält sie größtenteils den Winter hindurch.

Schnitthecke
Eine gepflegte Ligusterhecke, etwa 80 cm hoch. Dahinter eine reich blühende *Clematis* **'Jackmanii' und Kletterrosen.**

Heckenpflanzung
Am besten geht es zu zweit. Beim Pflanzen die Erde etwas antreten und anschließend die Pflanzreihe kräftig einschlämmen.

Weiter eignet sich der Feldahorn *(Acer campestre)*, der sich auch mit leichten, sandigen Böden zufriedengibt und selbst im Halbschatten wächst. Hübsch sind hier das lebendige Geäst und das Blatt. Auch die Kornelkirsche *(Cornus mas)* kann empfohlen werden.

Eine immergrüne Eibenhecke ist ein Genuss für's Auge. Sie passt gleich gut in den ländlichen und städtischen Garten und lässt sich vorzüglich im Schnitt halten, wächst noch im lichten Schatten, besser jedoch in voller Sonne, wenn nur der Boden genügend feucht ist. Schade, dass Eibenhecken so selten zu sehen sind, weniger wohl wegen der giftigen Samenkerne sondern aufgrund des Preises für die Pflanzware.

Wenn in großstädtischen Gärten eine immergrüne, frostharte Hecke gewünscht wird, die sich ausgezeichnet im Schnitt halten lässt, wird man dem Lebensbaum *(Thuja occidentalis)* den Vorzug einräumen. Wer etwas Besonders möchte, sollte *Thuja plicata* 'Aurescens' mit bronzegelben Zweigspitzen wählen.

Eibenhecke
Geeignet für lichte Schatten, ebenso für pralle Sonne, wenn der Boden genügend feucht ist. Im Gegensatz zu Thujen oder Fichten lässt sich eine Eibenhecke verjüngen. Die essbaren Früchte enthalten giftige Kerne!

Frei wachsende Hecken Anstelle von streng geschnittenen Hecken können auch Einfriedungen aus freiwachsenden Ziersträuchern (siehe Seite 133 ff.) gepflanzt werden. Diese brauchen aber mehr Platz., d. h. wir sollten einen Pflanzstreifen von 1,50–2 m Breite um das Grundstück vorsehen. Ein regelmäßiger Schnitt entfällt. Die Sträucher werden lediglich ausgelichtet, erstmals nach mehreren Jahren, dann nach Bedarf. Dabei entfernen wir die älteren Triebe entweder dicht über dem Boden oder schneiden sie bis auf einen jüngeren Trieb zurück. Auf keinen Fall mit der Heckenschere an Ziergehölze herangehen, denn die natürliche Form der Sträucher soll erhalten bleiben.

Für Gärten an einem Bungalow oder einer vornehmen Villa mit südländischem Charakter sieht *Thuja occidentalis* 'Columna' prächtig aus. Diese Form behält auch im Winter ihre schöne grüne Farbe und bildet ohne seitlichen Schnitt schlanke, dichte Säulen. Wir brauchen lediglich die Spitzen in der gewünschten Höhe zurückzuschneiden. In ländlichen Gebieten mit genügend Niederschlägen kann die Gewöhnliche Fichte *(Picea abies)* oder die Serbische Fichte *(Picea omorica)* gepflanzt werden. Beide Arten ergeben dichte, wintergrüne Hecken.

Geeignete Gehölze für niedrig bleibende, frei wachsende Hecken

Name	Blütezeit	Höhe in m	Blütenfarbe
Deutzie *(Deutzia gracilis)*	Mai/Juni	1	weiß
Johannisstrauch *(Hypericum patulum* 'Hidcote Gold')	Juni–Oktober	1	goldgelb
Falscher Jasmin *(Philadelphus*-Lemoinei-Hybriden)	Juni/Juli	1,2	weiß
Fingerstrauch *(Potentilla fruticosa* 'Farreri')	Juni–Oktober	1	goldgelb
Spierstrauch *(Spiraea*-Bumalda-Hybride 'Anthony Waterer')	Juli–August	0,8	dunkelrot
Spierstrauch *(Spiraea*-Bumalda-Hybride 'Froebelii')	Juni/Juli	1	dunkelrosa

Schling- und Kletterpflanzen

Am Hauseingang gepflanzt, schafft eine Kletterpflanze eine innige Verbindung von Haus und Garten. Der von Blättern und Blüten umrankte Hauseingang vermittelt einen Hauch Romantik. Ebenso ist es mit Pergolen und Rankgerüsten. Erst durch Kletterpflanzen, die an Pfosten und Latten nach oben streben, wird solch ein Bauwerk lebendig. Auch eine alte Gartenhütte bekommt durch eine einzige Kletterpflanze neuen Glanz. Von Kletterrosen wurde bereits gesprochen. Hier einige weitere:

Pfeifenwinde *(Aristolochia macrophylla)* Sie entwickelt große, üppige, herzförmige Blätter, wächst sehr gesund und ist sehr winterhart. In zu kleinen Gärten ist allerdings Vorsicht geboten, damit die wuchtigen Blätter den Garten nicht optisch »erdrücken«. Gut geeignet für Sonne und Schatten.

Romantisch – doch Vorsicht, damit der Wilde Wein nicht das Dach überwuchert!

Waldrebe *(Clematis*-Arten) Ganz entzückend sehen die kleinblütigen Arten aus: *Clematis montana* 'Rubens', die im Mai rosa blüht, dann *Clematis viticella* mit purpurvioletten Blüten im Juli/August, und *Clematis tangutica* mit gelben Blüten von Juni – September. Letztere entwickelt reizende Fruchtstände, die wie silbrige Perücken aussehen. Sie klettert nur bis zu einer Höhe von etwa 3 m und eignet sich deshalb gut zum Beranken eines Zaunes oder eines Strauches.
Am bekanntesten sind die großblumigen Hybriden, die es in verschiedenen Blautönen gibt sowie in Rosa und Weiß.

**Links: Malerisch gestalteter Eingang mit Pfeifenwinde und Efeu.
Rechts:** *Clematis* **'Haku Ookan' Tintenblau mit kontrastreichen weißen Staubfäden.**

Alle *Clematis*-Arten wollen einen schattigen »Fuß« haben. Beim Pflanzen bringen wir sie etwas tiefer in den Boden, als sie vorher gestanden haben. Die Pflanzerde sollte gut mit Kompost verbessert werden.

Den Wurzelstock nach der Pflanzung und in den darauf folgenden Jahren bedeckt halten (Laub) oder niedrige Stauden vorpflanzen. Am besten gedeihen *Clematis* an Ost- und Westseiten.

Efeu *(Hedera helix)* Eine bekannte Kletterpflanze, immergrün und mit kleinen Blättern, die es ohne weiteres schafft, ein Haus bis zur Dachrinne hin einzugrünen. Sehr gut für Halbschatten und vollen Schatten geeignet.

Geißblatt *(Lonicera)* Sehr hübsch ist die Art *L.* x *heckrottii,* die von Juni bis in den Herbst hinein durch ihre elegant geformten Lippenblüten gefällt. Die Farbe ist Rosa-Karmin, geöffnet in Goldgelb übergehend. Höhe etwa 4 m. Vor der Blüte treten häufig in großer Zahl Blattläuse auf. Solange die Blüten noch geschlossen sind, können wir mit einem zugelassenen Insektenbekämpfungsmittel spritzen.
Eine andere sehr hübsche Art ist *L. tellmanniana,* die im Mai/Juni goldgelb blüht. Vor allem vor dunkelbraunem Holz wirkt sie sehr gut. Es gibt auch eine wertvolle wintergrüne Geißblatt-Art, *L. henryi,* die etwa 3–4 m hoch wird.

Wilder Wein *(Parthenocissus)* Diese Kletterpflanzen sind allgemein bekannt, sodass nicht viel dazu gesagt zu werden braucht. Verwendet werden vor allem die großblättrige Art *(P. quinquefolia)* und die kleinblättrige *P. tricuspidata* 'Veitchii'. Die Blätter liegen bei der Letztgenannten der Wand flach an. Für Nordseiten sehr gut geeignet! Interessant ist vor allem die Rotfärbung im Herbst. Höhe bis zu 8 m und mehr.

Klettermaxe, Schlingknöterich *(Fallopia aubertii,* Syn.: *Polygonum aubertii)* Diese robuste Kletterpflanze ist überall dort am Platze, wo es gilt, große Flächen schnell zu verdecken. Bereits in 1 Jahr entwickelt sie 3 m lange Triebe. Der duftig weiße Blütenschmuck von Sommer bis Herbst ist eine Zierde. Für kleine Flächen ist die Pflanze allerdings nicht geeignet, weil sie bald alles andere unter sich erdrückt. Böse Zungen nennen sie »Architektentrost«.

Blauregen, Glyzine *(Wisteria sinensis)* Eine eindrucksvolle Pflanze, die sich besonders an weißen Hauswänden gut macht. Die langen blauen Blütentrauben erscheinen im Mai. Die Glyzine liebt Wärme und will unbedingt vor Wind geschützt stehen. Andernfalls kann man sich nur an den duftig aussehenden, gefiederten Blättern freuen, die sich auch an ungünstigen Stellen normal entwickeln.

Blauregen
Mit Blütentrauben bis weit übers Dach verzaubert er dieses Reihenhaus.

Rasen – der grüne Teppich

Der Rasen ist meist der Mittelpunkt unseres Gartens, er ist gleichsam der ruhende Pol inmitten der Pflanzungen aus Rosen, Blütenstauden und verschiedenen Gehölzen. Sein Grün ist eine Wohltat für das Auge; wir können auf ihm spielen oder uns in den lichten Schatten eines Baumes legen.

Vorteilhaft ist es, wenn der Rasen unmittelbar an die Terrasse anschließt. Wenigstens zum Teil sollte er Verbindung mit dem Sitzplatz haben, dann können wir von dort aus die wohltuende räumliche Wirkung genießen: Der Garten erscheint größer. Ein schönes Einzelgehölz – auch ein größerer Obstbaum ist hierfür gut geeignet – kann die Rasenfläche in dem vom Sitzplatz abgelegenen Drittel unterbrechen. Dadurch erhöht sich die Tiefenwirkung. Keinesfalls sollten wir aber in die Rasenfläche mehrere Obstbäume mit Baumscheiben oder kleine, verspielte Blumenbeete bringen. Die großzügige Wirkung der Rasenfläche, die optische Vergrößerung unseres Gartens würde sonst zerstört. Blumenbeete und andere Pflanzungen gehören an den Rand des Rasens. Eine **Mähkante** aus Klinker o. ä. erleichtert das Rasenmähen und verhindert, dass Gras in die Freiflächen hineinwächst. Eine Rasenfläche sollte leicht zu mähen sein. Wo sie an Wege- oder Beetflächen angrenzt, muss sie deshalb in gleicher Ebene liegen. Schwer zugängliche Ecken besäen wir besser nicht mit Rasen, sondern pflanzen bodendeckende Stauden. Der Rasenschnitt wäre an solchen Stellen zu mühsam.

Wird eine Rasenfläche in einer Richtung sehr häufig begangen, so können **Trittplatten** gelegt werden. Wir verteilen sie auf Schrittlänge (Abstand von Plattenmitte zu Plattenmitte: 65 cm) und lassen sie in den Boden ein. Um ein Hochfrieren im Winter zu vermeiden, legen wir sie auf eine 5 cm starke Sandschicht. Die Rasenfläche muss aber keineswegs eben an die Terrasse anschließen. Im Gegenteil: Eine sanft abfallende Mulde, vom Sitzplatz ausge-

Eine elegant geschwungene Rasenfläche, umgeben von farbenfrohen Pflanzungen, gibt diesem Garten Ruhe und Weite.

hend und zum Rand der Rasenfläche hin wieder ansteigend, kann wesentlich kurzweiliger wirken und den Garten optisch vergrößern.

Bodenvorbereitung

Die als Rasen vorgesehene Fläche braucht nur einen Spatenstich tief umgegraben oder gefräst zu werden; dabei gleichen wir Unebenheiten aus.

Über die Bodenverbesserung mit Torfersatzstoffen haben wir bereits auf Seite 32 gelesen. Sehr wertvoll ist es, wenn auf 100 m² zwei Ballen eines Torfmischdüngers wie Humobil o. ä. eingebracht werden; aber nur in die oberste Bodenschicht, denn Gräser sind Flachwurzler und dringen nur bis zu 15 cm in den Boden ein.

Wer es noch halbwegs erwarten kann – ich weiß, dies ist schwer, denn wir möchten rasch alles grün haben –, sollte die fertig planierte Rasenfläche noch etwa 3 Wochen,

besser noch länger, ohne Einsaat liegen lassen. In dieser Zeit gehen nämlich Tausende von Unkräutern auf. Einjährige Samenunkräuter bekämpfen wir an einem sonnigen heißen Tag mit dem Pendeljäter oder einem anderen geeigneten Gerät, hartnäckige Dauerunkräuter wie Quecke, Ackerwinde u. ä. werden samt Wurzeln mit der Grabgabel entfernt. Eine andere Möglichkeit: Mit Roundup LB spritzen, um diese Konkurrenz von vornherein auszuschalten. Bereits nach 2 Wochen kann gesät werden, denn das genannte Mittel wird im Boden biologisch abgebaut. Roundup wirkt allerdings nicht ausreichend gegen Giersch, sodass uns in diesem Fall nichts anderes übrigbleibt, als die weißen Wurzeln restlos mit der Grabgabel herauszuholen.

Rollrasen
Damit läßt sich »über Nacht« ein grüner Teppich in den Garten zaubern.

Rasenarten

Sehr wichtig ist die Rasenmischung. Von den mehr als 4000 Gräsern, die es gibt, spielen für unseren Garten nur wenige Gattungen und Arten eine Rolle. Ein Rasen soll immer aus mehreren Grasarten bestehen. Eine gute Mischung enthält sowohl horstbildende als auch ausläufertreibende Gräser. Die horstbildenden Gräser werden von den Ausläufern anderer Gräser umwachsen, wodurch eine dichte Grasnarbe entsteht.

Welcher Rasen aber ist für uns ideal? Nun, der **Luxusrasen** ist in seiner Wirkung nicht zu überbieten. Das samtartige Grün ist einfach zum Verlieben, aber – wir sollten ihn möglichst nur von der Terrasse oder vom Fenster aus genießen. Außerdem braucht er sehr viel und regelmäßige Pflege, damit diese Schönheit erhalten bleibt. Nur wenige Gartenbesitzer werden sich deshalb solch einen Rasenluxus leisten können – und wollen. In den Garten-Centern werden vielfach firmeneigene Mischungen für solch einen Superrasen angeboten. Ich habe damit bereits beste Erfahrungen gemacht.

Für uns wird die ideale Lösung ein guter **Gebrauchsrasen** sein. Schließlich soll der Rasen keine »heilige Kuh« werden, sondern wir wollen mit unseren Kindern und Gästen nach Herzenslust darauf spielen und herumtollen können, ohne dass es der grüne Teppich gleich übelnimmt. Nur die ersten zwei Monate nach der Aussaat wollen wir ihn schonen, dann aber, nach einigen Schnitten, kann er strapaziert werden.

In den meisten Fällen werden wir uns deshalb für einen **Strapazierra-**

sen entscheiden. Bei regelmäßiger Pflege, Düngung und Schnitt ergibt dieser einen saftig grünen Teppich, also eine ruhige Fläche, in deren Umgebung farbenfrohe Blumenbeete erst so richtig zur Wirkung kommen können. Ein solcher Strapazierrasen ist weniger anspruchsvoll hinsichtlich Bewässerung, Düngung und Pflege, sieht aber trotzdem recht passabel aus.

Gräser, die in einer **Sportrasen**mischung enthalten sind, lassen sich noch wesentlich mehr strapazieren, allerdings fällt ein solcher Rasen gegenüber einer gepflegten Zierrasenfläche erheblich ab.

Für schattige Stellen hält der Fachhandel eine Mischung schattenverträglicher Gräser bereit. Wer darüber hinaus Sonderwünsche hat, vor allem, wenn ein extrem »**englischer**« **Zierrasen** gewünscht wird, sollte sich an ein Rasen-Spezialgeschäft wenden, während die gebräuchlichen Grassamenmischungen beim örtlichen Fachhandel erhältlich sind.

Rasenaussaat
Saatfläche mit dem Rechen ebnen ①, Rasensamen für 1 m² abwiegen und ausstreuen, um ein Bild von der Saatdichte zu bekommen ②. Säen und Samen mit Brettern an den Füßen flach einharken ③.
Links: Noch bequemer: Alte Schuhe auf Tretbrettern aufnageln.

Rasenansaat

Wenn wir den Boden vorbereitet haben, kann es ans Säen gehen. Der beste Zeitpunkt für die Aussaat liegt von Ende April bis in den Juni hinein, und dann wieder im September. Vor dem Säen stecken wir uns 1 m² ab und verteilen darauf die auf der Briefwaage abgewogene Saatgutmenge wie auf der Packung angegeben. Wir haben dann ein Bild von der Saatdichte. Vorher schütteln wir den Grassamen im Sack oder in der Plastiktüte gründlich durch, damit die unterschiedlichen Korngrößen gut durcheinander kommen. In leicht gebückter Haltung wird dann das Saatgut gleichmäßig über die oberflächlich abgetrocknete Fläche ausgestreut und mit einem Rechen (Harke) flach (1–2 cm tief) in den Boden eingebracht (siehe Bilder oben). Vor dem Säen binden wir unter die Schuhe Tretbretter (aus Kistendeckeln o. ä. Material angefertigt) und treten anschließend die gesamte Fläche gleichmäßig fest. Praktischer ist es, auf die Tretbretter alte Schuhe zu stellen und diese seitlich mit einigen schräg eingeschlagenen Nägeln zu befestigen (siehe Bild oben!).

Bei warmer und feuchter Witterung beginnt das Saatgut bereits nach einer Woche zu keimen. Da Samen während der Keimung sehr empfindlich gegen das Austrocknen sind, halten wir die Fläche, bis sie sich begrünt hat, möglichst gleichmäßig feucht bzw. gießen überhaupt nicht und warten, bis Regen kommt.

Rasen mähen

Sehr wichtig ist der 1. Schnitt; er wird vorgenommen sobald die Gräser etwa 8–10 cm hoch geworden sind. Dabei ist besonders darauf zu achten, dass die Messer des Rasenmähers scharf sind, damit die jungen Gräser nicht herausgerupft werden. Der Mäher wird dabei möglichst hoch eingestellt, sodass gerade die Spitzen der Gräser gekappt werden. Es darf auf keinen Fall kurz geschnitten werden, denn die Blattfläche ist sehr wichtig zur Erzeugung von Baustoffen, welche der Wurzelentwicklung zugute kommen.

Und nun zur weiteren Pflege, wobei der Schnitt eine wichtige Rolle spielt. Wir sollten **regelmäßig, aber nicht zu kurz schneiden.** Im Frühjahr und Frühsommer, also zur Zeit des stärksten Wachstums, ist dies meist alle 10–14 Tage erforderlich, im Sommer und gegen den Herbst zu seltener.

Die richtige Schnitthöhe liegt bei einem Luxusrasen bei 2,5–4 cm, bei Gebrauchsrasen bei 3–5 cm. Wird der Rasen einmal überlang, so sieht er nach dem Schnitt kränklich gelb aus und kann im Sommer leicht ausbrennen. Besonders, wenn wir für mehrere Wochen verreist waren, kann dies der Fall sein. Wir stellen dann den Rasenmäher so hoch wie möglich ein und mähen nur bei bewölkter Witterung.

Der Rasen sollte nicht kürzer, als vorhin angegeben, geschnitten werden. Einmal sieht dies bei uns nicht gut aus – bei hoher englischer Luftfeuchtigkeit ist das anders –, und zum anderen trocknet die Grasnarbe leicht aus. Nur wenn das Gras an der Oberfläche kräftig und dicht ist, kann sich auch ein kräftiges Wurzelwerk im Boden bilden. Da die Wurzeln etwa ebenso tief nach unten gehen wie der Rasen hoch ist, ist ein richtig geschnittener Rasen gegen Trockenperioden bei weitem nicht so empfindlich wie ein zu kurz »rasierter«.

Sehr wichtig: Die Messer des Mähers müssen scharf sein. Bei **Spindelmähern**, also allen Handrasenmähern, sollten sie mindestens einmal jährlich (Winter), bei **Sichelmähern** dagegen öfters (meist nach zweimaligem Schnitt) nachgeschliffen werden. Andernfalls wird das Gras nicht abgeschnitten, sondern abgerupft, und die Rasenfläche sieht nach dem »Schnitt« nicht mehr wohltuend grün aus, sie schimmert vielmehr weißgrau.

PROFI-TIPP

Wenn Kinder auf dem Rasen spielen, vor dem Schnitt die ganze Fläche nach größeren Gegenständen, Steinen, Eisenteilen u. ä. absuchen, andernfalls kann es beim Mähen einen lauten Knall geben. Ich habe schon einmal eine Baumschere durchschnitten!

Düngung

Ohne Düngung kein gepflegter Rasen! Selbst anfänglich spärlich aussehende Rasenflächen kann man durch richtige Düngung prächtig in Schwung bringen. Wenn wir uns überlegen, dass der Rasen durch den regelmäßigen Schnitt sehr viel lebenswichtige Grünmasse verliert, dann wird uns klar, wie nötig er eine laufende Ernährung braucht. Würden wir alle die abgeschnittenen Teile einer Rasenpflanze nebeneinanderlegen, so ergäbe das in einer Vegetationsperiode eine Länge von gut 1 m.

Gräser lieben einen schwach sauren Boden. Ist die Erde zu sauer, so neigt der Rasen zum Verfilzen und zur **Moosbildung.** Ist der Boden dagegen zu kalkreich, so werden Unkräuter und grobe Gräser begünstigt.

Von den Nährstoffen spielt der Stickstoff für den Rasen die wichtigste Rolle, denn er sorgt für die dunkelgrüne Farbe und das üppige Wachstum der Gräser. Aber auch andere Nährstoffe und Spurenelemente spielen für die Gesundheit und Winterfestigkeit des Rasens eine Rolle.

Bewährt haben sich organisch-mineralische Rasendünger, die unter verschiedenen Firmennamen im Fachhandel angeboten werden. Sie brauchen meist nur zweimal im Jahr nach Gebrauchsanweisung ausgebracht zu werden, und wir haben eine saftig-grüne und dichte Rasenfläche. Kein Stoßwachstum, keine Verbrennungsgefahr! Das gleiche gilt für Langzeitrasendünger u.a. Volldünger mit Sofort- und Langzeitwirkung.

Rasenpflege

Der Rasen fühlt sich besonders wohl, wenn er zwar weniger oft, dafür aber durchdringend bewässert wird. Ein Regner erleichtert die Arbeit. Unter Bäumen muss etwa doppelt so viel gewässert werden wie auf freien Flächen. Umweltbewusst verwenden wir dazu möglichst Regenwasser.

Sehr wichtig ist auch die **Durchlüftung (Vertikutieren).** Mit dem Rasenkamm kann im Frühjahr die Rasenfläche von Moos und Filz gereinigt werden. Die scharfen, messerartigen Zinken ritzen den Boden auf, der Austrieb der Gräser wird angeregt. Eine recht schweißtreibende Arbeit, die sich aber lohnt! Auch mit anderen Geräten kann Luft in den Boden gebracht werden. Auf kleinen Flächen genügt für diese Arbeit die Grabgabel.

Unkräuter im Rasen können mit speziellen Mitteln bekämpft werden, soweit solche im Hinblick auf den Umweltschutz noch zugelassen sind. Bei Interesse im Fachhandel nachfragen! Der Rasen wird nicht geschädigt, sofern die Anwendung nach Gebrauchsanweisung erfolgt. Es werden ausschließlich zweikeimblättrige Unkräuter vernichtet, nicht aber die Gräser des Rasens. Viele Gartenfreunde streben aber gar keinen lupenreinen Rasen an, kann es doch recht hübsch aussehen, wenn im Frühjahr der Rasen mit weißen Gänseblümchen und hellblauem Ehrenpreis übersät ist. Jeder soll selbst entscheiden.

Blumenwiese

Eine Blumenwiese braucht nur zweimal im Jahr gemäht zu werden, das erste Mal im Juni/Juli, und dann noch einmal im September. Gedüngt wird nicht, denn nur auf magerem Boden können sich vielerlei Gräser und Wildblumen entwickeln.

Über eines sollte man sich aber im klaren sein: Eine Blumenwiese ist nur etwas zum Anschauen. Spielen kann man darauf nicht, denn die hochwachsenden Gräser und Wildblumen würden dabei zertrampelt

und dann recht unschön aussehen. Wer Kinder hat oder sonst die Fläche während des Sommers benutzen möchte, wird sich deshalb auch weiterhin für den regelmäßig gemähten Rasen entscheiden. Auch in Verbindung mit bunten Staudenbeeten wirkt ein gleichmäßig grüner Rasen besser, denn eine farbenfrohe Pflanzung verlangt nach einer ruhigen Umgebung.

In größeren Gärten lässt sich beides kombinieren: Im Terrassenbereich eine regelmäßig geschnittene Rasenfläche und zum Rande des Grundstücks hin eine Blumenwiese, die ungestört blühen kann.

Im Handel gibt es inzwischen fertig abgepackte Wiesenblumenmischungen (bitte keine Feldblumenmischung!) Es sollte sparsam gesät werden, so wie es in der aufgedruckten Gebrauchsanweisung angegeben ist. Wichtig: Nach Aufgang der ersten Wiesenblumen sollte die Fläche noch etwa vier Wochen lang feucht gehalten werden, da verschiedene Arten erst wesentlich später keimen.

Blumenwiese
Im Frühling und Frühsommer zeigt sie sich von ihrer schönsten Seite.

Zum Paradies gehört der Apfel

Der Umgang mit Obstbäumen und Beerenobst macht viel Freude. Blüte und herbstlicher Fruchtbehang sind Höhepunkte im Gartenjahr. Und – eine saftige Birne, direkt vom Baum gepflückt, schmeckt einfach besser als die beste Birne aus dem Supermarkt. So arbeite ich z. B. Anfang November besonders gerne am Kompostplatz, weil dort ein Zwetschenbaum steht, von dem es um diese Jahreszeit noch verhutzelte, aber zuckersüße Zwetschen zu holen gibt. Mit einem einzelstehenden Apfel- und Birnbaum können wir einen gestalterischen Schwerpunkt im Garten schaffen, und mit einer Reihe von Spindelbüschen oder einer Obsthecke lässt sich die Grenze zum Nachbarn hin abpflanzen.
Selbst auf der Terrasse oder auf dem Balkon lässt sich ein Obstbäumchen im Topf ziehen.

Obstarten für kleine Gärten

Der **Apfel** kann selbst in sehr kleinen Gärten in Form des Spindelbusches gepflanzt werden. Ungeeignete Lagen sind warme, trockene Südhänge. Die Pflanzen würden dort nur kümmerlich dahinvegetieren. Deshalb ist auch von einem Apfelspalier an einer Südwand abzuraten. Ausnahme: 'Weißer Winterkalvill'. Die **Birne** ist weit weniger verbreitet. Je edler eine Sorte ist und je später sie reift, desto mehr Boden- und Luftwärme beansprucht sie. Kalte Böden beeinträchtigen die Qualität, besonders wenn als Unterlage die Quitte verwendet wurde. Wir pflanzen die Birne meist als Spindelbusch, also auf schwachwüchsiger Quittenunterlage veredelt. Ebenso kann diese Obstart auch als Halb- oder Hochstamm verwendet werden, besonders wenn wir den Baum als markanten Punkt vorsehen wollen oder wenn die erwähnten Bodenverhältnisse nicht erreicht werden. Halb- und Hochstämme sind auf Sämlingsunterlage veredelt und deshalb starkwüchsig. Birnen wachsen stets mehr in die Höhe als in die Breite.

Pflaumen, Zwetschen, Renekloden und Mirabellen sind in den Gärten weit verbreitet. Wohl deshalb, weil sie an den Boden keine großen Ansprüche stellen. Dies geht schon daraus hervor, dass sie in den meisten Gärten eine recht gesunde Entwicklung aufweisen, was für Apfel, Birne usw. nicht immer zutrifft. Zwar ziehen Renekloden und Mirabellen wärmere Böden vor, doch gedeihen diese Obstarten auf leichten wie auf nicht allzu schwe-

ren Böden recht gut. Bevorzugte Baumform sind der Halbstamm und der Buschbaum.

Die **Sauerkirsche** pflanzen wir als Buschbaum oder als fächerartiges Spalier am Haus. Besonders die 'Schattenmorelle' bringt sehr regelmäßige Ernten. Gegen nasse Böden ist sie empfindlich, sonst aber recht anspruchslos. Je mehr Sonne der Baum bekommt, desto besser wächst er und desto schöner werden die Früchte. Also: Nicht an Nordseiten pflanzen!

Pfirsiche sind vor allem in klimatisch günstigen Gebieten anzutreffen. Die frühe Blüte ist durch Spätfröste gefährdet, das Holz kann in kalten Wintern Schaden nehmen. Trotzdem soll dem Liebhaber auch in verhältnismäßig rauhen Gebieten nicht vom Pfirsichbaum abgeraten werden. Wenn auch die Blüte manchmal in zwei von drei Jahren erfriert, so ist die Ernte in dem verbleibenden Ertragsjahr oft erstaunlich hoch. Erträge von 50 kg und mehr je Buschbaum sind dann keine Seltenheit. Der Pfirsich will einen warmen, tiefgründigen Boden in möglichst warmer, geschützter Lage. Pfirsiche auf zu schweren, nassen Böden leiden stark unter Gummifluß.

Die **Aprikose** stellt noch höhere Ansprüche als der Pfirsich. Der Anbau kommt deshalb nur im Weinklima oder im Garten an einer geschütz-

Obstbäume gehören zum Gartenfrühling. Hier ein gut geschnittener Apfel-Buschbaum auf starkwüchsiger Unterlage.

ten, warmen Süd- oder Südwestseite (Hauswand) als Spalier in Frage. Sind diese Möglichkeiten nicht gegeben, so ist vom Anbau abzuraten. Die Aprikose ist die am frühesten blühende Obstart (nach der Haselnuss) und wird deshalb besonders oft durch Frost geschädigt. Im Holz ist sie allerdings frosthärter als der Pfirsich; man findet sie darum in nach Süden geöffneten Bergtälern als Spalier gepflanzt. Wenn der Baum trägt, gibt es Früchte von köstlichem Aroma. Oft fliegen zur frühen Blütezeit keine oder nur wenige Bienen. Wir können dann

den Blütenstaub mit einem feinen Pinsel auf die Narben der Blüten übertragen. Auch das Spritzen mit einer Zuckerwasserlösung hilft: Die wenigen Bienen werden angelockt und befliegen die Blüten.

Ein **Quittenbusch** kann den Kompostplatz gegen Sicht abschirmen, oder wir pflanzen ihn unter die anderen Ziersträucher. Allerdings ist die Quitte frostempfindlich im Holz und will einen humusreichen, warmen Standort. Die Blüte, das schöne, gesunde Laub und die gelben, pelzigen Früchte geben dem Strauch das ganze Jahr über ein gutes Aussehen.

Die **Haselnuss** hat ebenfalls Zierwert. Für kleinere Gärten wird sie vielfach zu groß. Oftmals wird man der Bluthasel den Vorzug geben, um dunkelrote Farbe in die grüne

Gehölzkulisse zu bringen. Bluthaseln bringen besonders wohlschmeckende Nüsse. Auch edle Sorten wie 'Hallesche Riesen', 'Webbs Preisnuss' u. a. sind nicht so starkwüchsig wie die gewöhnliche Hasel (*Corylus avellana*), tragen aber umso größere Früchte, die auch den Eichhörnchen schmecken. Wer sich nicht nur an den hübschen Kätzchen freuen will, sondern auf Ertrag Wert legt, sollte mindestens zwei verschiedene Sorten (Bestäubung) zusammenpflanzen. Sehr gut eignet sich zur Bestäubung die Waldhasel, die wie alle Sorten einen kräftigen, leicht feuchten, humusreichen Boden liebt.

Obstarten für größere Gärten

Die **Süßkirsche** liebt einen tiefgründigen, lehmhaltigen lockeren Boden. Auf ausgesprochen schweren, undurchlässigen, nassen Böden leidet sie sehr bald unter Gummifluss und anderen Krankheiten. Als Folge treten häufig Schäden im Winter auf. Es können außerdem ganze Äste und schließlich der ganze Baum absterben. Diese Obstart sollte deshalb nur bei zusagenden Verhältnissen gepflanzt werden. Als weiterer Nachteil kommt hinzu, dass wir von einzeln stehenden Bäumen kaum etwas ernten, denn die hohen Kronen können gegen Amseln und Stare nicht mit Kunststoffnetzen geschützt werden. Süßkirschen sind auf Fremdbefruchtung angewiesen, d. h. es sind mehrere Sorten in der Nähe nötig. Inzwischen gibt es Süßkirschen, die nicht viel höher als ein Apfel-

Quittenbusch
Eine Zierde zur Blütezeit und ebenso mit herbstlichem Fruchtbehang.

Spindelbusch werden. So lässt sich die Höhe von 'Lamberts Compact' durch Schnitt auf 2,50 m bis maximal 3 m begrenzen. Ein Süßkirschen-Spindelbusch lässt sich auch erzielen, wenn wir mäßig wachsende Sorten pflanzen, die auf eine schwach wachsende Unterlage (siehe Seite 157) veredelt sind, und die Bäumchen nach einer speziellen Methode – vor allem: Triebe waagrecht binden – erzogen werden. Einzelheiten hierzu in meinem BLV–Buch »Obst aus dem eigenen Garten«.

Die **Walnuss** ist ein prachtvoller Baum. Für kleine und mittlere Gärten würde er viel zu mächtig. In einem größeren Garten kann er aber eine beherrschende Rolle spielen. Für die Kinder ist er ein ausgezeichneter Kletterbaum, und auch sonst eignet er sich für Spiele: Die »Würstchen« (männliche Blütenkätzchen) können »verkauft« oder »gebraten« werden. Dazu kommt das Ernten und Aufknacken der Nüsse. Im eigenen Garten habe ich den Bau des Hauses nach einem alten Walnussbaum ausgerichtet und bin recht glücklich darüber, denn die Terrasse hat dadurch optischen »Halt« bekommen

Süßkirsche
'Lamberts Compact' bleibt niedrig und eignet sich auch für kleine Gärten.

und ist zur Hälfte beschattet. Außerdem hält der Duft offensichtlich lästige Mücken fern.
Der Boden sollte für die Walnuss möglichst warm, tiefgründig und durchlässig sein. Bei Neupflanzung bevorzugen wir einen veredelten Walnussbaum, denn bei einem Sämling weiß man nie, was in Bezug auf Fruchtgröße und -qualität herauskommt.

Baumformen und Unterlagen

Klein bleibende Obstbäume

Spindelbusch
Mit einer Stammhöhe von nur 40–60 cm ist er bei Apfel und Birne die ideale Baumform für den kleinen Garten. Ebenso gut eignet er sich für den mittleren und größeren Hausgarten, wenn wir im Nutzgartenteil entlang des Zaunes eine Reihe reich tragender Obstbäumchen pflanzen wollen. Im Kleingarten wird diese Baumform gerne benützt, um entlang der Parzellengrenze einen fruchttragenden Sicht- und Windschutz zu erzielen. Bei vorwiegender Verwendung des Spindelbusches bleibt der größte Teil der Gartenfläche auch in späteren Jahren in voller Sonne.

Apfel-Spindelbusch
'Prinz Albrecht von Preußen' in Blüte; auf Seite 152 derselbe Baum im Herbst: 239 einwandfreie Äpfel, obwohl 2/3 im Juni entfernt wurden.

Was nützt uns ein Hoch- oder Halbstamm, der jährlich 5 Zentner oder noch mehr Früchte bringt, vor allem, wenn es sich dabei um eine Herbstsorte handelt? Wir werden das Apfelessen bald satt bekommen! Der Spindelbusch trägt dagegen »nur« 10 kg, vielfach jedoch 20–30 kg und mehr. Da wir wegen des geringen Platzbedarfes an die Stelle eines einzigen großkronigen Halb- oder Hochstammes 8–10 solcher Spindelbüsche in verschiedenen Sorten pflanzen können, reifen die Früchte nacheinander und können ohne Schwierigkeiten im eigenen Haushalt verbraucht werden.
Meist pflanzen wir nur eine Reihe von diesen kleinbleibenden Bäumchen, sodass 1,50–1,80 m als Abstand von Baum zu Baum genügen. Wegen der geringen Höhe des Spindelbusches (2–3 m) lassen

sich alle nötigen Arbeiten bequem durchführen: der Schnitt, die Schädlingsbekämpfung und die Ernte. Die Arbeit macht so richtig Spaß, denn wir brauchen dazu keine hohe Leiter. Ein Hocker oder eine kleine Haushaltsstaffelei reicht aus. Außerdem können wir diese kleinen Bäumchen sozusagen im Vorbeigehen im Auge behalten, sodass es kaum zu einem unbemerkten Auftreten von Krankheiten und Schädlingen kommen kann, wie dies bei hohen Bäumen oft der Fall ist.

Auf die Unterlage kommt es an

Entscheidend für den Erfolg mit Spindelbüschen ist die richtige Unterlage. Die meisten Obstbäume bestehen nämlich aus zwei Partnern: der Unterlage und der Edelsorte. Vielfach ist diese Unterlage ein aus einem Apfel- oder Birnenkern gezogener **Sämling** (als Halb- oder Hochstamm). Daneben kennen wir sogenannte **Typenunterlagen,** die nicht durch Aussaat, sondern auf vegetativem (ungeschlechtlichem) Weg vermehrt werden. Die Vermehrung geht etwa so vor sich: Die Nachkommen einer Einzelpflanze mit wertvollen Eigenschaften (Typ), die man aus einem Gemisch von Sämlingen ausgelesen hat, werden aufgepflanzt und über dem Boden zurückgeschnitten. Im Frühjahr erscheint aus dem Wurzelstock eine ganze Anzahl von jungen Trieben. Diese werden angehäufelt, worauf die Jungtriebe Wurzeln bilden. Im Herbst werden die bewurzelten Triebe von den Mutterpflanzen abgenommen, in Reihen aufgepflanzt und später veredelt.
Jede Unterlage, die auf diese Weise gewonnen wird, hat die gleichen erblichen Eigenschaften wie die

Ausgangspflanze. Unter einem **Typ** verstehen wir also Unterlagen, die in ihrem Ursprung auf eine einzige ausgelesene Mutterpflanze zurückgehen. Es gibt stark und schwächer wachsende Typen.
Die Unterlage für den Spindelbusch darf keinesfalls zu starkwüchsig sein, sonst würde der geringe Pflanzabstand nicht ausreichen und ein dichtes Gewirr von Trieben und Ästen entstehen.

Oben: Schwaches Wurzelwerk bei M 9, deshalb benötigen Spindelbüsche zeitlebens einen Pfahl.

Unten: Beim Pflanzen darauf achten, dass sich die knollige Veredelungsstelle (hier M 9) <u>über</u> dem Boden befindet.

PROFI-TIPP

Immer wieder sehen wir Spindelbüsche, die viel zu stark wachsen: Die Sorten wurden auf falschen Unterlagen gekauft und die Gartenbesitzer haben mit ihren Bäumen mehr Ärger als Freude. Also: Beim Baumkauf auf das Markenetikett achten! Neben der Sorte ist dort auch die Unterlage angegeben.

Typenunterlagen beim Apfel
(= vegetativ vermehrte Unterlagen)
● **M 9** Wichtigste Unterlage für kleinbleibende Apfelbäumchen, (Spindelbusch, Obsthecke, Spalier), sehr schwachwüchsig. Darauf veredelte Sorten zeichnen sich durch sehr frühe und reiche Fruchtbarkeit aus, die Erträge setzen meist schon im 2. Jahr nach der Pflanzung ein, Früchte groß, gut gefärbt und fein im Geschmack.
Spindelbüsche auf dieser Unterlage verlangen allerdings beste Bodenverhältnisse, wie wir sie im Garten durch Zusatz von Kompost oder anderen Humusstoffen durchaus schaffen können. M 9 ist für fast alle Sorten geeignet, besonders für

mittelstark bis stark wachsende wie z.B. 'Roter Boskoop', 'Melrose', 'Goldparmäne', 'Berlepsch' u.a. Bei guter Pflege werden die Bäumchen 20–25 Jahre alt.
● **M 26 (alternativ Pi 80)** Hat ähnliche Eigenschaften wie M 9 und eignet sich deshalb als Unterlage für alle kleinen Baumformen. Dieser Typ wächst allerdings geringfügig stärker als M 9 und wird deshalb bevorzugt auf Böden verwendet, die nicht ganz so ideal sind, wie für M 9 nötig. Auch schwächer wachsende Edelsorten, die auf M 9 zu zwergig bleiben würden, sollten besser auf M 26 gepflanzt werden. Auf guten Böden wird M 26 auch für Buschbäume verwendet.

● **M 27** Sehr schwach wachsend; nur für starkwüchsige, großfrüchtige Sorten geeignet; Bäume bleiben sehr klein (Topfobstbau), benötigen nur geringe Pflanzabstände.

● **MM 106** Eine mittelstark wachsende Unterlage. Vor allem in Kombination mit schwachwüchsigen Sorten lassen sich frühe und hohe Ernten guter Qualität erzielen. MM 106 eignet sich für leichten Boden, besonders als Unterlage für den Buschbaum.

Typenunterlagen bei der Birne

Als schwach wachsende Unterlage wird die standfeste 'Pyrodwarf' verwendet, die mit allen Sorten gut verträglich ist. Bäume auf dieser Unterlage neigen nicht zur Chlorose auf kalkreichen Böden und bringen frühe, hohe und regelmäßige Erträge.

Als mittelschwach wachsende Unterlage ist 'Quitte BA 29' von Bedeutung. Sie passt sich allen Böden an und ist mit allen Birnensorten gut verträglich.

Unterlagen für klein bleibende Kirschen

'GiSelA 5' ist eine ideale Unterlage für kleine Baumformen, wie wir sie im Haus- und Kleingarten bevorzugen. Die Ansprüche an den Standort sind gering, die aufveredelten Süß- und Sauerkirschensorten beginnen früh und reich zu tragen.

Die Obsthecke

Statt einer Reihe Spindelbüsche können wir auch eine Obsthecke ziehen. Ernte und Sichtschutz lassen sich auf diese Weise gut kombinieren. Außerdem benötigen wir noch weniger Platz, weil wir durch Schnitt dafür sorgen, dass sich die stärkeren Triebe (Fruchtäste) nur nach zwei Seiten hin entwickeln. Wir verwenden das gleiche Pflanzmaterial wie beim Spindelbusch, also ein- bis zweijährige Veredlungen auf schwach wachsenden Unterlagen. Der Abstand von Baum zu Baum soll 2,50 m betragen. Statt Pfählen wird ein Spaliergerüst benötigt. Mindestens alle 5 m wird ein imprägnierter Holzpfahl in den Boden geschlagen oder – noch dauerhafter – ein Eisenrohr einbetoniert. Das Spaliergerüst soll etwa 1,60 m hoch sein. Der erste verzinkte Draht wird 50 cm über dem Boden gespannt. In Abständen von jeweils 50 cm folgen 2 weitere Drahtreihen.

Der Pflanzschnitt (siehe Seite 168) wird wie beim Spindelbusch durchgeführt. Entlang der Drähte ziehen wir stärkere Triebe, an denen sich das Fruchtholz entwickeln soll. Alle Triebe werden entweder bereits im Sommer in eine waagrechte Lage gebracht oder – wenn sie zu dicht stehen – ganz entfernt. Vom Jahr nach der Pflanzung an wird nur noch der Mitteltrieb zurückgeschnitten, bis die gewünschte Höhe erreicht ist. Im übrigen ist der Schnitt recht einfach, denn er beschränkt sich im allgemeinen auf das Entfernen zu dicht stehender Triebe und die Fruchtholzverjüngung.

Das Spalier am Haus

An die Hauswand können wir eine Birne, einen Pfirsich, eine Aprikose oder eine Sauerkirsche pflanzen. Bei der Birne eignen sich besonders die Sorten 'Williams Christbirne', 'Clapps Liebling', 'Gute Luise', 'Vereinsdechantsbirne', 'Alexander Lucas' und 'Madame Verté'.

Obsthecke
Eine ideale Sichtschutzpflanzung entlang der Nachbargrenze, die reich trägt. Rechts: Die Sorte 'Goldparmäne'.

Voraussetzung ist ein stabiles Spaliergerüst, das der Last der fruchtbehangenen Zweige standhalten kann. Außerdem legen wir vor der Hausmauer einen mindestens 1 m breiten Streifen an, den wir auf 60 cm Tiefe bearbeiten und mit Kompost oder anderen Humusstoffen verbessern. Bei Neubauten achten wir darauf, dass an die Hauswand, die für ein Spalier vorgesehen ist, von vorneherein genügend Mutterboden herangebracht wird. Die Tiefe von 60 cm ist erforderlich, weil Birnbäume an einer Hauswand meist auf der starkwüch-

Birnspalier
Die Äste sind ungezwungen an der Hauswand verteilt. Alter: an die 60 Jahre; Unterlage: Birnensämling (im Garten des Verfassers).

sigen, aber langlebigen Sämlingsunterlage gepflanzt werden, deren Wurzeln weit in den Boden hinunterreichen. Handelt es sich dagegen um eine Gartenhaus- oder Garagenwand, so wird die schwach wachsende Unterlage 'Pyrodwarf' bevorzugt, damit der Baum klein bleibt. Durch Rückschnitt der Stamm-Mitte und der Äste erzielen wir eine ungezwungene Fächerform, wobei die Äste bei Birnen einen Abstand von etwa 50 cm, bei Pfirsich, Aprikose und Sauerkirsche von etwa 60–80 cm haben sollen. An den Ästen, die an das Spaliergerüst angebunden werden, soll gut verteilt das Fruchtholz entstehen. Auch ist darauf zu achten, dass die unteren Äste bei einem Spalierbaum stets länger sein sollen als die nach oben folgenden. Siehe auch unter »Obstbaumschnitt« ab Seite 168.

Buschbaum

Mit einer Stammhöhe von 40–60 cm ist diese Baumform im Haus und Kleingarten vor allem für **Sauerkirschen** und **Pfirsiche** empfehlenswert. Diese beiden Obstarten bleiben verhältnismäßig kleinkronig, nehmen also auch in der Form des Buschbaumes nicht sehr viel Platz in Anspruch. Außerdem erfordern beide einen jährlichen scharfen Schnitt, der am Buschbaum mit geringer Stammhöhe leicht durchzuführen ist. Bei Sauerkirschen kommt noch hinzu, dass wir kleinere Bäume mit Kunststoff- oder Fischernetzen verhältnismäßig leicht gegen Amseln und Stare schützen können. Dies ist nach wie vor der beste Schutz gegen schädliche Vögel. Im Winde knisternde Stanniolstreifen, Raubvogelattrappen, aufgehängte Heringe und ähnliche Abschreckungsmittel verlieren dagegen meist schon nach wenigen Tagen ihre Wirkung.
Bei **Äpfeln** rate ich dagegen vom Buschbaum ab, da er bei einem Kronendurchmesser von etwa 5 m zu viel Platz beansprucht und wir uns wegen der geringen Höhe unter einem solchen Baum nicht bewegen können. Bei der **Birne** ist es ähnlich, doch ist hier der Buschbaum (Unterlage: Sämling) noch eher geeignet, sofern es sich um Sorten handelt, die mehr in die Höhe als in die Breite wachsen.

Halb- und Hochstamm

Der Hochstamm mit 1,60–1,80 m Stammhöhe wird im Hinblick auf die schwierigen Pflegearbeiten kaum mehr wegen des Obstertrages verwendet. Dagegen ist er die ideale

Baumform, wenn ein **Apfel,** eine **Birne** oder eine **Walnuss** aus gestalterischen Gründen an der Terrasse oder an einer anderen markanten Stelle gepflanzt werden soll. Bei einer **Zwetsche** kann der Hochstamm verwendet werden, wenn diese z. B. als Schattenbaum am Kompostplatz vorgesehen ist. An all diesen Stellen hat der Hochstamm den großen Vorteil, dass wir uns bequem unter seiner Krone bewegen können.

Manchmal genügt auch der **Halbstamm** mit einer Stammhöhe von 100–120 cm für die genannten Zwecke. Er ist die meistverwendete Baumform für **Pflaumen, Zwetschen, Renekloden** und **Mirabellen.**

Als Unterlage für Halb- und Hochstämme bei Apfel und Birne wird der Sämling verwendet. Sämlinge sind zwar – im Gegensatz zu Typenunterlagen – uneinheitlich in ihren Eigenschaften, sie verursachen aber ein kräftiges Wachstum der Edelsorte, wie es beim Halb- oder Hochstamm erwünscht ist.

① 'Elstar', ② 'Prinz Albrecht von Preußen', ② 'Roter Boskoop' – alles bewährte Sorten. Als Spindelbusch auf schwachwachsender Unterlage gepflanzt, setzt der Ertrag meist schon im 2. Standjahr ein.

Sortenwahl

Bei der Wahl der richtigen Obstsorten für unsere Gegend kann uns ein Berater beim Landkreis oder beim Gartenamt wertvolle Ratschläge geben. Wenn an unserem Wohnort ein Gartenbauverein besteht, sollten wir uns dort erkundigen, denn der Rat alter, erfahrener Praktiker kann gar nicht hoch genug geschätzt werden. In Kleingartenvereinen gibt es ehrenamtlich tätige Fachberater, die uns so manchen guten Tipp geben können.

Auf diese Weise können **Lokalsorten** berücksichtigt werden, die

ich in diesem Buch nicht beschreiben kann, weil sie eben – wie es der Name sagt – nur in bestimmten Gegenden zu Hause sind und sich dort seit vielen Jahrzehnten bestens bewährt haben. Solche Sorten sind zwar meist nicht absolute Spitze, dafür jedoch recht anspruchslos und unermüdlich im Ertrag.

Hinzu kommt, dass bewährte Lokalsorten wenig unter Krankheiten und Schädlingen zu leiden haben. Vor allem, wenn wir Halb- oder Hochstämme im Ziergarten aus gestalterischen Gründen pflanzen wollen, sollten wir auf solche robusten Sorten zurückgreifen.

In meinem Garten stehen z. B. die schmackhaften, aber vielfach schorf-

anfälligeren Sorten als Spindelbüsche im Nutzgartenteil und können so die nötige Pflege bekommen. In der Rasenfläche dagegen befindet sich ein alter Apfelbaum mit gut 15 m Kronendurchmesser der unempfindlichen Sorte 'Grahams Jubiläumsapfel'. Dieser Baum wird nie gespritzt – das wäre viel zu arbeitsaufwendig –, und trotzdem trägt er Jahr für Jahr einige Zentner goldgelber Äpfel, die sich hervor-

Bewährte Obstsorten für klein bleibende Baumformen (jeweils nach Genussreife geordnet)

Apfelsorten

'Mantet'	Baum- und Genussreife Ende Juli/Mitte August – rotgestreift, vom Aussehen und Geschmack her wertvoll – trägt reich, deshalb kräftig schneiden und ausdünnen, damit Früchte nicht zu klein bleiben – zur gleichen Zeit reifen 'Klarapfel' und die neuere Sorte 'Piros'.
'James Grieve'	Baumreife Anfang/Mitte September, Genussreife September/Mitte November – Ersatz für 'Gravensteiner' – trägt reich und regelmäßig – Spindelbüsche sollen auf M 26 oder MM 106 stehen, da sie sich auf M 9 zu leicht erschöpfen und schwach wachsen.
'Alkmene'	Baumreife Anfang/Mitte September, Genussreife von der Ernte bis Ende November – in Form und Farbe der 'Goldparmäne' ähnelnd – Geschmack erfrischend aromatisch – Ertrag früh einsetzend und reich.
'Goldparmäne'	Baumreife Anfang Oktober, Genussreife Oktober/Dezember – nach wie vor eine unserer wertvollsten Sorten – gute Fruchtfärbung – sehr geschätzt zur Weihnachtszeit – sehr wohlschmeckend – früher und reicher Ertrag – Behang vielfach so reich, dass Ausdünnen zu empfehlen ist, da sonst im Folgejahr kaum Ertrag (Alternanz).
'Elstar'	Baumreife Ende September, Genussreife Oktober/Januar – geschmacklich sehr zu empfehlen – Früchte gelb, sonnenseits gerötet – früh und reich tragend, aber nicht ganz regelmäßig – jährlich schneiden, auch Sommerschnitt – bevorzugt guten Boden und geschützte Lagen.
'Prinz Albrecht von Preußen'	Baumreife Anfang Oktober, Genussreife Oktober/Januar – trägt regelmäßig und sehr reich und ist deshalb bei Gartenfreunden sehr beliebt – sehr frosthart.
'Jonagold'	Baumreife Ende September/Mitte Oktober, Genussreife Oktober/März – Farbe sattgelb, sonnenseits verwaschen bis geflammt orangerot – Geschmack süßlich-feinsäuerlich – reichtragend.
'Cox Orangenrenette' (= 'Cox Orange')	Baumreife Anfang/Mitte Oktober, Genussreife November/Januar – edelster und höchstbezahlter Tafelapfel – leider sehr empfindlich gegen Schorf, Mehltau, Frost usw., ja sogar gegen Spritzmittel (Kupfer, Schwefel) – sehr pflegebedürftig – nur für beste Standorte.
'Freiherr von Berlepsch'	Baumreife Ende Oktober, Genussreife November/März – trägt meist regelmäßig, wenn auch nicht besonders reich – ausgezeichneter Geschmack – hoher Vitamin-C-Gehalt – die Sorte 'Roter Berlepsch' ist intensiv rot gefärbt.
'Ananasrenette'	Baumreife Mitte Oktober, Genussreife November/März – Fruchtfarbe goldgelb – geschmacklich eine Spitzensorte – bei reichem Fruchtansatz ausdünnen, da sonst Früchte zu klein – wegen der gedrungenen Krone für kleine Gärten gut geeignet – auch als Spalier geeignet, da sie kurzes Fruchtholz bildet – kaum Schorf – alte Liebhabersorte.
'Zuccalmagliorenette' (= 'Zuccalmaglio')	Baumreife ab Mitte Oktober, Genussreife November/April – Früchte zitronengelb, sonnenseits orangefarben – feiner Tafelapfel – ausdünnen – wenig anfällig für Krankheiten und Schädlinge – auch noch für höhere, raue Lagen geeignet.
'Schöner aus Nordhausen'	Baumreife Mitte Oktober, Genussreife Dezember/März – sehr wertvolle Sorte für ungünstige Lagen, da sowohl im Holz als auch in der Blüte sehr frostwiderstandsfähig – Fruchtfleisch würzig und angenehm spritzig – früh, reich und regelmäßig tragend – als Spindelbusch auf M 26 bzw. MM 106.
'Roter Boskoop'	Baumreife Mitte Oktober, Genussreife Ende Dezember/Ende März – sehr großfruchtig – würziger frischer Geschmack (hoher Säuregehalt) – Bratapfel – trägt auf Typ M 9 (Spindelbusch) früh und regelmäßig – zum Aufpropfen auf schwachwüchsigere Bäume (auch Halb- bzw. Hochstämme) gut geeignet.
'Melrose'	Baumreife Anfang/Mitte Oktober, Genussreife Dezember/Mai – Farbe dunkelrot mit braun auf gelbem Grund – Früchte mittelgroß bis groß – Geschmack fruchtig-süßlich, aromatisch.
'Ontario'	Baumreife Ende Oktober, Genussreife Januar/April – Farbe wird auf Lager gelb – wertvoll wegen der langen Haltbarkeit – früh und reich tragend – Schorfanfälligkeit gering – im Holz forstempfindlich, in der Blüte dagegen sehr unempfindlich – in schweren Böden krebsanfällig.

Birnensorten

'Frühe von Trévoux'	Baum- und Genussreife Mitte August – wenig empfindlich während der Blüte, daher auch für ungünstige Lagen geeignet – saftiges, aromatisches Fleisch – gute Einmachfrucht – widerstandsfähig gegen Krankheiten.
'Williams Christ'	Baumreife Mitte August, Genussreife Anfang bis Ende September – gleichmäßig gelbgefärbte Frucht von unregelmäßiger Form – trägt hauptsächlich am kurzen Fruchtholz, deshalb auch für Spalier geeignet – Fruchtbarkeit früh und reich – weißes, saftig-würziges Fruchtfleisch – bestens zum Einmachen geeignet.
'Gute Luise'	Baumreife Anfang/Mitte September, Genussreife Ende September/Oktober – hervorragender Geschmack – reich tragend – sehr schorfanfällig, deshalb Krone sehr licht halten – vorzüglich als Spalier – kein Schorfbefall, wenn regengeschützt unter Vordach.
'Köstliche von Charneux'	Baumreife Mitte/Ende September, Genussreife ab Oktober – reich tragend – ziemlich süß, saftig, wohlschmeckend, wertvoll für Wandspaliere – robust aber schorfanfällig – als Hochstamm steil-pyramidaler Wuchs.
'Bosc's Flaschenbirne'	Baumreife Oktober, Haltbarkeit 3–4 Wochen – nur für warme Lagen, dort auch auf Obstwiesen – Blüte spät, widerstandsfähig, wenig schorfanfällig.
'Vereinsdechantsbirne'	Baumreife ab Mitte Oktober, Genussreife bis November – sehr saftig, edel gewürzt – will besten Boden und warme Lage – anspruchsvolle Feinschmeckersorte, jedoch ziemlich widerstandsfähig gegen Krankheiten und Schädlinge.
'Alexander Lucas'	Baumreife Anfang bis Mitte Oktober, Genussreife November/Dezember – nur empfehlenswert in klimatisch günstigen Lagen, da frostempfindlich – Frucht groß bis sehr groß – früh einsetzende, regelmäßige Fruchtbarkeit.
'Madame Verté	Baumreife Mitte bis Ende Oktober, Genussreife Dezember/Februar – sehr wertvolle Wintersorte, mit köstlichem zimtartigem Aroma – die Fruchtbarkeit beginnt erst mittelfrüh, ist dann aber regelmäßig und reich – in rauen Lagen etwas geschützt pflanzen – gut als Spalier geeignet.

Pflaumen-, Zwetschen-, Renekloden- und Mirabellensorten

'Graf Althans Reneklode'	Reife August/September – Frucht groß bis sehr groß, kugelig, von violettrosa Farbe mit bläulichem Hauch – Fleisch gelb, saftig und sehr aromatisch – gut vom Stein lösend – stark wachsend – trägt früh, reich und regelmäßig – vorzüglich zum Einkochen.
'Mirabelle von Nancy'	Reife Mitte/Ende August – kleine bis mittelgroße, rundliche Früchte von gelber Farbe – steinlösend – süßer, würziger Geschmack – bestens geeignet zur Konservierung – kann fast in jedem Boden gepflanzt werden – sehr ertragssicher.
'Wangenheims Frühzwetsche'	Reife Ende August/Mitte September – Früchte rötlich-blau, bereift – sehr süß – vorzüglich als Kuchenbelag – trägt früh und sehr reich – Ersatz für 'Hauszwetsche' in rauhen Gebieten.
'Hanita'	Reife Ende August/Mitte September – selbstfruchtbar – früh, reich und regelmäßig tragend, auch am einjährigen Holz – steinlösend – geschmacklich hervorragend, wie 'Hauszwetsche' – tolerant gegen Scharkakrankheit.
'Große Grüne Reneklode'	Reife Ende August/Mitte September – Frucht mittelgroß, rund, gelblich-grün – steinlösend, saftig und von bestem Geschmack – hervorragend für Frischgenuss und zum Einmachen.
'Schönberger Zwetsche'	Reife September – Fruchtfleisch gelb, aromatisch – Baum sehr breitkronig – trägt reich und früh – zum Dörren geeignet – besonders anspruchslos.
'Jojo'	Reife September – selbstfruchtbar – früh, reich und regelmäßig tragend – Frucht lange am Baum haltbar – völlig scharkaresistent, deshalb wertvolle Sorte für Befallsgebiete.
'Hauszwetsche'	Reife ab Mitte September bis Mitte Oktober – sehr wichtig: Nur wertvollen Typ pflanzen! – Frucht länglich, tiefblau und leicht steinlösend – zum Sofortessen, Backen, Tiefgefrieren – starkwüchsig und reichtragend. 'Top' reift etwas später – robuster Massenträger – wenig anfällig für Pilzkrankheiten, ebenso wie die Neuheiten 'Topking' (Reife ab Mitte August) und 'Topper' (Reife wie 'Hauszwetsche'), die bereits ab dem 3. Standjahr enorm tragen.

Sauerkirschensorten

'Schattenmorelle'	Für den Liebhaber die wertvollste Sorte – selbstfruchtbar – sehr reichtragend - Baum trägt am einjährigen Holz, deshalb jährlich nach der Ernte scharfer Schnitt, um die Neutriebbildung anzuregen.
'Morellenfeuer' (= 'Kelleriis Nr. 16')	Mit am frosthärtesten in der Blüte und geschmacklich mit an der Spitze – selbstfruchtbar – kein regelmäßiger Schnitt erforderlich, sondern nur gelegentliches Auslichten – Frucht etwa ein Drittel kleiner als bei 'Schattenmorelle' – reift ca. 10–14 Tage vor 'Schattenmorelle'.

Süßkirschensorten

'Hedelfinger' 'Schneiders Späte Knorpelkirsche'	Süßkirschen sind auf Fremdbefruchtung angewiesen, diese beiden wertvollen Sorten ergänzen sich darin. 'Hedelfinger' passt von der Befruchtung her außerdem zu 'Burlat', einer besonders wertvollen Frühkirsche für den Garten.

Pfirsichsorten

Edle Frühsorten sind nur für warmes Klima geeignet. In allen übrigen Gebieten wollen wir uns auf mittelfrüh und spätreifende Sorten beschränken.

'Rekord aus Alfter'	Reife Mitte August/September – die Frucht ist gut steinlösend, saftig und wohlschmeckend – verhältnismäßig widerstandsfähig.
'Roter Ellerstädter'	Auch 'Kernechter vom Vorgebirge' genannt – gilt als beste Einmachfrucht – Frucht mittelgroß, saftig, aromatisch – Ansprüche an den Standort gering, geeignet für weniger günstige Verhältnisse – verhältnismäßig widerstandsfähig gegen Kräuselkrankheit u. Frost – Reife erst im September.
'South Haven'	Reife Anfang September – sehr groß, gelbfleischig, gut steinlösend, saftig, süß – starkwüchsig – anfällig gegen Kräuselkrankheit – 'Red Haven' reift Anfang/Mitte August.

Aprikosensorten

'Ungarische Beste' 'Aprikose von Nancy'	Beide Sorten sind verhältnismäßig widerstandsfähig. Trotzdem ist der Anbau nur in sehr günstigen klimatischen Gebieten zu empfehlen.

Quittensorten

'Portugiesische Quitte' 'Riesenquitte von Lescovač'	Große Früchte von rein gelber Farbe – früh- und reichtragend – selbstfruchtbar – Reife bei beiden Anfang bis Mitte Oktober, Verwertung bis Ende November. Die erstgenannte Sorte bringt birnenförmige, die folgende apfelförmige Früchte.

Walnuss-Sorten

Die Walnuss eignet sich wegen ihrer später sehr umfangreichen Krone nur für große Gärten, etwa ab 1500 m² aufwärts, vor allem auch als Hofbaum in bäuerlichen Anwesen. Es gibt inwischen Sorten, die unter Nummern-Bezeichnungen angeboten werden und auf *Juglans nigra* veredelt sind. Diese Bäume bleiben kleinkroniger.

'Nr. 26'	Wuchs mittel bis stark – Austrieb und Blüte spät, deshalb wenig spätfrostgefährdet – keine Fremdbefruchtung erforderlich – Nussgröße mittel – Ertrag früh, hoch und regelmäßig.
'Nr. 120'	Wuchs stark, breite, lockere Krone – Fremdbefruchtung erforderlich, dann hoher Ertrag – Nuss groß bis sehr groß – wertvolle Sorte, wenn genügend Platz vorhanden.
'Jupiter'	Wuchs mittel – Austrieb und Blüte spät, deshalb wenig spätfrostgefährdet – Ertrag sehr hoch, früh einsetzend – große Nuss mit dünner Schale – auch Einzelbäume bringen guten Ertrag.

Haselnuss-Sorten

'Wunder aus Bollweiler'	Nüsse sehr groß, kegelförmig – Reifezeit September.
'Hallesche Riesen'	Nüsse sehr groß, rundlich – Reifezeit Ende September.

Ältere, robuste Apfel- und Birnensorten
für Halb- und Hochstämme

Apfelsorten

'Berner Rosenapfel'	Genussreife November/Januar – beliebter Weihnachtsapfel.
'Blenheim'	Genussreife November/März – gesunder Wuchs – kaum schorfanfällig.
'Brettacher'	Genussreife Dezember/April – Tafel- und Wirtschaftsapfel – starkwüchsig mit breiter Krone – gut lagerfähig – robust gegen Krankheiten, Schädlinge und Frost – trägt reich und ziemlich regelmäßig.
'Ernst Bosch'	Genussreife Oktober/November – sichere und reiche Erträge auch bei weniger günstigen Böden und Lagen.
'Grahams Jubiläumsapfel'	Genussreife September/Januar – wertvoller Kochapfel – kaum krankheitsanfällig – auch für raue Lagen geeignet – blüht erst in der 2. Maihälfte, deshalb kaum Ausfälle durch Blütenfrost – sparriger Wuchs, regelmäßig auslichten
'Gravensteiner'	Genussreife September/Oktober – geschmacklich wertvoll – nur für gute Anbaulagen.
'Jakob Fischer'	Genussreife September/Oktober – bewährter Herbstapfel für baldigen Verbrauch.
'Jakob Lebel'	Genussreife Oktober/Januar – auf leichten Böden auch für rauere Lagen geeignet.
'Kaiser Wilhelm'	Genussreife November/März – wertvoller Apfel für Most- und Süßmostbereitung – in späteren Jahren reiche und regelmäßige Erträge – auch für mittlere Höhenlagen.
'Krügers Dickstiel'	Genussreife Dezember/Februar – widerstandsfähige Sorte mit guter Fruchtqualität.
'Landsberger Renette'	Genussreife Oktober/Februar – robuster Tafel- und Verwertungsapfel – besonders für Süßmost geeignet – allerdings schorfanfällig.
'Lohrer Rambur'	Genussreife Februar/April – wertvoller Wirtschaftsapfel für raue Lagen – kaum krankheitsanfällig – guter Mostapfel.
'Riesenboiken'	Genussreife Februar/Mai – Lagerapfel für Höhenlagen.
'Schöner aus Herrenhut'	Genussreife Oktober/Februar – robuster Tafel- und Verwertungsapfel – auch für rauere Lagen.
'Schöner aus Wiltshire'	Genussreife November/März – wertvolle Sorte mit großer Anpassungsfähigkeit.
'Schweizer Orangenapfel'	Genussreife Dezember/März – Tafel- und Wirtschaftsapfel für wärmere Lagen.
'Winterrambour'	Genussreife Dezember/März – Wirtschaftsapfel für den bäuerlichen Anbau.
'Zabergäurenette'	Genussreife Dezember/März – robuster guter Tafelapfel mit feinem Aroma.

Birnensorten

'Bunte Julibirne'	Genussreife Mitte Juli/Anfang August – beliebte Frühbirne, nicht lagerfähig – auch für weniger günstige Standorte.
'Clapps Liebling'	Genussreife Mitte August, Haltbarkeit 1–2 Wochen – eine der wertvollsten Frühbirnen – saftiges Fleisch und würziges Aroma – nicht sehr windfest – Ernte sollte 8–10 Tage vor Vollreife erfolgen, Früchte werden bei zu später Ernte rasch teigig.
'Gute Graue'	Genussreife September, Haltbarkeit 2 Wochen – eine Frühbirne, die auch vorzügliches Dörrobst liefert.
'Neue Poiteau'	Genussreife Oktober, Haltbarkeit 6 Wochen – hohe Ertragssicherheit auch in raueren Lagen.

① 'Gute Luise', ② 'Wangenheims Frühzwetsche', ③ 'Große Grüne Reneklode'. Wenn man 'Gute Luise' regengeschützt als Wandspalier pflanzt, wird Schorfbefall vermieden.

ragend zum Kochen eignen, vor allem für einen köstlichen Apfelstrudel. Der Baum ist so robust, dass er weder Schorf bekommt noch von irgendeinem Schädling in nachteiliger Weise befallen wird. Die Sorte blüht außerdem so spät – erst Mitte bis Ende Mai –, dass die Blüte kaum einmal erfriert. Zu diesem Zeitpunkt ist der rosa-weiß überschüttete Apfelbaum ein Prachtstück.

Zu den Tabellen Seite 160–163

Ab Seite 160 folgt zunächst eine Auswahl bewährter, jedoch pflegeintensiver Obstsorten. Diese geschmacklich wertvollen Sorten werden im Garten meist als Spindelbusch gepflanzt. Die auf Seite 163 genannten älteren Sorten sind dagegen als Halb- und Hochstamm wertvoll. Sie sind weitgehend anspruchslos hinsichtlich Pflege und Klima sowie gegen Krankheiten und Schädlinge vielfach recht widerstandsfähig.

Neuere Apfelsorten, widerstandsfähig gegen Krankheiten
(nach Genussreife geordnet)
'Priam'
Genussreife Mitte/Ende September – bildet kleine Kronen – reichtragend – ausdünnen, da sonst Früchte zu klein – resistent gegen Schorf.
'Retina'
Genussreife September/Anfang Oktober – starkwachsend – resistent gegen Schorf und Rote Spinne, wenig empfindlich gegen Mehltau, Feuerbrand und Blütenfrost.
'Rewena'
Genussreife November/Februar – schwachwüchsig – hoher, regelmäßiger Ertrag – Tafelapfel und zur Saftgewinnung – gute Lagerfähigkeit – resistent gegen Schorf, Mehltau, Feuerbrand, widerstandsfähig gegen Blütenfrost.
'Reanda'
Genussreife Oktober/Februar – Tafel- und Mostapfel – schwach wachsend – trägt reich und regelmäßig – sehr günstiges Zucker-Säure-Verhältnis, deshalb vorzüglich für Saft- und Mostbereitung – resistent gegen Schorf, Mehltau und Feuerbrand.
'Topaz'
Genussreife Oktober/Februar – früher Ertrag, reich und regelmäßig – wertvoller Lagerapfel – resistent gegen Schorf, wenig mehltauanfällig.
'Florina'
Genussreife Dezember/Januar – mittelstark bis stark wachsend – resistent gegen Schorf, wenig anfällig für Mehltau und Feuerbrand.
'Pilot'
Genussreife Dezember/Mai – Wintertafelapfel mit bester Lagerfähigkeit – trägt sehr früh, reich und regelmäßig – wenig empfindlich für Schorf, Mehltau und Feuerbrand.
'Pinova'
Genussreife Dezember/Mai – trägt früh, reich und regelmäßig – Früchte unbedingt ausdünnen – vorzüglicher Wintertafelapfel – problemlos lagerfähig – ideale Sorte für »Schlanke Spindel« – ausreichend resistent gegen Schorf und Feuerbrand.

Einkauf in der Baumschule

Obstbäume haben eine lange Lebensdauer. Einwandfreie äußere Qualität, wie kräftiges Wurzelwerk, gesunder, gerader Stamm und wüchsige Krone, sind für den Erfolg entscheidend. Hinzu kommen die »inneren« Eigenschaften, die uns beim Kauf verborgen bleiben, wie Sorte und Unterlage. Es hätte keinen Sinn, kräftig und gesund aussehende Spindelbüsche zu kaufen, die auf einer zu stark wachsenden Unterlage veredelt sind. Dieser Fehler wird leider häufig gemacht, weil Spindelbüsche auf den besonders schwachwüchsigen Typen M 9, M 26 usw. für das Auge etwas »mager« aussehen.

Meist werden wir die Bäume bei einer ortsansässigen Baumschule oder einem Garten-Center kaufen. Ebensogut können wir uns die Pflanzware aber auch von einer auswärtigen Markenbaumschule schicken lassen. Wichtig ist nur, dass Sorte, Unterlage und Baumform für unsere Verhältnisse passen und die Ware gesund und wüchsig ist. Da die Wurzeln auf dem Transport leicht trocken werden, sollten die Bäume sofort nach Erhalt ausgepackt, für einige Stunden in Wasser gestellt und dann gepflanzt bzw. eingeschlagen werden.

Baumkauf ist Vertrauenssache. Wir kaufen deshalb nur in **Baumschulen,** deren Ware das Etikett »Deutsche Markenbaumschule« trägt. Selbstbedienungsbaumschulen und Garten-Center haben den Vorteil, dass der Kunde in Ruhe auswählen kann. Allerdings wird der Freizeitgärtner hier allzuleicht zum Kauf

weiterer Pflanzen verlockt. Wollte er ursprünglich nur fünf Rosen kaufen, so verlässt er schließlich mit zwei zusätzlichen Omorikafichten, einer niedlich aussehenden Birke und einem Walnussbaum den Laden. Statt des geplanten Betrags hat er ein Vielfaches davon ausgegeben. Dies ist aber nicht das Schlimmste: Nachteiliger ist es, dass in den Garten Gehölze kommen, die gar nicht vorgesehen waren und keinen Platz haben. Es entstehen Urwälder, die uns Licht, Luft und Sonne wegnehmen. Machen wir es deshalb wie die kluge Hausfrau beim Einkauf im Supermarkt und schreiben uns auf, was wir wirklich benötigen.

Spindelbüsche im Rasen
Hier mit offener Baumscheibe, die den Sommer über mit kurzem Rasenschnitt gemulcht wird. So bleibt der Boden feucht und krümelig.

Pflanz- und Grenzabstände

Zunächst die **Pflanzabstände:**

Apfel-Hoch-/Halbstamm	8–10 m
Apfel-Buschbaum	4–5 m
Apfel-Spindelbusch	1,2–2,5 m
Birnen-Hoch-/Halbstamm	6–8 m
Birnen-Buschbaum	4–5 m
Birnen-Spindelbusch	1,5–2,5 m
Pflaumen-, Zwetschen-, Renekloden-, Mirabellen-Halbstamm/Hochstamm	5–6 m
Süßkirschen-Hoch-/Halbstamm	8–10 m
Sauerkirschen-Buschbaum	4–5 m
Pfirsich-Buschbaum	4–5 m
Quitten-Busch	3–4 m

Die Zahlen dienen als Anhaltspunkt für die später zu erwartende Kronenausdehnung des betreffenden Obstgehölzes. Die genannten Mindestabstände sollten deshalb nicht unterschritten werden. Oft erschei-

nen sie bei der Pflanzung entschieden zu groß. Es gibt deshalb Gartenfreunde, die zwischen zwei Bäumen einen dritten pflanzen in der Absicht, ihn herauszunehmen, sobald der Platz nicht mehr ausreicht. Die Erfahrung lehrt aber, dass solche Bäume nie mehr entfernt werden, weil man dies einfach nicht übers Herz bringt. Deshalb: keine Zwischenpflanzung!

Beinahe noch wichtiger sind die **Grenzabstände.** Immer wieder wird ein gut nachbarliches Verhältnis durch einen über die Grenze wachsenden Baum oder Strauch getrübt, und in manchen Fällen werden dann sogar Gerichte und Sachverständige bemüht.

Die Bestimmungen in den einzelnen Bundesländern sind unterschiedlich. Es gibt aber ein sehr einfaches Rezept, ganz gleich ob unser Garten in Köln oder Berlin, in Hamburg, Stuttgart, Dresden, Leipzig, München oder aber in einem kleinen Dorf in Niedersachsen oder Mecklenburg-Vorpommern liegt, ob wir Obstbäume in Österreich oder in der Schweiz pflanzen wollen.

Die simple Formel heißt:

> Grenzabstand = halber Pflanzabstand, bzw. halber späterer Kronendurchmesser.

Für den Apfelspindelbusch ist beispielsweise der Pflanzabstand 2 m, d. h. es ist ein Grenzabstand von mindestens 1 m einzuhalten.

In den Ausführungsbestimmungen zum BGB für Bayern ist beispielsweise vorgeschrieben, dass Gehölze, die mehr als 2 m Höhe erreichen, mindestens 2 m von der Nachbargrenze entfernt sein müssen. Das entspricht keineswegs den praktischen Erfordernissen, denn ein Süßkirschenbaum erreicht bei zusagenden Bodenverhältnissen einen Kronendurchmesser von 8–10 m und darüber. Die Äste werden also nach einigen Jahren zum Nachbargarten hinüberwachsen.

Den praktischen Bedürfnissen besser angepasst sind dagegen die Grenzabstände, wie sie beispielsweise in Baden-Württemberg vorgeschrieben sind.

Nähere Auskünfte über die gesetzlich vorgeschriebenen Grenzabstände erhalten wir beim Gartenbauamt, Landratsamt (Fachberater für Gartenbau) oder bei der Gemeindeverwaltung unseres Wohnortes.

Wir pflanzen einen Obstbaum

Wichtigste Arbeit: gründliche Bodenvorbereitung. Bei Spindelbüschen, die wir im Haus- oder Kleingarten meist in einer Reihe pflanzen, wird die gesamte Fläche in der nötigen Länge, einer Breite von etwa 1,50 m und etwa 30 cm tief bearbeitet. Größere Steine und Dauerunkräuter werden entfernt. Vor allem verbessern wir die obere Bodenschicht mit reichlich Kompost und anderen Humusstoffen, wie sie im Gartenfachhandel angeboten werden. Soll eine größere Zahl von Obstbäumen gepflanzt werden,

Obstbaum pflanzen – Spindelbusch
Darauf achten, dass die Veredlungsstelle über dem Boden bleibt. Ebenso wichtig: Ein Baumpfahl, der bis in die Krone reicht.

empfiehlt es sich, eine Bodenprobe zu entnehmen (siehe Seite 62f.) und bei der nächstgelegenen Bodenuntersuchungsstelle (Adressen: Seite 250) untersuchen zu lassen. Wenn nötig, kann dann eine Vorratsdüngung vor der Pflanzung mit eingearbeitet werden.

Für einen einzelnen Baum (Hoch- bzw. Halbstamm oder Buschbaum) wird eine Pflanzgrube ausgehoben: 1,20 × 1,20 m und 40–50 cm tief. Den oberen Spatenstich (Oberboden = Mutterboden) bringen wir auf die eine, den zweiten Spatenstich auf die andere Seite. Die Sohle der Grube wird mit der Grabgabel oder – bei schwerem Boden – mit dem Pickel gelockert. Dann auf den gesamten Bodenaushub eine Vorratsdüngung – wenn nötig – verteilen und auch in die gelockerte Sohle der Grube mit einbringen.

Beim darauf folgenden Einfüllen werden die Bodenschichten genauso in die Grube gebracht, wie sie vorher gelegen haben. Gepflanzt wird am besten ab Mitte Oktober bis in den Dezember hinein, oder aber im Frühjahr, sobald der Boden offen und etwas abgetrocknet ist. Obstbäumchen in Containern können fast das ganze Jahr über gepflanzt werden.

Bei Spindelbüschen schlagen wir vor der Pflanzung einen Pfahl ein. Die Haltbarkeit wird verbessert, wenn er im Übergangsbereich vom Boden zur Luft angekohlt ist. Der Baumpfahl mit einer Länge von 2,20–2,50 m und einem oberen Durchmesser von etwa 7–8 cm wird etwa 40–50 cm tief in den Boden geschlagen. Er hat dann die richtige Länge, damit der Spindelbusch auch in den kommenden Jahren

mehrmals entlang seines Stammes angebunden werden kann. Bei allen übrigen Baumformen können wir später auf einen Pfahl verzichten. Der Spindelbusch braucht ihn dagegen zeitlebens, weil er auf einer sehr schwachwüchsigen, flachwurzelnden Unterlage veredelt ist.

Bei der Pflanzung heben wir das eigentliche Pflanzloch aus. Es braucht nicht größer als das Wurzelwerk zu sein. Zu lange oder beschädigte Wurzeln werden bis auf gesunde Teile zurückgeschnitten. Die Pflanzerde wird mit feuchtem Torf bzw. Torfersatzstoffen vermischt. Während eine Person die im Pflanzloch ausgebreiteten Wurzeln mit diesem Erde-Torf-Gemisch bedeckt, rüttelt eine zweite Person den Baum durch ständiges Heben und Senken, sodass die Erde in alle Hohlräume zwischen den Wurzeln fällt. Anschließend wird um den Stamm herum leicht angetreten. Dann werfen wir einen Gießrand auf und schwemmen den Baum mit mehreren Gießkannen voll Wasser kräftig ein. Dadurch wird die Erde auch an die feinsten Wurzeln gespült. Schließlich wird die Baumscheibe mit halb-

Obstbaum pflanzen – Halb- und Hochstamm
Sie brauchen nach dem Anwachsen keinen Pfahl mehr, denn sie entwickeln ein kräftiges Wurzelwerk, das genügend Halt gibt.

verrottetem Kompost oder Stallmist abgedeckt, damit sich die Feuchtigkeit möglichst lange hält.

Pflanztiefe

Zu beachten ist, dass der Baum bei der Pflanzung nicht tiefer zu stehen kommt als in der Baumschule. Hat sich der Baum gesetzt, so muss die wulstartige Veredlungsstelle noch sichtbar sein. Das ist besonders bei Spindelbüschen auf schwach wachsender Unterlage wichtig. Wir pflanzen deshalb etwas höher, damit sich der Baum nach dem Setzen des Erdreichs in richtiger Höhe befindet. Eine waagrecht liegende Latte erleichtert uns diese Arbeit. Spindelbüsche werden nach dem Pflanzen mit einem Kokosfaserstick oder ähnlichem Material an den Pfahl in Form einer 8 angebunden. Der Baum sollte aber nach dem Anbinden noch genügend »Luft« haben, um sich setzen zu können.

Obstbaumschnitt will gekonnt sein

Der Schnitt des Spindelbusches

Der Spindelbusch wird mit einer durchgehenden Stammverlängerung erzogen. An ihr entlang sollen sich in Abständen von 20–30 cm nach allen Himmelsrichtungen locker verteilte Fruchtäste entwickeln. Alljährlich werden die Verlängerungen des Stammes und der Fruchtäste auf etwas tiefer stehende Jungtriebe zurückgesetzt. Dadurch ist ein ständiger Triebanreiz gegeben. Wir können bei Apfel-Spindelbüschen auf einen herkömmlichen Pflanzschnitt verzichten und binden lediglich die am Stamm befindlichen Seitentriebe (Fruchtäste) waag-

Pflanzschnitt beim Spindelbusch
Die Seitentriebe stehen hier weitgehend waagerecht, so dass sich ein Binden erübrigt. Nur die Stammverlängerung wird eingekürzt.

recht. Der Mitteltrieb (Stammverlängerung) wird etwa 30 cm über der letzten Verzweigung eingekürzt. Im ersten Jahr nach der Pflanzung sollten keine Früchte geduldet werden, auch wenn es uns noch so schwer fällt, da dies ein sehr schwaches Wachstum des Baumes zur Folge hätte. Wichtig ist, dass der Baum zügig wächst, indem wir wässern und düngen. Nachdem Spindelbüsche auf offenem Boden stehen sollen, wird zusätzlich mit kurzem Rasenschnitt o. ä. gemulcht, damit der Boden gleichmäßig feucht und locker bleibt. Im zweiten Jahr können dann ohne Nachteil 3–4 Äpfel je Fruchtast verbleiben, also etwa 20–30 Äpfel je Baum.

Während wir in den ersten Jahren bemüht waren, möglichst viel Fruchtholz durch Waagrechtbinden zu erhalten, gehen wir später dazu über, abgetragenes Fruchtholz zu entfernen bzw. zu verjüngen. Dabei werden die älteren, abgetragenen, meist herabhängenden äußeren Triebteile beseitigt bzw. auf einen Jungtrieb, der sich auf ihrer Oberseite entwickelt hat, zurückgesetzt. Sobald dieser Trieb Früchte trägt, senkt auch er sich unter der Last nach unten. In den folgenden Jahren werden Konkurrenztriebe sowie steile und zu dicht stehende Triebe, die den Lichtzutritt ins Kroneninnere verhindern, entfernt.

Bei dieser Methode bleiben die Bäumchen schmal, sodass wir mit wenig Platz auskommen. Andere Möglichkeiten der Kronenerziehung mit stärkeren, leicht ansteigenden Fruchtästen, an denen sich locker gestreut das Fruchtholz befindet, habe ich in »Obstbäume schneiden und veredeln« (BLV-Verlagsgesellschaft München) beschrieben.

Der Schnitt des Halb- und Hochstammes

Im Gegensatz zum Spindelbusch sind beim Halb- und Hochstamm außer der Stammverlängerung drei **Leitäste** nötig, an denen sich später locker gestreut die **Seitenäste** (= **Fruchtäste**) entwickeln können. An all diesen kräftigen Kronenteilen soll gut belichtetes Fruchtholz entstehen. Dies gilt für alle Obstarten, die als Halb- oder Hochstamm gepflanzt werden.

Pflanzschnitt Wir suchen uns in der jungen Krone 3 kräftige, günstig am Stamm verteilte Triebe aus. Diese 3 Triebe – die späteren Leitäste – sollten nicht an einem Punkt des Stammes entstanden, sondern möglichst auf einer Stammlänge von etwa 60 cm verteilt sein. Dadurch sind sie gut »verankert«. Sollten die 3 »idealen« Leitäste noch fehlen, so belassen wir provisorisch die 3 geeignetsten, ersetzen aber im nächsten oder übernächsten Jahr 1 oder 2 davon durch günstiger gestellte Triebe, die sich inzwischen an der Stammverlängerung entwickelt haben.

Der Winkel der 3 Leitäste zum Stamm soll möglichst flach sein. Erst etwas vom Stamm entfernt sollen die 3 Triebe in einem Winkel von etwa 45° ansteigen. Spitzwinkelig angesetzte Triebe kommen als Leitäste nicht in Frage, weil bei ihnen die Gefahr besteht, dass sie später einmal abschlitzen. Alle kräftigen, steil stehenden Triebe werden also aus der jungen Baumkrone entfernt, vor allem der Konkurrenztrieb. Steht einer der 3 als künftige Leitäste belassenen Triebe etwas zu steil, so wird er abgespreizt. Bei zu flacher Stellung binden wir ihn hoch.

Anschließend werden alle Triebe, die das Kronengerüst bilden, zurückgeschnitten. Wir beginnen beim schwächsten Seitentrieb, nach dem sich die Stärke des Rückschnittes zu richten hat. Je schwächer er ist, desto stärker wird er eingekürzt. Im allgemeinen nehmen wir bei Kernobst die Triebe um etwa zwei Drittel ihrer Länge zurück, beim Steinobst schneiden wir noch schärfer. Nur so treiben sämtliche Knospen aus, und die Leitäste bekleiden sich von der Ansatzstelle an mit Fruchtholz.

Außerdem fördert der starke Rückschnitt das Dickenwachstum der künftigen Leitäste. Je kräftiger der Rückschnitt, desto stärker der Austrieb!

Der Rückschnitt der 3 künftigen Leitäste erfolgt auf eine nach außen gerichtete Knospe. Nach dem Rückschnitt sollen die Schnittflächen der 3 Triebe ungefähr in einer Höhe liegen. Nur einen überdurchschnittlich kräftigen Trieb werden wir etwas kürzer halten. Die Stammverlängerung (Mitteltrieb) soll nach dem Rückschnitt die 3 Seitentriebe um Handbreite überragen. Wir schneiden sie über eine Knospe, die eine möglichst gerade Triebfortsetzung verspricht.

Außer den 3 künftigen Leitästen können wir durchaus noch 1 oder 2 schwache Triebe in der Krone belassen. Sie werden mit Bast waagrecht gebunden, bleiben jedoch ohne Rückschnitt. So können sie den 3 Leitästen keine Konkurrenz machen. Sie werden frühzeitig zu Fruchtholz und versorgen mit ihren Blättern den jungen Baum mit zusätzlichen Baustoffen.

Erziehungsschnitt

Ab dem Frühjahr des 2. Jahres wird der Erziehungsschnitt durchgeführt. Spreizhölzer, Stäbe oder Bastfäden, die vom Pflanzschnitt her noch in der Krone sind, werden entfernt, soweit dies nicht bereits im Sommer geschehen ist.

Danach wählen wir die 3 Leitäste aus. Wenn das nicht bereits beim Pflanzschnitt möglich war, können wir jetzt Korrekturen durchführen. Konkurrenztriebe, zu dicht stehende oder auf den Astoberseiten entstandene kräftige Triebe werden

Pflanzschnitt beim Halb- und Hochstamm Konkurrenztrieb und überzählige kräftige Triebe entfernen ①, ②, zu steile Triebe abspreizen ③, künftige Leitäste einkürzen. ④ zeigt das Ergebnis.

beim Erziehungsschnitt an den Ansatzstellen entfernt. Die übrigen neu gebildeten Triebe werden in eine waagrechte Lage gebracht, sofern sie nicht schon weitgehend waagrecht stehen.

Anschließend werden Stamm- und Leitastverlängerungen zurückgeschnitten. Die Stärke des Rückschnittes richtet sich ganz nach der Wuchsstärke des Baumes. Kräftige Neutriebe brauchen wir nicht mehr so stark zurückzunehmen wie bei der Pflanzung. Hat der Baum jedoch auf den Pflanzschnitt nur mit sehr schwachem Austrieb reagiert, so unterlassen wir diesmal ausnahmsweise den Rückschnitt. Die Triebfortsetzungen entwickeln sich dann aus den kräftigen Endknospen.

Beim Rückschnitt die Wuchsstärke beachten

Um die Stärke des Rückschnittes richtig zu beurteilen, müssen

wir uns Folgendes überlegen: Durch den Rückschnitt der Stamm- und Leitastverlängerung wollen wir den Austrieb sämtlicher Knospen entlang des zurückgeschnittenen Triebes erreichen. Angenommen, wir schneiden einen Leitast zu wenig zurück, so werden zwar die oberen Knospen durchtreiben, nicht aber die im unteren Drittel befindlichen. Folge: Der Leitast garniert sich zu

wenig mit Fruchtholz; er verkahlt teilweise und bleibt schwach. Schneiden wir dagegen zu stark zurück, so treiben sämtliche Knospen aus, jedoch wesentlich stärker, als erwünscht ist. Wir bekommen kaum Fruchtholz, sondern viele kräftige Holztriebe, die wir wegen ihrer zu dichten Stellung zum Teil wieder entfernen müssen.

Man muss also beim Rückschnitt die Wuchsstärke des jeweiligen Baumes richtig beurteilen. Der Rückschnitt der Stamm- und Leitastverlängerungen sollte so stark sein, dass zwar sämtliche Knospen

Idealer Kronenaufbau
Drei Leitäste, locker gestreut, einige Seitenäste und viel gut belichtetes Fruchtholz. Kleines Bild: So bitte nicht!

Fruchtansatz
Je waagrechter sich ein Trieb in der Krone befindet, desto mehr neigt er zur Fruchtbarkeit, je steiler, desto stärker wächst er.

Das Kronengerüst des fertig aufgebauten Halb- oder Hochstammes besteht aus:
● Stamm bzw. Stammverlängerung.
● Drei gut verteilten, kräftigen Leitästen; bei schwachwüchsigen Steinobstarten wie Zwetschen, Pflaumen, Sauerkirschen können es auch vier oder fünf sein.
● Mehreren locker gestreuten Fruchtästen (Seitenästen) entlang des Stammes und der Leitäste.
● Fruchtholz, das über alle diese kräftigen Kronenteile gleichmäßig verteilt ist. Es soll möglichst waagrecht stehen, gut belichtet sein und ständig Neutrieb zeigen.

austreiben, sich jedoch nur wenige kräftige, aber zahlreiche schwache, als Fruchtholz geeignete Triebe entwickeln. Diese Gesetzmäßigkeit gilt beim Obstbaumschnitt ganz allgemein.

Weiterer Schnitt

Im 3. Standjahr und die Jahre danach bleiben die Schnittarbeiten die gleichen. Neu hingegen kommt die Erziehung von etwa 3 Seitenästen (Fruchtästen) je Leitast hinzu. Mindestens 80 cm ab dem Stamm, besser noch weiter entfernt, lassen wir an den Leitästen den ersten Seitenast entstehen. In ihrer Länge bleiben die Seitenäste den Leitästen stets untergeordnet. Nach weiteren 100–120 cm können weitere Seitenäste (Fruchtäste) folgen; sie sollten am Leitast wechselseitig stehen. Auch entlang der Stammverlängerung sollen sich in lockerer Streuung einige weitgehend waagrecht wachsende Fruchtäste bilden. Wir erziehen sie so, dass sie auf Lücke stehen und die darunter befindlichen Äste möglichst nicht beschatten.

Sommerschnitt

Der Erziehungsschnitt kann in den ersten Jahren durch eine Sommerbehandlung (Sommerschnitt) ergänzt werden. Dabei werden alle für den Kronenaufbau entbehrlichen Teile (Konkurrenztriebe, zu dicht stehende Triebe usw.) bereits im Juli entfernt. Die übrigen Triebe, soweit sie nicht für das Kronengerüst benötigt werden, binden wir dabei

Sommerschnitt
Bei jüngeren Bäumen und Spindelbüschen empfehlenswert. Dabei alle Triebe wegschneiden, die im Winter ohnehin entfernt werden müssten.

waagrecht. Auf diese Weise kommen alle von den Wurzeln aufgenommenen bzw. in den Blättern erzeugten Stoffe ausschließlich den zum Kronenaufbau benötigten Trieben zugute. Im kommenden zeitigen Frühjahr brauchen dann nach einer Sommerbehandlung nur noch die Stamm- und Leitastverlängerungen ihrer Triebstärke entsprechend zurückgeschnitten zu werden.

Die Vorteile einer Sommerbehandlung:
● Der Kronenaufbau wird beschleunigt.
● Der Winterschnitt wird zum großen Teil vorweggenommen; es friert uns nicht dabei (vor allem beim Waagrechtbinden).
● Rasche Wundheilung, denn die Bäume sind im Wachsen.

Links: Stärkere Äste erst von unten her ansägen, damit sie nicht abschlitzen, dann an der Ansatzstelle nachschneiden. Rechts: Absetzen eines Astes; so kommt Licht in eine zu dichte Krone.

Instandhaltungsschnitt

Sobald die Krone nach etwa 6–8 Jahren fertig aufgebaut ist, halten wir sie mit dem Instandhaltungsschnitt in Ordnung. Wichtig ist dabei die ständige Fruchtholzerneuerung, wie sie bereits beim Spindelbusch besprochen wurde. In all den folgenden Jahren muss die Krone licht bleiben. Dazu wird vor allem das ältere stark nach unten hängende Fruchtholz entfernt bzw. auf nach oben oder schräg nach außen stehende Triebe abgesetzt. Jungtriebe, die in der Krone zu dicht stehen, werden ganz entfernt, die übrigen als Fruchtholz belassen bzw. zu Fruchtholz umgebildet.

Auslichten älterer, ungepflegter Obstbäume

Vielfach stehen in den Gärten ältere Apfel-, Birn- oder Pflaumenbäume, an denen seit Jahren nichts mehr getan wurde. Ihre Kronen sind meist viel zu dicht. Fruchtholz fehlt im Kroneninneren meist völlig. Umso mehr Triebe haben sich dafür an den Enden der stärkeren Äste entwickelt, sodass ein dichtes Blätterdach kaum mehr einen Lichtstrahl

in das Innere der Kronen lässt. In diesem Fall werden zunächst sämtliche zu dicht stehenden Äste an den Ansatzstellen entfernt, ebenso starke Holztriebe (Ständer, Reiter), die auf den Astoberseiten entstanden sind und den Lichteinfall versperren. Die verstellbare Baumsäge ist hierzu das wichtigste Werkzeug. Alle Schnittwunden, die wesentlich größer als ein Zwei-Euro-Stück sind, werden anschließend mit Wundverschlussmittel verstrichen.
Das zu dichte Triebgewirr an den Außenpartien einer seit Jahren ungepflegten Krone wird mit der Schere gelichtet. Alte, mit viel Quirlholz besetzte Äste werden auf Jungtriebe zurückgesetzt, die sich auf diesen gebildet haben. Zu hohe Kronen werden auf tieferstehende Äste »abgesetzt«, sodass Pflege und Erntearbeiten erleichtert werden. Am Ende dieser Durchforstung sollte die Krone eine stumpfpyramidale Form haben, also einem Hausgiebel ähneln.

Schnittbesonderheiten bei Birne, Süßkirsche und Pflaume

Bei **Birnen** ist die Stammverlängerung vom Pflanzschnitt an bewusst kurz zu halten. Sie soll die Leitäste nur wenig überragen, denn Birnbäume schießen von Natur aus meist steil in die Höhe. Dem können wir entgegenwirken indem wir die Stammverlängerung besonders stark einkürzen. Es gibt allerdings Sorten wie 'Köstliche von Charneux', bei denen dies nicht gelingt, weil sie von Natur aus steil-pyramidal wachsen.
Süßkirschen sind sehr starkwüchsig, sofern wir sie nicht auf schwach-

Ein Maientag wie aus dem Bilderbuch! Der gut hundertjährige Birnbaum in einem 800 m² großen Garten ist besonders zur Blütezeit ein Erlebnis.

wüchsigen Unterlagen pflanzen. Deshalb empfiehlt es sich, die Leitäste besonders weit am Stamm zu streuen. Ist das Kronengerüst aufgebaut, wird nur noch ausgelichtet. Eine Fruchtholzbehandlung entfällt. Grobe Schnittarbeiten, wie das Entfernen größerer Äste oder ein Verjüngen der gesamten Krone, führen wir wegen der besseren Wundverheilung gleich nach der Ernte durch. Bei der Verjüngung ist darauf zu achten, dass an den Schnittstellen stärkerer Äste junge Triebe oder Nebenäste sitzen. Dies gilt für alle Obstarten.
Pflaumen und anderes Steinobst schneiden wir bei der Pflanzung be-

sonders stark zurück. Steinobst ist gegen direkte Sonnenstrahlung auf starke Astteile sehr empfindlich. Stammverlängerung sowie Leit- und Fruchtäste sollten deshalb reichlich mit Fruchtholz garniert sein. Wir lassen bei diesen Obstarten deshalb mehr Fruchtholz stehen als bei Apfel und Birne. Im übrigen wird die Kronenerziehung in der gleichen Weise durchgeführt wie vorhin beschrieben. Anstelle von drei Leitästen können auch vier oder fünf belassen werden.

Schnittbesonderheiten bei Sauerkirsche und Pfirsich

Wie bereits erwähnt, hat im Haus- und Kleingarten der Buschbaum nur bei **Sauerkirsche** und **Pfirsich** eine größere Bedeutung. Während bei Apfel- und Birnbuschbäumen alle Schnittarbeiten wie beim Halb- und Hochstamm vorgenommen werden, müssen wir uns mit der Sauerkirsche und dem Pfirsich gesondert befassen.

Sauerkirschen werden meist als einjährige Veredlungen gepflanzt, mit einer Stammhöhe von etwa 40 cm. Darüber befinden sich sogenannte vorzeitige Triebe, d.h. Triebe, die bereits während des Sommers an einem im gleichen Jahr entwickelten Mitteltrieb entstanden sind. Es empfiehlt sich, die unteren dieser vorzeitigen Triebe nach der

Pflanzung wegzuschneiden, sodass wir eine Stammhöhe von etwa 60 cm erhalten. Dadurch wird die spätere Bodenbearbeitung unter dem Baum erleichtert. Über diesem 60 cm hohen Stamm lassen wir 3–4 vorzeitige Triebe stehen und kürzen sie auf 2–3 Augen ein. Der Mitteltrieb wird eine Handspanne darüber auf eine gut ausgebildete Knospe zurückgeschnitten. Wir führen also einen sehr scharfen Pflanzschnitt durch.

Nach diesem kräftigen Rückschnitt wird der Baum stark durchtreiben. Im nächsten Frühjahr wählen wir aus den zahlreichen Trieben 3 günstig gestellte, möglichst gleichmäßig um den Stamm verteilte Triebe aus und schneiden sie bis auf etwa ein Drittel ihrer Länge zurück. Der weitere Aufbau vollzieht sich wie beim Halb- und Hochstamm. Weil im Garten vielfach die wertvolle Sorte **'Schattenmorelle'** gepflanzt wird, hier noch etwas über die besondere Art der bei dieser erforderlichen Fruchtholzbehandlung: Die Schattenmorelle trägt nur an den Trieben, die sich im Vorjahr entwickelt haben, d.h. wir müssen durch entsprechende Schnittmaßnahmen dafür sorgen, dass alljährlich viele kräftige Jungtriebe entstehen.

Rückschnitt bei 'Schattenmorelle' gleich nach der Ernte bis auf nahe am Stamm bzw. an Ästen befindliche Jungtriebe.

\ = Schnittstelle

Eine Trauerweide? Nein, eine 'Schattenmorelle', die jahrelang nicht geschnitten wurde. Folge: Nur noch kurze Neutriebe mit sehr kleinen Kirschen.

Unterlassen wir die Fruchtholzbehandlung, so verlängern sich die Triebe jährlich nur um ein kleines Stückchen. An diesem kurzen Neutrieb werden im nächsten Jahr Blüten und Früchte gebildet; der dahinter liegende Teil verkahlt. Unbehandelte ältere Schattenmorellen gleichen deshalb Trauerweiden. Die Früchte, die sich an den kurzen, schwachen Neutrieben bilden, werden merklich kleiner. Um dies zu verhindern, nehmen wir jeweils nach der Ernte die abgetragenen Triebe bis auf Jungtriebe zurück, die sich in der Nähe stärkerer Kronenteile (Stamm, Äste) entwickelt haben. Diese Jungtriebe kürzen wir nicht ein, weil sie gerade im oberen Drittel die meisten Blüten und Früchte tragen.

Durch diese ständige Fruchtholzverjüngung nach der Ernte bleibt der Schattenmorellenbaum lebendig. Jährlich entstehen zahlreiche kräftige Neutriebe. Die Früchte werden wesentlich größer als an unbehandelten Bäumen.

Alte, trauerweidenähnliche 'Schattenmorellen'-Büsche verjüngen wir unmittelbar nach der Ernte oder auch im Winter. Erst werden alle zu dicht stehenden Äste aus der Krone entfernt, dann das verbleibende Kronengerüst um etwa ein Drittel zurückgenommen. Danach entfernen wir den größten Teil der langen, peitschenartigen Triebe. Soweit möglich, werden die kahlen Triebe auf Jungtriebe zurückgenommen, die sich an ihrem unteren Drittel entwickelt haben. Ein Schattenmorellenbaum sieht nach dieser rigorosen Behandlung zwar sehr licht aus, aber ein kräftiger Austrieb an allen stärkeren Ästen und am Stamm wird die Folge sein.

Pfirsiche werden ebenfalls meist als einjährige Veredlung gepflanzt.

Pflanzschnitt wie bei Sauerkirsche. Statt einer Pyramidenkrone mit Stammverlängerung, Leit- und Fruchtästen können wir auch eine Hohlkrone aufbauen, die sich beim Pfirsich bewährt hat. Beim Erziehungsschnitt im Jahr nach der Pflanzung bleiben dann nur 3 gut im Luftraum verteilte Leitäste stehen, während die Stammverlängerung herausgeschnitten wird. Der weitere Aufbau der Leit- und Seitenäste (Fruchtäste) erfolgt wie bei einer normalen Baumkrone.

Der Pfirsich neigt stark zur Spitzenförderung, d. h. die unteren Teile der Baumkrone verkahlen leicht, wenn der Baum nicht ständig in scharfem Schnitt gehalten wird. Wie die Schattenmorelle, so trägt auch der Pfirsich nur an den im Vorjahr gebildeten Trieben. Durch Schnitt sorgen wir auch hier für jährlichen Neutrieb.

Die schönsten Früchte werden an den sogenannten »wahren Fruchttrieben« entwickelt. Diese Triebe sind etwa bleistiftstark und haben eine Länge von 50 cm und mehr. Meist stehen an ihnen 3 Knospen zusammen: Zwischen 2 rundlichen Blütenknospen ist eine spitze Holzknospe eingebettet. Diese wahren Fruchttriebe werden um etwa die Hälfte eingekürzt. Dadurch entstehen besonders schöne Früchte und außerdem ein kräftiger Neutrieb, also wahre Fruchttriebe für das kommende Jahr.

»Falsche Fruchttriebe«, die erheblich schwächer, kürzer und beinahe ausschließlich mit Blütenknospen besetzt sind, werden bis auf kurze Stummel von 1–2 Knospen zurückgeschnitten. Früchte werden an solchen Trieben kaum ausgebildet. Durch den scharfen Rückschnitt

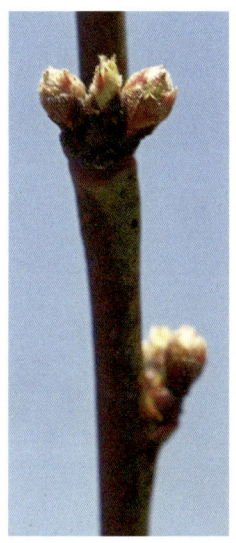

»Wahrer Fruchttrieb« bei Pfirsich
Zwischen 2 Blütenknospen befindet sich
eine spitze Holzknospe. Von solchen
Trieben gibt es gut ausgebildete Früchte.

Wichtige Pflegearbeiten

Mulchen

Spindelbüsche auf sehr flachwurzelnden Unterlagen befriedigen
meist nur, wenn sie in offenem
Boden stehen. Dies gilt besonders
für Gebiete mit geringen Niederschlägen. Bewährt hat es sich, den
Boden darunter den Sommer über
zu mulchen: Rasenschnitt, Grünab-

**Hier wird etwas angerottetes Kompost-
material als Mulchdecke unter Spindelbüschen ausgebracht. Ebenso eignet
sich kurzer Rasenschnitt oder kurz ge-
schnittenes Stroh.**

erreichen wir aber einen kräftigen
Neutrieb, es entwickeln sich »wahre
Fruchttriebe« für das nächste Jahr.
Holztriebe, die auf ihrer ganzen
Länge nur mit länglich-spitzen Holz-
knospen besetzt sind, werden
eingekürzt, wenn wir sie als Verlängerung von Leit- oder Nebenästen
benötigen; andernfalls werden sie
ganz entfernt. Im Pfirsichbaum
befinden sich darüber hinaus sehr
kurze, mit vielen Blüten besetzte
Bukett-Triebe, die nicht geschnitten
werden.
Auch beim Pfirsich ist zu einem
Sommerschnitt zu raten. Bereits
Anfang Juni werden sämtliche
Konkurrenztriebe sowie zu dicht
stehende und nach innen wachsende Triebe beseitigt.
Der Rückschnitt der Leit- und
Nebenäste und der Schnitt der wahren und falschen Fruchttriebe kann
während oder nach der Blüte erfolgen. Ich ziehe letzteren Zeitpunkt
vor, besonders in klimatisch ungünstigen Lagen, in denen die Pfirsich-
blüte des öfteren erfriert. Sind
nämlich die Blüten bzw. die jungen
Früchte erfroren, so schneiden wir
nicht nur die falschen, sondern

auch die wahren Fruchttriebe bis
auf kurze Stummel zurück. Da wir in
einem solchen Jahr ohnehin keine
Früchte ernten, erzielen wir durch
den allgemeinen scharfen Rückschnitt einen kräftigen Neutrieb und
damit zahlreiche wahre Fruchttriebe
für das kommende Jahr.
In kalten Wintern treten beim Pfirsich vielfach Schäden auf. Ist die
Krone zurückgefroren, so schneiden
wir die abgestorbenen Teile bis auf
weiter unten befindliche Jungtriebe
zurück und bauen mit diesen eine
neue Krone auf.
Ist ein Pfirsichbusch in seinen unteren Teilen verkahlt, so sollte ein
Verjüngungsschnitt erfolgen; am
besten im Sommer nach der Ernte.
Leitäste und die an diesen befindlichen Seitenäste (Fruchtäste) werden dabei weit ins alte Holz hinein
zurückgenommen. Zu beachten ist,
dass sich an den größeren Schnittstellen jüngere Triebe befinden,
die als Verlängerungen der betreffenden Äste dienen können. Das
Verstreichen aller größeren Wunden mit einem Wundverschlussmittel ist besonders beim Pfirsich
wichtig.

fälle oder kurzes Stroh werden gut handhoch auf dem Boden ausgebreitet, der dadurch beschattet wird und feucht bleibt.

Kalken bzw. Weißanstrich

Ab Mitte Januar beginnen sich an sonnigen Tagen die Baumstämme an der Südseite merklich zu erwärmen, während in klaren Nächten die Temperaturen stark absinken. Dadurch entstehen Spannungen im Rindengewebe, die schließlich zu Frostrissen führen können. Zum Schutz vor Sonnenstrahlen und damit vor starken Temperaturschwankungen sollten die Baumstämme ab Mitte Januar gekalkt bzw. mit Weißanstrich versehen werden. Einfacher ist es, an die Südseite jedes Baumstammes ein Brett zu stellen.

Düngen

Die Versorgung des Bodens mit organischen Stoffen hat auch im Obstbau größte Bedeutung. Wir

Bei Obstbäumen im Rasen düngen wir flüssig, wenn sich Nährstoffmangel zeigt. Mit der Grabgabel öffnen wir schmale Schlitze und gießen die Lösung hinein.

geben deshalb jährlich Kompost oder verrotteten Stallmist.
Wer eine größere Fläche mit Obstbäumen bepflanzen oder eine Spindelbuschreihe anlegen möchte, sollte vorher eine Bodenprobe entnehmen und diese untersuchen lassen (siehe Seite 62 f.). Zusätzlich zum Oberboden (Mutterboden) wird eine Mischprobe aus dem Unterboden (20–40 cm Tiefe) entnommen, beide Proben gekennzeichnet und getrennt verpackt an die nächstgelegene Bodenuntersuchungsanstalt geschickt. Auf diese Weise erfahren wir, wie es um den Nährstoffhaushalt bestellt ist und können gezielt düngen.
Doch auch ohne Bodenuntersuchung, durch bloße Beobachtung, können wir feststellen, ob unsere Bäume einer Düngung bedürfen: Wenn sie reich und regelmäßig tragen, dabei Neutrieb entwickeln und gleichzeitig Blütenknospen für das kommende Jahr ansetzen, befinden sie sich im Idealzustand. Der Fach-

mann spricht dann vom »physiologischen Gleichgewicht«. In diesem Fall lassen wir das Düngen bleiben, bis sich Bedarf zeigt.

Düngen in der Praxis

Unter Spindelbüschen und Beerensträuchern, also auf offenem Boden, bringen wir im März Kompost aus, etwa 5 l/m², und streuen zusätzlich 40–50 g/m² Blau-Volldünger, also eine Handvoll auf die von Wurzeln durchzogene Fläche bzw. richten uns nach dem Ergebnis einer Bodenuntersuchung. Wer einen organisch-mineralischen Dünger bevorzugt, richtet sich nach dem Aufdruck (Menge) auf der Packung.
Fehlt ausschließlich Stickstoff, weil die übrigen Nährstoffe in ausreichender Menge (Bodenuntersuchung) vorhanden sind, so genügt es meist, wenn wir 20–25 g/m², also etwa eine halbe Handvoll Kalkammonsalpeter u. a. ausstreuen und oberflächlich einarbeiten.
Bei **Obstbäumen, die im Rasen stehen,** düngen wir flüssig: 100–150 g Blau-Volldünger (= 2–3 Handvoll) bzw. 50–80 g Kalkammonsalpeter in 10 Liter Wasser (Gießkanne) auflösen. Dann im gesamten Wurzelbereich, also etwa 2 m über die Kronentraufe hinausreichend, mit der Grabgabel je Quadratmeter 2–3 schmale Spalten öffnen, in die je 1 knapper Liter der Düngerlösung gegossen wird. So kommen die Nährstoffe unmittelbar in den Wurzelbereich und stehen zu Triebbeginn zur Verfügung. Bäumen mit reichlichem Fruchtbehang und mäßiger Triebentwicklung können wir Ende Mai einen kleinen Nachschlag geben: Blau-Volldünger 20–30 g/m², Stickstoffdünger (Kalkammonsalpeter u. a.) 10–20 g/m².

PROFI-TIPP

Bäume, die im Ertrag oder in Bezug auf Qualität nicht befriedigen, können umveredelt werden. Das hat aber nur Sinn, wenn der Baum noch verhältnismäßig jung und wüchsig ist. Andernfalls ist es besser, ihn zu roden und einen neuen Baum zu pflanzen. Wie all das gemacht wird, siehe »Obstbäume schneiden und veredeln« (BLV-Verlagsgesellschaft). Und: Einen praktischen Kurs besuchen!

Ernten und Lagern

Um in den Genuss des vollen Aromas zu kommen, muss man den richtigen Erntezeitpunkt kennen. Fruchtfarbe, Qualität und Haltbarkeit werden davon beeinflusst. Frühsorten von Äpfeln und Birnen werden baumreif geerntet. Nachdem die Früchte unterschiedlich reifen, pflücken wir die Bäume mehrmals durch. Bleiben die Früchte zu lange am Baum, so werden die Äpfel mehlig, die Birnen teigig.

Herbstsorten (z. B. 'James Grieve', 'Gravensteiner', 'Oldenburg' u. a.) verbleiben bis zur vollen Reife am Baum; Grund- und Deckfarbe sind dann gut ausgebildet. Die Früchte lassen sich bei leichtem Anheben oder mit einer Drehung mühelos vom Fruchtholz lösen.

Apfelspätsorten wie 'Boskoop', 'Zabergäu', 'Jonathan', Berlepsch' usw. werden etwas vor der vollen Baumreife abgenommen, weil dies die Lagerfähigkeit verbessert. Das ist meist Anfang bis Mitte Oktober der Fall.

Birnenspätsorten wie 'Gräfin von Paris', 'Madame Verté' u. a. Lagerbirnen nehmen wir erst gegen Mitte bis Ende Oktober ab. Bei zu früher Ernte besteht die Gefahr, dass sie ihr typisches Aroma nicht ausbilden und rübenartig schmecken. Leichte Nachtfröste schaden den Früchten nicht, nur dürfen wir sie nach einer kalten Nacht nicht gleich mit den Händen anfassen.

Bei Quitten reifen die Früchte am Busch nicht aus. Wir warten mit der Ernte bis zu den ersten Frösten und lassen sie dann in der Wohnung nachreifen. Zu lange sollten sie allerdings bis zur Verarbeitung nicht liegenbleiben.

Beim **Steinobst** zeigt uns eine Kostprobe, ob die Ernte beginnen kann. Auch stärkerer Fruchtfall ist bei manchen Arten ein sicheres Zeichen dafür. Zwetschen und Mirabellen können geschüttelt werden, während wir die empfindlichen Renekloden und Pflaumen besser von Hand pflücken. Hauszwetschen und andere späte Sorten sollten möglichst lange am Baum hängen bleiben. Erst wenn die ersten Früchte zu schrumpeln beginnen, gehen wir an die Ernte. Leichte Nachtfröste schaden nicht.

Bei allen Obstarten wird die Ernte möglichst schonend vorgenommen, damit wir uns nicht um den Lohn unserer Mühe bringen. Empfindliche Apfel- und Birnensorten pflücken wir in gepolsterte Handkörbe oder in Plastikeimer. Weniger empfindliche Apfel- und Birnensorten können in größeren gepolsterten Weidenkörben, in Obstkisten oder Flachsteigen transportiert werden. Kirschen, Pflaumen usw. geben wir in größere Spankörbe.

Reife Äpfel, Birnen und Pfirsiche werden bei der Ernte mit der ganzen Hand umfasst. Durch leichtes Drehen und Anheben der Frucht löst sie sich vom Fruchtholz.

Wenn sich Äpfel und Birnen bei leichtem Anheben gut vom Fruchtholz lösen, ist es Zeit zur Ernte. Hier: 'Gute Luise' als regengeschützter Spalierbaum.

Süßkirschen werden mit Stiel geerntet. Dazu zwicken wir die Stiele mit den Fingernägeln vom Fruchtholz ab, oder wir drehen sie ab. Besonders saftige Sorten werden am besten mit der Schere geerntet. **Sauerkirschensorten**, die sich schlecht ablösen lassen, ernten wir ebenfalls mit der Schere. Für die häusliche Verwertung können die meisten Sauerkirschensorten aber auch ohne Stiel gepflückt werden. **Walnüsse** ernten wir, wenn sie von selbst aus der grünen Hülle herausfallen. Dies ist von Mitte September bis Anfang Oktober der Fall. Keinesfalls Walnüsse mit Stangen herunterschlagen, weil dabei die Zweige beschädigt würden.

Obst richtig lagern

Während Beerenobst und Kirschen im Haushalt vielfach in der Gefriertruhe aufbewahrt werden, ergeben sich für Spätobst meist Lagerprobleme. Wir haben keinen Obstlagerraum wie im Erwerbsobstbau und müssen uns deshalb mit einem möglichst kühlen Raum behelfen.

Obst in Horden oder Flachsteigen gelagert; so können wir den Winter über bequem faulende Früchte auslesen.

In zu warmen, trockenen Räumen beginnen die Früchte bald zu schrumpfen, besonders die rauschaligen. Als günstigste Temperaturen gelten +3–5 °C; 8 °C sollten nach Möglichkeit nicht überschritten werden. Die relative Luftfeuchtigkeit soll 85–90 % betragen. Äpfel und Birnen werden am besten in richtigen Obsthorden oder aber in Flachsteigen gelagert, wie wir sie in jedem Lebensmittelgeschäft gratis bekommen können. Durch Übereinanderstellen lässt sich der Raum gut ausnutzen und das Obst lässt sich überwachen. Es werden nur gesunde Früchte eingelagert, und diese allwöchentlich durchgesehen. Faulende Früchte werden dabei ausgelesen.

Wenn wir in einem zu warmen, trockenen Raum wertvolle Spätsorten möglichst lange aufbewahren wollen, so können wir dazu luftfeuchten Torfmull verwenden. Die einzelnen Früchte werden in Seidenpapier eingewickelt. In eine Obstkiste wird eine 5 cm hohe Torfmullschicht gebracht und darauf die erste Schicht Äpfel gelegt. Nun folgt abwechselnd eine Torfschicht und dann wieder eine Schicht Äpfel bzw. Birnen. Selbstverständlich werden wir uns diese Mühe nur mit wirklich erstklassigen, gesunden Früchten machen.

Geradezu ideal für die Obstlagerung ist ein Keller unter einer Gerätehütte oder unter einem Gartenhaus. Er ist sehr kühl, absolut frostsicher und die relative Luftfeuchtigkeit ist günstig, bedingt durch den Natur- oder Ziegelboden. Wir können das Obst aber auch in der Gerätehütte lagern und mit Decken oder – noch besser – mit Luftpolsterfolie abdecken. So kann das Obst nicht

PROFI-TIPP

Flachsteigen übereinander in den Kellerlichtschacht stellen. Die Steigen so beschriften, dass beim Öffnen des Kellerfensters Sorte und Reifezeit abgelesen werden können. Wenn es draußen unter −5 °C kalt wird, auf den Rost des Lichtschachtes eine dicke Styroporplatte legen. Diese einfache Art der Lagerung hat sich im eigenen Haushalt seit Jahren bewährt.

erfrieren, denn die vom Boden her nachfließende wärmere Luft wird zurückgehalten. Einige Grad unter Null schaden nicht. Erst wenn es dann ab Januar/Februar so richtig kalt wird, holen wir die Spätsorten ins Haus. Doch bis dahin ist ohnehin schon ein großer Teil verbraucht. Andere Möglichkeiten: Obstkisten auf den Balkon stellen, auf den Boden mehrere Lagen Zeitungspapier geben, dick mit Zeitungspapier, Wolldecken, Luftpolsterfolie abdecken.

Kein Garten ohne Beerenobst

Mag die Gestaltung auch noch so verschieden sein, Erdbeeren, Johannisbeeren und Stachelbeeren gehören auf jeden Fall zu einem Garten. Die Sträucher lassen sich sogar gut am Rand des Ziergartens unterbringen.

Beerenobst ist vielseitig verwertbar und sehr sicher im Ertrag. Ist auch die übrige Obstblüte erfroren, Beerenobst ernten wir beinahe in jedem Jahr. Dazu kommt seine Anpassungsfähigkeit an Boden und Klima. Und noch etwas: Beerenobst ist in den letzten Jahren am Markt sehr teuer geworden, bedingt durch die hohen Erntekosten. Auch aus dieser Sicht lohnt sich der Anbau im eigenen Garten. Und welch ein Genuss ist es, wenn wir die Erdbeeren bis zur vollen Reife hängen lassen können, um sie dann von der Hand in den Mund zu ernten.

Sehr wichtig ist die **Herkunft des Pflanzmaterials.** Wir kaufen nur in anerkannten Qualitätsbaumschulen und Vermehrungsbetrieben, deren Beerenobstbestände unter Kontrolle stehen. Langjährige Versuche haben eindeutig gezeigt, dass neben der Sorte auch die Herkunft und der Gesundheitszustand des Pflanzgutes für die Höhe des Ertrages entscheidend sind. Was die Sorten betrifft, so können wir uns im Garten auf wenige beschränken. Das Beste ist für uns gerade gut genug!

Erdbeeren

Erdbeeren sind die am weitesten verbreitete Beerenobstart. Selbst im kleinsten Garten ist sie vertreten. Haben wir bereits eine der neueren, ertragreichen Sorten im Garten, so gehen wir zu Erntebeginn die einzelnen Pflanzen durch und kennzeichnen die gesunden, besten Träger mit Holzstäben oder ähnlichem. Die Auslese kann gar nicht streng genug sein.

Nach der Ernte werden sämtliche nicht gekennzeichneten Pflanzen vom Beet entfernt. Zwischen die gesunden Bestträger bringen wir Kompost oder TKS 1 aus. Dabei wird der Boden oberflächlich gelockert. Bei Trockenheit ist zu gießen. Die Ausläufer finden nach dieser Vorbereitung einen lockeren, feuchten Boden vor, in dem sie rasch Wurzeln bilden können. Gegen Ende Juli/Anfang August können wir sie meist verpflanzen.

Eine andere Möglichkeit ist es, zwischen den verbleibenden Mutterpflanzen etwa 5 cm hoch Torfkultursubstrat (TKS 1) aufzubringen, den Boden dabei aber nicht zu lockern. Bei genügend Feuchtigkeit bewurzeln sich die Ausläufer in diesem Substrat ausgezeichnet und können mit

Wem würde hier nicht das Wasser im Munde zusammenlaufen? Die vertieft liegenden »Pünktchen« sind übrigens die Samen.

kräftigen Ballen verpflanzt werden. Wir können die jungen Ausläufer aber auch in kleine Ton- oder Torftöpfchen, die auf dem Beet eingesenkt werden, hineinstupfen und nach erfolgter Bewurzelung auspflanzen.

Ein Beet anlegen

Das Beet für die Neupflanzung wird mit der Grabgabel umgegraben. Dabei bringen wir Kompost (5–10 l/m²) oder verrotteten Stallmist in die obere Schicht mit ein. Um den Nährstoffbedarf der neuen Kultur zu befriedigen, werden je m² 1–1^1/$_2$ Hand voll eines Blau-Volldüngers (z. B. Nitrophoska perfekt) ausgestreut und oberflächlich eingearbeitet, und zwar je zur Hälfte 2 Wochen nach der Pflanzung und gegen Anfang September. Auf keinen Fall darf der Dünger mit in das Pflanzloch gegeben werden. Wer organischen Volldünger vorzieht, gibt davon bei der Pflanzung etwa die doppelte Menge. Auf ein Beet von 1,20 m Breite pflanzen wir bei den meisten Sorten drei Reihen. Soll die Kultur nach der ersten Ernte weiterhin stehenbleiben, so entfernen wir die Mittelreihe. Die größer gewordenen Pflanzen haben dann genügend Platz. Innerhalb der Reihen wird bei der Pflanzung ein Abstand von 30 cm eingehalten. Tags zuvor wird das Mutterpflanzbeet mit den bewurzelten Ausläufern gründlich gegossen. Die Jungpflanzen werden mit einem Handspaten (Pflanzkelle) aus dem Boden gehoben, sodass der Wurzelballen nicht gestört wird, und sofort auf das neue Beet gepflanzt. So wachsen sie ohne nennenswerte Störung weiter. Jede Pflanze wird mit der Gießkanne ohne Brause angegossen und dies in den kommenden Wochen bei

Erdbeervermehrung
Ranken abschneiden ①, Ausläufer eintopfen oder in Kistchen pikieren ②, nach wenigen Wochen die gut bewurzelten Ausläufer ③ auspflanzen.

Bedarf wiederholt. Bereits im Spätherbst haben sich die Jungpflanzen so kräftig entwickelt, dass man sie für eine zweijährige Kultur halten könnte. Wichtig ist nur, dass die Pflanzung ab Ende Juli bis spätestens 10. August erfolgt.
Warnen möchte ich vor Überdüngung. Es gibt Gartenfreunde, die das Mehrfache der vorhin genannten Düngermenge geben und dann stolz auf ihre stark entwickelten Erdbeerpflanzen sind. Geerntet wird aber auf keinen Fall die mehrfache Menge. Im Gegenteil, die Ernte ist in solchen Fällen sehr gering, weil die Pflanzen allzusehr ins Kraut wachsen und die Früchte besonders anfällig gegen Grauschimmel werden.
Im nächsten Frühjahr braucht das neu gepflanzte Beet kaum gedüngt zu werden, es sei denn, die Pflanzen haben in einem strengen Winter zu sehr gelitten und zeigen nur küm-

merliches Wachstum. In diesem Fall streuen wir je m² im März ^{1}/$_2$ Hand voll Blau-Volldünger oder einen Stickstoffdünger.

Ernte

Bei der Ernte im Juni verfahren wir wie bereits beschrieben: Auslese – schlechte Träger entfernen – Boden zwischen verbleibenden Mutterpflanzen verbessern – Ende Juli/Anfang August die Jungpflanzen mit Wurzelballen auf ein neues Beet bringen … Auf diese Weise können wir einjährige Erdbeerkultur betreiben, mit der verschiedene Vorteile verbunden sind: Die Früchte werden besonders groß, sie reifen auch etwas früher. Der Hauptvorteil ist aber, dass die Pflanzen wegen der geringeren Laubmasse nach Regen rasch abtrocknen, sodass Grauschimmelbefall weitgehend zurückgehalten wird. Wir können diese

Krankheit zwar mit einigen Spritzungen bekämpfen, der Gartenfreund möchte dies aber gerade bei Erdbeeren gerne vermeiden. Einjährige Kultur ist also eine wertvolle vorbeugende Pflanzenschutzmaßnahme. Soll das Beet jedoch weitere Jahre stehenbleiben, so werden sofort nach der Ernte die Pflanzen abgerankt und die mittlere Reihe entfernt, damit die Pflanzen genügend Platz haben. Wenn die Blätter durch Fleckenkrankheiten befallen sind, so empfiehlt es sich, das Laub abzuschneiden. Zwischen den Erdbeeren wird der Boden oberflächlich gelockert, vorhandenes Unkraut entfernt und bei Trockenheit häufig gegossen. Düngung wie bei der Pflanzung; bei Verwendung eines Blau-Volldüngers die Gesamtmenge in 2 Gaben im vierwöchigen Abstand ausbringen. Damit ist das Beet für die nächstjährige Ernte vorbereitet. Spätestens nach dem 3. Jahr pflanzen wir die Erdbeeren auf ein neues Beet, weil sonst der Ertrag merklich nachläßt

Ein Netz ist der beste Schutz gegen Amseln und Stare. Kurzes Stroh verhindert weitgehend, dass die Früchte verschmutzen und faulen.

Vermehrung
Auch die Vermehrung von Erdbeerpflanzgut sollten wir nicht länger als 3 Jahre fortsetzen. Dann wird es Zeit für frisches Hochzuchtpflanzgut, denn die neueren Sorten bringen nicht nur erstaunlich hohe Erträge, sie bauen auch rasch ab.

Noch einige Kulturhinweise
Um die reifenden Früchte vor Fäulnis zu schützen, kann kurzes Stroh unterlegt werden. Im eigenen Garten spanne ich Drähte bzw. verwende Bambusstäbe (siehe Bild rechts) entlang der Erdbeerreihen, auf die dann die reifenden Fruchtstände gelegt werden. Dies hat sich seit Jahren bewährt. Die Früchte können nach Regen rasch abtrocknen und werden kaum beschmutzt.
Gegen Amseln und Stare sind Netze der beste Schutz.
Damit die Früchte nicht zu klein bleiben, benötigen Erdbeeren während der Ernte genügend Wasser. Aber nicht erst in den späten Abendstunden gießen, sonst wird ein Befall durch Grauschimmel begünstigt; die feuchten Blätter sollen rasch abtrocknen können.

Monatserdbeeren
Die vermehrte Pflückarbeit lohnt sich, denn Monatserdbeeren tragen unermüdlich das ganze Jahr über bis in den späten Herbst hinein, und die Früchte haben ein köstliches Aroma. Zum Frischgenuss, als Kuchenbelag oder zum Verzieren sind die Beeren gleich gut verwendbar. Und wie sich erst die Kinder freuen! Monatserdbeeren bilden keine Ausläufer. Sie eignen sich deshalb bestens als Wegeinfassung.
Bewährte Sorten: 'Rügen' und die neuere, reichtragende 'Bowlenzau-

Triebe des Riesenchinaschilfs, an niedrigen Pflöcken befestigt, verhindern, dass die Früchte am Boden aufliegen.

ber'. Wir können die Pflanzen durch Aussaat leicht selbst ziehen, indem ab April in Schalen oder einem größeren Topf ausgesät wird. Nach leichtem Übersieben mit feiner Erde wird das Kistchen schattig gestellt und stets feucht gehalten. Darauf ist zu achten, sonst vertrocknet die Saat. Sobald die Sämlinge

Monatserdbeeren
Daran haben besonders Kinder ihre Freude. Die Pflanzen lassen sich durch Aussaat heranziehen.

Empfehlenswerte Erdbeersorten (in der Reihenfolge ihrer Reifezeit)

'Elvira'	vorzügliches Aroma, wenig krankheitsanfällig, geeignet zur Verfrühung unter Glas, Folie oder Vlies.
'Korona'	köstliches Aroma, lange Erntezeit, wenig krankheitsanfällig; M/T.
'Florika'	vorzügliches Aroma, besonders leicht ohne Kelch zu pflücken, entwickelt sich zu pflegeleichter »Erdbeerwiese«, gebildet aus vielen Ausläufern, die mehrere Jahre hindurch reich tragen; geeignet als Bodendecker unter Bäumen und Sträuchern; interessante Neuheit; M/T.
'Senga Sengana'	bekannte sehr starkwüchsige Sorte, jedoch anfällig gegen Grauschimmel; M/T.
'Tenira'	gut ohne Kelch zu pflücken, wenig anfällig für Krankheiten, Früchte leuchtend ziegelrot, hervorragend als Kuchenbelag.
'Peltata'	köstliches Aroma, geeignet für biologischen Anbau, da kaum krankheitsanfällig; M/T.
'Mieze Schindler'	Liebhabersorte mit brombeerähnlichem Aroma, geringer Ertrag, benötigt Befruchtersorte, da rein weiblich.
'Ostara'	mehrmalstragend, wenn erste Blüten entfernt werden, reifen die Früchte nach den einmaltragenden Sorten vom Juli bis zum Frost.
'Mara des Bois'	eine andere mehrmalstragende Sorte, bringt große, feste Früchte mit Walderdbeerengeschmack.

M/T = neben Frischgenuss gut geeignet für Marmelade und Tiefgefrieren

das 1. Laubblatt gebildet haben, werden sie auf 5 cm Abstand pikiert. Sind die Pflanzen genügend erstarkt, können wir sie auf ein Beet oder entlang des Weges auspflanzen.

Johannisbeeren

Nur kräftiges, gesundes Material aus einer anerkannten Qualitätsbaumschule verdient es, gepflanzt zu werden, am besten im Spätherbst. Dies gilt für das gesamte Strauchbeerenobst. Selbstverständlich kann die Pflanzung auch im Frühjahr erfolgen, aber nicht zu spät, denn die Sträucher treiben sehr zeitig aus. Beerensträucher in Containern, wie sie inzwischen von vielen Betrieben angeboten werden, können fast das ganze Jahr über gepflanzt werden.

Der Ertrag kann in manchen Jahren so enorm sein, dass sogar Stützen nötig sind.

Pflanzabstand in der Reihe

Schwarze Johannisbeeren	1,80–2 m
Jostabeeren (sehr starkwüchsig)	2,50–3 m

Rote Johannisbeeren:

starkwüchsige Sorten wie 'Jonkheer van Tets', 'Rondom', 'Heinemanns Rote Spätlese' u. a.   1,80 m

schwachwüchsige Sorten wie 'Red Lake' sowie Weiße Johannisbeeren   1,50 m

Wer will, kann das Pflanzgut bei Johannisbeeren auch selbst heranziehen. Das hat jedoch nur Sinn bei einem besonders reichtragenden Strauch einer wertvollen Sorte. Dazu werden Anfang Oktober einjährige Triebe geschnitten und mit der Schere in Stücke von 20 cm Länge aufgeteilt. Die untere Schnittfläche soll bei jedem Teilstück dicht unterhalb einer Knospe verlaufen. Die Triebstücke werden schräg in den Boden gesteckt, und zwar so tief, dass nur noch 1–2 Augen sichtbar bleiben.

Im nächsten Herbst nehmen wir die inzwischen bewurzelten Triebstücke aus dem Boden und kürzen die Wurzeln und den Neutrieb ein. Der einjährige Trieb wird um etwa zwei Drittel seiner Länge zurückgenommen. Im Abstand von 40 cm wird das bewurzelte Steckholz erneut aufgepflanzt und entwickelt sich dann bis zum kommenden Herbst zu pflanzfertigen Sträuchern.

Über die Bodenvorbereitung für Strauchbeerenobst siehe Seite 31f.

Schwarze Johannisbeersträucher pflanzen wir eine Handbreite tiefer, als sie in der Baumschule gestanden haben. Dadurch wird das Entstehen von jungen Trieben gefördert, die wir später zur ständigen Verjüngung brauchen.

Ansonsten ist das gleiche zu beachten wie bei der Pflanzung von Obstbäumen, Ziergehölzen, Rosen oder Stauden. Dauert es vom Erhalt der Sträucher bis zur Pflanzung mehrere Wochen, so werden sie in einem flachen Graben dicht an dicht eingeschlagen und die Wurzeln mit lockerer Erde bedeckt und angegossen. Containerware braucht nicht eingeschlagen zu werden.

Nach dem Pflanzen erfolgt der **Pflanzschnitt.** Von den Trieben belassen wir nicht mehr als 5 besonders kräftige, die nach Möglichkeit gut verteilt sein sollen. Das Einkürzen erfolgt um etwa zwei Drittel der gesamten Trieblänge, sodass nur mehr ein Drittel verbleibt. Wie beim Obstbaumschnitt, so gilt auch hier: Je schärfer der Rückschnitt, desto kräftiger der Austrieb.

Der Pflanz- und der Erziehungsschnitt sind bei Roten und Schwarzen Johannisbeeren gleich, aber danach gibt es Unterschiede.

Schnitt der Roten Johannisbeere

Ein Jahr nach der Pflanzung werden alle zu dicht stehenden Triebe entfernt. Die übrigen Triebverlängerungen werden um etwa ein Drittel ihrer Gesamtlänge eingekürzt, um eine gute Verzweigung zu erreichen. Der Strauch ist damit aufgebaut, denn mehr als 8–12 kräftige gut ver-

Ein alter, ungepflegter Johannisbeerstrauch vor und nach dem Auslichten. Eine bewährte Radikalkur.

teilte und reich verzweigte Triebe können wir nicht gebrauchen. Diese Triebe füllen den vorhandenen Platz restlos aus.

Die weitere Schnittbehandlung beschränkt sich auf ein **jährliches Auslichten**. Ein Rückschnitt der gut verzweigten Triebe starkwüchsiger Sorten ist nicht mehr erforderlich. Bei den anspruchsvolleren, schwachwüchsigen Sorten wie 'Red Lake' sollten wir allerdings auch in den folgenden Jahren nicht darauf verzichten. Bei solchen schwachwüchsigen Sorten wird der Triebzuwachs in jedem Jahr um ein Drittel bzw. bis zur Hälfte eingekürzt. Nur so erreichen wir genügende Verzweigung und kräftige Triebe. Ohne Schnitt fallen dagegen die Triebe von schwachwüchsigen Sorten auseinander und liegen zum Teil am Boden.

Ganz gleich, ob stark- oder schwachwüchsige Sorten: Viel älter als 4–5 Jahre sollten die Triebe bei Roten Johannisbeeren nicht werden. Nach Bedarf entfernen wir deshalb jährlich 1–2 der älteren Triebe – erkenntlich am dunkleren Holz – und lassen dafür die gleiche Anzahl von kräftigen, aus dem Boden kommenden Jungtriebe stehen. Alle übrigen Bodentriebe werden dagegen weggeschnitten. Dadurch bleibt der Strauch ständig licht.

Weiße Johannisbeeren werden wie Rote geschnitten.

Schnitt alter Sträucher

Vielfach stehen in den Gärten Johannisbeersträucher mit 30, 40 und noch mehr dünnen, mageren Trieben herum. Die Früchte bleiben dann klein und sauer, das Ernten macht keinen Spaß. Also: kräftig auslichten! Bei über Jahre hinweg

ungepflegten Sträuchern entfernen wir alle zu dicht stehenden, dünnen, überalterten sowie die am Boden aufliegenden Triebe, sodass die noch verbleibenden weitgehend frei stehen. In Verbindung mit Düngung entwickeln sich nach einer derart radikalen Verjüngungskur bald reichtragende Sträucher.

Die oben erläuterten Schnitt- bzw. Auslichtungsarbeiten sind beim gesamten Strauchbeerenobst bereits nach der Ernte möglich, ja sogar zu empfehlen. Wenn wir bereits im Sommer die älteren und die überzähligen Neutriebe entfernen, werden die verbleibenden Triebe im Wachstum stärker gefördert und die Blätter besser belichtet. Wir können aber auch im Herbst oder Winter schneiden. Nur: Beerenobst treibt sehr zeitig im Frühjahr aus, bis dahin sollte der Schnitt beendet sein.

Schnitt der Schwarzen Johannisbeeren

Sie bringen die besten Erträge an einjährigen Trieben, also an Trieben, die sich im vergangenen Jahr entwickelt haben. Der Schnitt ist deshalb anders als bei Roten Johannisbeeren.

Gleich nach der Ernte werden die abgepflückten Triebe bis auf Jungtriebe zurückgenommen. Auch Jungtriebe, die aus dem Wurzelstock

Der jährliche Rückschnitt bei Schwarzen Johannisbeeren erfolgt auf Jungtriebe, bei oder gleich nach der Ernte.

kommen, bleiben erhalten, wenn sie genügend Platz haben und nicht zu schwach sind. Auf diese Weise bestehen die Sträucher fast nur aus jungen Trieben, die sich nach der sommerlichen Schnittbehandlung noch sehr kräftig bis zum Herbst hin entwickeln können und bereits im nächsten Jahr reich tragen. Selbstverständlich bestehen die Schwarzen Johannisbeersträucher nicht nur aus acht, sondern aus weit mehr Trieben, die sich aber – da nur einjährig – nicht verzweigen und deshalb in der Pflanze Platz haben. Nur wenn der eine oder andere Trieb zu dicht steht, wird er am Boden weggeschnitten.

Falsch wäre es, die nach dem Schnitt im Strauch verbleibenden kräftigen Jungtriebe einzukürzen. Dadurch bekämen wir zwar zahlreiche neue Triebe, die Ernte würde aber wesentlich verringert, denn gerade im oberen Drittel der einjährigen Triebe hängen die meisten Beeren. Nur einzelne, über den ganzen Strauch verteilte Jungtriebe sollten um etwa ein Drittel zurückgeschnitten werden, umso die Neutriebbildung zu fördern.

Bodenbearbeitung

Ihr kommt beim gesamten Strauchbeerenobst besondere Bedeutung zu. Vor allem muss verhindert werden, dass sich Dauerunkräuter wie Giersch, Quecken, Ackerwinden u.a. einnisten. Sind solche hartnäckigen Unkräuter erst einmal in den Wurzelstock der Beerensträucher eingedrungen, können sie kaum mehr ganz entfernt werden.

> ### PROFI-TIPP
>
> Abzuraten ist von einer Beerenobstpflanzung in die Rasenfläche, da in diesem Fall die Sträucher schwach bleiben und zusehends verkümmern.

Die Wurzeln verlaufen beim Strauchbeerenobst sehr flach, in 2–20 cm Tiefe. Die Bodenbearbeitung sollte deshalb sehr flach sein. Nicht im Herbst mit dem Spaten zwischen den Beerensträuchern umgraben! Dabei würden zahlreiche Faserwurzeln abgestochen, die für die Wasser- und Nährstoffaufnahme benötigt werden.

Düngung

Humus in Form von Kompost oder verrottetem Stallmist wird im zeitigen Frühjahr nur ganz oberflächlich eingearbeitet. Zusätzlich streuen wir gegen Anfang März je m² 1 Handvoll eines blauen bzw. organischen Volldüngers, sofern nicht eine Bodenuntersuchung ergibt, dass kein Volldünger nötig ist, weil der Boden ausreichend mit Kali und Phosphat versorgt ist. In diesem Fall nur Stickstoff in organischer oder mineralischer Form (z. B. Kalkammonsalpeter) ausbringen.

Empfehlenswerte Johannisbeersorten (in der Reihenfolge ihrer Reifezeit)

Rote Johannisbeeren

'Jonkheer van Tets'	sehr früh, ab Mitte Juni reifend, kräftiger, gesunder Wuchs, lange Trauben, Fruchtansätze neigen an frostgefährdeten Stellen zum Rieseln, geeignet zur Heckenerziehung.
'Red Lake'	schwachwüchsig, große aromatische Beeren, sehr gut auch zum Frischgenuss.
'Rondom'	starkwüchsig, sehr ertragreich, vorzüglicher Geschmack, gut für Saftbereitung.
'Rovada'	neuere Sorte, sehr lange Trauben, verhältnismäßig regenfest, ideal für Heckenerziehung.
'Heinemanns Rote Spätlese'	starkwüchsig, sehr ertragreich, reift erst 6 Wochen nach den übrigen Sorten; mit Netzen gegen Vogelfraß schützen!

Weiße Johannisbeeren

'Weiße Versailler'	reift mit 'Red Lake' Anfang bis Mitte Juli, anspruchslos, erfordert wenig Schnitt, vorzüglich zum Frischgenuss.

Schwarze Johannisbeeren

'Rosenthals Langtraubige Schwarze'	meist hoher Ertrag, relativ frostempfindlich in der Blüte, hoher Vitamin-C-Gehalt, besonders für Verarbeitung.
'Silvergieters Schwarze'	wenig anspruchsvoll an Boden und Lage, Beeren süßer und milder als bei anderen Sorten, deshalb zum Frischgenuss und Verarbeitung.
'Titania'	Neuzüchtung, regelmäßig hoher Ertrag, besonders wertvoll wegen der Resistenz gegen verschiedene Blattkrankheiten, wenig anfällig für Gallmilbe.
'Ometa'	Neuheit, reichtragend, langtraubig, guter Geschmack; ebenfalls widerstandsfähig gegen verschiedene Blattkrankheiten und gegen Gallmilben; eine Spitzensorte für den Hausgarten.

Sehr bequem ist es, Ernte und Schnitt bei Schwarzen Johannisbeeren in einem Arbeitsgang durchzuführen. Wir schneiden dabei die mit reifen Früchten behangenen Triebe bis auf Jungtriebe zurück und können dann die Beeren bequem im Sitzen abpflücken.

Jostabeeren

Jostabeeren nehmen eine Sonderstellung ein: Sie sind eine Kreuzung zwischen schwarzer Jo(hannisbeere) und Sta(chelbeere). Kennzeichen:
● Starkwachsend, deshalb reichlich Pflanzabstand.
● Sehr große schwarze Beeren.
● Widerstandsfähig gegen Mehltau und Gallmilben.
● Interessant für den Hausgarten, da zum Sofortessen, für besonders gute Gelees, Marmelade, für Kuchen und zum Tiefgefrieren geeignet; Ertrag allerdings nur mittel.
Sorten: 'Jostine', 'Jogranda'.

Stachelbeeren

Pflanzung, Bodenbearbeitung und Düngung führen wir wie bei den Johannisbeeren durch. Die Abstände sollen gut 1,50 m betragen, bei Hochstämmchen 1,50–1,80 m.

Schnitt
Durch den Schnitt können wir auch hier Wachstum, Ertrag und Fruchtqualität günstig beeinflussen. Der **Pflanzschnitt** erfolgt wie bei Johannisbeeren: Sehr schwache oder am Boden aufliegende Jungtriebe werden herausgenommen, die übrigen um die Hälfte und mehr eingekürzt. Im Frühjahr des folgenden Jahres werden alle Triebe entfernt, die aus dem Boden gekommen sind und die wir nicht brauchen, um eine Lücke zu schließen. Ebenso werden Jungtriebe, die an den beim Pflanzschnitt eingekürzten Trieben entstanden sind und den Lichtzutritt in das Strauchinnere zu sehr hemmen, weggeschnitten. Es genügen auch hier meist 8–12 kräftige, gut verteilte und reichlich verzweigte Triebe. Die Spitzen dieser Triebe kürzen wir um etwa ein Drittel ein.
Im 2. Jahr entwickeln sich aus den eingekürzten Leittrieben und aus dem Boden zahlreiche Jungtriebe. Beim Schnitt im darauf folgenden Winter belassen wir von den Bodentrieben nur die 2–4 kräftigsten, soweit wir sie zum Auffüllen von Lücken gebrauchen können. Sie werden um ein Drittel eingekürzt, während alle übrigen Triebe ohne Rückschnitt verbleiben, es sei denn, an den Triebspitzen zeigt sich Stachelbeermehltau.
Diese Schnittarbeit wiederholen wir jedes Jahr, denn wir wollen auch bei Stachelbeeren die Entwicklung von

Die schönsten Stachelbeeren hängen an ein- und zweijährigen Trieben. Deshalb altes Holz entfernen!

einjährigen Trieben fördern, die uns die besten Erträge bringen.
Wir können den Schnitt auch gleich nach der Ernte durchführen. Zu dieser Zeit fällt uns ein gründliches Auslichten wegen der soeben erst gemachten »stacheligen Ernteerfahrungen« sicherlich leichter. Nach der Erziehung des jungen Stachelbeerstrauches gilt für die weiteren Jahre: Jungtriebe schonen, soweit sie nicht zu dicht stehen, älteres Holz, erkenntlich an der dunklen Farbe, entfernen.

Schnitt alter Sträucher
Häufig kann man überaltete Stachelbeersträucher mit einem dichten Gewirr von Zweigen sehen. Wie können wir sie zu neuem Leben, zu neuer Fruchtbarkeit »erwecken«? Sofort nach der Ernte, die wegen der kleinen Beeren und zerkratzten Finger mehr Ärger als Spaß macht,

Empfehlenswerte Stachelbeersorten (in der Reihenfolge ihrer Reifezeit)

'Hönings Früheste'	reift ab Mitte/Ende Juni, reichtragend, gelbe Frühsorte, süß und wohlschmeckend, vorzüglich zum Essen vom Strauch oder Hochstämmchen, jedoch mehltauanfällig.
'Rote Triumph'	reift ab Mitte Juli; trägt reich und regelmäßig, robust, kann jedoch Mehltau bekommen; geeignet für Grünpflücke und Verarbeitung.

Mehltauresistente Stachelbeersorten (Neuheiten)

'Invicta'	starkwachsend, mit großen, hellgrünen Beeren, ertragreich.
'Rokula'	Früchte dunkelweinrot, glattschalig, wohlschmeckend.

Andere widerstandsfähige Sorten sind z. B. 'Remarka', 'Rolanda', 'Redeva', alle dunkelrot.

wird gründlich verjüngt. Nur noch fünf gut verteilte ältere Triebe bleiben stehen, alles übrige Holz entfernen wir dicht über dem Boden. Im nächsten Frühjahr wird Kompost und ein mineralischer oder organischer Volldünger gegeben, wie bei Johannisbeeren.

Von den entstehenden jungen Langtrieben wählen wir etwa 8–12 der kräftigsten aus und kürzen sie im Winter um ein Drittel ein. Der weitere Aufbau des Strauches erfolgt wie bereits besprochen.

Stachelbeer-Hochstämmchen

Sie sind sehr beliebt und entstehen in der Baumschule dadurch, dass auf 90–110 cm lange Ruten der sehr gerade wachsenden Goldjohannisbeere Stachelbeersorten veredelt werden. Hochstämmchen haben keine so lange Lebensdauer wie Sträucher.

Der Beerenobsthochstamm ist etwas für den Genießer, der sich nicht bücken will, und ist durchaus zu empfehlen, weil wir so in der 2. Etage Beeren ernten können. Wichtig ist bei Hochstämmchen ein Pfahl, der in die Krone hineinreichen muss und an dem sowohl das Stämmchen als auch kräftige Kronentriebe angebunden werden. Oder: 3 Pfähle im Dreieck, die oben mit Latten verbunden werden. Die fruchtbeladene Krone kann auf dem Lattendreieck sicher aufliegen und wird auch bei Sturm keinen Schaden nehmen. Das Stämmchen braucht nur an einem der 3 Pfähle angebunden zu werden.

Schnitt der Hochstämmchen

Der Schnitt ist ähnlich wie beim Strauch: Bei der Pflanzung kräftiger Rückschnitt. In den kommenden Jahren dafür sorgen, dass die Krone licht bleibt und stets lange Jungtriebe nachgezogen werden, an denen dann die köstlichen Beeren

Bei Stachelbeerstämmchen immer wieder Pfahl und Bindematerial überprüfen!

Richtig! Ein ganzer Korb voller Triebe wurde hier herausgeschnitten. Nur die ein- und zweijährigen blieben.

wie an einer Perlenkette hängen. Zu dicht stehende Jungtriebe werden bereits im Frühsommer, also noch vor der Ernte, herausgenommen, sodass alle verbleibenden Teile, einschließlich der Früchte, gut belichtet werden.

Himbeeren

Die Himbeere ist sehr transportempfindlich. Schon aus diesem Grunde lohnt sich der Anbau im eigenen Garten. Wir können die Beeren bis zur letzten Reife an den Pflanzen belassen und kommen in den Genuss des vollen Aromas. Allerdings, und das sollte nicht verschwiegen werden, an das köstliche Aroma der Waldhimbeeren kommen auch die besten Sorten von Gartenhimbeeren nicht heran.

Durch den Schönheitsfehler der oft sehr zahlreichen Ausläufer sollten wir uns aber nicht abschrecken lassen. Vielleicht können wir uns mit dem Nachbarn absprechen, dass auch er entlang seiner Grenze Himbeeren pflanzt. Wachsen dann Ausläufer hinüber und herüber, so kommt es zu keinen »Grenzzwischenfällen«. Macht der Nachbar nicht mit, so kann entlang der

Grenze eine etwa 40 cm tief in den Boden reichende Folie o. ä. Trennschicht vorgesehen werden.

Pflanzung

Im Garten werden Himbeeren meist nur in einer Reihe gepflanzt. Von Pflanze zu Pflanze ist ein Abstand von 40 cm einzuhalten. Beste Pflanzzeit: Herbst oder Frühjahr. Entscheidend für den Erfolg sind auch hier die Sorte und die Herkunft des Pflanzmaterials.

Ausgegrabene Ausläufer sollten wir uns nur schenken lassen, wenn wir uns selbst von der Qualität und der Ertragsmenge der Mutterpflanzen überzeugt haben. Sehr wichtig ist auch der Gesundheitszustand der Jungpflanzen, denn viele Himbeerkulturen leiden unter Mosaikvirus: gelblich-grüne Marmorierung und leichte Kräuselung der Blätter.

Die Vermehrung der Himbeere ist denkbar einfach: Ausläufer werden ausgegraben und wieder gepflanzt. Die Bodenbearbeitung vor der Pflanzung erfolgt wie beim übrigen Beerenobst. Zusätzlich brauchen wir bei Himbeeren noch ein einfaches **Spaliergerüst**: In Abständen von etwa 5 m werden imprägnierte Holzpfähle 50 cm tief in den Boden geschlagen; ihre Höhe über dem Boden soll etwa 1,30 m betragen. Nach 70 cm und nach weiteren 50 cm werden Drähte gespannt, an denen wir die Ruten mit Bast befestigen. Man kann aber auch an den Pfählen je 2 Querhölzer anbringen und diese durch Doppeldrähte miteinander verbinden. Die Ruten wachsen dann zwischen den Drähten hoch und fallen nicht auseinander. Gleich bei der Pflanzung erfolgt der Rückschnitt, bei dem die Ruten auf etwa 30 cm Länge eingekürzt

Himbeeren
Sie sind transportempfindlich. Im eigenen Garten ernten wir sie erst, wenn sie vollreif sind.

werden. Würden wir sie in ihrer ursprünglichen Länge belassen, so bekämen wir zwar unmittelbar darauf einen kleinen Ertrag, doch würden nur wenige Jungtriebe gebildet.

Pflege

Bei der Himbeere ist im Sommer das Abdecken des Bodens mit grobem Kompost, Grasschnitt oder Stroh besonders zu empfehlen. Nur dann fühlt sich die Pflanze wohl und ist wüchsig, denn auch an ihrem natürlichen Standort, in Waldlichtungen, ist sie bedeckten Boden gewohnt. Das Mulchen erfolgt gleichzeitig vorbeugend gegen die Himbeerrutenkrankheit. Außer häufigen Humusgaben streuen wir im Frühjahr einen organischen oder

Eine bewährte Stützvorrichtung bei Himbeeren, die leicht herzustellen ist. Die Ruten stehen genügend weit voneinander entfernt.

Empfehlenswerte Himbeersorten (in der Reihenfolge ihrer Reifezeit)

'Meeker'	wertvoll, starkwachsend, robust, sehr ertragreich, virusresistent, nicht geeignet für Höhenlagen.
'Zefa 2'	sehr ertragreiche, robuste Sorte von gutem Geschmack; vielseitig verwendbar; auch für etwas leichteren, weniger feuchten Boden, widerstandsfähig gegen Hitze.
'Rutrago'	neuere ertragreiche Sorte für den Hausgarten; widerstandsfähig gegen Blattläuse, deshalb virusfrei. **'Rusilva'** und **'Rubaca'** sind außerdem widerstandsfähig gegen das Rutensterben.
'Schönemann'	altbewährte Sorte, sehr hoher Ertrag, lange Ernte; vorzüglich für Marmelade und Gelee.
'Autumn Bliss'	wertvolle Herbstsorte, Reife von Anfang August bis Oktober, hohe Erträge von bester Qualität, Ruten nach beendeter Ernte abschneiden, neue Ruten entwickeln sich ab April des nächsten Jahres, widerstandsfähig gegen Wurzelfäule und Rutenkrankheit, ideal für den Garten.

Blau-Volldünger bzw. geben nur Stickstoff, wie auf Seite 185 bei Johannisbeeren empfohlen.

Der **Schnitt** ist einfach: Gleich nach der Ernte werden alle abgetragenen und schwächeren Ruten entfernt, sodass je Pflanze nur etwa 6 kräftige, licht gestellte Jungtriebe verbleiben, bzw. 8–12 Ruten je Meter Pflanzreihe.

Brombeeren

Bei Himbeeren sind es die Ausläufer, die viele Gartenfreunde von der Pflanzung abhalten, bei Brombeeren ist es das Gewirr von stacheligen Trieben. Dabei zählen die außerordentlich aromatischen Brombeeren zu den gesündesten Früchten.

Pflanzung

Die Sorte 'Theodor Reimers', die sich vor allem zur Grenzpflanzung eignet, entwickelt Triebe von 5 m Länge und mehr. Die Pflanzabstände in der Reihe müssen deshalb mindestens 4 m betragen.

Auch hier ist ein **Spaliergerüst** erforderlich. Alle 5 m wird ein imprägnierter Pfahl in den Boden geschlagen oder ein Eisenrohr einbetoniert. Das Spaliergerüst soll 1,80 m hoch sein. Der erste Draht wird 50 cm über dem Boden gespannt. In Abständen von 25 cm folgen 5 weitere. Bei der Pflanzung im Frühjahr wird an Pflanzen im Container, wie sie heute meist verwendet werden, weder an den Ruten noch an den Wurzeln etwas zurückgeschnitten. Nach der Pflanzung sollten die Bodenknospen etwa 5 cm hoch mit Erde bedeckt sein.

Die sommerlichen Jungtriebe werden an den Drähten festgebunden. Triebe, die in deren Blattachseln entstehen, sind bis auf ein Blatt einzukürzen. Im Winter nach der Pflanzung entfernen wir alle Triebe bis auf 3 besonders kräftige, die wir bis auf die Hälfte einkürzen. Im 2. Jahr nach der Pflanzung entsteht dann aus dem Wurzelstock eine große Anzahl junger Triebe. Nur die 6 kräftigsten bleiben stehen und werden an den Drähten nach links und rechts festgebunden.

Pflege

Die wichtigste Arbeit ist der **Sommerschnitt**. Versäumen wir ihn, so bildet sich in kurzer Zeit ein Triebgewirr, in dem wir uns kaum mehr zurechtfinden. Dieser Schnitt ist recht einfach: Die während des Sommers aus den Blattachseln der Jungtriebe entstehenden, sogenann-

ten vorzeitigen Triebe (Geiztriebe) kürzen wir bis auf 2–4 Blätter ein, sobald sie etwa 40 cm Länge erreicht haben. Im Herbst werden in raueren Lagen die jungen Ranken auf den Boden gelegt und abgedeckt.

Der **Winterschnitt** wird nach der Frostperiode, also erst im Frühjahr, durchgeführt. Dabei werden alle im letzten Jahr mit Beeren behangenen Triebe entfernt. Von den entstande-

Brombeeren
Erst ernten, wenn die Früchte vollreif, also tiefschwarz sind und ihr köstliches Aroma entwickelt haben. Zu früh abgenommen, schmecken sie sauer.

Empfehlenswerte Brombeersorten

'Theodor Reimers'	altbekannte Sorte, hoher Ertrag, sehr aromatisch, vorzüglich für Saftbereitung; auch für trockenen Standort; Pflanzabstand 3,5–4 m; trotz Stacheln sehr wertvoll.
'Wilsons Frühe'	aufrecht wachsend, Pflanzabstand in der Reihe: 50 cm; Kultur wie Himbeere; liebt tiefgründigen Boden; während der Ernte reichlich gießen, damit die Früchte nicht zu klein bleiben.
Stachellose Sorten	Rankende stachellose Sorten, bei denen ein Pflanzabstand von 2 m genügt, sind 'Black Satin', 'Thornfree' und 'Nessy' (= 'Loch Ness'). Letztere ist aromamäßig wohl die Beste unter den Stachellosen.

nen Jungtrieben werden nur die 6 kräftigsten belassen und an den Drähten zu beiden Seiten der Pflanze angebunden. Dieses Binden kann bei sehr langen Ranken auch bogenförmig geschehen.

Die gleichmäßig an den Drähten befestigten Jungtriebe bringen Ertrag, während aus dem Wurzelstock gleichzeitig neue Triebe herauswachsen. Von diesen wählen wir wiederum die 6 kräftigsten aus und

Lange Brombeerruten, bogenförmig an Drähte gebunden, ergeben eine grafisch interessante Wirkung. Hier die Sorte 'Theodor Reimers'.

binden sie an den noch freien Drähten fest. Um ein gewisses System in die Arbeit zu bringen, kann man es so machen, dass in dem einen Jahr die 6 neugebildeten Triebe links und rechts von der Pflanzenmitte an den 1., 3. und 5. Draht gebunden, während die Jungtriebe des nächsten Jahres am 2., 4. und 6. Draht befestigt werden. An den anderen Drähten sind dann die jeweils im betreffenden Jahr in Ertrag kommenden Ranken.

Eine andere Möglichkeit besteht darin, dass man in dem einen Jahr die 6 belassenen Jungtriebe links von der Pflanzenmitte an die Drähte anbindet, während sich rechts davon die 6 tragenden Triebe befinden. Alljährlich ist an den Jungtrieben der Sommerschnitt durchzuführen.

Die im Vorjahr entstandenen Ranken werden abgeerntet, sobald die Früchte richtig schwarz geworden sind. Vielfach wird zu früh geerntet, die Früchte sind dann noch sauer, das Aroma ist noch nicht richtig entwickelt. Die abgetragenen Ranken bleiben den Winter über am Spaliergerüst. Sie geben den jungen Trieben etwas Schutz und werden erst im Frühjahr entfernt.

Als **Düngung** geben wir im Frühjahr neben Kompost 1 Hand voll Volldünger je m² bzw. Stickstoffdünger.

Gartenheidelbeeren

Wichtigste Voraussetzung für den Erfolg ist ein sehr **saurer Boden** (pH-Wert 3,5–5), denn die Heidelbeere ist überaus **kalkempfindlich.** Kultivierte Hochmoorböden oder humose Sandböden (Heide) sind von Natur aus für die Kultur geeignet. Auf anderen Böden, und dies trifft für die meisten Gärten zu, muss eine Pflanzgrube von 1 m² und 40 cm Tiefe ausgehoben und überwiegend mit Torf bzw. Torfersatzstoffen gefüllt werden. Es sollte nur mit kalkarmem Gießwasser (Regenwasser) gegossen und nur mit weitgehend kalkfreien Düngemitteln gedüngt werden.

Wir können hierzu einen blauen Volldünger, bzw. einen Azaleen-/Rhododendrondünger, wie er in Kleinpackungen im Handel erhältlich ist verwenden. Die Nährstoffgabe erfolgt im Frühjahr.

Bei der Pflanzung werden die Langtriebe der Sträucher um ein Drittel eingekürzt. Die weitere Schnittbehandlung beschränkt sich auf ein Auslichten des alten Holzes. Nachdem die Beeren nacheinander reifen, besteht die Gefahr von Vogelfraß. Die Sträucher sind deshalb schon früh mit Netzen zu schützen. Für gute Befruchtung sollten mindestens zwei Sorten gepflanzt werden.

Gartenheidelbeere
Mit ihr haben wir nur Freude, wenn der Boden sauer ist bzw. entsprechend verändert wurde.

Empfehlenswerte Sorten von Gartenheidelbeeren sind z. B.
- 'Bluetta'
- 'Bluecrop'
- 'Goldtraube'
- 'Berkeley'
- 'Coville'.

Weinrebe

An der Süd- oder Südwestseite eines Hauses oder zur Bekleidung einer offenen Laube ist der Weinstock am richtigen Platz. Auch in etwas raueren Gebieten gedeiht die Weinrebe, sofern nur die Pflanzstelle kleinklimatisch begünstigt liegt.

Pflanzung und Pflege

Nach der Pflanzung belassen wir nur einen kräftigen Trieb und schneiden diesen auf 2 Knospen zurück. Im Laufe des Sommers entstehen daraus 2 Triebe, von denen

der schwächere nach Bildung mehrerer Blätter entspitzt wird. Der andere kann sich dann umso besser entwickeln.

Im nächsten Frühjahr wird der schwächere Trieb entfernt, der andere auf ungefähr die Hälfte eingekürzt. Beim Rückschnitt bleibt – im Gegensatz zu den übrigen Obstsorten – über der angeschnittenen Knospe jeweils ein kleiner **Zapfen** von 2 cm Länge stehen. Dadurch wird ein Austrocknen der empfindlichen Knospen verhindert. Aus der obersten Knospe dieses Triebes entsteht die Verlängerung, die wir immer wieder anbinden, um eine

Weintrauben
Sie reifen selbst in rauen Gegenden an einer warmen, geschützten Stelle voll aus.

gerade Mitte zu erhalten. Aus den übrigen Knospen sollen in Abständen von etwa 20 cm seitliche Triebe entstehen.

Ist eine größere Fläche vorhanden, so lassen wir im Abstand von 1 m Seitentriebe weiterwachsen und binden sie an das **Spaliergerüst** an. Es sollen daraus stärkere Äste werden, die mit Fruchtholz bekleidet sind.

Alljährlich im Frühjahr werden die Verlängerungstriebe eingekürzt. Ähnlich wie bei den Obstbäumen bauen wir also auch beim Weinstock erst ein Gerüst aus stärkeren Ästen auf, an denen zahlreiche seitliche Triebe (**Fruchtholz**) entstehen. Diese Seitentriebe, die in Abständen von etwa 20 cm aufeinander folgen sollen, werden nach dem Austrieb an das Spaliergerüst gebunden. Beim nächsten **Winterschnitt**, der nach Beendigung der Kälte vorgenommen wird, also gegen Ende März, werden diese Seitentriebe auf zwei Knospen eingekürzt, wobei

Gegen Amseln stecke ich seit Jahren die Trauben in Papiertüten, sobald der Fraß beginnt. Die Trauben reifen darin ohne Schaden aus.

über der äußeren Knospe wieder ein Zapfen verbleibt. Aus den beiden Knospen entwickeln sich zwei junge Triebe, die einer **Sommerbehandlung** bedürfen: Ende Mai werden sämtliche zu dicht stehenden Jungtriebe ausgebrochen, besonders Wasserschosse, die aus dem alten Holz entstanden sind. Je Zapfen verbleiben nur die zwei kräftigsten Triebe mit geschlossenen Blütenständen (**Gescheine**). Während der Blüte, also etwa im Juni, binden wir die jungen Triebe mit Bast so am Spaliergerüst an, dass die Wandfläche möglichst gleichmäßig bedeckt ist. An Trieben, die länger als etwa 80 cm geworden sind, wird die Spitze entfernt. Geiztriebe, die aus dem Blattachseln entstanden sind, nehmen wir bis auf ein Blatt zurück. Diese Arbeit wird den Sommer über fortgesetzt. Im August werden dann die fruchttragenden Triebe bis auf etwa 2–4 Blätter über der obersten Traube eingekürzt. Beim darauf folgenden **Winterschnitt** wird von den beiden Jungtrieben, die aus dem vorjährigen Holz entstanden sind, der äußere bis auf einen kurzen Zapfen entfernt. Der andere Trieb

Rebenschnitt
Von zwei Trieben wird im Frühjahr der äußere entfernt (Bild), der verbleibende anschließend auf zwei Augen eingekürzt.

bleibt stehen und wird wieder auf zwei Knospen zurückgeschnitten.

Empfehlenswerte Rebsorten für das Weinspalier am Haus:
• 'Weißer Gutedel'
• 'Roter Gutedel'
Sie zählen zu den ältesten Tafeltrauben, sehr guter Ertrag in nicht zu rauhen Lagen.
• 'Perle von Czaba',
• 'Königin der Weingärten'
Beide stammen aus Ungarn, reifen früh und zeichnen sich durch deutliches Muskataroma aus.
• 'Ortega'
Diese Würzburger Züchtung bringt zwar keine Höchsterträge, reift aber auch in ungünstigen Lagen und besticht durch feines Aroma.
• 'Früher Malinger'
Reich tragend und altbekannt, bewährt sich auch im rauen Klima sehr gut.
• 'Phoenix'
Feines Muskataroma, ist eine pilzresistente neue Sorte.

Kiwi

Üppig wachsen Kiwis in subtropischen Regionen. Bei uns gedeihen sie nur in Weinbaugebieten oder an sehr geschützten Stellen, wobei die Früchte aber deutlich kleiner bleiben. Gute Erfahrungen habe ich mit Kiwis an der geschützten Westseite einer Holzhütte gemacht, und dies sogar im Voralpenraum. Da Kiwis zweihäusig sind, muss man zu 5 weiblichen Pflanzen mindestens eine männliche setzen; andernfalls gibt es keine Früchte.

Pflanzung und Pflege

Kiwis brauchen **sauren Boden**, d. h. der pH-Wert sollte bei 5,5–6,5 liegen. Ist der Boden zu kalkreich, so tritt Chlorose auf, ähnlich wie bei Rhododendron. Die großen Blätter bleiben dann nicht sattgrün wie beim Austrieb, sondern werden gelblich, bekommen braune Blattränder und fallen vorzeitig ab. Entspricht der Boden dem nicht, müssen reichlich Torf bzw. Torfersatzstoffe zugesetzt werden. Vor der Pflanzung möglichst tief lockern! Ab dem 2. Jahr kann gedüngt werden.

> ### PROFI-TIPP
>
> Interessant für den Hobbygärtner ist 'Weiki' (»Weihenstephaner Kiwi«). Diese Sorte ist recht anspruchslos, frosthart und wächst ohne Einsatz von Pflanzenschutzmitteln auf jedem Gartenboden. Sie wird an die 2–3 m hoch, sodass wir sie an einem Rankgerüst oder Maschendrahtzaun pflanzen können. Ertrag ab dem 3. Jahr.

Sehr wichtig ist die Wasserversorgung der vielen großen Blätter. Beim **Schnitt** kommt es darauf an, dass sich die Pflanzen gut mit Fruchtzweigen garnieren und licht bleiben. Beim **Winterschnitt** im Februar/ März entfernen wir das abgetragene Holz, zusätzlich erfolgt ein **Sommerschnitt** im Juli/August, wenn die Früchte walnussgroß sind. Dabei wird jeder Trieb über dem 5.–6. Blatt oberhalb der Früchte gekappt. Weitere frostharte Kiwi-Sorten sind 'Ambrosia' und 'Maki', beide weiblich. Dazu als frostharte Befruchtersorte die männliche 'Nostino' pflanzen.

'Weiki'
Eine robuste, kleinfrüchtige Kiwi und interessante Kletterpflanze. Unten: Normal große Kiwi, in 655 m Höhe an geschützter Stelle gezogen.

Gemüse – frisch aus dem eigenen Garten

Im Haus- und Kleingarten bauen wir vor allem solche Gemüsearten an, die rasch wachsen, wenig Platz benötigen und am besten schmecken, wenn sie frisch bzw. vollreif geerntet werden. Dazu zählen alle Salatarten, Radieschen, Rettiche, Frühmöhren, Buschbohnen, Zuckererbsen, Tomaten, Gurken usw.

Der Anbau lohnt aber auch aus gesundheitlicher Sicht: Einmal werden wir mehr Gemüse essen, als wenn jeder Bund Radieschen, jeder Salatkopf gekauft werden müsste, und zum anderen bleibt es uns überlassen, wie wir düngen und gegen Schädlinge/Krankheiten vorgehen. Von Ausnahmen abgesehen, werden wir im eigenen Garten versuchen, bereits vorbeugend etwas dagegen zu tun.

Gemüsebau ist wieder »in«

Doch es spricht noch mehr für den Gemüseanbau im eigenen Garten. Wer es erst einmal versucht hat, wird rasch Freude daran bekommen, denn im Gemüsegarten rührt sich etwas, hier können wir zusehen, wie »es« wächst und Früchte ansetzt. Zudem brauchen sich die meisten Gemüsearten hinter Blumen bezüglich Schönheit nicht zu verstecken. Wer will, kann mit Gemüse geradezu malen, denn Farben und Formen sind auch hier sehr vielgestaltig.

Im Gemüsegarten ist der Freizeitgärtner in seinem Element. Hier gibt es viel gesunde Bewegung, sei es beim Graben, Säen, Pflanzen, Gießen und Ernten. Und selbst das unvermeidliche Unkrautzupfen muss nicht lästig sein; wir können es als meditative Beschäftigung sehen, bei der wir Zeit zum Denken haben.

Bodenpflege im Gemüsegarten

In den meisten Gärten wird das Gemüseland im Herbst mit dem Spaten grobschollig umgegraben. Auf schweren, zähen Böden sowie bei neu angelegten Gärten ist dies zweifellos richtig, denn die Herbstfeuchtigkeit kann in die Schollen eindringen, und der Frost sprengt sie auseinander, sodass wir im Frühjahr einen lockeren Boden vor uns haben. Böden allerdings, die bereits seit Jahren in Kultur sind und denen reichlich Humus zugeführt wurde, können auf die Einwir-

kung von Frost verzichten. Diesen bekommt es besser, wenn sie auch den Winter über eine Pflanzendecke tragen, sei es durch Kulturen wie Feldsalat, Spinat u. ä., oder aber durch die herbstliche Einsaat einer **Gründüngung** wie z. B. Roggen-Wicken-Gemenge. Vor allem fertig abgepackte Mischungen, wie sie im Handel angeboten werden, eignen sich hierzu.

Wir sollten hier von der Natur lernen, in der es **keine nackte Bodenoberfläche** gibt. Bereits in kurzer Zeit begrünt sich ein sich selbst überlassener Boden. Eine solche Pflanzendecke schützt auch den Winter über die wertvolle Krümelstruktur eines Gartenbodens vor Zerstörung durch Sonne und Regen. Das Bodenleben wird gefördert,

Mischkultur
Hier mit Zwiebeln, Spinat und Petersilie. Der Boden ist mit Häckselmaterial gemulcht und bleibt auch in Trockenperioden lange feucht.

und die Nährstoffe bleiben weitgehend erhalten. Großversuche haben gezeigt, dass die Nährstoffauswaschung umso geringer ist, je länger ein Boden im Jahr beschattet, also genutzt wird. Außerdem fällt durch die Wurzeln zusätzlich Humus an. Im Frühjahr wird die Gründüngung in den Boden eingearbeitet oder aber auf den Komposthaufen gebracht.

Wenn eine Gründüngung ausscheidet, weil die Beete bis zum Herbst hin mit Gemüse bestellt sind, brauchen wir einen reifen, in guter Kul-

Beete, die im Herbst nicht mehr bestellt sind, können mit Gründüngung angesät werden. Die Lattenroste zwischen den Beeten sind praktisch und hübsch zugleich.

tur befindlichen Boden nicht mit dem Spaten umzugraben. Damit die besonders lebendige obere Bodenschicht auch den Winter über oben bleibt, ist es in solchen Fällen besser, in kurzen Abständen mit der Grabgabel einzustechen und diese etwas hin- und herzubewegen. Dadurch entstehen Spalten, in die Wasser eindringen kann, sodass der Boden ebenfalls gelockert wird. Im Frühjahr, vor dem Anlegen der Gemüsebeete, bearbeiten wir den Boden mit dem Kultivator oder Krail. Der Boden wird gelockert, sodass gesät oder gepflanzt werden kann.

Sobald die Beete bestellt sind, setzt die **sommerliche Bodenbearbeitung** ein. Sie besteht aus einem häufigen, oberflächlichen Lockern des Bodens. Die Geräte hierzu wurden auf Seite 51ff. genannt. Sobald nach Regenfällen oder nach kräftigem Gießen der Boden wieder oberflächlich abgetrocknet ist, werden die Beete flach durchgezogen. Dadurch

wird ein Verkrusten vermieden, Sauerstoff kann an die Wurzeln, und die dort gebildete Kohlensäure kann entweichen. Es verdunstet aber auch weniger Wasser: In kleinen Haarröhrchen, auch Kapillarröhrchen genannt, steigt das Wasser nach oben und verdunstet; werden nun die oberen 1–3 cm gelockert, so sind dort die Haarröhrchen zerstört, die Verdunstung ist gehemmt.

Mulchen

Anstelle einer Bodenlockerung kann auch gemulcht werden. Besonders bei Kulturen, die viel Wasser benötigen, bei denen andererseits die Blätter aber möglichst trocken bleiben sollen, da sich sonst Pilzkrankheiten ausbreiten, bewährt sich dies. Wir nehmen das Schnittgut von Rasen und bringen es 10 cm hoch zwischen die Selle-

riepflanzen, Tomaten u. a. Kulturen auf den Boden auf. Die Wasserverdunstung aus dem Boden wird dadurch stark eingeschränkt, unter der Mulchdecke bleibt es feucht und kühl, wir brauchen kaum Unkraut zu bekämpfen, und die Kulturen fühlen sich sichtlich wohl.

Bodenbearbeitung im Frühjahr, hier mit dem Verstellkultivator. Ebenso gut eignet sich hierzu auch der Krail (siehe Grafik Seite 52).

So wird ein Gemüse-beet angelegt

Sobald der Boden oberflächlich abgetrocknet ist, also im März bis April, wird er mit dem Kultivator oder dem Krail (siehe Seite 53) gelockert und anschließend mit einem Holz- oder Eisenrechen (Harke) glattgezogen. Dann die Beete abstecken und abtreten. Die normale Beetbreite beträgt 1,10–1,20 m. Auf kleinen Gemüseflächen mit kurzen Beeten können wir aber auch eine Beetbreite von 1 m oder 0,80 m wählen. Dies sieht dann für das Auge hübscher aus. Wir spannen eine Schnur und treten an dieser entlang einen Weg von etwa 30 cm Breite ab. Es folgt das nächste Beet usw., bis schließlich die ganze Gemüsefläche unterteilt ist.

Dann geben wir auf die Beete Kompost oder andere organische Stoffe. Gleichzeitig wird ein Volldünger bzw. ein organischer oder mineralischer Stickstoffdünger (siehe Seite 67f.) ausgestreut und alles zusammen oberflächlich eingebracht. Wichtig: So wertvoll Kompost auch ist, es sollte nicht zuviel davon gegeben werden: 3 Liter je m², also ein Eimer für 3 m², genügen.

Diese Düngung bezeichnen wir als **Grund- oder Krumendüngung,** im Gegensatz zur Kopfdüngung während der Kultur.

Nach dieser gründlichen Bodenvorbereitung und einer organisch-mineralischen Düngung kann gesät oder gepflanzt werden. Die Saatrillen, z. B. für Petersilie, werden entlang einer Schnur 1,5 bis 3 cm tief mit dem Stiel eines Gartengerätes gezogen. Nach dem Säen ziehen wir sie mit dem Rechenrücken wieder zu. Beim Pflanzen spannen wir in

der Beetmitte eine Schnur, um die Reihen einigermaßen gerade zu bekommen. Wer es ganz genau machen will, spannt die Schnur entlang jeder einzelnen Pflanzreihe. Es wird immer im Verband gepflanzt, d. h. die Pflanzen stehen zwischen denen der benachbarten Reihe.

Boden mit dem Kultivator oder Krail lockern und mit dem Rechen glattziehen ①. Kompost und Grunddüngung gleichmäßig verteilen ② und oberflächlich einarbeiten ③. Mit Pflanzholz bzw. Pflanzkelle pflanzen ④. Ideal sind getopfte Pflanzen, die ohne Störung weiter wachsen ⑤. Abschließend ohne Brause angießen ⑥.

Kopfsalat und Sellerie sollten sehr flach, Porree (Lauch) dagegen recht tief gepflanzt werden, damit wir später möglichst lange gebleichte Schäfte bekommen. Auch Kohlarten (ohne Kohlrabi) und Tomaten können unbedenklich tiefer gepflanzt werden, denn diese Gemüsearten entwickeln aus dem Strunk sogenannte Adventivwurzeln, mit denen sie ebenfalls Wasser und Nährstoffe aufnehmen können.

Zum Schluss der Pflanzarbeiten wird jede einzelne Gemüsepflanze mit der Gießkanne ohne Brause angegossen. Dadurch wird das feine Erdreich an die Wurzeln geschlämmt, und die Pflanzen können bald Fuß fassen.

Gemüse gießen und düngen

Ist während der Kultur bei Trockenheit zu gießen, so sollte das immer sehr gründlich getan werden, damit man je nach Bodenart wieder einige Tage aussetzen kann. Auf jeden m² sollten auf einmal 15–20 l Wasser kommen; ob mit der Gießkanne, dem Schlauch oder einem Sprenger, ist egal. Günstig ist es, wenn das Wasser beim Gießen mit dem Schlauch möglichst fein zerstäubt wird. Dabei erwärmt es sich in der

PROFI-TIPP

Bei der Jungpflanzenanzucht sowie bei Kulturen im Frühbeet bzw. Gewächshaus oder bei reifenden Erdbeeren gießen wir möglichst nur in den Vormittagsstunden. Dadurch beugen wir Pilzkrankheiten vor.

Luft, und die Bodenteilchen werden nicht so leicht verschlämmt, wie dies bei scharfem Strahl der Fall ist. Anders dagegen im sommerlichen Gemüsegarten: Dort gießen wir am besten abends. Das Wasser kann über Nacht gut einwirken, es verdunstet kaum etwas, und die Pflanzen stehen am nächsten Morgen wie neu geboren auf den Beeten. Durch die Saugkraft haben sich die Zellen wieder prall mit Wasser gefüllt. Auch in den frühen Morgenstunden kann gegossen werden, jedoch möglichst nicht während der heißen Tageszeit.

Düngen

Gemüsearten, die viele Wochen lang auf den Beeten stehen, vor allem Kohlarten, Sellerie, Porree, Tomaten, Gurken usw., bekommen während der Kultur einmal oder mehrere Male eine **Kopfdüngung.** So können sie ständig aus dem Vollen schöpfen und sich flott entwickeln. Kopfdüngung heißt aber nicht, dass wir die Nährsalze auf den »Kopf« der Pflanze streuen, denn das würde zu Verbrennungen führen. Wir streuen den Dünger vielmehr unter bzw. um die Pflanzen und gießen dann nach. Noch besser ist es, wenn wir die Düngemittel gleich in Wasser auflösen, weil dann den Pflanzen die Nährstoffe besonders rasch zur Verfügung stehen. Auf eine 10-Liter-Kanne geben wir etwa 1 Handvoll eines Blau-Volldüngers bzw. eines Stickstoffdüngers und gießen damit ca. 2 m² Beetfläche. Es ist zweckmäßig, die Gesamtdüngermenge in eine Grunddüngung vor der Saat oder Pflanzung und in 1–2 Kopfdüngergaben aufzuteilen. Dadurch stehen den Pflanzen laufend Nährstoffe zur Verfügung, an-

dererseits kann Stickstoff kaum in tiefere Schichten (Grundwasser!) ausgewaschen werden.

Als **Grunddüngung** geben wir 40–50 g/m² eines Blau-Volldüngers, soweit nicht aufgrund einer Bodenuntersuchung etwas anderes empfohlen wird. Wer organische Dünger bevorzugt, gibt Grunddüngung und Kopfdüngung zusammen, da diese Dünger eine lange anhaltende Nährstoffquelle darstellen. Wir richten uns dabei nach den Mengenangaben auf der Packung.

Kulturen, die mit dieser Düngermenge auskommen, sind Kopfsalat, Feldsalat, Endivie, Zuckerhut, Chinakohl, Mairübchen, Spinat, Grünkohl, Radieschen, Rettiche, Rote Rüben, Erbsen und Zwiebeln.

Die übrigen haben höhere Nährstoffansprüche und sollten ein- oder zweimal eine Kopfdüngung bekommen. Dazu verwenden wir im allgemeinen einen rasch wirkenden Stickstoffdünger, z.B. Kalkammonsalpeter 20 g/m² = eine knappe halbe Hand voll.

Bei gesäten Gemüsearten wird die erste Kopfdüngung nach Bildung der ersten Laubblätter gegeben, die zweite etwa 3–4 Wochen später. Bei gepflanzten Gemüsearten geben wir die 1. Kopfdüngergabe etwa 3–4 Wochen nach dem Setzen, die 2. Gabe – soweit erforderlich – etwa 3–4 Wochen später, sobald sich der Bestand schließt.

Bitte beachten Sie, dass durch Kompost dem Boden nicht nur organische Substanz, sondern auch Nährstoffe zugeführt werden. Ein 10-Liter-Eimer Kompost enthält etwa 10–20 g Stickstoff, 10 g Phosphat und 30 g Kali. Wer reichlich Kompost zur Verfügung hat, braucht entsprechend weniger mineralischen oder organischen Volldünger auszubringen.

Fruchtwechsel

Durch einen Wechsel von Flachwurzlern (Gurken u. a.) und Tiefwurzlern (Porree, Salat, Spinat u. a.) werden die in tiefere Bodenschichten eingedrungenen Nährstoffe besser genutzt und die verschiedenen Bodenschichten mit Humus (Wurzelrückstände) angereichert. Die Bodenstruktur wird verbessert, die Gefahr der Übertragung von Krankheiten und Schädlingen verringert und ein einseitiger Nährstoffentzug durch die Pflanzen vermieden.
Auch ein Wechsel von **Starkzehrern** (Kohlarten, Porree, Sellerie, Kartoffeln u. a.) und **Schwachzehrern** wie Erbsen, Bohnen, Radieschen, Feldsalat u. a. empfiehlt sich.
Ausnahme: Tomaten können jahrzehntelang immer an der gleichen Stelle angebaut werden; sie sollte vollsonnig und möglichst regengeschützt sein.

Anbauplan

Bereits im Winter machen wir einen Anbauplan für den Gemüsegarten. Auf ein Blatt Papier zeichnen wir die Gemüsebeete ein und schreiben in die einzelnen Flächen die Vor-, Haupt- und Nachkultur. Je nach persönlichem Geschmack, nach Familiengröße und klimatischen Verhältnissen wird jeder Anbauplan etwas anders aussehen. Auch die verschiedenen Zwischenkulturen werden in einem solchen Plan berücksichtigt.
Beim ersten Versuch wird dies nicht ganz gelingen – von einer Gemüseart werden wir zuviel im Garten haben, von einer anderen zuwenig. Wir müssen erst eigene Erfahrungen sammeln und diese aufschreiben. Solche Aufzeichnungen aus dem vorhergehenden Jahr sind uns bei der Erstellung eines Anbauplanes eine wertvolle Hilfe.
Und noch etwas: Die Beete sollten nach dem Abernten einer Kultur nie lange leerstehen. Je schneller der Boden wieder beschattet ist, desto besser ist dies für die Bodenstruktur. Ein Blätterdach schützt die Bodenkrümel vor Platzregen und austrocknender Sonne. Um dies zu erreichen, können wir anstelle einer Kultur das frei gewordene Beet ebensogut mit Gründüngungspflanzen einsäen. Besonders rasch entwickelt sich Senf.

Das Hügelbeet, ideal für Mischkulturen

Vorteilhaft ist ein Hügelbeet vor allem in einem kleinen Garten. Durch den Hügel wird die Pflanzfläche, die sich für Mischkulturen geradezu anbietet, vergrößert. In einem Reihenhausgarten, meist handtuchartig schmal, können außerdem die Proportionen verbessert werden, wenn wir den Hügel im hinteren Drittel querlegen. Nur zu klein sollte ein Hügelbeet nicht sein, sonst ähnelt es einem Maulwurfhaufen.

In seinem Innern verrotten die eingebrachten Gartenabfälle wie in einem Komposthaufen, es entsteht Wärme, was sich auf die Entwicklung von Frühgemüse und wärmeliebende Gemüsearten günstig auswirkt. Ein weiterer Vorteil: Der gute Wasserabzug, es entsteht keine Staunässe.
Dies wirkt sich allerdings in trockenen Jahren und Gegenden ungünstig aus, d. h. das Hügelbeet muss dann zusätzlich gegossen werden. In einem noch »jungen« Garten macht das Anlegen eines Hügelbeetes viel Arbeit, muss doch das grobe Material für den Unterbau, also kleinere Äste und Zweige, aus dem Wald oder anderswo herbeigeholt werden. Eine Erneuerung ist allerdings erst nach etwa fünf Jahren nötig.

So wird ein Hügelbeet aufgebaut. Es eignet sich vor allem für einen sehr kleinen Garten. Mehr über die Vor- und Nachteile im Text.

① 40 cm grobe Pflanzenteile, Holz, Äste
② 15 cm Grassoden
③ 30 cm Laub
④ 15 cm Grobkompost
⑤ 15 cm Feinkompost und Mutterboden

60 cm
180 cm

Gemüsegarten des Verfassers im Mai:
Der Islandmohn beginnt in zarten
Pastelltönen zu blühen, davor Zucchini
und fast erntereifer Kopfsalat.

Im Spätherbst oder Winter anlegen

Dies ist die günstigste Jahreszeit,
fällt doch beim herbstlichen Abräumen der Stauden- und Gemüsebeete sowie beim winterlichen Schnitt
von Obstbäumen und Sträuchern
reichlich grobes Material an.
Das Hügelbeet – möglichst in Nord-
Süd-Richtung verlaufend – kann beliebig lang sein, wenn es der Platz
erlaubt nicht unter 4–5 m, und etwa
1,50–1,80 m breit; ein kleinerer Hügel wirkt verspielt und trocknet
außerdem zu leicht aus. Nachdem
die Fläche an sonniger Stelle abgesteckt ist, wird der Boden etwa spatentief, ausgehoben.
Als unterste Schicht bringen wir
grobe, schwer verrottbare Gartenabfälle ein, also Äste und Zweige,
wie sie beim Schnitt von Obstbäumen, Sträuchern und Hecken anfallen, aber auch Tomaten- und
Sonnenblumenstengel, verholzte

Staudenteile u. a. Nachdem wir
diese Gartenabfälle auf 30–40 cm
Länge zerkleinert haben, schichten
wir sie zu einem etwa 40 cm hohen
Hügel auf und überstreuen sie mit
Kalkstickstoff, 100 g/m², also etwa
2 Handvoll oder die doppelte Menge eines organischen Stickstoffdüngers.
Darauf folgt eine 15–20 cm hohe
Schicht aus Rasensoden, die mit
den Wurzeln nach oben aufgebracht
wird bzw. in Ermangelung von Rasensoden ein Gemisch aus Grasschnitt, Stroh und Gartenabfällen.
Die nächste 30 cm starke Schicht
besteht aus Laub oder Stroh. Damit
sie besser verrottet, überstreuen
wir sie mit Spezial-Kalkstickstoff,
50 g/m², oder einem organischen
Stickstoffdünger und gießen gut an.
Es folgt eine 15 cm hohe Schicht aus
Grobkompost, also kompostierte
Gartenabfälle, die noch nicht völlig
verrottet sind. Schließlich wird die
ausgehobene Gartenerde etwa
15 cm hoch aufgebracht und mit verrottetem Kompost verbessert. Damit
ist das 80–90 cm hohe Hügelbeet
fertig. Vorsicht vor Wühlmäusen!

Wärmeliebende Kulturen fühlen sich besonders wohl

Wenn wir im Frühjahr die ersten Kulturen mit »wachsender« Folie oder
Vlies abdecken, können wir früher
ernten. Den Sommer über eignet
sich das Hügelbeet vor allem für
wärmeliebende Gemüsearten wie
Tomaten, Gurken, Paprika. Die Tomaten pflanzen wir auf den Kamm
des Hügels, die niedrigeren Kulturen mehr nach unten zu. Von jeder
Gemüseart eine Reihe. Wenig geeignet ist es dagegen für Aussaaten, die allzu leicht vertrocknen.
Wer vor dem Auspflanzen der Tomaten entlang des Kammes eine
Mulde formt, braucht weniger zu
gießen, da sich hier das Regenwasser sammeln kann.
Vor allem aber decken wir den Boden mit kurzem Grasschnitt oder
Stroh ab, um ihn möglichst lange
feucht zu halten. Besonders die
flachwurzelnden Tomaten gedeihen
prächtig auf gemulchtem Boden.

Das Hochbeet, eine Variante des Hügelbeetes

Es ermöglicht ein bequemes Arbeiten und ist deshalb vor allem für
ältere Gartenfreunde interessant,
die sich mit dem Bücken schwertun.
Selbst Rollstuhlfahrer können sich
hier betätigen, wenn das Hochbeet
von einem Plattenbelag umgeben ist.
Die Schichten werden ähnlich aufgesetzt wie beim Hügelbeet, nur
sind die Gartenabfälle von einer
festen Umrandung aus Rundhölzern
umgeben. Wenn der Platz sonnig
ist, kann sich das Hochbeet in der

Rasenfläche befinden. Aus gestalterischen Gründen natürlich nicht mittendrin, sondern mehr am Rand. Vorzüglich eignet es sich, um einen langen, schmalen Reihenhausgarten optisch zu verkürzen. Wir stellen es im hinteren Drittel quer, sodass nur an einer Seite ein schmaler Durchgang bleibt. Vor dem Hochbeet könnte, getrennt durch einen Trittweg, ein Streifen mit Stauden und Sommerblumen bepflanzt werden, hinter dem Hochbeet bietet sich die restliche kleine Gartenfläche als Kompostplatz an.

Aufbau: Die Länge kann beliebig sein, doch gelten auch hier 4–5 m als günstiges Maß. Breite: 1,30–1,40 m, damit alle Arbeiten von beiden Seiten aus bequem erledigt werden können. Die Umrandung, bis zu 80 cm hoch, bauen wir aus Fichten- oder Föhrenrundhölzern, geschält oder mit Rinde, Durchmesser 8–10 cm. Zuerst wird der Boden 25 cm tief ausgehoben und seitlich gelagert. Dann schlägt man an den Ecken, entlang der Längsseiten auch in der Mitte, Holzpfosten ein

Das Hochbeet wird ähnlich wie ein Hügelbeet angelegt. Es ist vor allem für Gartenfreunde interessant, die sich mit dem Bücken schwer tun.

und schichtet die langen Rundhölzer aufeinander, meist 6–7 Stück. Bei Wühlmausgefahr werden Boden und Seitenwände mit feinmaschigem Drahtgeflecht ausgekleidet. Auch beim Hochbeet pflanzen wir in die Beetmitte bevorzugt Tomaten und Paprika. Vorzüglich wachsen Gemüsearten, die gegen Staunässe empfindlich sind, wie Petersilie, Möhren, Rettiche und alle Salatarten. Aussaaten können auch bei stärkeren Regenfällen nicht seitlich heruntergespült werden.

Hilfsmittel zur Ernteverfrühung

Gewächshaus

In einem Glashaus ohne zusätzliche Heizung können wir dreimal im Jahr ernten.

Frühjahr: Ab März Kopfsalat, Eissalat, Kohlrabi, Rettiche, Radieschen, Gartenkresse pflanzen bzw. säen. Selbst wenn die Temperaturen nachts unter den Gefrierpunkt sinken, treten kaum Schäden auf. Vorbeugend die Pflanzen bei Gefahr von Nachtfrost mit Vlies oder großen Blättern Zeitungspapier abdecken!

Sommer: Sobald Anfang bis Mitte Mai die frühen Kulturen geerntet sind, können wir Tomaten, Gurken und Paprika pflanzen.

Herbst: Ab Mitte September bis Anfang Oktober säen wir Feldsalat. Wertvoll ist dabei, dass Feldsalat im Gewächshaus sauber bleibt, da er gegen Ölheizungsruß, wie er den Winter über im Freien niedergeht, abgeschirmt ist. Darüber hinaus können wir Mitte bis Ende September Spinat für die Frühjahrsernte säen bzw. Anfang September Endi-

vie oder Zuckerhut pflanzen. Dazu nur kräftige Pflanzen mit Wurzelballen bzw. in Töpfen vorkultivierte Zuckerhutpflanzen verwenden! Endivie können wir meist von Oktober bis Weihnachten ernten, Zuckerhut bis ins zeitige Frühjahr hinein. Auch Kopfsalat kann – ähnlich wie im Frühbeet – Ende August bis Anfang September gepflanzt und gleichzeitig können Radieschen gesät werden, sodass wir zu Allerheiligen letztmals im Jahr zarten Kopfsalat und knackige Radieschen ernten können.

Ist das Haus mit einer **Zusatzheizung** für kalte Nächte (z. B. Heizlüfter mit Thermostat) versehen, so können im Frühjahr die verschiedensten Gemüse- und Blumenpflanzen herangezogen werden. Der erste Anbau von Gemüse kann noch früher beginnen, und es können spezielle Treibgurkensorten verwendet werden.

Kauf eines Gewächshauses

Darauf sollten Sie achten:

● Kein zu kleines Gewächshaus wählen. Als ideale Größen haben sich 12 m² (3 x 4 m) bis 15 m² oder mehr bewährt.

● Für Gewächshäuser ohne Dauerbeheizung genügen Punktfundamente. Dazu werden an den vier Ecken – in windigen Gegenden auch dazwischen – mit einem Handbohrer etwa 80 cm tiefe Löcher mit 15–20 cm Durchmesser gebohrt und mit Beton gefüllt.

● Gewächshaus am sonnigsten Platz aufstellen! Daran denken, dass im Spätherbst und zeitigen Frühjahr größere Gebäude oder hohe Bäume lange Schatten werfen.

● Die Pflanzen brauchen neben Wärme vor allem Licht und Luft! Bei nicht heizbaren Gewächshäusern kann Gartenblankglas (Fensterglas) verwendet werden. Es bietet größtmöglichen Lichteinfall und ungehinderten Blick in das Gewächshaus. Nachteile: die Pflanzen können allzuleicht verbrennen, extreme Temperaturschwankungen, da nicht isolierend, und hohe Bruchgefahr.

● Gartenklarglas (Nörpelglas) bietet den Pflanzen zwar günstiges diffuses Licht, geht aber ebenfalls leicht zu Bruch und besitzt keine Isolierwirkung.

● Optimal sind, zumindest für beheizbare Gewächshäuser, isolierende Stegdoppelplatten aus original Plexiglas. Der Typ »Alltop« bietet eine besonders hohe Lichtdurchlässigkeit.

● Anstelle eines Glashauses ist für die gemüsebauliche Nutzung auch ein preiswertes Foliengewächshaus geeignet. In diesem Fall UV-stabilisierte Polyäthylenfolie, 0,2 mm stark und mit vierjähriger Gütegarantie verwenden! Folie bei Temperaturen über 18 °C aufspannen!

● Nicht mit Lüftungsfenstern sparen! Möglichst zwei Fenster an der Ostseite des Gewächshauses mit automatischen Fensteröffnern vorsehen, damit nicht ständig ans Lüften gedacht werden muss!

● Eine Wasserleitung am Gewächshaus vorsehen und möglichst auch eine Steckdose, damit bei Frostgefahr ein Heizlüfter mit Thermostat (Frostwächter) aufgestellt werden kann.

Frühbeet

Das traditionelle Frühbeet mit den Fenstermaßen 100 x 150 cm braucht hier wohl nicht näher beschrieben zu werden. Wichtig ist, dass der Kasten von Nord nach Süd eine Neigung von 5–10 cm hat und für den frühen Anbau nicht zu hoch aus dem Boden herausschaut; dadurch wird die Abkühlungsfläche verringert.

Selbstlüftende Frühbeetfenster sind für Gartenfreunde interessant, die sich nicht ständig um das Lüften und Ablüften kümmern können.

Der Frühbeetkasten kann aus Holz gebaut sein. Die Bretter werden vorher mit einem pflanzenunschädlichen Holzschutzmittel imprägniert. Wesentlich dauerhafter ist ein Betonkasten. Praktisch sind Fertigteile aus Beton oder Holzbeton sowie Frühbeete aus Doppelstegplatten u. a. Materialien, die wir an Ort und Stelle zusammensetzen können. Für den berufstätigen Gartenfreund oder für den wohnungsfern gelegenen Kleingarten haben sich **selbstlüftende** Fenster gut bewährt. Die stabilen Rahmen sind in den Maßen 80 x 150 cm aus Aluminium gefertigt. Sie sind praktisch unbegrenzt haltbar. Jedes Fenster besteht aus sechs Scheiben, die kittlos eingeschoben werden. Bricht eine Scheibe, so kann sie jederzeit ausgewechselt werden.

Das Glashaus sollte an die sonnigste Stelle des Gartens kommen, damit die Pflanzen vom Morgen bis zum späten Abend reichlich Licht bekommen.

Das selbsttätige Öffnen und Schließen der Fenster erfolgt durch einen ölgefüllten Thermostaten, der die Scheiben je nach eingestellter Temperatur hebt und senkt. Die gewünschte Temperatur wird durch Drehen am Thermostat (Kupfer) eingestellt. Durch Vordrehen nach der Gestängeseite öffnen sich die Scheiben früher. Die Scheiben können von Hand hochgedreht werden und klinken in der Endeinstellung ein. Beim Ernten ist dies sehr praktisch, weil nicht das ganze Fenster abgehoben werden muss. Haben wir einen Kasten für zwei oder drei Fenster, so genügt es bereits, wenn wenigstens eines davon selbstlüftbar ist.

Es besteht die Möglichkeit, auch andere Frühbeetfenster mit einem automatischen Öffner zu versehen. Das Öffnen und Schließen erfolgt je nach Temperatur durch Solarenergie.

Kalter Kasten

Bereits ab Anfang bis Mitte März können wir ohne Mistpackung mit dem Anbau beginnen. Wir haben es dann mit einem kalten Kasten zu tun. An den Abenden sollten zu dieser frühen Jahreszeit selbstverständlich auch selbstlüftbare Fenster mit Luftpolsterfolie (Isolierfolie), Brettern u. ä. abgedeckt werden, um die Wärme möglichst lange zu halten.

Nachdem die altbewährten Strohmatten nicht mehr erhältlich sind, verwende ich Luftpolsterfolie in 2facher Lage und lege darauf entlang der Kastenober- und -unterseite je ein Brett, damit bei nächtlichem Wind die Folie nicht fortgeweht wird. Wenn an sonnigen Tagen mit meist

folgender Frostnacht bereits am Spätnachmittag abgedeckt wird, hält sich die gespeicherte Wärme recht gut, sodass auch im »Kalten Kasten« im März/April gegenüber dem Freien der nächtliche Temperaturunterschied an die 3–5 °C beträgt.

Folien

Folien sind zwar keine Zierde, doch haben sie sich für die Ernteverfrühung bewährt. Die einfachste Methode ist es, eine **Schlitzfolie**, auch unter der Bezeichnung **»Wachsende Folie«** bekannt, oder ein Vlies auf die frühen Aussaaten von Petersilie, Frühmöhren, Spinat und Radieschen zu legen. Damit der Wind die Folie nicht fortträgt, wird sie seitlich etwas eingegraben oder mit Steinen bedeckt.

Genauso macht man es, wenn Ende März/Anfang April Kopfsalat und Kohlrabi, Blumenkohl, Frühweißkraut u. a. ins Freie gepflanzt werden. Es ist erstaunlich, wie rasch die Gemüsepflanzen einwurzeln

Mit Schlitzfolien und Vlies lässt sich die Ernte verfrühen. Hier Kopfsalat, am gleichen Tag gepflanzt, unter »Wachsender Folie« und ohne Folie.

und wie sie auch bei kühler Witterung munter weiterwachsen. Je größer sie werden, desto mehr dehnt sich die »mitwachsende« Folie, hat sie doch Tausende kleiner Schlitze, die anfänglich geschlossen sind, sich aber allmählich, der Pflanzenentwicklung angepasst, immer weiter öffnen.

Man braucht solche Schlitzfolien nicht zu lüften, und auch mit dem Gießen gibt es keine Probleme, denn das Wasser dringt durch die Vielzahl kleiner Schlitze hindurch. Wichtig ist, dass die »Wachsende« Folie im zeitigen Frühjahr gleich nach dem Säen oder Pflanzen aufgelegt wird, um rasch das gewünschte Treibhausklima zu erzeugen. Erst wenn es dann so richtig warm wird, also gegen Mitte Mai, wird die Folie an einem trüben Tag abgenommen, aber nicht bei Sonnenschein und kaltem Wind, denn das wäre für die im Folien-Treibhausklima verwöhnten Pflanzen ein Schock! Auf Schnecken achten!

Vlies

Ebenso wie eine Schlitzfolie lässt sich im zeitigen Frühjahr transparentes Vlies auf die Kulturen auflegen. Es besteht aus feinen weißen Kunststoff-Fäden, die völlig systemlos neben- und übereinanderliegen. Durch die vielen kleinen Öffnungen von unterschiedlicher Größe können Licht, Wasser und Luft hindurch. Vorteilhaft macht sich vor allem die hohe Luftdurchlässigkeit bemerkbar, die Pflanzen wachsen dadurch gesund heran. Man kann das Vlies verhältnismäßig lange auf den Kulturen belassen, eben weil ein reichlicher Luftaustausch möglich ist. Bei Blumenkohl, Kohlrabi und den anderen Frühkohlarten braucht man das Vlies erst zwei Wochen vor der Ernte zu entfernen, bei Gurken und Zucchini kurz vor Blühbeginn, bei Frühkartoffeln, wenn keine Spätfröste mehr zu befürchten sind. Bei Kopfsalat und Radieschen kann man das Material sogar bis Erntebeginn auf den Pflanzen belassen. Auch Vlies sollte nur bei bedecktem Himmel und Windstille entfernt werden. Der richtige Zeitpunkt liegt meist in der 2. Maihälfte.

Folientunnel

Ebenso ist eine Ernteverfrühung mit Folientunnels möglich, die es im Handel fertig zu kaufen gibt. Am billigsten ist folgende Methode: Wir kaufen eine Rolle Draht von 5 mm Stärke und zwicken davon mit der Zange Stücke von etwa 1,50 m Länge ab. Diese Stücke sind bereits gebogen – da der Draht auf einer Rolle gewickelt war –, sodass wir die Bügel nur noch im Abstand von 50 cm auf das bereits angepflanzte bzw. angesäte Beet zu stecken brauchen. Die Entfernung von einem Drahtbügel zum anderen sollte nicht mehr als 50 cm betragen, weil sich sonst bei Regen oder Schneefall »Säcke« bilden und die Folie auf die Kulturen heruntergedrückt wird.
Stecken die Bügel fest im Boden, so brauchen wir sie nur noch mit der Folie zu überspannen, die wir an den Beetenden reichlich überstehen lassen. An den Enden wird die Folie mit etwas Erde oder einigen Steinen beschwert, an den Drahtbügeln wird sie mit Wäscheklammern festgehalten, damit wir an warmen Tagen lüften können.
Noch einfacher wird das Lüften, wenn wir in Abständen von 50 cm je

2 Drahtbügel übereinander stecken, zwischen denen sich die Folie befindet. Wir brauchen dann bei warmer Witterung nur die Folie hochzuschieben; auf Wäscheklammern kann verzichtet werden und außerdem ist die Folie noch besser gegen Wind geschützt. Dies ist eine billige und dabei praktische Methode. Versuche haben ergeben, dass die Verfrühung von Kopfsalat bei Verwendung eines lüftbaren Folientunnels 14–17 Tage beträgt. Selbstverständlich können wir uns auch Lattenrahmen zusammenbauen und diese mit Folien in einer Stärke von 0,1 mm, 0,15 mm oder 0,2 mm überspannen. Wir bekommen dadurch leichte Frühbeetfenster, die auf einen Holzkasten aufgelegt werden können. So haben wir ein geschütztes Beet, in dem Pflanzen herangezogen oder aber Gemüsearten verfrüht werden können.
Je nach Größe des Lattenrahmens spannen wir einige Nylonschnüre, damit die Folie nicht durchhängt. Die Folie wird straff über den Rahmen gespannt und auf der Unterseite der Latten mit breitköpfigen, verzinkten Nägeln festgenagelt. Vorher wird, zur größeren Haltbarkeit, auf die Folie entlang der Rahmenunterseite eine Plastikschnur gespannt und in diese die Nägel eingeschlagen. Jeder Gartenfreund kann hier »Erfinder« spielen.

Wertvolle Gemüsearten

Zuerst eine Übersicht über die wichtigsten Gemüsearten, die nachfolgend beschrieben werden. Mit ihnen können wir uns und unsere Familie rund ums Jahr aus eigenem Garten versorgen.
Blattgemüse: Kopfsalat, Römischer Salat, Eissalat, Radicchio, Schnitt- und Pflücksalat, Endivie, Chicorée, Zichorie 'Zuckerhut', Feldsalat, Rucola, Spinat, Mangold.
Fruchtgemüse: Gurken, Kürbis, Zucchini, Tomaten, Paprika.
Hülsenfrüchte: Buschbohnen, Stangenbohnen, Puffbohnen, Erbsen.
Kohlgemüse: Kohlrabi, Blumenkohl, Weißkohl, Rotkohl, Wirsing, Rosenkohl, Grünkohl, Chinakohl, Brokkoli.
Wurzelgemüse: Möhren, Rettich, Radieschen, Rote Bete (Rote Rüben), Knollensellerie, Schwarzwurzeln, Knollenfenchel, Kohlrüben, Frühkartoffeln.
Zwiebelgemüse: Speisezwiebeln, Porree.
Dauerkulturen: Rhabarber, Grünspargel, Meerrettich.
Seltener angebaute Gemüsearten: Bleichsellerie, Zuckermais, Topinambur, Artischocken, Löwenzahn.

Blattgemüse

Kopfsalat

An Salat essen wir uns nie über, im Gegenteil, eine Schüssel mit grünem Salat auf dem Tisch regt den Appetit an, ganz besonders, wenn Radieschen und Tomatenscheiben, Paprika-Streifen oder würzige Rucola-Blätter zugegeben wurden.
Alle Salatarten lieben humusreichen, garen Boden und reichlich Feuchtigkeit. Besonders Blattgemüsearten müssen rasch wachsen, um zart zu

Salate
Es gibt sie in vielerlei Farben und Formen. Sie sind allein schon für das Auge ein Genuss.

bleiben. Wir gießen deshalb häufig und lockern den Boden.
Da Kopfsalat wenig Platz benötigt, kann er immer irgendwo dazwischengesetzt werden, sodass wir laufend ernten können. Die ersten Pflanzen kaufen wir beim Gärtner, dann aber sollte alle 2–3 Wochen auf einem kleinen Saatbeet etwas Kopfsalat ausgesät werden, um immer Pflanzen zur Hand zu haben. Ab Mitte März wird Kopfsalat ins kalte Frühbeet oder unter Folie im Abstand von 25 x 25 cm ausgepflanzt, ab Anfang April ins Freie. Schließlich kann gegen Ende August noch

PROFI-TIPP

Beim Kopfsalat dürfen die Blätter beim Pflanzen nicht in den Boden kommen, weil sonst die Pflanzen leicht faulen und die Köpfe zu klein bleiben. Der Gärtner sagt: »Salat muss im Wind flattern«.

Aussaat- und Pflanztermine der wichtigsten Gemüsearten

Gemüseart	Saat bzw. Pflanzung von/bis
Blumenkohl	Ⓟ A. April/E. Juli
Brokkoli	Ⓟ A. April/M. Juli
Buschbohnen	Ⓢ M. Mai/A. Juli
Chicorée	Ⓢ M. Mai/E. Mai
Chinakohl	Ⓢ M. Juli/A. Aug.
	Ⓟ A. Aug./M. Aug.
Eissalat	Ⓟ A. April/A. Aug.
Endivie	Ⓟ A. Juli/A. Aug.
Erbsen	Ⓟ A. April/M. April
Feldsalat, Herbsternte	Ⓢ A. Aug./E. Aug.
–, Überwinterung	Ⓢ A. Sept./M. Sept.
Fenchel	Ⓢ M. Juni/M. Juli
Frühkartoffeln	Ⓟ M. April
Grünkohl	Ⓟ E. Juni/A. Aug.
Gurken	Ⓢ + Ⓟ M. Mai/E. Mai
Kohl (Rotkohl, Weißkohl, Wirsing), frühe Sorten	Ⓟ A. April/M. April
–, späte Sorten	Ⓟ E. Mai/M. Juni
Kohlrabi	Ⓟ M. März/A. Aug.
Kopfsalat	Ⓟ E. März. M. Aug.
Möhren, frühe Sorten	Ⓢ M. April/A. Juni
–, späte Sorten	Ⓢ M. April/A. Juni
Paprika (unter Glas oder Folienschutz)	Ⓟ M. Mai
Porree	Ⓟ E. April/E. Juni
Radieschen	Ⓢ E. März./E. Aug.
Rettich	Ⓢ E. März/A. Aug.
Rosenkohl	Ⓟ M. Mai/A. Juni
Rote Bete	Ⓢ M. April/E. Juni
Schwarzwurzeln	Ⓢ M. März/A. April
Sellerie, Knollensellerie	Ⓟ M. Mai/A. Juni
–, Bleichsellerie	Ⓟ M. Mai/A. Juli
Spinat, Ernte Frühjahr	Ⓢ M. März/E. April
–, Ernte Herbst	Ⓢ A. Aug./E. Aug.
Stangenbohnen	Ⓢ M. Mai/E. Juni
Tomaten	Ⓟ M. Mai/E. Mai
Zichorie 'Zuckerhut'	Ⓢ M. Juni/E. Juni
Zucchini	Ⓟ M. Mai/M. Juni
Zuckermais	Ⓢ M. Mai/A. Juni
Zwiebeln, Säzwiebeln	Ⓢ M. März/A. April
–, Steckzwiebeln	Ⓟ M. März/M. April

A. = Anfang, M. = Mitte, E. = Ende
Ⓢ = Aussaat, Ⓟ = Pflanzung

einmal unter Glas oder Folie ange-baut werden. Von der Pflanzung bis zur Ernte benötigt Kopfsalat 6–8 Wochen.

Sorten: Für das **Frühbeet** und **Gewächshaus** eignen sich 'Larissa' und 'Ovation', für den **frühen Anbau** im Freiland 'Maikönig', 'Ovation', 'Viktoria', 'Irina' und 'Dynamite', für den **Frühsommer- und Sommeranbau** 'Attraktion', 'Neckarriesen', 'Kagraner Sommer' und 'Pirat'. Pflanzabstand 30 x 30 cm. Universalsorten, die sich für den **Frühsommer-, Sommer- und Herbstanbau** eignen, sind die schossfesten und krankheitsresistenten Neuzüchtungen 'Ovation', 'Estelle' und 'Sylvesta' sowie die ältere Sorte 'Merveille des Quatre Saisons' mit rotbraunen großen Köpfen; sie können von April bis August gepflanzt werden. Geradezu ideal für einen »Rund-um-die-Uhr«-Anbau ist die bereits mehrmals erwähnte Sorte 'Ovation'.

Römischer Salat

Auch unter dem Namen **Romanasalat** oder **Bindesalat** bekannt, war er im Mittelalter in jedem Klostergarten zu finden. Die sich nach oben zu verjüngenden Köpfe erinnern an gotische Kirchenfenster und sind schon deshalb für das Auge reizvoll. Pflanzung vom Frühjahr bis Ende Juli im Abstand von 30 x 30 cm.

Eis- oder Krachsalat

Er bildet große, kohlähnliche Köpfe, die von ausladenden Umblättern umgeben sind. Wegen dieser Größe und seiner längeren Entwicklungszeit braucht er etwa 10 Tage länger als Kopfsalat. Hitze und Trockenheit werden gut vertragen, und die fertigen Köpfe können 2–3 Wochen auf dem Beet verbleiben ohne zu schießen. Eissalat können wir von April bis Juli auf dem Saatbeet aussäen. Gepflanzt wird auf 35 cm Abstand. Die Köpfe sehen zwar derb aus, sind aber zart und haben beim Essen einen angenehmen »Biss«. Die Blätter werden bei der Zubereitung in 2 cm breite Streifen geschnitten.

Radicchio

Diese Salatart hat einen festen »Biss«, der Geschmack ist leicht bitter, pikant. Radicchio (Radickio gesprochen) bildet im Herbst rote Rosetten und lässt sich zusammen mit anderen Salaten zu einem auch das Auge ansprechenden Mischsalat zubereiten. Die dekorativ aussehenden Salatblättchen eignen sich auch zum Garnieren von grünen Salaten, kalten Platten, Braten und Rohkost recht gut. Für die Herbsternte wird von Mitte Juni bis Mitte Juli in Reihen von 30 cm Abstand gesät und in der Reihe nach dem Aufgang auf 20–30 cm vereinzelt. Die Blattrosetten bzw. lockeren kleinen Köpfe werden im Herbst bis Winter mit einem längeren Stück der Pfahl-

wurzel geerntet, damit die Blätter nicht auseinanderfallen.

Sorten: Für die Herbsternte eignet sich die Sorte 'Palla Rossa'.

Schnitt- und Pflücksalat

Beide können wir auch im Halbschatten anbauen, da hier keine Köpfe gebildet werden. Schnittsalat säen wir in Reihen von etwa 15 cm Abstand aus. Bereits nach 5 Wochen können die Salatpflänzchen dicht über dem Boden abgeschnitten werden. Pflücksalat kann ebenfalls ab Mitte April ausgesät werden. Der Reihenabstand soll hier 25 cm betragen. Wenn die Pflanzen nach 5 Wochen 20 cm hoch sind, werden die unteren Blätter erstmals abgepflückt. Die Pflanzen wachsen weiter, und es entstehen laufend neue verwertbare Blätter.

Sorten: 'Lollo Rossa', 'Lollo Bionda', roter bzw. gelber **Eichblattsalat** ('Red Bowl' bzw. 'Salad Bowl'), u. a. Auch von **Bataviasalat** mit locker gefüllten, offenen Köpfen sind mehrere Sorten im Handel.

Endivie

Winterendivie säen wir Mitte Juni/Anfang Juli auf ein Anzuchtbeet recht dünn aus, damit sich kräftige Pflanzen entwickeln können. Ein Pikieren ist dann nicht erforderlich. Die Anzucht dauert etwa 4–5 Wochen, sodass wir ab Mitte Juli auf frei gewordenen Beeten im Abstand von 30 x 30 cm auspflanzen können. Da die Pflanzen lange Blätter haben, kürzen wir diese und die Wurzeln um ein Drittel ein. Dadurch wird die Verdunstung in der heißen Sommerzeit eingeschränkt und die Pflanzarbeit erleichtert. Des öfteren werden Pflanzen durch Erdraupen geschädigt, leicht er-

Römischer Salat oder Bindesalat
Hier die Sorte 'Romea'.

kenntlich am Welken der Blätter. Wir brauchen nur die Erde unter der welken Pflanze mit der Hand herauszuheben und finden dann die schmutziggraue Raupe, die wir vernichten. Es ist gut, wenn auf dem Saatbeet noch ein paar kräftige Reservepflanzen stehen, die mit kräftigen Wurzelballen herausgehoben und an die Schadstellen gepflanzt werden können.

Von der Pflanzung bis zur Ernte dauert es etwa 8 Wochen. Die fertig entwickelten Pflanzen werden mit Bast oder Gummiringen bei trockener Witterung (Fäulnisgefahr) zum Bleichen zusammengebunden. Alle 10 Tage binden wir unseren nächsten Bedarf zusammen. Bis in den November hinein kann Endivie im Freien verbleiben, da Fröste bis −5 °C vertragen werden. Später schlagen wir die Pflanzen in ein Frühbeet oder im Keller in sandige Erde ein. **Sorten:** 'Escariol grüner', frostunempfindlich, im Einschlag besonders gut haltbar; 'Diva', wird größer als vorige, aufrechter Wuchs, daher sehr gut selbstbleichend; früh und dicht gefüllt.

Endivie
In einem Frühbeetkasten eingeschlagen, können wir ihn meist bis Weihnachten ernten.

Chicorée

Die Kultur erfolgt in zwei getrennten Abschnitten: das Wachsen im Garten und dann – ab Herbst – das Treiben im Keller oder einem anderen warmen Raum bei völliger Dunkelheit. Gesät wird um Mitte Mai mit einem Reihenabstand von 30–40 cm und 1–2 cm tief. Bald nach dem Aufgehen werden die Pflänzchen auf 8–10 cm in der Reihe ausgedünnt. Ende Oktober/Anfang November ernten wir mit der Grabgabel. Die Ernte bleibt eine Woche lang auf einem Haufen liegen. Dann schneiden wir die Blätter bis auf Daumenstärke über den Rüben ab. Rüben mit 3–8 cm Durchmesser bringen die schönsten Austriebe.

Jetzt werden die Wurzeln im dunklen Keller senkrecht in Sand eingeschlagen oder wir suchen uns eine genügend tiefe Holzkiste, einen Blech- oder Pappe-Eimer und bringen am Boden einige Abzugslöcher an. Pappe-Eimer werden mit Folie ausgeschlagen, damit sie später nicht aufweichen. Nachdem auf den Behälterboden handbreit Erde gegeben wurde, stellen wir die Rüben dicht an dicht senkrecht ein und füllen den Raum zwischen den Wurzeln mit Erde auf. Zum Schluss decken wir die Rüben handhoch mit humusreicher Gartenerde ab. Jetzt werden die Behälter bei einer Temperatur von 10–15 °C in einem dunklen Raum aufgestellt. Je wärmer der Raum, desto schneller geht das Treiben vor sich. Bei mehr als 18 °C werden die Triebe zu locker. Sobald die weißgelben Chicoréezapfen nach etwa 5 Wochen ausgebildet sind, schneiden wir sie 2 cm über dem Herzen ab. Die Wurzel treibt dann noch einmal für eine zweite Ernte durch.

'Zuckerhut'
Er kann in kleine Töpfchen gesät oder pikiert und mit Wurzelballen im Juli/ August ausgepflanzt werden.

Zichorie 'Zuckerhut'

Auch Fleischkraut oder 'Vatters Zuckerhut' genannt, weil die Schweizer Samenfirma Vatter (Bern) diesen wertvollen Salat in den Handel gebracht hat. Wie Endivie und Chicorée gehört 'Zuckerhut' zu den Zichorienarten und schmeckt deshalb etwas bitter. Wertvoll ist 'Zuckerhut' vor allem, weil er erst von Mitte bis Ende Juni ausgesät zu werden braucht. Bei früherer Saat neigt er zur Blütenbildung. Gesät wird in Reihen von 35 cm Abstand. Nach dem Auflaufen wird in der Reihe auf 40 cm verzogen. Wir können aber auch auf das Saatbeet säen und die kleinen Pflänzchen, wenn sie etwa 3 bis 5 cm groß sind, auf 35 x 40 cm Abstand verpflanzen. Sobald die Pflanzen größer sind, lassen sie sich nur schlecht versetzen, weil sie eine Pfahlwurzel besitzen, die leicht abreißt.

Geerntet wird ab Anfang Oktober. Ein großer Vorteil des 'Zuckerhuts' ist seine Unempfindlichkeit gegen Kälte; er verträgt Temperaturen

'Zuckerhut'
Er hält einige Kälte aus. Die Außen-
blätter leiden zwar, doch das Innere
des Kopfes bleibt frischgrün.

bis 10 °C. Ende November werden
die Pflanzen mit Wurzelballen aus
dem Boden gestochen, die größeren Umblätter weggenommen und
dann im Keller oder Frühbeet in Erde oder Sand eingeschlagen. Eine
Lagerung der Köpfe ohne Wurzeln
ist 3–4 Wochen lang möglich.
Wer den leichten Bitterstoff nicht
mag, kann ihn mildern, indem er die
feingeschnittenen Blätter (ähnlich
wie bei Endivie) kurz in warmes Wasser legt. Erst dann wird die Soße zugegeben, also Zitrone, Kräuteressig,
Salz, Öl und Zucker, feingeschnitte-
ne Zwiebeln und Tomaten.

Feldsalat

Ein bekannter Salat mit feinem Aroma, der am besten frisch geerntet
und gleich zubereitet wird. Dabei
werden die ganzen Pflänzchen, also
die Rosetten, dicht über dem Boden
abgeschnitten.
Aussaat Mitte August bis Mitte September mit 10 cm Reihenabstand,
das sind 10–12 Reihen je Beet.
Wenn der Boden weitgehend unkrautfrei ist, ziehe ich es vor, breitwürfig zu säen. Aussaat am besten
in 2 Sätzen, damit die Ernte verlän-
gert werden kann. Saatgutbedarf:
2–3 g/m², auf keinen Fall mehr, da
sonst die Rosetten zu klein bleiben
und viele gelbliche Blättchen anfallen. Je m² können wir etwa 500 g
ernten.
Prachtexemplare von Feldsalat können beinahe den ganzen Winter
über geerntet werden, wenn wir
überall dort, wo Feldsalat zu dicht
aufgegangen ist, einen Teil der kleinen Pflänzchen im Oktober in den
Frühbeetkasten pikieren. Abstand:
10 x 10 cm. Nach dem Anwachsen
bei milder Witterung reichlich lüften! Ernte ab Weihnachten bis zum
Frühjahr, auch bei Schnee.
Sorten: 'Vit' (mehltauresistent),
'Dunkelgrüner vollherziger' u. a.

Feldsalat
Wer ihn auf 10 x 10 cm Abstand ins Früh-
beet oder Gewächshaus pikiert, kann den
ganzen Winter über ernten.

Rucola, Salatrauke

Von Italien her bekannt, findet diese
schnell wachsende Pflanze auch bei
uns immer mehr Liebhaber. Aussaat
in Reihen mit 15 cm Abstand von
April bis Anfang September oder im
Gewächshaus/Frühbeet über einen
noch längeren Zeitraum. Je nach
Jahreszeit kann bereits nach 3–5 Wochen geerntet werden, wenn die
Blätter etwa 10 cm hoch sind. Da die
Rauke schnell wächst, eignet sie
sich gut für Gefäße auf dem Balkon.
Die würzig schmeckenden Blätter
verwenden wir zu Salat oder um anderen Salaten oder Kräutersoßen einen pikanten Geschmack zu geben.

Spinat

Frisch vom Beet geerntet, schmeckt dieses Blattgemüse am besten. Vor allem wissen wir im eigenen Garten, wie wir düngen, und das ist wichtig, denn bei zu hohen Stickstoffgaben gibt es zwar bald Blattmasse, der Spinat wird aber schwerer bekömmlich, vor allem Kleinkinder sind hier empfindlich.

Damit Spinat gut keimen kann, braucht er gelockerten Boden, aber auch einen festen Bodenschluss. Wir drücken deshalb das Beet nach der Aussaat mit einer Schaufel gut an. Gesät wird in Reihen mit 20–25 cm Abstand; auf ein Normalbeet also 5–6 Reihen. Saatgutbedarf: 5–7 g/m². Vor der Saat wird knapp 1 Handvoll Volldünger je m² eingearbeitet, bei Winterspinat im nächsten Frühjahr zusätzlich $^1/_2$ Handvoll gegeben.

Bei Frühjahrsaussaat im März/April kann im April/Mai geerntet werden. Herbstspinat wird von Mitte bis Ende August gesät und von Oktober bis November geerntet. Winterspinat von Mitte bis Ende September gesät und im März/April des nächsten Jahres geerntet.

Rucola
Er lässt sich sehr vielfältig zubereiten. Die Wilde Rauke (siehe Bild) schmeckt sogar noch würziger.

Spinat
Aus dem eigenen Garten – noch frischer geht's nicht!

Sorten: 'Matador' und 'Monnopa' sind Universalsorten, die sich für Herbsternte, Überwinterung und Frühjahrsanbau eignen.

Im Sommer ist ein Spinatanbau nicht möglich, weil die Pflanzen sofort in Blüte gehen würden. Diese Lücke kann durch den **Neuseeländer Spinat** geschlossen werden. Ausgesät wird gegen Ende März in Ton- oder Torftöpfchen im Frühbeet oder am Fensterbrett. In jeden Topf kommt nur 1 Korn (1 g = 10 Korn). Nach Mitte Mai wird auf das Beet nur eine Reihe ausgepflanzt. Abstand von Pflanze zu Pflanze: 50 cm. Für eine Familie genügen 5 Pflanzen. Von Ende Juni bis in den Oktober hinein, sobald die Triebe etwa 15 cm lang sind, werden Triebspitzen und Blätter geerntet. Die Pflanze bildet laufend neue Triebe.

Mangold

Es gibt Blatt- und Rippenmangold. Blattmangold hat schmale Blattstiele, deshalb werden bei ihm die Blätter wie Spinat zubereitet. Beim Rippen- oder Stielmangold werden dagegen vorzugsweise die Rippen, insbesondere die Stiele wie Spargel verwendet.

Im Gegensatz zu Spinat kann Mangold den ganzen Sommer über ge-

erntet werden. Gesät wird ab Ende April bis Mitte Juli in Reihen von 30 cm Abstand. Dabei werden in der Reihe alle 25 cm 3 bis 4 Samenkörner jeweils 2–3 cm tief ausgelegt und nach dem Aufgang auf je 1 Pflanze vereinzelt.

Für eine vierköpfige Familie reichen etwa 10 Pflanzen. Wenn wir viel Wasser geben, bekommen wir eine reiche Ernte, die ab Mitte Juni beginnt und den ganzen Sommer über fortgesetzt werden kann. Dabei dürfen nur die äußeren breiten Blätter weggenommen werden, die inneren Herzblätter braucht die Pflanze zur weiteren Entwicklung.

Sorten: 'Lukullus' ist besonders ergiebig und als Rippen- und Schnittmangold verwendbar. 'Rubarb Chard' und 'Vulkan' sind rotstielig und deshalb besonders attraktiv. Das gleiche gilt für 'Bright Lights' mit Stielen in leuchtenden Regenbogenfarben.

Mangold 'Vulkan'
Eine attraktive rotstielige Sorte.

Fruchtgemüse

Gurken

Treibgurken können wir im kalten Frühbeet oder in einem Folienkasten bereits ab Ende April auspflanzen. Je Fenster (1–1,5 m² Fläche) genügt 1 Pflanze, die wir uns entweder beim Gärtner besorgen oder Anfang April in Kunststoff- oder Tontöpfchen selbst aussäen. In jeden Topf kommen 2 Korn, die schwächere Pflanze wird später entfernt. An jeder Pflanzstelle wird reichlich verrotteter Mist oder Komposterde eingebracht, gut mit Erde abgedeckt und dann die Pflanze schräg in den Boden gesetzt, sodass die Wurzeln nicht zu tief kommen. Ideal wäre es, am Kompostplatz einen Haufen aufzusetzen, der schichtweise aus Rasensoden und Stallmist besteht. Nach mehrmaligem Umsetzen ergibt dies eine vorzügliche Gurkenerde, die vor dem Pflanzen ins Frühbeet eingebracht wird.

Im Freiland wird ab Mitte Mai je Beet eine Mittelreihe ausgesät bzw. gepflanzt. Vorher verbessern wir die

Gurken
Ideale Pflanzware mit drei Laubblättern und gut durchwurzeltem Topfballen.

Beetmitte besonders ausgiebig mit Komposterde, oder wir heben mit dem Spaten einen etwa 30 cm breiten, flachen Graben aus, der mit gut verrottetem Stallmist bzw. Komposterde gefüllt und mit dem Erdaushub abgedeckt wird. Entlang dieser Mittelreihe werden die Gurkenkerne in 10 cm Abstand ausgelegt und die Pflänzchen auf 30 cm Entfernung verzogen.

Wenn wir ein Frühbeet haben, können wir Mitte April in Töpfchen aussäen (je Topf 2 Korn) und ab Mitte Mai, im Abstand von 30–40 cm, eine Mittelreihe je Beet auspflanzen.

PROFI-TIPP

Auf schwarzer Mulchfolie ausgepflanzt, bringen Gurken bis zu 40 % höhere Erträge.

In raueren Gebieten, in denen im Sommer mit stärkeren Temperaturschwankungen zu rechnen ist, sollten die Gurken mit einem Folientunnel überbaut werden. Nur dann werden wir ein tropisch-üppiges Wachstum erleben. Bei einem öfteren Wechsel von Hitze mit kühler, regnerischer Witterung wird dagegen die Gurkenkultur bald zu kränkeln beginnen und absterben. Gurken wollen es warm und feucht haben. Am besten ist es, wenn wir am Gurkenbeet immer eine Gießkanne mit Wasser stehen haben, das sich an sonnigen Tagen rasch erwärmt.

Die Gurkenernte beginnt Anfang Juli und erreicht Mitte August ihren Höhepunkt. Salatgurken sollte man mit etwa 500 g Gewicht ernten, Einlegegurken sollten nicht länger als 12 cm werden. Lässt man die Gurken

Gurken
Für das Gewächshaus werden extra Treibsorten angeboten, hier 'Bella', eine Sorte für den Hobbygärtner. Ebenso empfehlenswert: 'Flamingo'.

schwerer bzw. größer werden, so geht dies auf Kosten des weiteren Fruchtansatzes.

Sorten: Für den Anbau **unter Glas** oder Folie eignen sich besonders 'Heike' und 'Tanja'. Bei letzterer kann im Sommer das Glas abgenommen werden. Empfehlenswert sind für das **Freiland** die bitterfreien Sorten 'Tanja', 'Marketmore', 'Moneta' und 'Chinesische Schlangen'. Letztere bringen bis 40 cm lange, schlanke, schlangenförmig gewundene Gurken. Bei 'Printo', einer reichtragenden Mini-Schlangengurke, hängen die Früchte büschelweise an den Trieben. Diese gegen Krankheiten resistente Neuheit können wir ohne Schnitt an Schnüren oder Gittern im Gewächshaus und im Freien ziehen.

Kürbis

Eine Pflanze reicht für unseren Bedarf. Wir können sie im Frühbeet oder am Fensterbrett in einem Topf aussäen (April) und ab Mitte Mai auspflanzen oder ab Anfang Mai direkt ins Freie säen. Am besten gedeiht der Kürbis auf dem Komposthaufen. Nach der Vollreife werden die Riesenfrüchte mit Gewürzen, Essig, Zucker und Salz eingelegt und sind eine willkommene Beilage zu verschiedenen Speisen.

Zucchini

Es gibt verschiedene Möglichkeiten, um die grünen Flaschenkürbisse zuzubereiten. Dieses Rezept aus dem bewährten Kochbuch von Hedwig Maria Stuber (»Ich helf dir kochen«, BLV-Verlag, München) ist besonders zu empfehlen: Schälen und in 0,5 cm dicke Scheiben schneiden. Scheiben mit Salz und Pfeffer bestreuen, mit Zitronensaft beträufeln

**Kürbis 'Rouge Vif d'Etampes'
Ein weiteres Beispiel, wie attraktiv Gemüse ist – abwechslungsreich in Form und Farbe.**

und etwa 1 Stunde stehen lassen. Den sich bildenden Saft wegschütten, die Scheiben leicht abtrocknen, in Mehl wenden und in reichlich heißem Fett herausbacken. Sofort servieren, am besten mit französischem Stangenweißbrot und einem Gläschen Rotwein.

Wie bei Gurken kultivieren wir in Töpfchen ab Mitte April vor. Die kleinen Pflanzen bringen wir dann ab Mitte Mai im Abstand von mindestens 1 m auf den Komposthaufen. 2 oder 3 Pflanzen genügen für eine mittlere Familie vollkommen. Wenn dann gelegentlich etwas Volldünger gegeben und reichlich gewässert wird, entwickeln sich die Pflanzen sehr rasch in tropischer Üppigkeit. In kühlen, feuchten Witterungsperioden sind sie weniger empfindlich als Gurken und wachsen recht erfreulich weiter. Sobald die langen, schlanken Früchte 20–25 cm lang geworden sind, werden sie geerntet. Man kann sie aber durchaus etwas länger werden lassen. Je Pflanze ist mit 6–8 Früchten zu rechnen. Vorsicht vor Schnecken! Besonders reichtragend ist die Sorte 'Diamant'.

Tomaten

Wer weiß, wie herrlich vollreife, leuchtend rote Tomaten schmecken, wird sie trotz einiger Schwierigkeiten im eigenen Garten anbauen. Wollen wir die Pflanzen selbst heranziehen, so wird gegen Mitte März im Zimmer ausgesät. Sobald die Sämlinge 2 Keimblätter entwickelt haben, pflanzen wir sie in Töpfe mit mindestens 10 cm oberem Durchmesser (= 10er-Töpfe) und senken sie im Frühbeet ein. Die Töpfe müssen bald auseinander gerückt werden, damit sich die Pflanzen gedrungen entwickeln können.

**Zucchini
»Mit Staunen sieht das Wunderwerk ...«
aus (Haydns »Schöpfung«) fällt mir beim Anblick der strahlend gelben Blüte ein.**

Das Auspflanzen erfolgt Mitte bis Ende Mai; am besten nur 1 Reihe auf die Beetmitte mit 50 cm Abstand von Pflanze zu Pflanze. Wenn möglich, pflanzen wir die Tomaten einreihig an eine Südwand oder sonstige geschützte Stelle.
Bei zwei Reihen Tomaten auf einem Beet ist ein Abstand von 60 x 50 cm einzuhalten. Bewährt hat es sich, die Tomaten mit Folie zu überbauen. Dadurch ergibt sich nicht nur eine Ernteverfrühung und -verlängerung, sondern auch ein sehr guter Schutz gegen die verbreitete Kraut- und Braunfäule (siehe Seite 245). Die Folie sollte aber nur bis etwa 40 cm über den Boden reichen, damit genügend Luftaustausch erfolgen kann. Bei warmer Witterung viel Lüften!
An jede Pflanze wird ein Holzpfahl gesteckt. Wir können aber auch je Tomatenreihe am Beetende 2 Holzpfähle einschlagen, so tief, dass sie noch etwa 1,50 m aus dem Boden herausschauen. Nachdem diese mit einem Spanndraht miteinander ver-

bunden sind, wird je Tomatenpflanze ein Welldrahtstab in den Boden gesteckt und mit Draht am Spanndraht befestigt. Welldrahtstäbe sind unbegrenzt haltbar und brauchen wenig Platz für ihre Lagerung.

Die Pflege der Tomaten besteht im laufenden Festbinden an den Holzpflock bzw. Welldrahtstab und im Entfernen der in den Blattachseln entstehenden Triebe (Geiztriebe) mit Daumen und Zeigefinger. Die dicht über dem Boden befindlichen 2 oder 3 Blätter werden ebenfalls entfernt. Dies ist eine Vorbeugungsmaßnahme gegen die Braunfäule, die vom Boden her gefördert wird. Nach dem 5.–6. Blütenstand werden sämtliche weiteren Blütenstände entfernt, nicht aber der Gipfel. Die Blätter sind zu schonen, weil sie Baustoffe erzeugen.

Tomate 'Hildares'
Im Jahr der Aufnahme im eigenen Garten wuchsen die Pflanzen bis zu 2,90 m hoch.

Gesunde, unreife Tomaten, die wir im Herbst wegen Frostgefahr abnehmen müssen, können wir zur Nachreife in einen Wohnraum legen oder in flachen Steigen in einen leeren Frühbeetkasten stellen.

Sorten: 'Hildares', 'Hellfrucht' und 'Harzfeuer' sowie die **Fleischtomaten** 'Myrto' und 'St. Pierre' eignen sich besonders für den Liebhabergarten. Bei Kindern beliebt ist 'Benarys Gartenfreude' mit kleinen, roten, süßen Früchten. Weitere empfehlenswerte **Cocktail-Tomaten** sind 'Piccolino', 'Sweet 100', 'Bistro' und die **Buschtomate** 'Supersweet 100'; sie bringen an langen Trauben viele kleine Früchte von vorzüglichem Aroma. Ideal für die Reise, weil sich die Früchte auf einmal in den Mund stecken lassen! Neuere Sorten: 'Gourmet' mit vorzüglichem Geschmack und 'Vanessa', robust, ertragreich. Die Früchte können nach der Reife noch eine Woche an der Pflanze bleiben ohne an Qualität zu verlieren.

Paprika
Wenn die Frühbeetfenster hochgelegt werden, bekommen die Pflanzen viel Wärme, aber auch reichlich Luft.

Paprika

Aus den bauchigen oder länglichen Schoten lassen sich vorzügliche Gerichte herstellen; in Streifen geschnitten und zusammen mit Tomaten als Salat zubereitet, schmeckt Paprika ausgezeichnet.

Die Vorkultur ist wie bei Tomaten. Ausgepflanzt wird ab Mitte Mai auf ein vollsonniges Beet im Abstand von 50 x 40 cm. Da bei uns die Sommerwitterung nicht ganz zuverlässig ist, sollte das Beet sofort mit Folie überbaut werden. Nur dann werden wir Spaß an der Kultur haben. Noch besser ist es, Paprika in das Frühbeet zu pflanzen und die Fenster, sobald die Pflanzen daran anstoßen, auf ein einfaches Dachlattengestell von 0,80–1 m Höhe hochzulegen. Die Fenster müssen wir gegen Sturm gut befestigen. Während des Sommers binden wir die höher werdenden Pflanzen an Stäbe an. Gelegentlich eine leichte Kopfdüngung geben, bei Trockenheit reichlich gießen.

Hülsenfrüchte

Buschbohnen

Die zarten Hülsen sind ein begehrtes Gemüse. Auch zum Eingefrieren sind sie ausgezeichnet geeignet und verlieren kaum an Qualität. Ausgesät wird von Mitte Mai bis spätestens 10. Juli. Im Abstand von 40 cm werden Horste von jeweils 5–7 Korn ausgelegt. Die Samen kommen nur etwa 2 cm tief in den Boden und werden mit Komposterde abgedeckt, damit die jungen Keimlinge die Bodendecke rasch durchstoßen können. Saatgutbedarf: Etwa 10–15 g/m². Mit der Ernte kann nach 8–10 Wochen begonnen werden. Wertvoll ist es, das Buschbohnenbeet kurzfristig mit Folie zu überbauen, denn Bohnen sollen flott wachsen und brauchen gerade während der Keimung viel Wärme. Wir können auch in Töpfen von 10 cm Durchmesser (je Topf 5 Korn) vorkultivieren und die Pflanzen nach den Eisheiligen ins Freie bringen.

Buschbohne 'Delinel'
Eine reichtragende, zarte Feinschmeckerbohne.

Sorten: Hier können u. a. 'Daisy', 'Maxi', 'Saxa', vor allem aber die ebenfalls reichtragende Feinschmeckerbohne 'Delinel' empfohlen werden. Für die Vorkultur in Töpfen verwenden wir 'Pfälzer Juni', deren Hülsen bereits im Juni geerntet werden können. Gelbhülsige **Wachsbohnen** wie 'Golddukat' geben einen besonders feinen Salat.

Stangenbohnen

Sie bringen gut den doppelten Ertrag von Buschbohnen. Mancher Gartenfreund schätzt auch den kräftigen Geschmack. Die Entwicklungszeit ist allerdings länger, die Ernte setzt ab Ende Juli ein.
Die Aussaat: Mitte Mai bis Ende Juni auf 90 x 50 cm, d. h. auf ein Beet kommen 2 Reihen. Erst werden die Stangen gesteckt und dann je Stange 6–8 Bohnen in einem zum Beetweg hin offenen Halbkreis in 3–4 cm Tiefe gelegt. Nicht zu tief, denn »die Bohnen müssen die Glocken läuten hören«. Saatgutbedarf ca. 10 g/m².
Bei Verwendung von Stahlstangen wird für jede Reihe an den Beetenden ein Pfahl eingeschlagen und diese Pfähle in 1,70–1,90 m Höhe mit einem Spanndraht verbunden. An diesem Draht werden die Stahlstangen mit Drahtklammern oder Draht befestigt.
Sorten: 'Neckarkönigin', sehr ertragreich, 'Neckargold', gelbhülsig, und die blauhülsige 'Blauhilde', die sich beim Kochen grün färbt. Sehr robust und reichtragend (bis 5 kg/m²) ist die **Feuerbohne** 'Preisgewinner', die sich wegen der roten Blüte ausgezeichnet zum Beranken von Zaun, Gartenlaube u. ä. eignet. Bei ihr sollten wie bei der **Prunkbohne** 'Weiße Riesen' die Stangen 110 x 80 cm auseinander stehen. Wegen der länge-

Prunkbohne 'Weiße Riesen'
Als »Indianerzelt« gestalterisch geschickt in den Rasen gestellt. Ein hübscher Einfall!

ren Entwicklungszeit hat eine Aussaat nur Sinn, wenn sie Mitte bis Ende Mai erfolgt.

Puffbohnen

Zusammen mit Speck lässt sich mit ihnen ein herzhaftes Essen kochen, das besonders im Rheinland beliebt ist. Gesät wird im März. Im Abstand von 60 x 20 cm werden 2–3 Körner in 3 cm Tiefe ausgelegt und nach dem Aufgehen bis auf eine Pflanze verzogen. Saatgutbedarf 30 g/m². Sobald die Pflanzen 15 cm hoch sind, wird angehäufelt. Dies erhöht die Standfestigkeit. Die Ernte dauert von Ende Mai bis Ende Juni. Wir pflücken wöchentlich mindestens einmal durch, denn die Hülsen müssen noch grün, die darin enthaltenen Körner milchig-weiß sein.

Erbsen

Junge Erbsen aus dem eigenen Garten zusammen mit frühen zarten Möhren sind so richtig eine Kombination für den Feinschmecker. Wir legen die kantigen Körner der **Markerbsen** ab Mitte April in 3 cm tiefe Rillen, die 40 cm voneinander entfernt sind. Abstand der Körner in der Reihe: 3 cm. Bei einem Saatgutbedarf von 20–30 g/m² können wir ab Ende Juni etwa 1 kg/m² ernten. Die Hülsen müssen prall gefüllt, aber noch grün sein. Wir pflücken also alle paar Tage durch.
Ein besonderer Leckerbissen sind **Zuckererbsen,** die wir unbedingt anbauen sollten, zumal sie am Markt kaum erhältlich sind. Hier wird nicht das Korn verwendet, sondern die ganze Hülse. Die Ernte erfolgt, wenn das Korn noch kaum entwickelt ist.
Sorten: 'Progress Nr. 9' ist eine ertragreiche und wohlschmeckende Markerbse. Die frühe, reich tragende Zuckererbse 'Sugar Bon' wächst hoch und braucht einen Halt an Reisig oder Drahtgeflecht.

Kohlgemüse

Kohlrabi

Eine Kultur, die rasch wächst und wenig Platz benötigt. Die ersten Pflanzen bringen wir ab Mitte März in den kalten Kasten bzw. unter Folie, ab Anfang April ins Freie. Pflanzen für den Sommer- und Herbstanbau können wir auf einem Freilandsaatbeet selbst heranziehen und von Mitte Mai bis Ende Juli

auspflanzen. Pflanzabstände: Bei Frühanbau 30 x 30 cm, sonst ca. 30 x 40 cm. Von der Aussaat bis zur Ernte dauert die Entwicklung etwa 10 Tage länger als bei Kopfsalat. Die blauen Sorten wachsen langsamer als die weißen, bleiben aber länger zart.
Sorten: 'Blaro-Roggli' (blau) für Anbau unter Glas und sehr frühe Freilandkultur, da frostwiderstandsfähig; 'Lanro Roggli' (weiß), früh- und raschwüchsig, auch für Folgekulturen bis zum Herbst; 'Blauer Speck' und 'Superschmelz' bringen sehr große, zarte Knollen, deshalb besonders für Sommer- und Herbstanbau.

Blumenkohl

Ein Genuss für das Auge ist es, wenn die schneeweißen Köpfe aus dem Grün der Blätter herausleuchten. Trotzdem ist der Blumenkohl im kleiner gewordenen Hobbygarten in den

Weißkohl
Im süddeutschen Raum wird er Weißkraut genannt. Hier die Frühsorte 'Cape Horn'. Ebenso attraktiv sind die spitzen Köpfe von spätem Filderkraut.

Hintergrund gerückt. Wer's trotzdem versuchen will, kann den ersten Satz im April ins Freie pflanzen. Letzte Pflanzung Mitte bis Ende Juli. Pflanzabstände: 40 x 50 cm. Auf ein Beet kommen also 3 Reihen. Nach 7–9 Wochen kann geerntet werden. Blumenkohl ist eine besonders anspruchsvolle Kultur. Nährstoff- und Wassermangel führen zu Wachstumsstörungen; die Blume entwickelt sich früh und bleibt klein. Außer einer Grunddüngung werden deshalb 2–3 Kopfdüngungen gegeben (siehe Seite 198). Sobald die Blume etwa faustgroß entwickelt ist, werden die äußeren Blätter nach innen umgeknickt, damit sich die Blumen nicht gelblich verfärben.
Sorten: 'Erfurter Zwerg', 'Neckarperle', 'Igloory' u. a.

Weißkohl, Rotkohl, Wirsing

Diese drei Kohlarten können zusammengefasst werden, weil ihre Ansprüche sehr ähnlich sind. Im Liebhabergarten haben sie heute nur noch geringe Bedeutung. Wir nutzen die kleinen Flächen besser mit feineren Gemüsearten und kaufen Kohl im Laden. Nur Frühsorten haben für den Garten eine gewisse Bedeutung. Wir bringen sie Mitte April ins Freie auf 40 x 50 cm Abstand, also 3 Reihen je Beet. Bis zur Ernte dauert es bei Frühweißkohl und Frühwirsing gute 8 Wochen, bei Frührotkohl etwa 11 Wochen.

Rosenkohl und Grünkohl

Das sind Kohlarten, deren Anbau sich nach wie vor »lohnt«. Zum einen gelingen sie leicht und zum anderen können wir die Beete mit einer Vorkultur nutzen. Die Aussaat erfolgt bei Rosenkohl Ende April auf das Freilandsaatbeet, die Pflanzung bereits Anfang Juni. Grünkohl wird im Mai/Juni ausgesät und von Mitte Juni bis Mitte Juli gepflanzt. Als Abstände sollten bei Rosenkohl 50 x 60 cm, bei Grünkohl 40 x 50 cm eingehalten werden. Die Ernte dieser Gemüsearten sollte nicht vor Mitte November beginnen; erst nach einigen Frosttagen schmecken sie richtig. Im Gegensatz zu Rosenkohl kann Grünkohl den ganzen Winter über im Freien verbleiben. Die Blätter werden, von unten beginnend, nach Bedarf geerntet. Rosenkohl überwintert nur in milden Wintern ohne Schaden. Dann genügt der Schutz der Blätter, die sich nach Frosteintritt dicht über die Rosen legen. Besser ist es, im Dezember die restlichen Rosen abzupflücken und in die Gefriertruhe zu geben. Ein Tipp: Mitte Septem-

Rosenkohl
Er schmeckt erst nach einigen Frosttagen. Im Gegensatz zu den verschiedenen Spätkohlarten ist sein Anbau auch im kleineren Garten interessant.

ber die Endknospe ausbrechen, wenn bis dahin noch keine Röschen angesetzt sind.

Grünkohl können wir auch noch Anfang August direkt auf ein Beet auf 20 cm voneinander entfernte Reihen aussäen. Je m² werden etwa 2 g Saatgut benötigt. Grünkohl ist anspruchslos und auch mit Halbschatten zufrieden.

Sorten: Bei Rosenkohl 'Hilds Ideal', reichtragend und frostwiderstandsfähig; bei Grünkohl 'Halbhoher grüner Krauser' und 'Lerchenzungen' mit viel Blattmasse und interessanter Kräuselung sowie 'Red Bor', eine besonders dekorative Sorte.

Chinakohl

Er wird im Herbst oder Winter entweder wie Endiviensalat zubereitet oder wie Wirsing. Ich finde, dass er feiner als dieser schmeckt, während er als Salat nicht jedermanns Geschmack sein dürfte.

Gesät wird ab 10. bis spätestens Ende Juli, am besten gleich auf das vorgesehene Beet, weil Chinakohl im August lange zum Anwachsen

Grünkohl
Mit 'Red Bor' lässt sich ein starker Farbkontrast erziehlen. Doch auch die gekräuselten Blätter von »normalem« Grünkohl haben ihren Reiz.

braucht. Reihenabstand 30 cm und Verziehen nach dem Auflaufen auf 30 cm in der Reihe. Wird auf ein Saatbeet gesät, so braucht erst Anfang bis Mitte August ausgepflanzt zu werden. Auf Erdflohbefall achten und bekämpfen!

Sorten: Bewährt sind 'Hongkong', 'Pak Choi' u.a.

Brokkoli

Eine Kohlart, die ohne Schwierigkeiten im Garten gedeiht und eine gewisse Ähnlichkeit mit dem Blumenkohl hat.

Im Juli bilden sich in der Pflanzenmitte Köpfe aus, die im Gegensatz zu Blumenkohl blaugrün gefärbt sind. Kurz bevor sie aufzublühen beginnen, werden die festen Köpfchen mitsamt den Stielen herausgeschnitten. Die Stiele werden geschält, in 2–3 cm lange Stücke ge-

Brokkoli
Nach der ersten Ernte der Köpfe entstehen aus den Blattachseln immer wieder neue Triebe.

schnitten und zusammen mit den Köpfchen kurz in Salzwasser weichgekocht (5–10 Minuten). Anschließend wird das Wasser abgeseiht, Butter über den Brokkoli gegeben und heiß serviert. Erkaltet lässt sich auch ein pikanter Salat zubereiten. Das Interessante am Brokkoli ist, dass sich nach der ersten Ernte aus den Blattachseln wieder neue Triebe bilden, die genauso verwertet werden wie oben beschrieben. Dieses Spiel wiederholt sich bis in den späten Herbst hinein. Erst stärkere Fröste beenden es. 6 bis 8 Pflanzen reichen für eine durchschnittliche Familie aus, denn öfter als einmal in der Woche möchte man auch Brokkoli kaum essen.

Im April wird auf ein Freilandsaatbeet ausgesät und Ende Mai im Abstand von 50 x 60 cm ausgepflanzt. 1 Handvoll Volldünger je m², gelegentliches Gießen – das wär's, denn Brokkoli macht keine Schwierigkeiten und gedeiht in trockenen wie in feuchten Sommern.

Wurzelgemüse

Möhren

Vor allem wer Kinder hat, weiß es zu schätzen, wenn er vom Frühsommer bis zum Spätherbst zarte Möhren ernten kann. Heute sind Sorten im Handel, deren Karotingehalt doppelt so hoch ist, als dies früher der Fall war. Auch die Farbe ist intensiver geworden. Frühe Sorten können bereits ab März und als Folgekultur bis Mitte Juli gesät werden, Spätmöhren vom April bis Ende Mai. Frühe Sorten säen wir in Reihen mit 20 cm, späte mit 30 cm Abstand. Der Saatgutbedarf liegt bei 0,5 g/m². Von 1 m² kann man etwa 5 kg Rüben ernten. Frühsorten werden ab Ende Juni geerntet, Spätmöhren und als Folgekultur ausgesäte Frühsorten ab Mitte Oktober bis in den November hinein. Bei Frühmöhren brauchen wir nicht das ganze Beet auf einmal abzuernten, sondern können Monate hindurch frische Möhren aus dem Beet herausziehen. Möhrensaatgut keimt erst nach 3– 4 Wochen. Um in der Zwischenzeit den Boden lockern zu können, geben wir den Saatreihen etwas

Schutz der jungen Möhrenpflanzen mit Gemüsefliegennetz gegen Befall durch die Möhrenfliege. So können wir »wurmige« Möhren vermeiden.

Radies- oder Salatsaatgut bei. Diese Samen keimen sehr rasch, sodass wir die Reihen erkennen können. Wie alle Sägemüse verlangen auch Möhren lockeren Boden, jedoch Bodenschluss. Nachdem die Saatreihen mit dem Rechen zugezogen sind, drücken wir sie mit dem Re-

Möhren
Ein Bild zum »Anbeißen«! Frühsorten können als Folgekultur bis Mitte Juli ausgesät und im Oktober/November geerntet werden.

chenrücken fest an. Schöne Möhren bekommen wir nur, wenn die Pflänzchen genügend weit voneinander entfernt sind. Deshalb vereinzeln wir in der Reihe schon bald auf 4–5 cm bzw. verwenden Pillensaatgut oder Saatbänder und halten das Beet bis zum Aufgang gut feucht.
Sorten: Von 'Nantaise 2', der bekanntesten Frühsorte, sind wertvolle Typen wie 'Tipp Top', 'Frühbund' u. a. im Handel. Spätere Sorten mit hohem Carotin-Gehalt sind 'Juwarot', 'Flyaway', 'Rotin' und 'Rothild'. Eine besonders ertragreiche Lagermöhre ist die 'Lange rote stumpfe ohne Herz'.

Rettich

»Radi«, Butterbrot und eine Maß Bier gehören zu einer richtigen bayerischen Brotzeit. Wichtig ist, dass er flott herangewachsen ist, denn nur dann ist der Rettich zart und hat keinen scharfen Geschmack. Treibrettiche können wir bereits im März in den kalten Kasten oder unter Folien auspflanzen. **Frührettiche** werden im April, **Sommerrettiche** im Mai/Juni und **Winterrettiche** von Juni bis Ende Juli ausgesät. Wollen wir auf abgeerntete Beete noch bis Mitte August Rettiche säen, so kommen hierfür Früh- und Sommersorten in Frage.
Rettiche werden mit dem Finger gestupft. Im Abstand von 20 x 20 cm kommen je 2 bis 3 Samenkörner 1–2 cm tief in den Boden. Sobald die Pflänzchen das erste Laubblatt zeigen, wird verzogen und nur jeweils 1 Pflanze belassen. Je m² werden etwa 2 g Saatgut benötigt. Bis zur Ernte brauchen Rettiche 8–10, Winterrettiche etwa 15 Wochen.
Eine andere Möglichkeit: Rettiche auf ein Saatbeet aussäen und die

Rettiche
Sie werden meist gesät (gestupft); wir können sie aber auch erst vorkultivieren und auf das Beet auspflanzen.

kleinen Pflänzchen mit 2 Keimblättern an einem trüben, regnerischen Tag verpflanzen.
Sorten: Zum frühen Anbau eignen sich 'Rex' und 'Neckarruhm'. 'Hilds

roter Neckarruhm' ist ein Rettich von leuchtend roter Farbe für Treib- und Freilandanbau. Als Sommer- und Herbstrettich, also für den ganzjährigen Anbau können der schnell wachsende 'Rex' und 'Neptun' empfohlen werden. Die beliebte ovale, weiße Sorte 'Münchner Bier' eignet sich für Sommer- und Herbstanbau, bei späterer Aussaat auch als lagerfähiger Winterrettich. Ein typischer Winterrettich ist 'Runder, schwarzer'. Er wird erst Ende Oktober geerntet und kann in einer Miete bis zum Frühjahr gelagert werden.

Radieschen

Eine Kultur, die sich noch mehr als der Rettich auch für den allerkleinsten Garten eignet. Sie schmecken

Radieschen 'Sora'
Leuchtend rot, erstaunlich groß und zart.

am besten, wenn sie frisch vom Garten auf den Tisch kommen. Wegen ihrer leuchtend roten Farbe eignen sie sich gut zum Garnieren von Salaten und anderen Speisen. Radieschen können vom Frühjahr bis Anfang September ausgesät werden. Auf 1 m² haben 150–200 Stück Platz, doch säen wir am besten zwischen andere, längerlebige Kulturen, etwa 3 g/m², in 1 cm tiefe Rillen. Nach dem Aufgehen wird auf 4–5 cm Abstand in der Reihe vereinzelt, denn nur dann können wir schöne runde Knollen ernten. Durch Folie lässt sich im Frühjahr die Ernte verfrühen, im Herbst verlängern. Bei warmer Witterung viel lüften, damit die Pflanzen nicht zu lang werden!

Im Frühjahr dauert die Entwicklung etwa 6 Wochen, im Sommer 4–5 Wochen. Zarte Radieschen erzielen wir nur, wenn die Pflanzen flott heranwachsen. Also: Häufig gießen und den Boden lockern!

PROFI-TIPP

Um besonders früh Radieschen ernten zu können, säen wir bereits ab Mitte Februar im warmen Zimmer aus und pikieren ins Frühbeet, sobald die beiden Keimblätter ausgebildet sind.

Sorten: 'Sora' mit bis zu 5 cm großen, zarten, leuchtendroten Knollen; gut geeignet zum Pikieren ins Frühbeet auf 8 x 10 cm. Auch das Universalradieschen 'Cherry Belle' eignet sich für den Anbau rund ums Jahr. Das gleiche gilt für die beliebten 'Eiszapfen' und 'French Breakfast' o. a. halblange bzw. runde rote Radieschen mit weißer Spitze.

Rote Bete, Rote Rüben

Hiervon genügt meist eine kleine Fläche von 1–2 m², die durchaus etwas schattig liegen kann. Salat aus den intensiv roten Rüben schmeckt nicht nur pikant, wegen der Farbe spricht er auch das Auge an. Gesät wird von Mitte Mai bis Ende Juni an Ort und Stelle oder auf ein Freilandsaatbeet mit anschließendem Verpflanzen. Bei zu früher Aussaat treten bei kalter Witterung Schosser auf. Pflanzweite 30 x 15 cm, also je Beet 4 Reihen. Der Saatgutbedarf ist 1,5 g/m². Bis zur Ernte müssen wir mit 12–15 Wochen rechnen. Im Spätherbst in eine Miete eingelagert, halten sich Rote Rüben bis zum Frühjahr frisch.

Sorten: 'Rote Kugel', rund, mit dunkelrotem Fleisch, 'Forono' mit bis zu 30 cm langen Rüben von hervorragender Qualität und besonders hohem Ertrag.

Knollensellerie

Große Sellerieknollen heben das Ansehen des Hobbygärtners in seinem Bekanntenkreis ebenso wie prächtiger weißer Blumenkohl oder Riesengurken. Aber nicht nur die Knolle, auch das würzige Laub ist in der Küche begehrt. Um diese Würze auch im Winter nicht missen zu müssen, können wir das Laub zerkleinern und in die Gefriertruhe geben.

Die kräftigen pikierten Pflanzen (Aussaat ab Mitte März), pflanzen wir ab Ende Mai im Abstand von 40 x 40 cm und möglichst flach. Andernfalls entstehen auf Kosten der Knollen viele Seitenwurzeln. Es ist falsch, die unteren Blätter zu entfernen, denn auch der Sellerie braucht das Blattgrün zu seiner Entwicklung. Für die Küche können wir aber hin und wieder ein Blatt »stehlen«. Sellerie will viel Wasser und Dünger; deshalb geben wir, außer der Grunddüngung, bis zum September in Abständen von etwa 5 Wochen 3 Kopfdüngergaben.

Sorten: Wer Selleriepflanzen selbst heranziehen will, sollte die weiß kochende Sorte 'Monarch' oder 'Bergers weiße Kugel' bevorzugen.

Schwarzwurzeln

Ein Gemüse, das besonders im Winter schmeckt. Ein Nachteil ist lediglich die viele Arbeit bei der Zubereitung. Damit die Schwarzwurzeln eine Delikatesse bleiben, können wir uns im Normalhaushalt mit etwa 2 m² Beetfläche begnügen.

Das Saatgut hat oft nur geringe Keimkraft. Wir säen deshalb im März/April verhältnismäßig dicht bei einem Reihenabstand von 30 cm. Später wird auf 5–8 cm verzogen. Saattiefe 2 cm, Saatgutbedarf 2–3 g/m². Ende Oktober können je m² 2 kg geerntet werden. Wichtig ist, dass der Boden tief gelockert wird. Andernfalls verzweigen sich die Wurzeln zu sehr und bleiben klein. Sie lassen sich den Winter hindurch gut lagern, wenn wir sie schichtenweise mit leicht feuchtem Torfmull in eine Obstkiste einlegen.

Sorte: 'Hoffmanns schwarze Pfahl' hat sich seit langem bewährt.

Knollenfenchel
Eine Gemüseart, die sich vorzüglich als Nachkultur eignet.

Knollenfenchel

Fenchel ist nicht nur ein italienisches Leibgericht, längst wurde auch bei uns dieses bekömmliche, leicht verdauliche Gemüse »entdeckt«. Bei Magenkranken ist Knollenfenchel als Diätgemüse beliebt. Der milde Geschmack beruht auf dem Gehalt an Anethol, einem ätherischen Öl. Als Gemüse gedünstet oder gebacken, geht dieser charakteristische Geschmack weitgehend verloren. Der Anbau ist einfach. Fenchel kommt meist als Nachkultur auf das Beet, wenn Kopfsalat, Rettiche, Kohlrabi, Blumenkohl u. a. Gemüsearten abgeerntet sind. Gesät wird dann zwischen 20. Juni und Anfang Juli an Ort und Stelle, 3 Reihen auf ein Beet und nach dem Aufgehen auf 25 cm

PROFI-TIPP

Um das Beet vorher noch anderweitig nutzen zu können, Fenchel in einer Multitopfplatte vorkultivieren und etwa sechs Wochen nach der Aussaat mit Topfballen auspflanzen.

Abstand verzogen. Auf Schnecken achten, sie werden von Fenchel geradezu magisch angelockt! Fenchel braucht reichlich Dünger, ganz besonders Stickstoff. Lockerer Boden und genügend Wasser wirken sich günstig auf die Knollenbildung aus. Im September werden die Knollen nach und nach mit Erde angehäufelt; dadurch bleiben sie hell und zart. Fertig wiegt jede Knolle 200–300 g. Fenchel verträgt Nachtfröste bis −3 °C, ja sogar noch darunter. Sollte es im Oktober noch kälter werden, so umgibt man die Knollen bis zu den Herzblättern mit trockenem Laub. Ende Oktober/Anfang November wird geerntet. Zum Einschlag im Winterlager kürzt man die Wurzeln als auch die Außenblätter um die Hälfte ein.
Sorten: 'Zefa Fino' kann bereits ab Mai direkt ins Freiland gesät werden. Bei Aussaat in mehreren Sätzen sind laufende Ernten bis zum Herbst möglich.

Kohlrüben

Diese Gemüseart hat so mancher aus schlechten Zeiten in unguter Erinnerung, da es damals kaum Fett gab, um die Kohlrüben schmackhaft zubereiten zu können. Heute werden sie vor allem im Winter gerne gegessen, denn Kohlrüben schmecken herzhaft und enthalten die für den Körper wichtigen Ballaststoffe. Die Aussaat erfolgt Mitte Mai auf einem kleinen Freilandbeet. Anfang Juli bringen wir die Pflanzen in 3 Reihen auf das Beet, in der Reihe mit 30–40 cm Abstand. Geerntet wird im Oktober. Im Anschluss daran werden die Kohlrüben eingewintert, wo sie sich bis März/April halten.
Sorte: 'Grünköpfige gelbe Wilhelmsburger'.

Frühkartoffeln

Um die Ernte um etwa 2 Wochen zu verfrühen, keimen wir das Kartoffel-Pflanzgut ab Mitte März vor. Damit sich dabei kurze, gedrungene und kräftige Lichtkeime von etwa 2 cm Länge bilden, werden die Knollen nebeneinander in Steigen gelegt und diese in einem temperierten Raum bei 12–15 °C luftig und hell aufgestellt. An schönen Tagen können wir die Steigen ins Freie oder auf den Balkon stellen. Wer die Ernte zusätzlich verfrühen möchte, deckt die Kartoffeln mit »Wachsender« Folie oder Vlies bis Mitte Mai ab. Mitte April, besser etwas später, werden die Kartoffeln flach in den Boden gelegt und nur mit einer 10 cm hohen Erdschicht bedeckt. Die Keime sollen dabei nach oben zeigen. Die Reihenweite beträgt 60–70 cm, der Abstand in der Reihe 30 cm. An Dünger gibt man vor der Kultur neben Kompost 1 Hand voll eines blauen Volldüngers oder aber

Kartoffeln legen
Ab Mitte April, in vielen Gegenden erst etwas später, ist hierfür der günstige Zeitpunkt.

gut die doppelte Menge eines organisch-mineralischen Volldüngers. Die weiteren Pflegearbeiten sind recht einfach: Sobald die Keime nach 2–5 Wochen erscheinen, wird das Unkraut entfernt. Gehackt wird erstmals, wenn das Kartoffelkraut 15–20 cm hoch gewachsen ist. Anschließend häufeln wir an. Ab der Blüte muss reichlich gegossen werden; der Ertrag lässt sich dadurch beträchtlich erhöhen.

Geerntet wird – bei noch grünem Laub – im allgemeinen ab Mitte bis Ende Juli. Dabei nehmen wir nur so viele Kartoffeln aus dem Boden, wie gerade gebraucht werden – damit die Knollen erdfrisch sind. Man erhält etwa 1 kg je Pflanze.

Sorten: 'Christa', sehr früh, überwiegend festkochend; 'Selma', früh, speckig, Salatkartoffel; 'Sieglinde', etwas später, gute Salatkartoffel. Mittelfrüh sind die mehlige 'Freya', die vorwiegend festkochende 'Secura' und die Salatkartoffel 'Nicola'.

Säzwiebeln
Wenn wir sie nicht verziehen, drücken sie sich gegenseitig aus dem Boden, bleiben etwas kleiner, sind aber besonders gut haltbar.

Zwiebelgemüse

Speisezwiebeln
Das ganze Jahr über werden sie in der Küche benötigt, und es ist von Vorteil, wenn bereits den Sommer über halb fertige Zwiebelchen samt dem würzigen Laub aus dem Garten geholt werden können.

Die Aussaat von **Säzwiebeln** erfolgt von Mitte März bis Anfang April in Reihen mit 20 cm Abstand. Nach dem Auflaufen verziehen wir auf etwa 5 cm in der Reihe. Saatgutbedarf 2 g/m². Wir können erst auf etwa 3 cm Abstand verziehen und im Laufe des Sommers jede 2. Zwiebel für die Küche herausnehmen. Bis zum Sommer hin ist dann der endgültig benötigte Abstand erreicht. In gleicher Weise können wir Frühlingszwiebeln gegen Ende August aussäen.

Steckzwiebeln, wie sie im Liebhabergarten meist verwendet werden, stecken wir im April in Reihen von 20 cm Abstand. In der Reihe kommen die Zwiebeln etwa 5 cm weit auseinander. Den Frühsommer über kann dann jede 2. Zwiebel in der Küche verwertet werden, sodass der endgültige Abstand in der Reihe 10 cm beträgt. Je kleiner die Steckzwiebeln sind, desto geringer ist die Gefahr des Schossens. Günstige Größe: ca. 0,5–1,5 cm. Je m² werden bei dieser Anbaumethode 60–80 g Steckzwiebeln benötigt. Steckzwiebeln werden im Juli/August, Säzwiebeln im August/September, Frühlingszwiebeln im Mai/Juni geerntet.

Sorten: Als Säzwiebeln eignen sich 'Braunschweiger dunkelblutrote', 'Piroska', intensiv rot, und 'Zittauer gelbe'. Zu Riesenzwiebeln entwickelt sich 'The Kelsae', wenn wir sie sehr früh unter Glas aussäen

und Anfang Mai ins Freie pflanzen. Als Steckzwiebeln kommen nur 'Stuttgarter Riesen' in Frage, als Frühlingszwiebel für die Herbstaussaat 'Weiße Frühlingszwiebel' und andere neue Sorten.

Porree
Tief pflanzen und später zusätzlich anhäufeln! So lassen sich lange weiße Stangen erzielen, die uns besonders im Winter willkommen sind.

Porree
Porree als Salat zubereitet ist eine ausgesprochene Delikatesse. Ebenso begehrt ist er als Suppen- und Soßenwürze und als Gemüse.

In rauhen Gebieten wird Porree als Hauptkultur, sonst nur als Nachkultur angebaut. Als Hauptkultur muss bereits Mitte März in den Frühbeetkasten gesät werden, sonst von Mitte April bis Mitte Mai auf ein Freilandsaatbeet. Ab Anfang Mai wird auf 30 x 20 cm ausgepflanzt, also 4 Reihen auf das Beet. Vor dem Pflanzen werden die langen Blätter und Wurzeln eingekürzt.

Im Gegensatz zu Kopfsalat und Sellerie pflanzen wir den Porree möglichst tief in Rillen und häufeln ihn während der Kultur mehrmals an.

Dadurch wird ein langer, gebleichter Schaft erzielt. Die Ansprüche an Wasser, Dünger und Bodenlockerung sind hoch. Die weißen Wurzelbärte durchziehen den Boden und saugen ihn aus. Er wird dabei gut gelockert, sodass sich der Boden nach einer Lauchkultur in vorzüglichem Garezustand befindet.

Damit wir bereits den ganzen Sommer über Porree zum Würzen haben, wird in der Kräuterecke eine 1–2 m lange Reihe Porree gesät, aus der dann die Pflänzchen nach Bedarf entnommen werden.

Sorten: 'Blaugrüner Winter' und 'Carentan' können bis Anfang April im Freien bleiben und nach Bedarf geerntet werden. In rauen Gebieten ist es allerdings besser, die Lauchstangen vor stärkerem Frost zu ernten und an geschützter Stelle dicht an dicht einzuschlagen.

Porree (Lauch) entwickelt einen dichten weissen Wurzelbart und hinterlässt den Boden in vorzüglichem Garezustand.

Dauerkulturen

Rhabarber

Wir haben es hier mit einer winterharten Staude zu tun, die leichten Schatten gut verträgt. Das erfrischende Kompott, das aus den roten oder grünen Stielen bereitet wird, ist uns allen bekannt.

Die klumpenförmigen Teilstücke werden im Herbst oder Frühjahr gepflanzt, je m² 1 Pflanze. Für den Eigenbedarf genügen 2–4 Stück. Der Boden ist vorher gut zu lockern und mit Humus zu verbessern. Die Knospen sollen nach der Pflanzung 2 bis 5 cm hoch mit Erde bedeckt sein. Im 1. Jahr wird noch nicht geerntet, weil die Blätter zur Kräftigung des Wurzelstockes benötigt werden. Sobald der Ertrag absinkt, etwa nach dem 8. Jahr, wird der Stock geteilt und die einzelnen Stücke neu aufgepflanzt.

Damit sich die Pflanzen für das kommende Jahr wieder kräftig entwickeln können, wird die Ernte gegen Ende Juni beendet. Die Stiele werden nicht geschnitten, sondern durch leichtes Drehen herausgezogen; je Pflanze auf einmal nicht mehr als 4 Stiele, damit sie Zeit hat, sich zu erholen.

Die dicken Blütenköpfe brechen wir bereits beim Entstehen aus. Die Blätter sind nicht genießbar (Oxalsäure) und werden bei der Ernte als Verdunstungsschutz unter die Pflanzen gelegt. Rhabarber braucht zu üppigem Gedeihen viel Wasser und Nährstoffe.

Sorten: Zu empfehlen sind vor allem die rotstieligen 'Holsteiner Blut' und 'Roter Vierländer'.

Grünspargel

Diese ursprüngliche Form des Spargelanbaues ist schon seit dem

Rhabarber
Begehrt für erfrischendes Kompott und als Kuchenbelag. Wenn wir die Blüten stehen lassen, entwickelt sich eine prächtige Zierpflanze.

17. Jahrhundert bekannt, während der **Bleichspargel** erst im 19. Jahrhundert in Gebrauch kam. Inzwischen erfreut sich der Grünspargel wachsender Beliebtheit. Er schmeckt etwas herber als der Bleichspargel, enthält aber mehr Mineralstoffe und Vitamine. Und vor allem: Er ist leichter zu kultivieren.

Bleichspargelkultur ist an leichte Böden gebunden und kann deshalb

Grünspargel
Die Ernte kann beginnen (links). Das sich danach entwickelnde Spargellaub (rechts) ist wichtig zur Kräftigung der Wurzelstöcke und somit für die nächste Ernte.

nur in recht begrenzten Gebieten durchgeführt werden. Grünspargel wächst dagegen auf jedem guten Gartenboden – sehr gut auch auf Lehmboden – und ziert den Garten im Sommer durch sein feines Grün. Die Lage soll warm und sonnig sein.
Sorten: Wir kaufen einjährige Pflanzen von z. B. 'Mary Washington' mit etwa fünf Knospen und langen, dicken Wurzeln. Auf ein Beet kommt eine Pflanzreihe, Abstand in der Reihe 40–50 cm. In der Beetmitte wird ein breiter, aber flacher Graben (15 cm tief) ausgehoben und so gepflanzt, dass die fleischigen Wurzeln strahlenförmig verteilt sind. Dann werden die Wurzeln 5 cm hoch mit Erde bedeckt. Nach dem Austrieb wird die Mulde mit Erde aufge-

füllt und mit Kompost oder verrottetem Stallmist abgedeckt, damit der Boden locker und feucht bleibt.
Ernte von Grünspargel: Sobald die Spargelpfeife 15–20 cm über den Erdboden heraussieht, wird sie mit dem Messer dicht unter der Beetoberfläche abgeschnitten. Es muß geerntet werden, bevor sich die Blätter der Spargelköpfe öffnen. Wie beim Bleichspargel sollte erst ab dem 3. Jahr bis Anfang Juni, ab dem 4. Jahr bis Johanni (24.6.) geerntet werden.
Gedüngt wird gleich nach der Ernte, damit sich der unterirdische Wurzelstock kräftigen und im nächsten Jahr wieder zahlreiche Pfeifen hervorbringen kann. Wir geben einen organischen oder blauen Volldünger nach Angaben auf der Packung. Bei letzterem wird die Gesamtmenge am besten auf zweimal im Abstand von vier Wochen verteilt. Außerdem sollten im Sommer die Spargelreihen mit grobem Kompost oder verrottetem Stallmist abgedeckt werden.

Meerrettich

Als naher Verwandter des Schwarzen Rettichs enthält Meerrettich Senföle und Schwefelverbindungen, die den scharfen, beißenden Geschmack bewirken.
Für den Eigenbedarf genügt es, wenn wir im Herbst oder Frühjahr einige »Fechser« in eine abgelegene Gartenecke pflanzen, wo sie jahrelang bleiben können und sich selbst weiter vermehren. Also Vorsicht, denn Meerrettich wuchert. Um Fechser zu bekommen, brauchen wir nur im Herbst ein paar Merrettichstangen kaufen, davon einige Nebenwurzeln abschneiden und pflanzen.
Meerrettich liebt Humus und Feuchtigkeit. Im Garten verbessern wir deshalb die 30 cm tiefe Pflanzgrube mit viel Kompost, legen die Fechser 15 cm tief ein und decken sie mit dem lockeren Erdgemisch ab. Je kräftiger sich das derbe Laub entwickelt, desto stärker wird auch das Wurzelwerk ausgebildet.
Im Herbst stirbt das Laub ab und treibt im Frühjahr wieder aus. Ab Spätherbst des 2. Jahres kann geerntet werden. Man gräbt auf,

Meerrettich
Er wächst »wie Unkraut«. Wenn die Wurzeln zusammen mit Erde in einen Eimer gestellt werden, haben wir sie den Winter über griffbereit.

PROFI-TIPP

Um zu verhindern, dass sich Meerrettich weiter ausbreitet als erwünscht, können die Fechser in einen größeren Behälter gepflanzt werden.

nimmt die starken Wurzeln heraus und lässt die schwächeren im Boden. Qualität, Inhaltsstoffe und Geschmack dieser meist krummen Wurzelstücke sind dieselben wie bei den geraden, langen Stangen, deren erwerbsmäßiger Anbau viel Arbeit macht.

Seltener angebaute Gemüsearten

Bleichsellerie (= Stangen- oder Staudensellerie)

Der Bleichsellerie ist vor allem in den englisch sprachigen und zum Teil in den romanischen Ländern eine beliebte Gemüseart. Man nimmt die sehr kräftigen, fleischigen Blattstiele von 25–35 cm Länge zur Zubereitung von Salaten, Gemüsegerichten und als Rohkost.

Die Kultur ist einfach. Da in Gärtnereien kaum Pflanzen erhältlich sind, säen wir ab Anfang Mai in einen Blumentopf, der ans warme Zimmerfenster gestellt wird. Der feine Samen wird dabei lediglich etwas angedrückt, nicht mit Erde abgedeckt. Sobald die Sämlinge zu fassen sind, pikieren wir in ein Kistchen, das am besten unter einen Folientunnel oder ins Frühbeet gestellt wird. 3 Wochen später kann im Abstand von 35 x 30 cm ins Freie ausgepflanzt werden. In Bezug auf Pflege und Düngung gilt das gleiche wie bei Knollensellerie. Unterschie-

de gibt es erst wieder bei der Ernte, ab Ende August. Je nach Bedarf werden die Pflanzen 2–3 Wochen vorher wie Endivie zusammengebunden und vom Boden bis zum Laubansatz mit schwarzer Folie oder Wellpappe umwickelt. Die Blattstiele sollten zu diesem Zeitpunkt etwa 2 cm breit sein. In leichten, sandigen Böden braucht man lediglich anzuhäufeln. Auch bei den hier genannten selbstbleichenden Sorten werden die Blattstiele ganz besonders zart, wenn wir sie noch zusätzlich bleichen.

Sorten: 'Golden Spartan', gelbgrünes Laub, und 'Tall Utah', dunkelgrünes Laub.

Zuckermais

Wer einmal in Salzwasser gekochte und mit Butter bestrichene Maiskolben probiert hat, wird bestimmt ein Freund dieser nordamerikanischen Spezialität werden und einen kleinen Anbauversuch im eigenen Garten machen wollen.

Gesät wird in der 1. Maihälfte in einem Reihenabstand von 80 cm. In der Reihe legen wir alle 25 cm

Bleichsellerie
Die Pflanzen werden ganz nach Bedarf mit Wellpappe oder schwarzer Folie umgeben und bald danach in gebleichtem Zustand verwertet.

Zuckermais
In Reihen gesät, bietet er wärmeliebenden Kulturen guten Windschutz. Geerntet wird, sobald die aus den Kolben heraushängenden Fäden braun sind.

drei Körner flach aus und lassen nach dem Aufgehen nur die kräftigste Pflanze stehen. Das Wachstum kann durch eine Folienauflage bis Anfang Juni gefördert werden. An Dünger wird vor der Saat 1 Hand voll Volldünger je m² gegeben und die halbe Menge nochmals Anfang Juni sowie 3 Wochen später. Wer einen organischen Dünger vorzieht, gibt die Gesamtmenge zu Beginn der Kultur.

Um die Ernte zu verfrühen, können wir im April in kleine Töpfchen aussäen. Ausgepflanzt wird dann Mitte Mai. Diese Methode verdient in raueren Gebieten den Vorzug. Geerntet wird nach und nach ab Anfang August, sobald die aus den Kolben heraushängenden Fäden braun geworden sind. Die Oberfläche der Körner soll leicht nachgeben, wenn wir mit dem Finger

Artischocken
Sie zählen zu den attraktivsten Gemüsearten. Die prächtigen Distelblüten lassen sich auch für aparten Tischschmuck verwenden.

darauf drücken. Die Pflanzen müssen oft durchgeerntet werden.

Sorten: Empfehlenswert sind frühe Sorten wie 'Sweet Nugget' und die extra süßen mittelfrühen 'Tasty Sweet', 'Golden Supersweet' u. a.

Topinambur
Die Pflanze gehört zur Gattung der Sonnenblumen und heißt mit botanischem Namen *Helianthus tuberosus* (= Knollige Sonnenblume). Topinambur erreicht eine Höhe bis zu 3 m und ähnelt einer stark belaubten Sonnenblumenpflanze mit zahlreichen kleinen gelben Blüten. Wie die Kartoffel bildet die Topinamburpflanze unter der Erde 2–3 Dutzend Knollen von häufig recht bizarren Formen aus. Deshalb auch die Bezeichnung **Erdbirne, Erdkartoffel** oder **Pferdekartoffel.** Im Gegensatz zur Kartoffel ist Topinambur jedoch recht anspruchslos in bezug auf Boden und Klima.

Die frostharten Knollen bleiben im Boden, bis man sie benötigt, da sie nach dem Herausnehmen rasch eintrocknen. Je länger wir die Knollen

im Boden belassen, desto besser wird ihr Geschmack.

Die Pflanzung der Wurzelknollen erfolgt im zeitigen Frühjahr in 10 cm Tiefe. Von Pflanze zu Pflanze sollte ein Abstand von 60 cm, zwischen mehreren Reihen ein Abstand von 1 m eingehalten werden. Außer der Unkrautbekämpfung gibt es bei dieser anspruchslosen Kultur den Sommer über nichts zu tun. Der Ertrag ist beachtlich. Im Umkreis einer einzigen Pflanze lassen sich bis zu 5 kg Knollen ernten.

Einmal im Garten, braucht man sich über die weitere Vermehrung nicht mehr zu kümmern, denn vergessene kleine Knollen und im Boden verbliebene Wurzelstücke treiben willig aus. Man muss im Gegenteil darauf achten, dass die Pflanzen nicht durch Wuchern lästig werden.

Wegen des Gehalts an Inulin, einem stärkeähnlichen Kohlenhydrat, wird die Topinamburknolle als Diätkost für Zuckerkranke verwendet.

Sorten: Inzwischen sind auch Zuchtsorten im Handel, die im Garten-Center erfragt werden können.

Artischocken
Artischocken, ein Gemüse für Feinschmecker, sind mehrjährig. Gegessen werden die Blütenköpfe, die noch vor der Blüte geerntet werden. Der wertvollste Teil ist dabei der fleischige Blütenboden. Aber auch die Blütenhüllblätter, die dachziegelartig übereinander liegen und am unteren Ende fleischige Verdickungen aufweisen, werden in der Küche verwertet.

Nachdem die Stiele und die unteren 3–4 Blätter entfernt sind, wird die Artischocke gut gewaschen und in kochendes Wasser gegeben, das mit Salz und etwas Zitronensaft ge-

würzt ist. Nach etwa 30–45 Minuten ist die Artischocke gar. Beim Essen werden nun die einzelnen Blätter herausgezogen, das untere fleischige Blattende in warme oder kalte Soße getippt und ausgesogen. Bevor man den Blütenboden isst, muss man den ungenießbaren Flaum am Blütenboden entfernen.

Da es sich bei Artischocken um Stauden handelt, deren oberirdische Teile im Herbst absterben, kann man sie durch Teilung vermehren. Besser ist es aber, im März/April im Frühbeet oder am Zimmerfenster auszusäen und die Sämlinge in 10-cm-Töpfe einzutopfen. Nach den Eisheiligen wird ausgepflanzt, wobei jede Pflanze 1 m² benötigt. Mit Kompost, einer Grunddüngung und 2 weiteren Kopfdüngergaben sorgen wir dafür, dass die Pflanzen den Sommer über kräftig wachsen. Vor Winterbeginn werden die wärmeliebenden Pflanzen mit Stroh, Laub, verrottetem Stallmist oder Fichtenzweigen abgedeckt.

Geerntet wird erst ab dem 2. Jahr, und zwar fortlaufend von Sommer bis in den Herbst hinein. Die Blütenknospen werden abgenommen, sobald die äußeren Schuppen leicht abstehen. Keinesfalls darf so lange gewartet werden, bis die Artischocke violett blüht, da sonst der Blütenboden bereits zu hart ist. Je dicker, desto wertvoller! Die Pflanzen können 3–4 Jahre am gleichen Platz bleiben, dann sollten sie durch neue ersetzt werden.

Sorten: Empfehlenswert ist die 'Große von Laon'.

Löwenzahn

Meist wird er als »Unkraut« angesehen doch ist Löwenzahn reich an Vitaminen und Mineralstoffen. Beson-

ders hoch ist sein Vitamin-C-Gehalt. Die Aussaat erfolgt in der 2. Maihälfte in Reihen von 25 cm Abstand, etwa 2 cm tief und locker. Sobald die kleinen Pflänzchen gut zu fassen sind, werden sie auf 15–20 cm Abstand vereinzelt.

Ähnlich wie beim Chicorée beginnt das Treiben ab Herbst. Dazu graben wir die Wurzeln im November aus, schneiden die Blätter 2 cm über dem Blattansatz weg, stellen die Wurzeln dicht an dicht in Eimer, Kisten oder ähnliche Gefäße und schlämmen lockere Erde dazwischen ein. Im Dunkeln entwickeln sich bei etwa 15 °C bald die gebleichten Blätter.

Ein Teil der Pflanzen kann auch auf dem Beet verbleiben. Zum Winterausgang brauchen wir dann nur größere Blumentöpfe, Plastikeimer u. ä. darüberzustülpen oder eine schwarze Folie auf das Beet zu legen, um ebenfalls gebleichten Löwenzahn ernten zu können.

① Erde
② Stroh
③ Rote Rüben
④ Kohlrabi
⑤ Schwarzwurzeln
⑥ Sellerie
⑦ Möhren
⑧ Winterrettich
⑨ Kohlarten

Gemüselagerung

Lagerung in der Erdmiete

Wohin mit dem Spätgemüse? Für viele Gartenfreunde, die sich auch den Winter über mit Gemüse aus dem eigenen Garten versorgen wollen, ist dies ein Problem, ist doch der Keller in den meisten Häusern zu trocken und zu warm. Ideal wäre der Keller eines Gartenhauses oder einer Gerätehütte – soweit vorhanden. Meist müssen wir uns aber anderweitig behelfen, und da ziehe ich die gute alte Erdmiete als die billigste und beste Lösung allem anderen vor.

Wir heben dazu gegen Ende Oktober auf einem abgeernteten Beet den Boden etwa 80 cm breit und gut einen Spatenstich tief aus. Die Länge richtet sich ganz nach dem Bedarf bzw. der Erntemenge, die eingelagert werden soll. Für einen durchschnittlichen Haushalt genügt

Erdmiete
Wenn wir die einzelnen Gemüse übereinander lagern, kann jeweils beim Öffnen der Miete von jeder Art etwas entnommen werden.

Wir öffnen dann die Miete, nehmen den Bedarf für die nächsten Wochen heraus und lagern ihn in einer Kiste oder einem Korb im Keller oder einem anderen kühlen Raum. So haben wir den Winter über frisches Gemüse. Selbstverständlich wird die Miete nach jeder Entnahme wieder geschlossen und spätestens im April ganz geräumt; zu diesem Zeitpunkt beginnt das eingelagerte Gemüse auszutreiben.

Erdmiete
Erst wird das eingelagerte Gemüse mit Stroh o. ä. luftdurchlässigen Materialien abgedeckt, dann Erde aufgebracht. Die Entnahme ist bis April möglich.

meist eine Länge von 2–3 m. Das unbeschädigte, gesunde Wintergemüse wird dann lagenweise in diese Grube gelegt, nachdem bei Möhren, Rettichen, Roten Rüben u. a. vorher das Laub abgeschnitten bzw. von Hand abgedreht und bei Kohlarten die äußeren Blätter entfernt wurden. Bei den Roten Rüben sollte noch ein wenig von den Blattstielen verbleiben, damit die Rübe beim Kochen nicht auslaugt. Vor dem Einlagern kann man auf den Boden etwas Sand, Stroh oder Reisig aufbringen. Ist Mäusefraß zu befürchten,

so wird die Grube mit einem engmaschigen Drahtgeflecht ausgelegt. Am besten bringen wir die Gemüsearten lagenweise in die Miete, also zuunterst z. B. die verschiedenen Kohlarten (Weiß-, Rotkohl, Wirsing), dann eine Schicht Möhren, Sellerie, Rettiche usw. Anschließend wird mit kurz geschnittenem Stroh abgedeckt, das man sich zu Ballen gepresst bei einem Bauern besorgen kann. Wenn nicht möglich, verwenden wir hierzu trockenes Laub oder trockene Stengel und Blätter von Bohnen, Erbsen u. ä. Auch luftdurchlässige Stoffe wie z. B. Putzlumpen sind zum Abdecken geeignet. Sobald der Winter mit Kälte einsetzt, wird der seitlich gelagerte Erdaushub etwa handhoch aufgebracht. Bei Barfrost, also anhaltender schneeloser Kälte, verstärken wir die Abdeckung mit Erde. Auf diese simple Weise eingewintert, bleibt das Gemüse bis in den April hinein frisch.

Entnahme

Erstaunlich, in welch tadellosem Zustand es nach mehreren Monaten noch anzutreffen ist. Zum Entnehmen während der Wintermonate warten wir frostfreie Tage ab, wie es sie auch während eines strengen Winters immer wieder einmal gibt.

Lagerung im Frühbeet

Auch ein tief ausgehobener Frühbeetkasten eignet sich zum Einlagern von Spätgemüse. Nachdem die Erde weitgehend ausgeschaufelt ist, wird das Gemüse in der restlichen Erde eingeschlagen. Anschließend decken wir die Fenster mit Luftpolsterfolie (Isolierfolie) und Brettern ab. Sollte es sehr kalt werden, kommt auf diese Abdeckung noch Stroh oder eine Laubschüttung, womit auch die Kastenwände ummantelt werden. Als Schutz vor Regen wird eine Folie darübergebreitet und gegen Wind gesichert. Ebenso wie aus der Miete kann der Gemüsebedarf für einige Wochen bei frostfreier Witterung entnommen werden.

Wenn im Frühbeetkasten lediglich Endivie und Zuckerhut bis zum Jahresende oder länger eingeschlagen werden sollen, wird der Boden nicht ausgehoben. Diese Salatarten würden in einem zu tiefen Kasten leicht faulen. Sehr wichtig: Bei Bedarf nur zwischen den Pflanzen gießen, so dass die Blätter nicht nass werden und – an frostfreien Tagen reichlich lüften! Letzteres gilt für alle Gemüsearten, die im Frühbeetkasten eingelagert werden.

Kräuter und Gewürze

Der besseren Übersicht halber unterteilen wir die Würzkräuter in einjährige Arten wie Dill, Kerbel, Borretsch, Basilikum usw. sowie in die ausdauernden Arten (Stauden), zu denen Schnittlauch, Estragon, Zitronenmelisse und andere zählen. Die für die Küche besonders wichtige

Kräuterspirale
Kein »Muss«, zumindest aber ein netter Gag. Die einzelnen Kräuter bekommen viel Sonne, überschüssiges Wasser zieht gut ab.

Petersilie wird unter den einjährigen Kräutern aufgeführt, obwohl sie eigentlich zweijährig ist: Die Pflanzen überwintern, und man kann dann im nächsten Frühjahr die Blätter ernten, bis sich die Blütenstände bilden.

Wir wollen uns hier auf solche Kräuter beschränken, deren Blätter zum Würzen der Speisen dienen. Für den Winter schneiden wir sie, kurz vor der Blüte, gleich nachdem der Tau am Morgen abgetrocknet ist. Dann werden sie luftig und schattig getrocknet, denn in der prallen Sonne würde ein Teil der wirksamen ätherischen Öle verlorengehen. Für die Kultur genügt jeder lockere Gartenboden in sonniger Lage.

Einjährige Würzkräuter

Petersilie
Für Petersilie ist selbst im kleinsten Garten, ja noch auf dem Balkon Platz. **Glattblättrige** Sorten sind in ihrem Aroma besonders kräftig, die **krausblättrigen** Sorten machen sich dagegen hübsch zum Garnieren. Am besten baut man beide an.

PROFI-TIPP

Saatfläche bei Petersilie bis zum Aufgehen gleichmäßig feucht halten. Bereits ein einmaliges Austrocknen führt zum Absterben der Keimlinge.

Gesät wird, sobald im Frühjahr der Boden leicht abgetrocknet ist, also Ende März bis Mitte April. Bei Blattpetersilie ist dies bis in den Juni hinein möglich. Wer besonders früh Petersilie haben möchte, sät in ein Kistchen und pflanzt anschließend ins Freie. Gesät wird in Reihen mit 20 cm Abstand, 3 cm tief; bei Wurzelpetersilie wird später in der Reihe auf rund 5 cm verzogen.

Bestens bewährt: Petersilie im August säen. Die Pflanzen überwintern, ohne im Frühjahr vorzeitig zu schossen. So kann bereits geerntet werden, ehe sich die Frühjahrsaussaat kräftig entwickelt hat. Außerdem: Eine Aussaat im Sommer wächst besonders gesund; die Vergilbungskrankheit tritt kaum auf. Da Petersilie bis zum Aufgehen drei bis vier Wochen benötigt, sorgen wir für gleichmäßige Feuchtigkeit. Auf schwerem Lehmboden und bei Trockenheit gedeiht Petersilie

schlecht, leichter Schatten wird dagegen vertragen. Auf keinen Fall Stallmist geben, dagegen reichlich Kompost! Vor der Saat bringen wir organischen Dünger aus und düngen später, wenn das Wachstum stockt, flüssig nach.

Um auch den Winter über frische Petersilie zu haben, wird neben Blatt- auch etwas Wurzelpetersilie gesät. Wir graben die Wurzeln im Herbst aus, schneiden die Blätter bis auf daumenstarke Reste zurück und pflanzen jeweils mehrere zusammen in große Töpfe. Sobald es kälter wird, werden die Töpfe spatentief eingesenkt und mit Laub abgedeckt. Während des Winters kann dann Topf um Topf herausgeholt und am Küchenfenster zum Treiben aufgestellt werden.

Dill
Wenn wir die Samen großzügig im Garten aussäen, entwickeln sich einzeln stehende, besonders prächtige Pflanzen. Links: Borretsch.

PROFI-TIPP

Häufig will Petersilie nicht so recht gedeihen, die Blätter kränkeln, werden gelb und sterben sogar ab. Wichtigste Vorbeugungsmaßnahme: Die Anbaufläche jährlich wechseln!

Dill

Diese aus Persien stammende uralte Würz- und Heilpflanze enthält in allen Teilen ätherische Öle. Mit Dill lassen sich Salate, Soßen, Fleisch-, Kartoffel- und Pilzgerichte verfeinern. Geradezu unentbehrlich ist er, wenn wir Salz- und Essiggurken einlegen wollen.

Um den ganzen Sommer über frisches, zartes Dillkraut zur Hand zu haben, säen wir ab April jeden Monat neu.

Einmal im Garten, sät er sich von selbst aus. Wo die Pflänzchen zu dicht stehen, wird ausgedünnt. Im Gegensatz zu den meisten anderen Küchenkräutern sollte Dill auf gedüngtem Boden stehen, da er bei Nährstoffmangel kümmert.

Petersilie
Im August gesät, kann sie bereits zeitig im Frühjahr geerntet werden. Die glattblättrige Sorte 'Einfache Schnitt' schmeckt besonders aromatisch.

PROFI-TIPP

Am besten wächst Dill, wenn man den Samen locker über den ganzen Gemüsegarten verstreut, so dass die Pflanzen einzeln und mit weitem Abstand stehen. Auch zwischen Sommerblumen und Stauden wirken vereinzelte Dillpflanzen recht gut.

Um auch im Winter Dill zu haben, können wir im Herbst in Töpfe aussäen und diese ans Fensterbrett stellen. Auch hier muß mehrmals flüssig mit einem der üblichen Blumendünger gedüngt werden.

Für Kräuter ist eine sonnige, trockene Stelle im Garten ideal. Sie liefern nicht nur frische Würze für die Küche, sondern sehen auch hübsch aus – hier Thymian und Weinraute.

Kerbel

Man sät ihn – möglichst an schattigem Ort – jeden Monat neu, denn Kerbel schmeckt nur jung sehr aromatisch. Frisch wird er, zusammen mit anderen Kräutern, zum Würzen von Gemüsen, Salaten und Rohkostspeisen verwendet oder auf eine Fleischbrühe gestreut.

In Bayern ist Kerbel unter dem Namen »Kräutel« bekannt. Wer zur Osterzeit aus dem frischen Kraut eine schmackhafte Suppe kochen will, sollte Kerbel bereits Anfang September in ein leeres Frühbeet oder in einen Folienkasten säen, der den Winter über leicht abgedeckt wird. Zum Trocknen eignet sich Kerbel nicht besonders, weil die Aromastoffe zum Teil verlorengehen. Sehr gut kann Kerbel auch auf dem Balkon gezogen werden.

Für den Winter lässt sich Kerbel ohne viel Mühe in einem Blumentopf oder flachen Kistchen aussäen. Nach der Aussaat dauert es rund einen Monat bis zur Ernte.

PROFI-TIPP

Mit Kresse lässt sich »malen«: Im Garten mit dem Rechenstiel eine Rille in der gewünschten Form ziehen, dicht mit Kresse besäen und schließen. Die Überraschung ist groß, wenn dann auf dunkler Erde ein Herz, das Geburtsdatum oder ein Osterhase als üppig grüne Kressezeichnung aufleuchtet.

Gartenkresse

Sie bereichert vor allen in den Wintermonaten den Küchenzettel. Durch den kräftig würzigen Geschmack der jungen Pflänzchen ist die Kresse sehr gut als Salat oder zum Würzen der verschiedensten Gerichte geeignet. Ein Butterbrot mit frischer Kresse schmeckt besonders gut. Aussaat im Reihenabstand von 10 cm. Sobald die Blättchen zu sehen sind, wird geerntet, indem man die Kressereihen über dem Boden abschneidet. Durch Folgesaaten können wir laufend ernten.

Dazu legen wir in einer Schale 2–3 Lagen Küchenkrepp, Toilettenpappier o. ä. aus, feuchten dieses an, säen darauf dicht aus und decken mit einer Folie ab. Bereits nach 2 Tagen beginnt der Samen zu keimen und nach einer Woche kann die Kresse geschnitten werden. Wichtig ist, dass die Saat bzw. das saugfähige Papier ständig feucht gehalten wird.

Borretsch

Auch als »Gurkenkraut« wohlbekannt. Eine hübsche Pflanze mit kleinen, leuchtend blauen Sternblüten und borstigen Stengeln,

Borretsch
Einmal im Garten, sät er sich alljährlich von selbst aus. Eine Würz- und Zierpflanze!

Blättern und Blütenkelchen. Borretsch wächst so leicht, dass er sich – einmal im Garten – immer wieder von selbst aussät. Pflanzen, die nicht stören, lassen wir ganz einfach stehen: im Gemüsegarten oder auch zwischen Blumen. Zarte, junge Borretschblättchen nimmt man gut zerkleinert zu Suppen, zu Soßen und zu Salaten mit wenig Eigengeschmack.

Wer Borretsch noch nicht im Garten hat, sät im April auf das Kräuterbeet einige Samen aus. 3–4 Pflanzen genügen. Damit wir immer junge Blätter zur Verfügung haben, wird mehrmals ausgesät. Oder: ältere Pflanzen um gut die Hälfte zurückschneiden, damit neuer Austrieb entsteht.

Bohnenkraut

Ein aromatisches Gewürzkraut, das vor allem zu Bohnengerichten mitgekocht wird, aber auch den Geschmack von Soßen, Salz- und Essiggurken verfeinert. Bohnenkraut braucht ein sonniges Plätzchen, damit die Aromastoffe kräftig ausgebildet werden. Anfang Mai wird aufs Beet gesät und später auf rund 20 cm Entfernung verzogen. 5 bis 10 Pflanzen genügen. Einmal im Garten geht es meist im kommenden Jahr von selbst auf. Bohnenkraut lässt sich leicht trocknen. Dazu werden die blühenden Pflanzen abgeschnitten, gebündelt und an luftiger Stelle aufgehängt.

Basilikum
Im Topf lässt es sich auch auf dem Balkon oder der Fensterbank halten.

Basilikum

Dieses einjährige Gewürzkraut enthält ätherische Öle und duftet besonders aromatisch. Man braucht von ihm nur ganz wenig, um Suppen, Salate, Tomaten, Fleisch- und Fischgerichte, aber auch Einlegegurken zu würzen. Wenn man Lauch- oder Kartoffelsuppe mit einem frischen Basilikumzweig durch den Mixer lässt, nimmt sie sofort eine zartgrüne Färbung an. Und der Duft!

Diese Gewürzpflanze verlangt mehr Sonne als andere und viel Wasser. Da Basilikum frostempfindlich ist, wird es im April ins Frühbeet oder am Zimmerfenster ausgesät und nach dem Aufgang in kleine Töpfe pikiert. Nach den Eisheiligen setzen wir einige Pflanzen mit 25 cm Abstand an eine wingeschützte Stelle, von denen den ganzen Sommer über junge Triebe abgenommen werden können. Einige Basilikumpflanzen kann man auch in Töpfen auf dem Balkon ziehen.

Profi-Tipp

Basilikum nicht zu dicht in eine Saatschale säen und ins Frühbeet oder an einen anderen windgeschützten Platz stellen. Sobald die Pflanzen etwa 10 cm hoch sind, diese mitsamt dem zarten Stiel abschneiden und im Mörser oder Mixer zu Pesto verarbeiten. Bei mehrmals wiederholten Aussaaten können wir den ganzen Sommer über ohne allzu großen Arbeitsaufwand zusammen mit Olivenöl und den anderen Zutaten die köstliche grüne Pesto-Soße für italienische Pasta-Gerichte zubereiten.

Knoblauch

Knoblauch enthält antibakterielle Wirkstoffe und ist geradezu als biologisches Penicillin anzusprechen. Die schwefelhaltigen Verbindungen sind es auch, aus denen beim Zerkleinern der typische Knoblauchgeruch entsteht. Dieser ist für viele unangenehm, doch Feinschmecker nehmen ihn gerne in Kauf, weil sie es schätzen, wenn mit einer Knoblauchzehe die Salatschüssel ausgerieben wird oder Balkangerichte, Hammelbraten und andere Speisen durch Knoblauch erst den richtigen »Pfiff« bekommen.

Wer es nicht vorzieht, Knoblauch mit seinen »Zehen« oder »Klauen«, wie die vielen Nebenzwiebeln genannt werden, am Markt zu kaufen, kann ihn im eigenen Garten ziehen. Dazu nimmt man in wärmeren Gegenden bereits im Herbst (Oktober/November) von schönen Knoblauchzwiebeln die kleineren äußeren »Zehen« ab und legt sie bei einem

Abstand von 15 x 15 cm in der Reihe 5 cm tief aus. In rauhen, feuchten Gegenden geschieht dies erst im März/April. Knoblauch liebt Sonne und einen leichten mit Kompost verbesserten Boden.

Im Juli stirbt das Grün ab. Sobald das Kraut richtig trocken geworden ist, werden die Zwiebeln an einem sonnigen Tag geerntet und bleiben, wie bei Speisezwiebeln auch, noch 1–2 Tage im Freien liegen. Zu Zöpfen geflochten hängt man sie dann an einem trockenen Platz auf.

Schnittknoblauch ist mehrjährig und kann ab April an Ort und Stelle gesät werden. Die frischen grünen Blätter werden vom Frühjahr bis zum Herbst geerntet und ähnlich wie Schnittlauch zum Würzen verwendet.

Knoblauch
Wie buddhistische Gebetsfahnen »wehen« diese Knoblauchstängel. Zehen bzw. Saft geben Gerichten des Mittelmeerraumes erst den richtigen Pfiff.

Ausdauernde Würzkräuter

Schnittlauch

Wir verwenden Schnittlauch zum Würzen von Speisen und streuen die klein geschnittenen grünen Röhren aufs Butterbrot. Es genügen meist einige Pflanzen, wie sie am Markt oder im Garten-Center angeboten werden. Schnittlauch gedeiht in jedem normalen Gartenboden ohne großes Zutun. Lässt das Wachstum nach, reicht meist eine Kompostgabe im Frühjahr. Wenn wir die Schnittlauchstöcke zur Blütezeit bis dicht über dem Boden herunterschneiden, entwickeln sie rasch wieder frisches Grün.

Damit ab Januar frischer Schnittlauch vorhanden ist, graben wir einige Pflanzen in der ersten Novemberhälfte aus und legen sie recht stiefmütterlich im Freien auf einen Haufen. Je nach Bedarf können wir dann während des Winters die gefrorenen Klumpen zum Auftauen ins Haus holen, sehr große Schnittlauchstöcke halbieren, zu üppiges Wurzelwerk mit dem Messer einkürzen und mit ganz wenig Erde eintopfen. Am Küchenfenster aufgestellt und genügend feucht gehalten, kann man bald davon ernten.

Salbei

Der echte Salbei (*Salvia officinalis*) ist ausdauernd, er verholzt. Damit die Pflanze schön buschig bleibt, schneiden wir die holzigen Triebe jeweils im Frühjahr bis auf Handbreite über dem Boden herunter.

Schnittlauch
Wunderbar, seine lila Blüten neben gelbem Scheinmohn *(Meconopsis)*! Wenn wir die Schnittlauchblüten abschneiden, entsteht rasch wieder neuer Austrieb.

Salbei
Würz- und Zierpflanze zugleich. Haben Sie schon einmal Salbei-Tee probiert?

Mit seinen violetten Lippenblüten hat der Salbei im Garten gleichzeitig einen Zierwert. Eine Pflanze genügt, die wir in der Staudengärtnerei oder auf dem Markt kaufen. Frische Blätter können das ganze Jahr über weggenommen werden, selbst im Winter. Salbei wird vor allem zum Würzen von Fleischgerichten und Spagetti-Sugo verwendet.

Estragon

Estragon wird bis zu 1 m hoch. Auch hier reicht eine Pflanze aus. Im Spätherbst wird das Laub bis zum Boden heruntergeschnitten und die Pflanze mit Fichtenzweigen abgedeckt. Im Salat ist Estragon, kleingehackt, ein feines Gewürz, ebenso in Kräutersoßen und Remouladen. Vorwiegend wird er zum Einlegen von Gurken und zum Einbeizen von Fisch und Fleisch verwendet. Estragon im Essig gibt diesem zusätzliches Aroma.

Thymian

Eine Würzpflanze, die als Einfassung oder im Staudenbeet verwendet werden kann. Durch Teilung

lässt sich Thymian recht einfach vermehren. Er behält auch getrocknet sein Aroma bei.
Thymian wird zur Wurstbereitung und zum Würzen von Gemüse-, Fisch- und Fleischgerichten verwendet. Ein Hasenbraten, innen und außen mit Thymian gewürzt, ist ein besonderer Genuss.

> ### PROFI-TIPP
>
> Von Thymian gibt es auch mehrere Sorten in besonderen Duft- und Geschmacksrichtungen, etwa Zitronenthymian oder Orangenthymian.

Liebstöckel

Dieses kräftigwachsende Doldengewächs wird wegen seines Geruchs auch **Maggikraut** genannt. Eine Pflanze reicht völlig aus, die man leicht bekommen kann, wenn ein Bekannter einen älteren Stock teilt. Sonst kauft man sie eben beim Gärtner. Wegen seiner Größe braucht der Liebstöckel reichlich Wasser und Dünger.
In der Küche nimmt man sowohl die frischen als auch die getrockneten Blätter zum Würzen von Suppen, Soßen und Fleischspeisen.

Zitronenmelisse

Die Blätter dieser ausdauernden Pflanze schmecken sehr aromatisch nach Zitrone. Wir würzen mit ihnen Salate, Braten, Pilz-, Wild- und Fischgerichte. Die Blätter der Zitronenmelisse werden den fertigen Speisen erst vor dem Servieren beigegeben, da sonst das Aroma leiden würde. Auch hier genügt eine Pflanze, die man beim Gärtner kauft.

Thymian
Zum Würzen und als winterharter Bodendecker für sonnige, trockene Flächen.

Winterheckezwiebel

Sie bildet viele winterharte Nebenzwiebeln, die im Frühjahr das erste würzige Suppengrün liefern.
Bei der lebendgebärenden Winterheckezwiebel bilden sich dagegen an den Trieben zwei bis vier kleine Luftzwiebelchen, die sehr würzig aromatisch schmecken. Zur Vermehrung stecken wir die Luftzwiebeln in den Boden.

Winterheckezwiebel
Erstaunlich, die Vitalität der lebendgebärenden Zwiebel mit den vielen Luftzwiebelchen am Ende der Röhren.

Wurmige Äpfel, faule Tomaten

Leider treten in unserem grünen Paradies Jahr für Jahr Krankheiten und Schädlinge auf. Doch das war schon seit eh und je so.

Wir brauchen nur an die »sieben mageren Jahre« der Bibel zu denken. Über Heuschreckenplagen wird aus dem alten Ägypten berichtet, und Mäuse-Invasionen sind seit langer Zeit bekannt. Wenn uns viele Pilzkrankheiten neu erscheinen, so hängt das zweifellos mit der noch ziemlich jungen Erfindung des Mikroskops zusammen und der Forschung, die den Krankheiten auf den Grund geht.

Die Obst- und Gemüsearten wurden durch Züchtung so verfeinert und im Ertrag gesteigert, dass auch die Anfälligkeit gegen Krankheiten und Schädlinge gestiegen ist. Jeder Gartenfreund, der Qualitätsobst und -gemüse ernten will und es unschön findet, wenn seine Rosen bereits im Sommer ohne Laub und Blüten dastehen, kommt um ein Minimum an Pflanzenschutz nicht herum.

Vorbeugen ist besser als heilen

Im Garten wollen wir möglichst wenig mit chemischen Mitteln arbeiten. Wir werden uns deshalb überlegen, was wir vorbeugend tun können, um den Befall von Krankheiten und Schädlingen gering zu halten.

Vor allem sollte der Boden durch jährliche Kompostgaben gesund erhalten und die Pflanzen harmonisch ernährt werden. Deshalb sind die Themen »Bodenuntersuchung« und »Düngung« (ab Seite 61) besonders wichtig.

Durch Stickstoffüberdüngung, ganz gleich, ob wir diesen Nährstoff in mineralischer oder organischer Form ausbringen, wachsen die Pflanzen zwar üppig, aber sie werden auch weich und damit besonders anfällig gegen Krankheiten und Schädlinge.

Auch durch **richtige Sortenwahl** kann der Anfälligkeit gegen Krank-

'Golden Delicious' – eine Baumhälfte drei Mal mit einem organischen Fungizid behandelt, die andere nicht: starker Schorfbefall. Bei dieser Sorte kommt man um mehrmaliges Spritzen nicht herum.

'Gute Luise' – links Frucht von einem regengeschützten Wandspalier ohne Spritzung, rechts von einem freistehenden Baum, ebenfalls ohne Spritzung.

heiten und Schädlinge vorgebeugt werden. So sind beispielsweise die bekannten Apfelsorten 'Golden Delicious' oder 'Cox' in höchstem Maße schorfanfällig, während 'Prinz Albrecht von Preußen', 'Kaiser Wilhelm' u. a. auch ohne jegliche Spritzung sauber bleiben bzw. nur sehr geringen Befall zeigen.

Des weiteren lassen sich im Garten eine Reihe von Krankheiten und Schädlingen vorbeugend bekämpfen, wie beispielsweise die Braunfäule bei Tomaten, indem wir sie an eine regengeschützte Stelle pflanzen oder mit Folien »überdachen«, um den Regen abzuhalten (siehe die in langjähriger eigener Gartenpraxis bewährten Tipps zu den einzelnen Kulturen in den Tabellen Seite 242ff.).

Für alle Kulturen: Ausreichende Pflanzabstände einhalten! Nur wenn die Pflanzen genügend Luft und Licht bekommen und nach Regenfällen rasch abtrocknen, bleiben sie von Pilzkrankheiten weitgehend verschont, es sei denn, es handelt sich um besonders anfällige Sorten.

Ebenso wichtig: **Obstbäume und Beerensträucher** durch richtigen Schnitt licht halten! Freistehende Obstbäume mit lichter Krone werden weit weniger vom Schorf befallen als ungeschnittene Bäume der gleichen Sorte. Die mikroskopisch kleinen Pilze brauchen – ebenso wie ihre größeren Verwandten im Wald – zu ihrem Gedeihen Feuchtigkeit und Wärme. Wird ihnen diese Lebensgrundlage entzogen – licht gehaltene Pflanzen können nach Regen rasch abtrocknen – so bleibt der Befall in Grenzen.

Ähnlich verhält es sich mit **Spalierbäumen,** die regengeschützt an eine Hauswand gepflanzt wurden. Vor allem, wenn sie dort zusätzlichen Schutz durch ein vorspringendes Dach haben, zeigen sie kaum Schorfbefall.

Im eigenen Garten konnte ich dies über Jahrzehnte hinweg beobachten: Die köstliche aber äußerst schorfempfindliche Birne 'Gute Luise' bedeckt dort als Spalier eine regengeschützte Südwand mit Vordach. Während die Früchte eines im Freien stehenden 'Gute Luise'-Baumes in vielen Jahren dicht mit Schorfflecken und Rissen bedeckt waren, als Folge davon sehr klein blieben und praktisch ungenießbar waren, konnten vom geschützt stehenden Spalierbaum beinahe jedes Jahr einige hundert Birnen in vorzüglicher Qualität geerntet werden und dies – ohne jegliche Spritzung (siehe Bild Seite 235)!

Das gleiche konnte ich an Blättern und Früchten der gegen alle möglichen Pilzkrankheiten höchst empfindlichen Apfelsorte 'Weißer Winterkalvill' beobachten, die als Spalierbaum an der ebenfalls durch ein vorspringendes Dach geschützten Ostseite des Hauses steht.

Dies ist der Grund, warum mir der Spalieranbau so sehr am Herzen liegt. Deshalb: Überlegen Sie sich, ob nicht auch an Ihrem Haus ein Platz für Spalierobst vorhanden ist. Das Haus bekäme dadurch eine persönliche, geradezu romantische Note, und – Sie könnten köstliche Früchte ohne jegliche Schorfspritzung ernten.

Nützlinge – Helfer im Kampf gegen Schädlinge

Vögel vernichten zwar nur einen Teil der Schädlinge, im Liebhabergarten verhindern sie aber doch so manchen größeren Schädlingsbefall. Besonders während der Brutzeit sind sie eifrig damit beschäftigt, ihre Jungen mit allerlei Insekten aus dem Garten zu füttern, aber selbst an milden Wintertagen ist den quicklebendigen Meisen gut zuzuschauen, wie sie flink von Baum zu Baum, von Ast zu Ast fliegen und hüpfen und dabei Futter suchen, darunter überwinternde Schädlinge.

Nach Untersuchungen besteht die Nahrung von Kohlmeise, Blaumeise und Kleiber zu 60 % aus Schädlingen, die von Feldlerche, Fitislaubsänger und Gartengrasmücke zu beinahe 70 %. Tannenmeise und Gartenrotschwanz bringen es sogar auf 77 % und der Kuckuck auf beinahe 90 %. Vogelschutz ist deshalb eine nützliche Sache. Also: Nistkästen aufhängen, Vogeltränken aufstellen und an die Winterfütterung denken!

Links: Der Igel frißt Engerlinge, Erdraupen und Schnecken. Oben: Marienkäferlarven vernichten Blattläuse. Rechts: Florfliegenlarve und gestielte Eier in Blattlauskolonie, daneben: Erwachsene Florfliege.

Biologischer Pflanzenschutz mit Nützlingen

Nützlinge	Bekämpfbare Schädlinge	Versandeinheit	Anwendung im		
			Gewächs-haus	Folientunnel	Freiland
Raubmilben *Phytoseiulus persimilis*	Spinnmilben (Rote Spinne)	100 Raubmilben	•	•	–
Schlupfwespen *Encarsia formosa*	Weiße Fliege	100 Schlupfwespen	•	–	–
Florfliegen *Chrysopa carnea*	Blattläuse, Thripse (Gladiolenblasenfuß) und andere weich-häutige Insekten	100 Florfliegen	•	•	–
Räuberische Gallmücken *Aphidoletes aphidimyza*	Blattläuse	80 Gallmücken	•	•	–
Australischer Marienkäfer *Cryptolaemus montrouzieri*	Woll- und Schmierläuse	25 Käfer	•	–	–
Parasitäre Nematoden *Heterorhabditis* Arten u. a.	Dickmaulrüssler, Trauermücken, Maul-wurfsgrillen, Wiesen-schnaken	3 Mio. Nematoden	•	•	•

Ein sehr nützliches Tier ist der **Igel.** Er frisst Engerlinge, Erdraupen, Drahtwürmer und Schnecken, leider auch Regenwürmer.

Zu den Nützlingen und dadurch zu den natürlichen Feinden der Schädlinge zählen die **Marienkäfer** und deren Larven, die im Sommer eifrig Blattläuse, aber auch Schild- und Woll-Läuse vernichten. Die **Florfliege** hat einen hellgrünen Körper, durchsichtige, grünlich schimmernde Flügel und lange Fühler. Ihre Lieblingsspeise, und die ihrer Larven, sind ebenfalls Blattläuse. Im Herbst zieht sie sich in unsere Wohnungen zurück, wo wir ihr des öfteren begegnen können.

Sehr nützlich sind auch **Schwebfliegen,** deren Larven ebenfalls in Blattlauskolonien anzutreffen sind. Eine ausgewachsene Larve kann täglich bis zu 40 Blattläusen den Garaus machen. Weitere Nützlinge: Verschiedene Raubwanzen, Laufkäfer, Raubmilben, Schlupfwespen und Raupenfliegen.

Käufliche Nützlinge

Inzwischen ist eine biologische Schädlingsbekämpfung im Gewächshaus und Wintergarten möglich. So sind im Fachhandel Gutscheine zu erwerben, mit denen man bei Bedarf jeweils 80 bzw. 100 Nützlinge beziehen kann: Gegen Blattläuse sind dies Räuberische Gallmücken und Florfliegen, gegen Weiße Fliege die Schlupfwespen und gegen Spinnmilben (Rote Spinne) die Raubmilben.

Die genannten Nützlinge sind natürliche Gegenspieler von Schädlingen. Eine Versandeinheit reicht für 10 m² Pflanzenfläche, bei Nematoden für 6 m² Erdboden. Sie wurden bereits mehrere Jahre hindurch in Forschung und Praxis getestet. Es handelt sich dabei um einheimische Arten, die inzwischen gezüchtet werden. Die Anwendung ist unkompliziert und damit jedem Hobbygärtner möglich. Im Garten eingesetzt, sind sie nach den vorliegenden Beobachtungen vollkommen ungefährlich für Mensch, Tier und Umwelt. Bestellkarten für die genannten Nutzinsekten gibt es in Garten-Centern oder direkt bei den Züchtern. Mit diesen Karten können die Nützlinge bei der Zuchtstation angefordert werden. Nach wenigen Tagen kommen sie per Post ins Haus und müssen sofort freigelassen werden. Eine Lagerung ist nicht möglich. Jeder Sendung, die von der Größe her in die meisten Briefkästen passt, liegt eine genaue Anwendungsbeschreibung bei.

Spritzen nur wenn's »brennt«!

Trotz Vorbeugung kann es zu stärkerem Auftreten von Krankheiten und Schädlingen kommen. Jeder muss dann selbst entscheiden, ob er den Befall hinnehmen und auf eine Ernte verzichten oder in speziellen Fällen ausnahmsweise ein zugelassenes Pflanzenschutzmittel einsetzen will. Wirksame Präparate im Fachhandel erfragen!

Im eigenen Garten habe ich in all den zurückliegenden Jahren lediglich bei Obst-Spindelbüschen drei Spritzungen gegen Schorf mit Dithane NeoTec, einem organischen Fungizid durchgeführt: Einmal meist zu Ende der Blüte mit zweimaliger Wiederholung nach jeweils 2–3 Wochen. Das Obst blieb dadurch weitgehend frei von Schorfbefall und ließ sich gut lagern.

Gegen Blattläuse waren an den Apfel- und Birnbäumen kaum Spritzungen nötig. Lediglich an den Sauerkirschen-Spalieren an der Hauswand trat in manchen Jahren die Schwarze Kirschblattlaus derart massiv auf, dass eine Bekämpfung zweckmäßig erschien. Diese erfolgte immer gleich zu Beginn des Befalls, wobei lediglich die befallenen Triebspitzen mit einer 1-Liter-Blumenspritze punktuell behandelt wurden. Dadurch unterblieb eine weitere Vermehrung.

Als Präparat habe ich in den letzten Jahren das nützlingsschonende Pirimor verwendet. Gegen Grauschimmel an Erdbeeren wurde bei anfälligen Sorten während der Blüte meist zweimal mit Euparen gespritzt. Ansonsten war die Anwendung von Pflanzenschutzmitteln nicht nötig – außer gegen Schnecken an gefähr-

deten Aussaaten bzw. Jungpflanzen. So wurde z. B. der Befall an Apfelwickler hingenommen, weil der Anteil an »wurmigen« Äpfeln in den meisten zurückliegenden Jahren kaum höher als 20–30 % lag und diese durch Ausschneiden der befallenen Stellen im eigenen Haushalt verwendet werden konnten.

> **PROFI-TIPP**
>
> Richtiges Gießen beugt Krankheiten vor! Blätter nicht mit Wasser besprühen, sondern nur den Boden wässern!

Vorsichtsmaßnahmen

● Präparate nicht in bewohnten Räumen aufbewahren. Flüssige Spritzmittel jedoch den Winter über frostfrei lagern.
● Niemals aus Originalpackungen in andere Behälter (Tüten, Flaschen, Dosen u. ä.) umfüllen.
● Mittel unbedingt in einem verschlossenen, Kindern nicht zugänglichen Behälter aufbewahren.
● Spritzbrühen nicht in bewohnten Räumen vorbereiten, und für diesen Zweck eigene Behälter verwenden.
● Angesetzte Spritzbrühe auf keinen Fall unbeaufsichtigt stehen lassen (Kinder!).
● Beim Spritzen Schutzbekleidung (alte Kleidungsstücke, Gummistiefel, Handschuhe) tragen. Auf keinen Fall nur mit Badehose bekleidet spritzen oder stäuben.
● Nicht gegen den Wind arbeiten. Bei stärkerem Wind überhaupt nicht spritzen, da sonst das Mittel auf erntereife Kulturen in der Umgebung oder in den Nachbar-

garten geweht werden könnte.
● Nicht während des Bienenflugs spritzen. Am besten abends.
● Während der Arbeit nicht rauchen, essen oder trinken. Alkoholgenuß vor, während oder nach der Arbeit kann gefährlich werden.
● Nie verstopfte Spritzdüsen mit dem Mund ausblasen.
● Nach der Arbeit gründlich waschen.

Wartezeiten beachten!

Unter Wartezeit versteht man den Zeitraum, der zwischen der letzten Behandlung einer Kultur mit einem Pflanzenschutzmittel und der Ernte der betreffenden Kultur verstreichen muss. Statt »Wartezeit« wird oft auch das Wort »Karenzzeit« gebraucht.

Schutz der Bienen

Nach der »Verordnung über bienenschädliche Pflanzenschutzmittel« ist es verboten, blühende Pflanzenbestände mit bienenschädlichen Mitteln zu behandeln. Auch blühende Unter- und Nachbarkulturen sowie blühende Unkräuter dürfen von solchen Mitteln nicht getroffen werden. Nicht nur blühende, sondern alle Pflanzen, die von Bienen besucht werden (»Honigtau« bei Blattlaus- oder Blattsaugerbefall!) dürfen nicht mit bienengefährlichen Mitteln gespritzt werden. Auf den Packungen bienengefährlicher Pflanzenschutzmittel steht: »Achtung! Bienengefährlich!«

Tipps und Tricks für den richtigen Umgang mit Pflanzenschutzmitteln

● Für die Bekämpfung von Pilzkrankheiten (Schorf u. a.) während der Vegetationszeit eine möglichst feine Düse verwenden (üblicherweise liefern die Firmen Düsen mit verschiedenen Lochgrößen mit). Je feiner die Spritztröpfchen, desto gleichmäßiger wird die Oberfläche von Blättern und Früchten bedeckt, und desto besser ist dadurch auch der Schutz.

● Flüssige und pulverförmige Spritzmittel genau abmessen. Im Hinblick auf den Umweltschutz nicht überdosieren. Wird dagegen gespart, zeigt sich keine oder nur eine geringe Wirkung.

● Das Mittel in einem Eimer zunächst mit wenig Wasser anrühren (bei Pulvern: anteigen). Erst dann wird im Eimer oder gleich in der Spritze auf die gewünschte Konzentration verdünnt. Auf jeden Fall für eine gute Durchmischung sorgen, denn sonst kann es vorkommen, dass am Anfang nur Wasser und zum Schluss die konzentrierte Brühe ausgebracht wird.

● Ein Netzmittel zusetzen, wenn Pflanzen mit wachsartig überzogenen Blättern gespritzt werden sollen (Zwiebeln, Kohlarten). Andernfalls läuft die Spritzbrühe wirkungslos ab. Dazu kann Spülmittel (10 g auf 10 l Spritzbrühe) verwendet werden.

Reste beseitigen

Spritzbrühbedarf möglichst genau berechnen, sodass keine Reste übrigbleiben. Das zum Reinigen der Spritze verwendete Wasser unter die behandelten Pflanzen spritzen. Es darf auf keinen Fall in offene Gewässer oder ins Grundwasser gelangen. Alle Städte und Landkreise führen Sammlungen von Problemstoffen durch. Reste von Pflanzenschutzmitteln und leere Behälter können dort kostenlos abgegeben werden.

Blattläuse saugen an jungen Trieben und Blättern; Folge: gestauchte Triebe, verkrüppelte Blätter und Früchte.

Wichtige Allerweltsschädlinge und -krankheiten

Schädlinge

Angegeben ist jeweils:
Schädling bzw. Krankheit,
Symptome, Bekämpfung.

Blattläuse

Verkrüppelte, zusammengerollte Blätter und gestauchte Triebe. Insektenmittel.

Schneckenfraß an jungen Weißkohlpflanzen unter »Wachsender Folie«, und dies bereits im April.

Schildläuse saugen ebenfalls an Blättern und Trieben, dadurch geschwächtes Wachstum; vielfach Befall durch Rußtau.

Schildläuse

Geschwächtes Wachstum, Kruste aus unzähligen Schildchen am Holz, schwarzer Belag auf Blättern und Rinde (Rußtau). Bei Befall durch San-José-Schildlaus (grauer Belag auf der Rinde, Rotfleckung der Früchte bei Äpfeln und Birnen) Pflanzenschutzamt verständigen!

Spinnmilben

Auf den Blättern kleine, weißliche Flecken, Blätter sehen bleigrau bis bronzefarben aus, sehr kleine, röt-

Mit der Spagettizange lassen sich Nacktschnecken absammeln, ohne dass die Hände unangenehm glitschig werden.

Maulwurfsgrille – ein heimtückischer Schädling, den wir meist erst bemerken, wenn Pflanzen welken oder umfallen.

lich gefärbte Tiere. Befall an Obstgehölzen, Gurken, Bohnen, Erdbeeren, Rosen u. a.

Schnecken

Unregelmäßig geformte Löcher in der Blattfläche, Schleimspuren; Pflanzen sind besonders bei feuchter Witterung gefährdet. Bekämpfung: Schnecken frühmorgens oder abends absammeln (Spagettizange!), in Eimer geben und mit kochend heißem Wasser überbrühen, In Gartenwege alte Bretter u. ä. legen, Schnecken sammeln sich untertags darunter und können abgelesen werden; Bierfallen aufstellen, Schneckenkorn bei Aussaaten und gefährdeten pikierten Pflanzen.

Raupen

Treten an Obstgehölzen, Gemüse und Zierpflanzen auf. Bekämpfung: Einzelne Raupennester abschneiden bzw. Raupen absammeln. Auf eine Spritzung kann im Garten meist verzichtet werden.

Bodenschädlinge (Drahtwürmer, Erdraupen, Engerlinge)

Wurzeln und Herzblätter der verschiedensten Pflanzen werden abgefressen. Bekämpfung: Schädlinge bei der Bodenbearbeitung auflesen und vernichten. Welkende Pflanzen aus dem Boden nehmen und die meist in unmittelbarer Nähe befindliche »Raupe« zertreten. Bei starkem Befall (neuer Garten!) vor der Saat oder dem Auspflanzen zugelassenes Streumittel (im Fachgeschäft erfragen) ausbringen und nur oberflächlich einarbeiten.

Maulwurfsgrille (Werre)

Ein Gemüseschädling, der dicht unter der Erdoberfläche wühlt und die Wurzeln frisst bzw. lockert. Welkende oder umgefallene Pflanzen sind typisch für einen Befall. Das etwa 5 cm lange, maulwurfsähnliche Insekt legt im Mai/Juni mehrere hundert Eier in ein faustgroßes Nest unter der Erde.
Bekämpfung: Wenn wir Bretter auf die Wege zwischen die Gemüsebee-

te legen, sind die darunter entstehenden Gänge gut erkennbar. Wir brauchen dann nur in jeden Weg ein oder zwei Gläser eingraben, deren Rand 2–3 cm unter der Erdoberfläche liegen muß. Die Maulwurfsgrillen fallen in diese hinein und kommen nicht mehr hoch.

Vögel (Amseln, Stare)

Der beste Schutz gegen Vogelfraß sind Kunststoffnetze.

Wühlmaus

Pflanzen werden unterirdisch angefressen. Die Erdhaufen sind flach, unregelmäßig und mit Gras- und Wurzelresten durchsetzt. Sie unterscheiden sich deutlich von den hohen runden Maulwurfshaufen. Bekämpfung: Gang öffnen; ist er noch bewohnt, so wird er oft schon nach 10 Minuten von innen mit Erde verstopft. Nach wie vor bewährt ist der Fang mit der Falle. In wühlmausgefährdeten Gärten Obstbäume in Drahtkorb pflanzen und diesen oben schließen.

Links: Rosenblätter, gesund und mit Befall durch Sternrußtau.

Unten: *Monilia*-Fruchtfäule an Apfel.

Links: Feuerbrand, eine gefährliche Krankheit.

Rechts: Obstbaumkrebs an Apfel.

Hasen

Junge Obstbäume den Winter über mit Drahthosen oder Wildschutzspiralen aus Kunststoff schützen! Beim Auslichten von Bäumen einige Äste als Futter liegen lassen.

Krankheiten

Monilia-Fruchtfäule

Der *Monilia*-Pilz befällt Früchte aller Kern- und Steinobstarten. Sie weisen anfangs kleine Faulstellen auf, die sich rasch vergrößern. Um diese entstehen ringförmig angeordnete, graubraun gefärbte Fruchtkörper des Pilzes (Polsterschimmel). Die Krankheit wird während der Fruchtreife besonders von Wespen verbreitet. Bekämpfung: Abnehmen der befallenen Früchte, auch im Winter (Fruchtmumien).

Zweig-*Monilia* oder Spitzendürre

Diese Krankheit tritt besonders bei Sauerkirschen und anderen Steinobstarten auf. Während der Blüte, vor allem bei Regenwetter, welken plötzlich die Blüten und vertrock-

nen. Im weiteren Verlauf sterben die Triebe und Blätter ab, deshalb auch die Bezeichnung »Spitzendürre«.

Feuerbrand

Triebe welken ab Frühsommer schlagartig, werden dürr. Nicht nur Äpfel wie 'James Grieve', 'Ananasrenette' u. a., sondern auch ansonsten kerngesunde alte Sorten wie 'Grahams Jubiläumsapfel' sowie Birnbäume können befallen werden. Eine gefährliche Krankheit, die Schorf, Mehltau u. a. geradezu »harmlos« erscheinen lässt. Be-

kämpfung: Welke Triebe sofort bis weit ins gesunde Holz zurückschneiden und in die Mülltonne geben.

Obstbaumkrebs

Eine Pilzkrankheit, die vor allem beim Apfel auftritt und mit dem Krebs beim Menschen nichts zu tun hat. Die Sporen dringen durch Wunden ein: nach Hagel oder Frost, an Schnittstellen u. ä., aber auch durch die vielen im Herbst entstehenden Blattnarben. Staunässe, hoher Grundwasserstand, zuviel Stickstoff im Boden (einseitige Düngung mit Jauche in Bauerngärten) fördern den Befall. Apfelbäume deshalb nur an zusagendem Standort pflanzen, denn kalte Lagen sowie feuchter, schwerer Boden begünstigen das Auftreten. Bekämpfung: Vorhandene Krebsstellen bis ins gesunde Holz ausschneiden und mit Wundpflegemittel (siehe Seite 242) behandeln.

Links: Befall durch Birnengitterrost.

Rechts: Kraut- und Braunfäule an Tomaten.

Krankheiten und Schädlinge an Obstbäumen

Obstart	Schadbild	Schädling oder Krankheit	Bekämpfungs-zeitpunkt	Vorbeugende bzw. mechanisch-biologische Bekämpfung
Apfel und Birne	Auf den Blättern und Früchten bilden sich dunkle Flecken.	Schorf	Vor- und Nachblütespritzungen mit organischen Pilzbe-kämpfungsmitteln u. a. Zugelassene Mittel im Fachgeschäft (Garten-Center) erfragen. Kronen licht halten!	
Apfel	»Wurmige« Früchte	Apfelwickler (Obstmade)	Ab Mitte Juni und Anfang August	Handhoch über dem Boden am Stamm Fanggürtel anbringen, Ende Juli bzw. Anfang Oktober abnehmen und ver-brennen.
Apfel	Weißer, mehliger Belag auf jungen Trieben, Blät-tern, Blütenknospen und Blüten.	Apfel-Mehltau	Bei Auftreten	Befallene Triebe abschneiden und entfernen.
Apfel	Am Stamm oder an den Ästen krebsartige Wu-cherungen, die sich ausdehnen; über den Krebsstellen stirbt der Ast häufig ab.	Obstbaum-krebs	Bei Auftreten	Krebsstellen am Stamm gründlich bis ins gesunde Holz ausschneiden und mit Wundpflegemittel (Lac Balsam, Bayer Wundverschluss, u. a.) behandeln.
Birne	Auf den Blättern im Som-mer leuchtend orangero-te, runde Flecken, auf der Blattunterseite gelb-liche Anschwellungen	Birnengitter-rost	Vorbeugend	Obwohl sehr auffällig, ist eine Bekämp-fung bei geringem Befall nicht nötig. Bei stärkerem Auftreten zugelassene Mittel im Fachgeschäft erfragen.
Sauerkir-schen u. a. Steinobst-arten, gele-gentlich auch Kern-obst	Während der Blütezeit, vor allem bei Regenwet-ter, welken plötzlich die Blüten und vertrocknen, Triebe und Blätter ster-ben ab (Spitzendürre).	Zweig-*Monilia* oder Spitzendürre	Bei Auftreten Vorbeugend	Abgestorbene Triebe sofort bis 10 cm ins gesunde Holz zurückschneiden. Bei starkem Auftreten Spritzen in die Blüte (nur spät abends) mit bienenungefähr-lichem organischem Fungizid. Bei 'Schattenmorelle' jährlich kräftiger Rückschnitt gleich nach der Ernte.
Zwetschen und anderes Steinobst	Kleine, rötliche Flecken auf den Blättern, die später herausfallen.	Schrotschuss-krankheit	Bei Austrieb	Bei stärkerem Auftreten zugelassene Mittel im Fachgeschäft erfragen. Grundsätzlich: Kronen licht halten!
Pflaumen Zwetschen	Dunkelbraune Pusteln auf den Blattunterseiten, Bäume oft im August kahl.	Zwetschen-rost	Nach der Blüte 2 Spritzungen im Abstand von 3–4 Wochen	Wie oben (Schrotschusskrankheit)!
Pflaumen Zwetschen	Die jungen Früchte fallen bald nach der Blüte ab.	Pflaumen-sägewespe	Sofort nach Abfallen der Blütenblätter	Nur wenn im letzten Jahr starker Befall. Mittel im Fachgeschäft erfragen.
Zwetschen (speziell 'Hauszwet-sche')	Junge Früchte sind flach-gedrückt, sehr groß, an-fangs grün, dann braun mit mehligem Überzug.	Narren- oder Taschen-krankheit	Bei Auftreten	Befallene Früchte auspflücken und ver-nichten, Triebe bis auf gesunde Teile zurückschneiden. Evtl. Spritzmittel im Fachgeschäft erfragen.
Pfirsich	Die Blätter zeigen blasige Auftreibungen von weiß-grüner bis roter Farbe.	Kräuselkrank-heit	Beim Knospen-schwellen, unmittel-bar vor der Blüte	Spritzung nur wirksam vor Aufbruch der Knospen. Zugelassene Mittel im Fach-geschäft erfragen.

Krankheiten und Schädlinge beim Beerenobst

Obstart	Schadbild	Schädling oder Krankheit	Bekämpfungs-zeitpunkt	Vorbeugende bzw. mechanisch-biologische Bekämpfung
Stachel- und Johannisbeeren	Die Blätter zeigen dunkle Flecken, werden gelblich und fallen ab.	Blattfallkrankheit	Beginnend nach der Blüte bis nach der Ernte 2–3 Spritzungen	Sehr wichtig: Sträucher gut auslichten. Wenn Spritzung nötig, dann Mittel im Fachgeschäft erfragen.
Johannisbeeren	Rotbrauner Belag auf den Blattunterseiten.	Säulenrost	Wie oben	Zugelassene Mittel im Fachgeschäft (Garten-Center) erfragen.
Schwarze Johannisbeeren	Kugelig angeschwollene Knospen (Rundknospen), die im Frühjahr nicht mehr austreiben.	Johannisbeergallmilbe	Vorbeugend	Im Spätwinter stark mit Rundknospen besetzte Triebe herunterschneiden bzw. Knospen abzupfen und vernichten. Sortenwahl!
Stachelbeere	Triebspitzen, Blätter und Früchte werden von einem mehlig-filzigen Belag überzogen.	Amerikanischer Stachelbeermehltau	Winter	Befallene Triebspitzen zurückschneiden. Sträucher kräftig auslichten. Allgemein: Widerstandsfähige Sorten bevorzugen.
Himbeere	Im Frühsommer zeigen sich an den jungen Trieben violette bis graue Flecken.	Himbeerrutenkrankheit	Vorbeugend Nach der Ernte	Boden mit kurzem Rasenschnitt, Stroh o. ä. abdecken (mulchen). Abgetragene Ruten sofort nach der Ernte dicht über dem Boden abschneiden.
Erdbeere	Grauer Schimmel an den Früchten.	Grauschimmel	Vorbeugend Zur Blütezeit	Ausreichende Pflanzabstände, mulchen (Stroh unterlegen). Sortenwahl! Anfällige Sorten spritzen. Mittel im Fachgeschäft erfragen.
Erdbeere	Die Herzblätter sind stark gekräuselt und verkrüppelt.	Erdbeermilbe	Nach der Ernte	Befallene Pflanzen entfernen.

Krankheiten und Schädlinge bei Gemüse

Gemüseart	Schadbild	Schädling oder Krankheit	Bekämpfungs-zeitpunkt	Vorbeugende bzw. mechanisch-biologische Bekämpfung
Verschiedene Gemüsearten	Wurzelfraß	Bodenschädlinge wie Engerlinge, Drahtwürmer, Erdraupen	Welkende Pflanzen Bei starkem flächigem Auftreten	Pflanzen samt Schädling (z. B. Erdraupe u. a.) aus dem Boden nehmen, Schädling zertreten, siehe auch Seite 240. Mittel im Fachgeschäft erfragen.
Verschiedene Gemüsearten	Fraßschäden an Blättern und Früchten (Erdbeeren u. a.)	Schnecken	Vor allem bei feuchtem Wetter sowie früh morgens und abends	Schnecken absammeln, Bierfallen (siehe Seite 240), bei gefährdeten Aussaaten Schneckenkorn streuen. Das gilt auch für Blumenaussaaten (*Tagetes,* Dalien, Zinnien, Kosmeen, Islandmohn u. a.)
Bohnen	Fraßschäden am jungen Keimling (braune Fraßgänge an den Keimlappen).	Bohnenfliege	Beim Auslegen	Sehr wichtig: Saatgut erst ausbringen, wenn Boden genügend warm und trocken ist, damit das Auflaufen schnell erfolgen kann. Mit Gemüsefliegen-Netz schützen.

Gemüseart	Schadbild	Schädling oder Krankheit	Bekämpfungszeitpunkt	Vorbeugende bzw. mechanisch-biologische Bekämpfung
Bohnen	Schwarze Läuse zu Beginn des Sommers oft in ganzen Kolonien an Busch-, Stangen- und Dicken Bohnen. Befallene Triebe gestaucht, Blätter eingerollt, Blüten und junge Hülsen verkümmert.	Schwarze Bohnenlaus	Bei Auftreten	Zugelassene Mittel im Fachgeschäft (Garten-Center) erfragen.
Kohlarten	Pflanze stockt im Wachstum, Blätter bekommen fahles, bleifarbenes Aussehen, Wurzeln sind abgefressen. Pflanzen lassen sich leicht aus dem Boden ziehen.	Kohlfliege	Beim Auspflanzen	Erst nach Kastanienblüte pflanzen (Flug der 1. Generation ist vorbei). Nicht auf frisch mit Mist gedüngtes Beet und tief pflanzen; später etwas anhäufeln. Gemüsefliegen-Netz verwenden.
Kohlarten	Anfangs hellgrüne, später schwarz-gelb gestreifte Raupen, bis 4 cm lang.	Kohlweißling	Eiablage Raupen	Blätter kontrollieren und Eier zerdrücken. Bei beginnendem Fraß die Pflanzen mehrmals kontrollieren, Raupen ablesen.
Kohlarten	Verdrehungen und Anschwellungen der Blätter infolge Saugtätigkeit von Maden. Die Eier werden in das »Herz« der jungen Kohlpflanzen abgelegt.	Drehherzmücke	Ab Mitte Mai, Bekämpfung nach 10 bis 14 Tagen wiederholen, bis zur beginnenden Kopfbildung wiederholt gründlich spritzen oder stäuben.	Zugelassenes Mittel im Fachgeschäft (Garten-Center) erfragen.
Kohlarten	Kropfartige Verdickungen an der Wurzel. Es werden keine oder nur mangelhafte Köpfe gebildet.	Kohlhernie	Allgemein Beim Auspflanzen	Fruchtwechsel! Keine befallenen Strünke auf den Komposthaufen bringen! 3 Wochen vor dem Pflanzen Kalkstickstoff (ca. 50 g/m²) einarbeiten.
Kohlarten u. a. Keimlinge	Keimpflanzen fallen um und sterben ab. Schwärzliche Verfärbung am Stängelgrund, dieser oft auch eingeschnürt.	Umfallkrankheiten (*Pythium*-Wurzelfäulen)	Bei Aussaat	Spezielle Aussaaterde (z. B. Euflor, Compo, Neudorff) verwenden. Nur in den Vormittagsstunden gießen.
Kohlarten	Siebartiger Fensterfraß an den Blättern, starkes Auftreten bei Trockenheit. Auch bei Radieschen und Rettichen.	Erdflöhe	Allgemein Bei stärkerem Befall	Beete feucht halten! Zugelassene Mittel im Fachgeschäft (Garten-Center) erfragen.
Kopfsalat	Äußere Blätter welken und faulen, schließlich fault der ganze Kopf von unten her ab. An den Befallstellen mausgrauer, leicht stäubender Schimmelbelag.	Salatfäule	Vorbeugend Bei Auftreten	Pflanzen trocken halten, vor allem gegen Abend zu nicht mehr mit Wasser überbrausen; Salat nicht zu eng und zu tief setzen; nicht mit Stickstoff überdüngen. Befallene Pflanzen sofort entfernen.

Gemüseart	Schadbild	Schädling oder Krankheit	Bekämpfungs-zeitpunkt	Vorbeugende bzw. mechanisch-biologische Bekämpfung
Möhren	In den Möhren befinden sich mit Kot gefüllte Fraßgänge.	Möhrenfliege	Bei Aussaat	Mit Gemüsefliegen-Netz schützen. Offene, windige Lage beugt Befall vor.
Rettiche	»Madigwerden« der Rettiche (wurmige Rettiche), Fraßgänge.	Rettichfliege	Nach der Saat oder nach dem Auspflanzen	Mit Gemüsefliegen-Netz schützen. Offene windige Lage beugt Befall vor.
Sellerie	Gelb-braune Flecken auf Blättern und Stielen, allmähliches Absterben der Blätter.	Sellerieblattfleckenkrankheit (Rost)	Bei Aussaat Nach der Pflanzung	Möglichst widerstandsfähige Sorten anbauen. Mulchen, dann braucht nur selten gegossen zu werden.
Tomaten	Graugrüne Flecken an Blättern, Absterben derselben, Fruchtfäule!	Kraut- und Braunfäule	Beim Auspflanzen Bei beginnendem Befall (meist ab August)	Pflanzen gegen Regen schützen (Vordach!), evtl. Folienüberdachung. Blätter mit vielen Flecken entfernen.
Zwiebeln	Herzblatt vergilbt, lässt sich herausziehen (Larvenfraß im »Herz«).	Zwiebelfliege	Bei der Saat	Zwiebeln nicht auf frisch mit Mist gedüngtes Beet pflanzen oder säen. Gemüsefliegen-Netz!

Krankheiten und Schädlinge an Zierpflanzen

Blumenart	Schadbild	Schädling oder Krankheit	Bekämpfungs-zeitpunkt	Vorbeugende bzw. mechanisch-biologische Bekämpfung
Astern	Pflanzen welken	Asternwelke	Vorbeugend	Welkeresistente Sorten pflanzen, kranke Pflanzen nicht auf den Kompost!
Astern, Rosen u. v. a.	Blätter gekräuselt, Triebspitzen verkümmern.	Blattläuse	Bei den ersten Befallszeichen.	Zugelassene Mittel im Fachgeschäft (Garten-Center) erfragen.
Gladiolen	Auf Blättern treten weißlich-graue Flecken auf.	Gladiolenblasenfuß	Nach Herausnehmen der Knollen.	Laub sofort von den Knollen entfernen und vernichten.
Tulpen	Blätter verkrüppelt, graubraun-fleckig; Blüten bekommen helle oder bräunliche Flecken und verkrüppeln.	Grauschimmel (»Tulpenfeuer«)	Beim Kauf Beim Legen im Herbst Bei Befall	Zwiebeln mit braunen Flecken zurückweisen! Standort wechseln! Befallene Pflanzen entfernen und vernichten.
Rosen	Blätter zeigen kleine schwarze Flecken, werden gelb und fallen ab.	Sternrußtau	Bei den ersten Anzeichen des Befalls, besser: ab Austrieb. Mehrmals Wiederholen!	Dithane NeoTec, Baymat-Rosenspritzmittel, Rosen-Pilzfrei-Saprol, Rosenspray Saprol F bzw. andere zugelassene Mittel im Fachgeschäft erfragen.
Rosen	Mehlartiger Belag auf Blättern und Blüten.	Mehltau	Wie oben	Wie oben (Sternrußtau).
Rosen	Blätter erscheinen weiß gesprenkelt.	Rosenzikade	Bei den ersten Anzeichen	Zugelassene Mittel im Fachgeschäft erfragen.
Blau-, Omorika- und Sitkafichte	Nadeln verfärben sich braun und fallen ab. Ältere Zweigpartien verkahlen. Schädigung durch Saugen.	Sitkafichtenlaus	Ab März während milder Witterungsperioden Fichten regelmäßig überprüfen; ebenso nach Austrieb.	Innere Zweige kontrollieren; über heller Unterlage abklopfen. Vorhandene Läuse fallen ab und werden sichtbar. Bei Befall sofort spritzen. Mittel: im Fachgeschäft erfragen.

Arbeitskalender

JANUAR

Ziergarten Wertvolle Gehölze nach starken Schneefällen abschütteln, da sonst Äste abbrechen können. – Ziersträucher auslichten; dabei ältere, zu dicht stehende Triebe über dem Boden abschneiden oder aber auf Jungtriebe zurücksetzen. – Laubgehölzhecken, die zu hoch bzw. zu breit geworden sind, ins alte Holz hinein zurückschneiden (verjüngen). – Morsche, brüchige Äste von älteren Bäumen absägen. – Ältere Bäume und Sträucher können mit Frostballen verpflanzt werden. – Hecken entlang den Verkehrsstraßen durch Vorstellen von Strohmatten oder ähnlichem Material vor Salzschäden schützen.

Gemüsegarten Anbauplan anfertigen; dabei die Erfahrungen des zurückliegenden Jahres berücksichtigen, d. h. von Gemüsearten, die überreichlich vorhanden waren, weniger einplanen und umgekehrt. – Werkzeuge bei Bedarf reparieren bzw. durch neue Geräte ersetzen. – Gartengeräte säubern und mit öligem Lappen einreiben. – Eingetopfte Schnittlauchstöcke bzw. Petersilienwurzeln am Zimmerfenster zum Treiben aufstellen; dabei reichlich gießen. – Gartenkresse in Saatkistchen aussäen bzw. Schnellkeimpackungen verwenden. – An einem warmen Tag die Miete bzw. das Frühbeet öffnen und eingelagertes Gemüse für die nächsten Wochen entnehmen.

Obstgarten Auslichten älterer Bäume fortsetzen; dabei vorrangig kranke, dürre oder zu dicht stehende Äste entfernen. – Bei Bäumen, die umveredelt werden sollen, die Krone um zwei Drittel zurücknehmen. – Edelreiser schneiden und im kühlen Keller bzw. an der Nordseite des Hauses einschlagen. – Obstlager durchsehen und faule Früchte entfernen.

FEBRUAR

Ziergarten Ziersträucher auslichten, Hecken verjüngen und andere im Januar nicht erledigte Arbeiten fortsetzen. – Im Herbst gepflanzte Stauden bei wärmerem, sonnigem Wetter nachsehen und hochgefrorene Pflanzen andrücken, damit sie nicht vertrocknen. – An einem sonnigen, warmen Tag Zäune, Pergolen oder Rankgerüste mit Holzschutzmittel streichen; bis die in der Nähe stehenden Pflanzen austreiben, besteht kaum mehr Verbrennungsgefahr. – Sobald der Boden frostfrei ist, Laubgehölze und Rosen pflanzen. Größere Bäume und Sträucher am besten mit Frostballen verpflanzen, zumindest mit wenig beschädigtem Wurzelballen.

Gemüsegarten Anbauplan erstellen; bei jedem »Papierbeet« die Vor-, Haupt- und Nachkultur eintragen. – Durch Keimproben feststellen, ob vorhandener Samen noch genügend keimfähig ist. – Gemüsesämereien bestellen. – Frühbeet mit Pferdemist (Reitstall!) packen und dort gegen Monatsende die ersten Aussaaten vornehmen bzw. Salat, Kohlrabi und andere Arten auspflanzen. – Frühgemüsearten am Zimmerfenster aussäen und im März unter Folie oder Glas pikieren.

Obstgarten Höchste Zeit für den Schnitt von Strauchbeerenobst (früher Austrieb!). – Auslichten älterer Obstbäume fortsetzen und beenden. – Größere Sägewunden mit Wundverschlussmittel verstreichen. – Schnitt jüngerer Obstbäume. – An die Südseite der Bäume ein Brett stellen bzw. die Stämme mit Weißanstrich bestreichen (Frostschutz!). – Düngung ausbringen, wenn nur noch geringer Neutrieb vorhanden. – Kompost oder Stallmist geben, da organische Stoffe als Grundlage jeder Düngung das Bodenleben fördern. – Eingelagertes Obst durchsehen; dabei faule Früchte entfernen.

MÄRZ

Ziergarten Winterschutz auf Stauden, Rosen und Rhododendren noch belassen. – Sobald die Rosen zu treiben beginnen, Winterschutz wegnehmen, Pflanzen abhäufeln, düngen und schneiden. – Sommerblumen, die eine längere Vorkultur brauchen, aussäen, z. B. Löwenmaul, Fleißiges Lieschen (*Impatiens walleriana*), Verbenen, Salbei-Arten wie *Salvia farinacea, S. patens* und andere. – Zwischen Stauden organischen oder mineralischen Dünger ausbringen, Boden lockern und obenauf organische Stoffe (verrotteten Stallmist, Kompost u. ä.) geben. – Gehölze pflanzen.

Gemüsegarten Jungpflanzenanzucht von Tomaten, Paprika u. a. im Frühbeet, Kleingewächshaus oder Folienhaus; wenn Heizung nicht möglich, dann besser am Zimmerfenster aussäen und erst später die jungen Pflänzchen unter Glas oder Folie pikieren. – Gegen Monatsmitte unter einem Folientunnel bzw. im nicht beheizten Gewächshaus Kopfsalat, Kohlrabi und Rettiche pflanzen bzw. Radieschen und Gartenkresse säen. – Zu Monatsende Freilandaussaaten von Zwiebeln, Petersilie, Schwarzwurzeln, Radieschen, Möhren. – Frühe Freilandsaaten mit Schlitzfolie oder Vlies bedecken. – Vor den Aussaaten Grunddüngung einbringen.

Obstgarten Obstbaumschnitt fortsetzen, vor allem Schnitt der im Herbst bzw. jetzt gepflanzten Bäume. – Neupflanzungen vornehmen; Äpfel und Birnen vor allem in Spindelbuschform pflanzen. – Günstige Pflanzzeit für Aprikosen, Pfirsiche und Walnussbäume; für Südseiten von Gebäuden ist neben Birne, Pfirsich und Aprikose auch die Weinrebe geeignet. – Pflanzzeit für Himbeeren, Brombeeren, Stachel- und Johannisbeeren. – Weinstock schneiden. – Weißanstrich erneuern bzw. ein Brett vor die Südseite stellen (Frostschutz).

April

Ziergarten Winterschutz entfernen, damit der Austrieb nicht behindert wird. – Günstige Pflanzzeit für Koniferen und immergrüne Laubgehölze; vorher die Ballen in Wasser stellen. – Rosen vor dem Pflanzen ebenfalls wässern, nach dem Pflanzen anhäufeln. – Einjahrsblumen wie Astern, Tagetes, Zinnien, Mignon-Dahlien u. a. ins Frühbeet bzw. unter Folie aussäen, unempfindlichere Arten wie Goldmohn, Schleifenblume, Godetien, Feldblumenmischung u. a. gleich an Ort und Stelle säen. – Rasen düngen und mit dem Schneiden beginnen. – Stauden pflanzen. – Boden oberflächlich lockern und Unkraut entfernen.

Gemüsegarten Zu Monatsbeginn Kopfsalat und Kohlrabi ins Freie pflanzen, gegen Monatsmitte folgen dann die verschiedenen Frühkohlarten. – Unter Glas oder im Folienhaus pikieren von Sellerie und Kopfsalat. – Vorkultur von Gurken, Buschbohnen, Zuckermais, Zucchini und anderen wärmeliebenden Arten. – Eingetopfte Tomaten- und Paprikapflanzen im Frühbeet oder im Folienhaus etwas weiter auseinanderrücken, damit sich die Pflanzen kräftig entwickeln können. – Im Freien Radieschen, Frühsommerrettiche, Rote Rüben, Markerbsen, Zuckererbsen und Mairüben aussäen.

Obstgarten Sobald sich die Rinde löst, kann veredelt werden; vorher die Pfropfköpfe um Handlänge zurückschneiden. – Schnitt der Pfirsichbäume, bei denen sich jetzt die verschiedenen Knospenarten gut unterscheiden lassen. – Baumwunden (Wildfraß) an den Rändern nachschneiden und mit Wundverschlussmittel verstreichen. – Sobald Weinreben, Walnuss und Kiwi im Saft sind nicht mehr schneiden, weil sie sonst »bluten«. – Vorblütespritzung gegen Schorf mit organischem Fungizid (Warndienst beachten!).

Mai

Ziergarten Günstige Pflanzzeit für Nadelgehölze, Rhododendren und Freilandazaleen. – Rhododendren und Freilandazaleen nach der Blüte düngen, verblühte Teile entfernen. – Frisch gepflanzte Rosen abhäufeln. – Wildtriebe an Rosen dicht an den Entstehungsstellen abreißen. – Rosen gegen Pilzkrankheiten spritzen. – Abgeblühte Teile bei Tulpen und Narzissen entfernen (Samenansatz = Kraftentzug), auch bei Flieder und anderen Pflanzen. – Dahlien und Gladiolen in den Boden bringen. – Rasen regelmäßig mähen und düngen, sofern dies nicht bereits im April erfolgt ist. – Rasen ansäen. – Nach den Eisheiligen frostempfindliche Einjahrsblumen ins Freie pflanzen.

Gemüsegarten In der ersten Maihälfte Freilandgurken aussäen, um die Monatsmitte herum Busch- und Stangenbohnen. – Im letzten Maidrittel Freilandtomaten auspflanzen, ebenso Paprika, Gurken, Zucchini, Zuckermelonen, Auberginen, Zuckermais und Artischocken; verschiedene dieser Feingemüse sollten unter Folie oder Glas gehalten werden. – Zu dicht stehende Saatgemüsearten wie Möhren, Petersilie, Schwarzwurzeln, Zwiebeln, Radieschen, Rote Rüben nach dem Aufgang ausdünnen. – Porree, Bleich- und Knollensellerie pflanzen. Folgesätze von Kopf- oder Eissalat auspflanzen.

Obstgarten Bei reichem Fruchtansatz evtl. nochmals düngen. – Offenen Boden unter Obstbäumen und Beerensträuchern mulchen (Stroh, Rasenschnitt). – Bei Trockenheit wässern. – In die Erdbeerreihen Stroh legen. – Besttragende Erdbeerpflanzen kennzeichnen und nur von diesen Jungpflanzen gewinnen. – Nachblütespritzungen gegen Pilzkrankheiten; Insektenmittel nur zusetzen, wenn tierische Schädlinge sehr stark auftreten.

Juni

Ziergarten Boden lockern und Unkraut entfernen. – Bei Trockenheit vor allem die neugepflanzten Gehölze, Rosen und Stauden wässern. – Einjahrsblumen können noch gesät bzw. ausgepflanzt werden. – Rhododendren und Rosen nach der Blüte düngen. – Gehölze mulchen. – Kletterpflanzen anbinden und in die gewünschte Richtung leiten. – Höher werdende Stauden stützen. – Rosen gegen Pilzkrankheiten spritzen. – Laubgehölzhecken wie Hainbuche, Liguster u. a. schneiden. – »Englischen« Rasen schneiden, wässern und düngen, sonst nur regelmäßig schneiden. – Zu Monatsende Zweijahrsblumen aussäen, also Stiefmütterchen, Vergissmeinnicht, Maßliebchen, Bartnelken, Marienglockenblumen u. a.

Gemüsegarten Nach stärkeren Regenfällen den Boden oberflächlich lockern. – Möhren, Zwiebeln, Rote Rüben, Radieschen u. a. auf die richtigen Abstände vereinzeln, sofern nicht Saatbänder oder Pillensaat verwendet wurde. – Kulturen, die länger auf den Beeten stehen, durch eine Kopfdüngung fördern. – Spargel- und Rhabarbererente gegen Johanni (24. Juni) beenden. – An Tomaten Geiztriebe regelmäßig ausbrechen. – Bei Artischocken schwächere Blütenknospen entfernen. – Abgeerntete Gemüsebeete neu bestellen. – Auf Krankheiten und Schädlinge achten.

Obstgarten Apfel-Spindelbüsche setzen oft überreich Früchte an; in diesem Fall die Fruchtbüschel ausdünnen und nur die größeren Äpfel belassen. – Bei der Erdbeerernte auch die von Grauschimmel befallenen Früchte abnehmen und entfernen, damit sie nicht die gesunden anstecken. – Erdbeeren während der Erntezeit wässern. – Rasenschnitt zum Mulchen unter Obstbäumchen und Beerensträuchern verwenden.

Juli

Ziergarten In der ersten Julihälfte ist es noch Zeit für die Aussaat von Zweijahrsblumen wie Stiefmütterchen, Tausendschön, Vergißmeinnicht, Goldlack, Islandmohn, Marienglockenblumen, Bartnelken, Malven, Fingerhüte u. a. – Bei Rosen, Stauden und großblütigen Sommerblumen alles Verblühte laufend wegschneiden, denn Samenansatz geht auf Kosten der weiteren Blüte. – Kopfdüngung bei Sommerblumen. – Auf Krankheiten bei Rosen achten (Sternrußtau, Mehltau) und bereits bei den ersten Anzeichen bekämpfen, tierische Schädlinge (Blattläuse u. a.) nur bei stärkerem Auftreten.

Gemüsegarten Spätestens Anfang Juli die wertvolle Salatart 'Zuckerhut' an Ort und Stelle aussäen und später verziehen. – Freiwerdende Beete mit Nachkulturen bestellen; gesät werden Radieschen, Rettiche, Möhren (Frühsorten) und gegen Monatsende Frühlingszwiebeln und Chinakohl; gepflanzt werden Winterendivie, Kopfsalat, Blumenkohl, Kohlrabi, Rote Rüben, Knollenfenchel. – Kopfdüngung für Kulturen, die über einen längeren Zeitraum auf den Beeten verbleiben (Tomaten, Gurken, Sellerie, Kohlarten u. a.) – Porree anhäufeln. – Seitentriebe bei Tomaten entgeizen, ebenso die unteren Blätter entfernen, übrige Blätter jedoch schonen, es sei denn, sie sind von Krautfäule befallen.

Obstgarten Sauerkirschen zum sofortigen Verbrauch ohne Stiel zupfen, sonst mit einer Schere die Stiele durchschneiden. – Sommerschnitt vor allem bei kleinbleibenden Obstbäumchen (Spindelbüsche) und an Jungbäumen. – Bodenpflege und Unkrautbekämpfung nach der Erdbeerernte. – Jungpflanzengewinnung bei Erdbeeren. – Erdbeeren düngen, wenn die Beete noch ein weiteres Jahr stehenbleiben sollen.

August

Ziergarten Günstiger Zeitpunkt für den Schnitt von Nadelholzhecken (Thujen, Fichten). – Laubholzhecken, die bereits Anfang Juni geschnitten wurden, jetzt evtl. ein zweites Mal schneiden. – Zweijahrsblumen auf Freilandanzuchtbeet oder in Multitopfplatten pikieren, um im September/Oktober kräftige Pflanzen zu bekommen. – Madonnenlilien, Kaiserkronen und Steppenlilie pflanzen. Ab Monatsmitte Pflanzung von Nadelgehölzen. – Nach Abklingen der sommerlichen Hitzeperiode Neusaat von Rasen. – Gepflegte Rasenflächen nochmals düngen.

Gemüsegarten Zu Monatsbeginn Weiße Frühlingszwiebeln aussäen bzw. die bereits im Juli gesäten pflanzen. – Winterrettiche, Feldsalat und Spinat säen. – Winterendivie kann noch gepflanzt werden, ebenso Kopfsalat und Kohlrabi. – Auf Kohlweißlingsraupen und andere Raupenarten achten; bei geringem Befall absammeln. – Im Juli an Ort und Stelle gesäte Möhren, Fenchel, Rote Rüben und Chinakohl auf ausreichende Abstände vereinzeln. – Vor der Urlaubsreise den Garten von Unkräutern säubern, damit sie nicht bei Rückkehr blühen oder gar bereits Samen angesetzt haben.

Obstgarten Frühe Apfel- und Birnensorten ernten. – Sauerkirschen gleich nach der Ernte schneiden; besonders bei Schattenmorellen ist dies sehr wichtig, da diese Sorte überwiegend am einjährigen Holz trägt. – Günstiger Zeitpunkt für den Schnitt von Johannis- und Stachelbeeren. – Bei Himbeeren alte, abgetragene Ruten entfernen und Jungtriebe auslichten. – Jungtriebe von Brombeeren an die Spalierdrähte anheften und Geiztriebe einkürzen. – Möglichst zu Monatsbeginn Erdbeerpflanzen mit kräftigen Wurzelballen auf neue Beete bringen; je früher gepflanzt wird, desto höher die nächste Ernte.

September

Ziergarten Sobald der erste Nachtfrost den Sommerflor vernichtet hat, Zweijahrsblumen wie Stiefmütterchen, Vergißmeinnicht, Tausendschön, Bartnelken u. a. an diese Stellen pflanzen. – Stauden pflanzen; vorher den Boden gründlich vorbereiten, d. h. Dauerunkräuter wie Quecke, Giersch u. a. entfernen und den Boden mit Komposterde oder anderen organischen Stoffen verbessern. – Nach Rückkehr vom Urlaub Unkräuter entfernen, damit diese nicht zum Blühen kommen. – Günstiger Zeitpunkt für die Pflanzung von Nadelgehölzen und immergrünen Laubgehölzen. – Blumenzwiebeln in den Boden bringen. – Neuansaat von Rasen.

Gemüsegarten Zu Monatsbeginn letzter Saattermin für Feldsalat. – Gegen Mitte September Spinat für die Frühjahrsernte säen. – Von Rosenkohl, der noch keine Röschen angesetzt hat, Mitte des Monats die Endknospen ausbrechen. – Zu Ende des Monats Winterkopfsalat pflanzen. – Gurken, Tomaten, Paprika, Kürbisse, Zucchini vor dem ersten Nachtfrost ernten und ins Haus bringen. – Noch grüne Tomaten bei Zimmertemperatur in einer Flachsteige nachreifen lassen; Licht wird hierzu nicht benötigt. – Ernte von Endivie u. a. Gemüsearten.

Obstgarten Bei Kernobst-Spätsorten evtl. eine letzte Spritzung gegen Lagerkrankheiten mit einem organischen Pilzbekämpfungsmittel. – Sorgfältige Ernte, denn nur gesunde Früchte lassen sich lagern. – Obstlagerraum vorbereiten. – Letzte Düngung der Erdbeeren. – Obstbäume für Herbstpflanzung bestellen. – Bei Äpfeln reifen 'James Grieve', 'Oldenburg', teilweise auch 'Cox Orangenrenette', bei Birnen 'Williams Christ', 'Bosc's Flaschenbirne' und 'Gute Luise', bei Zwetschen 'Große Grüne Reneklode' und 'Hauszwetsche'.

OKTOBER

Ziergarten Sommerblumenbeete nach dem ersten Frost abräumen und das Material auf den Kompost bringen. – Verblühte Stauden über dem Boden abschneiden, Boden mit Grabgabel lockern und Unkraut entfernen. – Laub unter Gehölzpflanzungen liegen lassen, es verrottet dort und schafft eine natürliche Bodenbedeckung. – Blumenzwiebeln in den Boden bringen, sofern dies nicht bereits geschehen ist. – Nadelgehölze können noch gepflanzt werden. – Nach dem Laubfall Pflanzzeit für Laubgehölze. – Rasen kurz schneiden und samt Laub sauber abrechen. – Dahlien und Gladiolen aus dem Boden nehmen und ins Winterquartier einräumen.

Gemüsegarten Spinat, Feldsalat, Winterkopfsalat und Frühlingszwiebeln nochmals von Unkraut säubern und den Boden leicht lockern. – Ausdauernde Gewürzkräuter und ältere Rhabarberstöcke wenn nötig teilen und neu pflanzen. – Für die Lagerung bestimmte Gemüsearten wie Möhren, Rettiche, Knollensellerie, Rote Rüben, Kohlarten nicht vor Ende Oktober ernten und einwintern; leichte Fröste werden gut überstanden. – Spätgemüse an einem trockenen Tag ernten und einwintern, am besten in einer Erdmiete, da die meisten Keller zu warm sind.

Obstgarten Spätsorten nicht zu früh ernten, denn jeder sonnige Tag, an dem sie noch am Baum hängen, kommt ihnen zugute; geerntet wird, wenn sich die Früchte samt Stiel leicht vom Fruchtholz lösen bzw. stärkerer Fruchtfall einsetzt. Frostnächte bis −3 °C werden ohne Schaden überstanden, Früchte nur nicht im gefrorenen Zustand anfassen. – Späte Birnensorten wie 'Gräfin von Paris' und 'Madame Verté' bis Monatsende am Baum hängen lassen. – Ab Mitte Oktober Obstbäume und Beerensträucher pflanzen.

NOVEMBER

Ziergarten Kübelpflanzen wie Oleander, Kassie u. a. ins kühle, aber frostfreie Winterquartier bringen. – Laubgehölze pflanzen. – Rosen mit Erde anhäufeln bzw. die einzelnen Stöcke etwa handhoch mit Komposterde bedecken und Fichtenreisig darüber legen. – Rhododendren locker mit Fichtenzweigen gegen winterliche Sonne und austrocknende Winde schützen. – Rasen nochmals kurz schneiden und samt Laub sauber entfernen. – Gießwasserbecken entleeren bzw. gegen Frost schützen. Schlauch aufräumen.

Gemüsegarten Spätgemüsearten ernten und einwintern. – Rosenkohl und Grünkohl können im Garten verbleiben, jedoch sollte der empfindlichere Rosenkohl zusammen mit Porree an der Hauswand eingeschlagen werden. – Gemüseland grobschollig umgraben und dabei, wenn möglich, auf der halben Fläche Stallmist einbringen. – Gartenboden in guter Kultur nicht umgraben, sondern mit der Grabgabel nur lockern; die mit Bodenleben besonders reich versorgten oberen Schichten bleiben dadurch oben. – Vom Gemüseland, evtl. auch vom Obstgarten Bodenprobe entnehmen und an Untersuchungsanstalt einsenden. An Hand des Ergebnisses gezielte Düngung im nächsten Jahr.

Obstgarten Lagerräume möglichst feucht und kühl halten. – Brombeeren mit Fichtenreisig oder Rohrmatten gegen die Wintersonne schützen. – Obstbäume und Beerensträucher pflanzen, solange der Boden frostfrei ist. – Obstbaumschnitt bei älterem Kernobst und bei Beerenobst beginnen; vor allem für Auslichtungsarbeiten und Verjüngen ist jetzt die beste Zeit. – Zäune kontrollieren bzw. Drahthosen gegen Hasenfraß an den Obstgehölzen anbringen. Mulch in Nähe der Baumstämme wegnehmen (Wühlmausgefahr!).

DEZEMBER

Ziergarten Winterschutz bei Rosen; Kletterrosen locker mit Fichtenreisig schützen. – Zu hohe Beetrosen bis auf Kniehöhe herunterschneiden, um ein besseres winterliches Gartenbild zu erzielen; den endgültigen Rückschnitt jedoch erst im Frühjahr vornehmen. – Alte, in den unteren Teilen kahl bzw. umfangreich gewordene Hecken (nur Laubgehölze) verjüngen. – Ältere Ziersträucher auslichten, dabei darauf achten, dass die natürliche Wuchsform erhalten bleibt. – Barbarazweige schneiden und in die Vase stellen.

Gemüsegarten Auf Feldsalat Frühbeetfenster aufbringen bzw. einen Folientunnel darüber bauen, damit auch bei Schnee geerntet werden kann. – Artischocken mit Laub bzw. Stallmist umgeben. – Winterkopfsalat mit Fichtenzweigen locker abdecken, wenn mit schneeloser Kälte zu rechnen ist. – Grünkohl schmeckt erst, wenn er Frost bekommen hat. – Von Rosenkohl die Röschen abernten und in die Gefriertruhe geben oder aber Rosenkohl in Hausnähe geschützt einschlagen; dabei die überhängenden Blätter nicht entfernen. – Schnittlauchstöcke ausgraben, im Freien bei Frost einige Tage liegen lassen, eintopfen und ans Zimmerfenster stellen. – Kresse im Zimmer in flache Kistchen aussäen.

Obstgarten Ältere Obstbäume auslichten, dabei größere Wunden verstreichen; bei Temperaturen unter −5 °C nicht schneiden. – Obstbäume, deren Sorten nicht befriedigen, zum Umveredeln im Frühjahr vorbereiten. – Edelreiser schneiden. – Boden um die Obstgehölze mit Stallmist oder Kompost abdecken; um die Stämme herum den Boden in Handbreite von Deckmaterial freihalten (Mäusefraß!). – Wildschutz überprüfen, bei Jungbäumen Drahthosen o. ä. anlegen. – Obstbäume pflanzen solange der Boden offen ist.

Gesellschaften und Beratungsstellen für den Gartenfreund

Gartenbauverbände

• Zentralverband Gartenbau (ZVG), Kölner Straße 142–148, 53111 Bonn
• Deutsche Gartenbau-Gesellschaft 1822 e.V., Webersteig 3, 78462 Konstanz, www.dgg1822.de
• Bund deutscher Staudengärtner, Godesberger Allee 142–148, 53175 Bonn, www.stauden.de
• Gesellschaft der Staudenfreunde c/o Klaus Zimmermann, Eichenstraße 5, 67259 Beindersheim, www.gds-staudenfreunde.de
• Deutsche Dahlien-, Fuchsien- und Gladiolen-Gesellschaft e.V., Maasstraße 153, 47608 Geldern, www.ddfgg.de
• Bund deutscher Baumschulen (BdB) e.V., Bismarckstraße 49, 25421 Pinneberg, www.bund-deutscher-baumschulen.de
• Deutsche Rhododendron-Gesellschaft e.V., Marcusallee 60, 28359 Bremen
• Gesellschaft der Heidefreunde e.V., Lütjenmoor 66, 22850 Norderstedt
• Verein Deutscher Rosenfreunde e.V., Waldseestr. 14, 76530 Baden-Baden, www.rosenfreunde.de

Österreich

• Österreichische Gartenbau-Gesellschaft, Parkring 12, A-1010 Wien, www.oegg.or.at

Schweiz

• Gesellschaft Schweizerischer Rosenfreunde, Bahnhofstraße 11, CH-8640 Rapperswil, www.rosenfreunde.ch

Bodenuntersuchungsstellen

(LUFA = Landwirtschaftliche Untersuchungs- und Forschungsanstalt)
Verband Deutscher LUFA
c/o Landwirtschaftskammer Nordrhein-Westfalen, Siebengebirgsstraße 200, 53229 Bonn, www.vdlufa.de

Österreich

Bundesanstalt für Bodenwirtschaft, Denisstraße 31–33, A-1200 Wien
Bundesamt für Agrarbiologie, Wieningerstraße 8, A-4021 Linz
Chemisch-technische Umweltschutzanstalt (CTUA), A-6200 Rotholz 46
Landwirtschaftlich-Chemische Landes-Versuchs- und -Untersuchungsanstalt, Burg-Gasse 2, A-8010 Graz

Schweiz

Eidgenössische Forschungsanstalt für Obst-, Wein- und Gartenbau, Schloss, CH-8820 Wädenswil

Pflanzenschutzämter

Die Adressen der regionalen Pflanzenschutzämter können Sie erfahren unter www.pflanzenschutzdienst.de, unter »Partner« und »Pflanzenschutzdienste der Bundesländer«. Ansonsten helfen die Stadt- bzw. Gemeindeverwaltungen weiter.

Österreich

Bundesanstalt für Pflanzenschutz, Spargelfeldstraße 191, A-1226 Wien
Magistrat der Stadt Wien MA 42 Stadtgartenamt, Am Heumarkt 2b, A-1030 Wien

Schweiz

Bundesamt für Landwirtschaft Sektion Zertifizierung und Pflanzenschutz, Mattenhofstraße 5, CH-3003 Bern

Bezugsquellen

Im Normalfall wird der Gartenfreund seinen Bedarf an Pflanzen, Sämereien und Gartenzubehör beim örtlichen Fachhandel beziehen. Es kommt aber immer wieder vor, dass eine bestimmte Obstsorte, nicht alltägliche Staudenarten und -sorten, Samen von ausgefallenen Sommerblumen und anderes dort nicht erhältlich sind. In diesem Fall wird man sich an eine überregionale Bezugsquelle wenden. Um die gewünschte Adresse zu erfahren, kann sich der Gartenfreund an den Zentralverband Gartenbau (ZVG) oder an die Deutsche Gartenbau-Gesellschaft wenden (Anschriften links).

Spezialgärtnereien

Stauden

• Staudengärtner Klose, Inh. Heinz-Richard Klose, Rosenstr. 10, 34253 Lohfelden b. Kassel, www.staudengaertner-klose.de (Spezialitäten: Päonien/Pfingstrosen, *Hosta*)
• Kayser & Seibert, Odenwälder Pflanzenkulturen, Inh. Klaus Seibert, Wilhelm-Leuschner-Str. 85, 64380 Roßdorf b. Darmstadt, www.kayserundseibert.de
• Staudengärtnerei Gräfin von Zeppelin, Inh. Aglaja von Rumohr, Weinstr. 2, 79295 Sulzburg-Laufen/Baden, www.graefin-v-zeppelin.de (Spezialitäten: *Iris, Hemerocallis, Sempervivum*)
• Staudengärtnerei Dieter Gaissmayer, Jungviehweide 3, 89257 Illertissen, www.staudengaissmayer.de (Spezialitäten: Duft-und Aromapflanzen, Bauerngartenpflanzen u. a.)

Österreich

• Stauden Feldweber, Inh. Hermine Gruber, Nr. 139, A-4974 Ort im Innkreis, www.feldweber.com

Schweiz

• Staudengärtnerei H. Hospenthal-Kägi, Landstr. 37, CH-5417 Untersiggenthal, www.hospenthal-kaegi.ch

Blumenzwiebeln

• Albrecht Hoch, Potsdamer Str. 40, 14163 Berlin (Zehlendorf) (Spezialitäten: Lilien, Iris, *Hemerocallis* u. a.)
• Küpper Blumenzwiebeln & Saaten GmbH, Hessenring 22, 37269 Eschwege

Alpenpflanzen (Alpinum, Trockenmauer)

• Alpengarten Pforzheim, Mathias Carl, 75181 Pforzheim-Würm, www.alpengarten-pforzheim.de
• Botanischer Alpengarten F. Sündermann, Aeschacher Ufer 48, 88131 Lindau

Wasserpflanzen (Seerosen u. a.)

• Staudengärtnerei Wachter, 25482 Appen-Etz/Rollbarg
• Sumpf- und Wasserpflanzen Jörg Petrowsky, 29348 Eschede, www.schilfpflanzen.de/Wir_ueber_uns/Petrowsky

• Ernst Epple, Seerosen u. Sumpfpflanzen, Im Schwemming 1/1, 71726 Benningen
• Seerosen-Farm Erhard Oldehoff, Sieglmühle 2, 94051 Hauzenberg, www.seerosen.de

Wiesenblumen, Wildpflanzen

• Appels / Wilde Samen, Brandschneise, 64295 Darmstadt
• Rieger-Hofmann GmbH, In den Wildblumen 7, 74572 Blaufelden-Raboldshausen, www.rieger-hofmann.de (Saatgut heimischer Pflanzen)

Rosen, alte und neue Sorten

• Rosen-Jensen, Am Schloßpark 2b, 24960 Glücksburg (vor allem Alte Rosen)
• Rosarot Pflanzenversand, Besenbek 4b, 25335 Raa-Besenbek, www.rosenversand24.de
• W. Kordes' Söhne, Rosenstraße 54, 25365 Klein Offenseth-Sparrieshoop, www.gartenrosen.de
• Rosen Tantau, Tornescher Weg 13, 25436 Uetersen, www.rosen-tantau.com
• Werner Noack, Im Fenne 54, 33334 Gütersloh
• Rosen-Union e.G., Steinfurther Hauptstraße 25–27, 61231 Bad Nauheim-Steinfurth, www.rosen-union.de
• Walter Schultheis, Rosenhof, 61231 Bad Nauheim-Steinfurth, www.rosenhof-schultheis.de

Österreich

• Grumer Rosen, Raasdorfer Str. 28–30, A-2285 Leopoldsdorf, www.grumer.at
• Gärtner Starkl, A-3430 Frauenhofen/Tulln, www.gaertner-starkl.at

Schweiz

• Richard Huber AG, Rothenbühlstr. 8, CH-5605 Dottikon, www.rosen-huber.ch
• Hauenstein AG, Landstr. 42, CH-8197 Rafz, www.hauenstein-rafz.ch

Rhododendren, Azaleen, Moorbeetpflanzen, Heide

• Baumschule H. Hachmann, Brunnenstr. 68-1, 25355 Barmstedt, www.baumschule-hachmann.de
• Baumschule Böhlje, Oldenburger Str. 9, 26655 Westerstede, www.boehlje.de
• Rhododendron-Kulturen, Dietrich Hobbie, 26655 Westerstede-Linswege i. O., www.hobbie-rhodo.de

Clematis

• Friedrich Manfred Westphal, Peiner Hof 7, 25497 Prisdorf, www.klematis.com

Bambus

• Baumschule Jannsen, Stöckheimer Str. 11, 50259 Pulheim
• Baumschule Wolfgang Eberts, Saarstr. 3–5, 76532 Baden-Baden, www.bambus.de

Obstgehölze, alte und neue Sorten

• Peter Klock, Stutsmoor 42, 22607 Hamburg
• Baumschule Hermann Cordes, Lülanden 4, 22880 Wedel, www.cordes-apfel.de
• Wilhelm Dierking, Beerenobst, Kötnerende 11/OT Nienhage, 29690 Gilten, www.dierking.de (Spezialbetrieb für Gartenheidelbeeren und Preiselbeeren, hervorragend gestaltetes Informationsmaterial)
• Franz Bergt, Thaler Landstr. 26, 31812 Bad Pyrmont
• Geisenheimer Baumschulen, Rebenweg, 65366 Geisenheim/Rh., www.obstbaum.net (Veredlungsunterlagen, Walnussveredelungen, neue Strauchbeerenobstsorten u. a.)
• Karl-Heinz Pfänder, Im Breiten Löhle 10, 72622 Nürtingen
• Obstbaumschule Kiefer, Sonnengasse 6, 77799 Ortenberg-Käfersberg (Alte und neuere Obstsorten, vor allem Steinobst)
• Häberli Obst- und Beerenzentrum GmbH nur Bestelladresse: August-Ruf-Str. 12a, 78201 Singen (Hohentwiel), www.haeberli-beeren.ch (Häberli-Pflanzen sind in vielen Gartencentern erhältlich)
• Klaus Ganter, Forchheimer Straße/ Baumweg 2, 79369 Wyhl/Kaiserstuhl, www.baumschule.com (Umfangreiches Sortiment alter und neuer Sorten, krankheitsresistente Neuzüchtungen, Walnussveredelungen .... vorzüglich gestalteter und bebilderter Katalog)
• Baumschule Müller, Götzstr. 40, 84032 Landshut/Altdorf www.baumschule-mueller.com (Spezialbaumschule für kleine Obstgehölze)
• Baumschule Gerhard Baumgartner Nöham, Hauptstr. 2, 84378 Dietersburg www.baumgartner-baumschulen.de (Umfangreiches Sortiment alter Sorten)
• Baumschule Brenninger, Hofstarring 2, 84439 Steinkirchen www.brenninger.de (Umfangreiches Sortiment alter Sorten u. a.)

• Pflanzen Hofmann GmbH, Hauptstr. 36, 91094 Langensendelbach, www.baumschule-hoffmann.de (Neue Obstsorten, krankheitsresistente Sorten, Walnussveredelungen u. a.)
• Baumschule Friedlein, Mittlere Dorfstr. 23, 97877 Wertheim, www.baumschule-friedlein.de (Zwergapfelbäume, doppelte U-Formen von Äpfeln und Birnen in verschiedenen Sorten für Spaliere)
• Garten-Baumschule Münkel, Talsiedlung 6, 97900 Külsheim-Hundheim (Alte und neuere Obstsorten)

Österreich

• Artner, Waldviertler Baumschulbetrieb, Reichenau am Freiwald 9, A-3972 Bad Großpertholz (Großes Sortiment alter Sorten und Raritäten)

Schweiz

• Emmental-Biobaumschulen, Ruedi Glaser, Brunnacker, CH-3434 Obergoldach
• Hauenstein AG, Baumschule/Gartencenter, Landstr. 42, CH-8197 Rafz, www.hauenstein-rafz.ch

Geräte und Zubehör
Frühbeetfenster, selbstlüftend

• K. Richter, Großhaderner Str. 24, 81375 München

Gartengeräte und Zubehör

• Gartenbedarf-Versand Richard Ward, Günztalstr. 22, 87733 Markt Rettenbach, www.gartenbedarf-versand.de

Gartenleitern

• Krämer GmbH, Heinrich-Heine Str. 32, 72535 Metzingen, www.kraemer-gmbh.com (Alu-Leitern mit Stützen)
• Leitern-Brodbeck, Metzinger Str. 47, 72555 Metzingen-Neuhausen, www.ski-sport-brodbeck.de (Holzleitern)
• Hermann Schneider, Wohnpark Kreuz 2, 78073 Bad Dürrheim, www.tiroler-steigtanne.de (Alu-Einholmleiter »Tiroler Steigtanne«)

Kleingewächshäuser

• Krieger Kleingewächshäuser, Gahlenfeldstraße 5, 58313 Herdecke/Ruhr, www.kriegergmbh.de
• Beckmann KG (Foliengewächshäuser), Simoniusstr. 10, 88239 Wangen/Allgäu, www.beckmann-kg.de

Stichwortverzeichnis

Seitenzahlen mit * verweisen auf Abbildungen

Abhäufeln 122
Absetzen eines Astes 172*
Abziehstein 54, 55*
Acer campestre 143
A. negundo 132
Achillea 103
Ackerwinde 31, 148
Aconitum carmichaelii 103
A. napellus 103, 103*
ADR-Rose 125
Ageratum 72*, 76*, 77, 81*
Ageratum houstonianum 77
Ajuga reptans 109
Akelei 107
Alcea rosea 86
Alisma plantago-aquatica 112
Alpenjohannisbeere 137, 142
Alpinum 23, 28
Alte Rosen 127
Alyssum 110, 120
Amberboa moschata 72
Amerikanischer Blumen-Hartriegel 135
Amerikanischer Stachelbeermehltau 243
Anbauplan 199
Anemone-Japonica-Hybriden 108
Antennaria dioica 21
Anthriscus sylvestris 72*
Antirrhinum majus 79
Apfel 23*, 153
Apfel-Mehltau 242
Apfel-Buschbaum 153*
Apfel-Neuzüchtungen 164
Apfel-Spindelbusch 152*, 155, 155*
Apfelrose 137
Apfelsorten 160, 163, 177
Apfelspalier 153
Apfelwickler 242
Aprikose 153f.
Aprikosensorten 162
Arabis 110
Arbeitsplatz 16*
Arbeitstisch 15
Aristolochia macrophylla 21, 145
Armeria 110
Artemisia schmidtiana 21, 109
Artischocken 224, 224*
Asarum europaeum 20, 109
Aster 77, 77*, 105
Asternwelke 245
Astilbe 20, 107, 108, 110
Astschere 55
Aubrieta 110
Ausdauernde Würzkräuter 232
Ausläufer 179, 188
Auslichten 183*, 184

Auslichten älterer, ungepflegter Obstbäume 172
Aussaat 58
Aussaaterde 58f.
Azaleen 20, 141*

Badebecken 30, 30*
Bärenfellschwingel 116
Bartiris 100
Bartnelke 84
Basilikum 230
Bauerngarten 27, 27*
Bauernpfingstrose 99
Baumbestand 10
Baumkauf 165
Baumpfahl 167
Baumsäge 55, 55*, 172
Baumscheibe 165*
Baumschere 55*
Baumschule 165
Baustoffhandel 32
Beerenobst 179
Beeteinfassung 27
Beetrosen 20, 27, 121, 122*, 129
Beetstauden 98
– teilen 118
Befruchtung 190
Begonie 78, 96*
Beifuß 21, 109
Bellis perennis 84*, 85
B. x ottawensis 132
B. thunbergii 142
Berberitze 132, 143
Bergenie 107
Bergsegge 116
Beton 35, 39, 41, 45
Betonformsteine 42*
Betonfundament 42
Betonring 29
Bienen, Schutz der 238
Bims 32
Bindematerial 55*
Bindesalat 206*
Biologischer Pflanzenschutz 237
Birnbaum 173*
Birne 153
Birnengitterrost 241*, 242
Birnensorten 161, 163, 177
Birnensämling 158*
Birnspalier 158*
Blähschiefer 32
Blähton 32
Blattacheln 189
Blattfallkrankheit 243
Blattgemüse 204
Blattläuse 125, 236*, 237, 239, 239*, 245
Blau-Volldünger 69, 124, 198
Blaue Mädchenkiefer 139
Blaukissen 110
Blaukraut 214
Blauregen 146
Blauschwingel 20
Blausternchen 88
Blaustrahlhafer 21, 114, 115

Bleichsellerie 223, 223*
Bleichspargel 221
Blockstufen 44*, 45
Blumenkohl 61*, 214
Blumenmischung 75*
Blumenrabatte 71*
Blumenwiese 151*
Blumenzwiebeln 88ff., 91*
Blutberberitze 142
Blutjohannisbeere 133
Blutpflaume 132, 134
Boden 61
Bodenart 63
Bodenbearbeitung 12, 31f., 124, 185, 186, 196*
Bodendecker 108f., 147
Bodendeckerrosen 129
Bodenfruchtbarkeit 62f.
Bodengare 63
Bodenleben 61, 68
Bodenlockerung 32, 66, 196
Bodenlüfter 54
Bodenpflege 195
Bodenprobe 62, 62*, 167, 176
Bodenreaktion 63
Bodenschädlinge 240, 243
Bodenstruktur 199
Bodenuntersuchung 62, 67f.
Bodenverbesserung 31, 148
Bodenvorbereitung 148, 183
Bohnenfliege 243
Bohnenkraut 230
Boltonia asteroides 102*
Borretsch 230
Botrytis 96
Braunfäule 212
Brausebad 30
Brautspiere 133
Brennende Liebe 97*, 102
Brokkoli 215, 216*
Brombeere 137, 189, 189*, 190*
Brombeersorten 190
Brunnen 27
Buchs 15*, 20f., 20*, 27, 120, 140, 141*, 142
Buddleja 131*, 132, 134
Bukett-Triebe 175
Buschbaum 153, 158, 164, 167
Buschbohne 213, 213*
Buschmalve 78, 78*

*C*alendula officinalis 73
Callistephus chinensis 77
Campanula medium 86
Carex montana 116
C. pendula 116
Centaurea cyanus 72
C. moschata 72
Cerastium 109f.
Cheiranthus cheiri 85
Chicorée 207
China-Rohrgras 113
Chinakohl 215
Chinaschilf 114
Chinesischer Sommerflieder 131*, 132, 134

Chlorose 68, 68*
Christrose 107
Chrysanthemum 103, 105
C. carinatum 74
Cimicifuga 108
Clarkia 71
Clematis 21, 21*, 46*, 143*, 145*
Clematis montana 16, 21, 146
C. tangutica 146
C. viticella 146
Clematis-Arten 146
Container 92
Coreopsis tinctoria 73
C. verticillata 102
Cornus alba 132
C. mas 143
Cortaderia selloana 115
Corylus avellana 154
C. maxima 132
Cosmos bipinnatus 73
Cotoneaster dammeri 20, 110
C. dielsianus 132
C. salicifolius 20, 135, 140
Cotula squalida 109
Curcurbita pepo 83

Dahlie 77, 78, 94, 94*, 95*
Dauerkulturen 32, 204
Dauerunkräuter 31, 32, 32*, 52, 117, 148, 185
Delphinium-Hybriden 101
Dendranthema 105
Deschampsia caespitosa 116
Deutzie 144
Dianthus barbatus 84
D. caryophyllus 80
D. chinensis 80
D. gratianopolitanus 110
D. plumarius 110
Dicentra spectabilis 99
Dickmaulrüssler 237
Digitalis purpurea 84
Dill 228
Dimorphotheca 72
Doppelhausgarten 22
Doppelstegplatten 202
Doronicum orientale 98
Drahtwürmer 243
Drahtzaun 48
Drehherzmücke 244
Duftschneeball 133
Duftwicke 82
Düngemittel 69, 190
Düngung 61ff., 61*, 62*, 124, 150, 176, 185f., 189, 190, 198

Eberesche 136*, 137
Edelflieder 134
Edelpaeonie 99
Edelrose 121, 125*, 126, 130
Edelwicke 49, 82, 82*
Efeu 16, 20, 26, 49, 49*, 110, 146
Ehrenpreis 109
Eibe 15, 20, 137, 142, 143
Eibenhecke 143, 144*

Einfassung 38*, 39
Einfriedung 15, 49
einjährige Veredlungen 173
Einjährige Würzkräuter 227
Einjahrs-Sonnenhut 80
Einjahrsblumen 76ff.
Einkauf 120
Einzeldünger 67
Einzelstellung 132
Eis- oder Krachsalat 206
Eisen 45
Eisenbahnschwellen 39, 42
Eisenhut 103, 103*, 108
Eisenkraut 81
Eisenrechen 52
Eisenrohre 46
Elektropumpe 56
Elfenblume 107
Endivie 27*, 206, 207*
Engerlinge 236*, 243
Entfernen verblühter Teile 118
Entwässerung 42
Enzian 28
Erbsen 214
Erbsenstrauch 137
Erdbeeren 179ff., 180*
Erdbeermilbe 243
Erdbeersorten 182
Erdflöhe 244
Erdmiete 225, 225*
Erdraupen 236*, 243
Eremurus bungei 97*
E. himalaicus 121*
Erigeron-Hybriden 100
Ernteverfrühung 201
Erythronium 107*
Erziehungsschnitt 169, 183
Eschenahorn 132
Eschscholzia californica 72
Essigbaum 135
Estragon 233
Etagenprimel 107, 108*
Euonymus alatus 132*

Fächerbesen 52, 52*, 55
Fackellilie 113
Fallopia aubertii 146
Falsche Fruchttriebe 174
Falscher Jasmin 133, 144
Fargesia murielae 113
Farne 20, 88*, 107
Fechser 222
Federgras 115, 115*
Federmohn 15*, 22
Federnelken 27
Feinstrahl 100, 101*, 120
Feldahorn 137, 143
Feldblumen 75
Feldmäuse 94
Feldsalat 208, 208*
Felsenbirne 134
Felsenmispel 20, 110, 132f., 135
Festuca glacialis 116*
Fetthenne 21, 109*, 113
Feuchtbiotop 112
Eibe-Ahorn 134
Feuerbohne 49, 82

Feuerbrand 241, 241*
Feuerdorn 137, 140
Fichte 142, 144
Fichtenhecken 142
Fiederpolster 109
Filderkraut 214*
Filigranfarn 108*
Findlinge 21
Fingerhut 43*, 84, 85*, 107
Fingerstrauch 144
Fische 30*, 111
Flachsteigen 178, 178*
Flachwurzler 199
Fleißiges Lieschen 77, 78, 78*
Flockenblume 72
Florfliege 236*, 237
Floribundarosen 126, 129
Föhre 139
Folien 203
Foliengewächshaus 202
Folientunnel 204
Forellenlilie 107*
Frauenmantel 11*, 101*
frei wachsende Hecken 144
Fremdbefruchtung 154
Fritillaria meleagris 88
Frösche 26
Froschlöffel 112
Frostwächter 202
Fruchtäste 157, 168, 171
Fruchtbarkeit 171*
Fruchtgemüse 204, 210
Fruchtholz 158, 168, 170ff., 177, 192
Fruchtholzverjüngung 174
Fruchtmumien 241
Fruchtwechsel 199
Fruchtzweige 193
Frühbeet 58f., 202, 204
Frühjahrsblüher 88
Frühkartoffeln 219
Frühlingstamariske 132
Fugen 37*, 42
Fugenkratzer 55*
Fundament 42
Fungizid 238
Funkie 20, 107ff.

Gallmücken, Räuberische 237
Gamander 27, 120
Gämswurz 22*, 98
Gänseblümchen 85
Gänsekresse 110
Garageneinfahrt 14, 36
Gartenarchitekten 18
Gartenbauberater 9
Gartenbauvereine 9
Gartenchrysantheme 105, 106*
Gartengeräte 51ff., 51*
Gartengestaltung 9ff.
Gartengrenze 131
Gartenhaus 22, 26, 178
Gartenheidelbeeren 63, 190, 191*
Gartenkresse 229
Gartenordnung 23
Gartenplatten 26
Gartenroste 40
Gartenschere 54

Gartenteich 112
Gartentürchen 14
Gazanie 79
Gedenkemein 107*, 109
Gehölze 15, 18, 26, 42, 131ff.
Geißblatt 16, 21, 146
Geiztriebe 189, 192, 212
Gelbe Frühlingsmargerite 98
Gelbe Rüben 216
Gemüse 15*, 38, 195ff., 216*
–, Saat- und Pflanz-termine 205
–, seltene 204
Gemüsebeet anlegen 197
Gemüsefliegen-Netz 243f.
Gemüsegarten 200*
Gemüselagerung 225
Gentiana clusii 28
Gerätehütte 178
Gerätepflege 56
Gescheine 192
Gewächshaus 58, 59, 201
Giersch 31, 32*, 117
gießen 125, 198
Gießkanne 53
Gießrand 167
Gießwasser 10, 190
Gittertöpfe 93
Gladiolen 95
Gladiolenblasenfuß 96, 237, 245
Glashaus 201, 202*
Gletscherschwingel 116*
Glyzine 21, 146
Godetie 71, 71*
Golderdbeere 110
Goldfelberich 102, 120*
Goldgarbe 97*, 103
Goldglöckchen 133
Goldlack 27, 85
Goldleistengras 21, 114f.
Goldmohn 72, 72*
Goldnessel 110
Goldregen 134
Goldrute 104
Grabgabel 31, 51
Granit 34, 36
Gräser 20f., 114ff.
Grasnarbe 33, 37, 38
Grasnelke 110
Grassoden 31
Grauschimmel 96, 181, 243, 245
Grazile Gräser 114
Grenzabstände 166
Grenzbepflanzung 18
Gretel im Busch 72
Grubber 53
Grunddüngung 197f.
Grundstücksgrenze 131
Gründüngung 32, 66, 195, 199
Grundwasser 62, 67, 198
Grünkohl 215*
Grünspargel 221, 222*
Günsel 21, 109
Gurken 210
Gypsophila 120

Habichtskraut 109
Hackgeräte 53
Häcksler 56

Hainbuche 137, 142f., 142*
Halbstamm 158, 164, 167, 167*
Handkelle 54
Handrasenmäher 150
Harke 52
Hartriegel 137
Haselnuss 137, 154
Haselnuss-Sorten 162
Haselwurz 20, 109
Hasen 241
Hauptnährstoffe 67
Hauseinfahrten 36
Hauseingang 14, 16, 20f.
Hausgarten 10ff.
Hecke 15, 17f., 26, 47, 142ff.
Hecken pflanzen 142, 143*
Heckenkirsche 134
Heckenrose 137
Heckenschere 55
Heckenschnitt 142*
Hedera helix 146
Heiligenkraut 27
Heizlüfter 201, 202
Helenium-Hybriden 102
Helianthus annuus 74
H. rigidus 21*, 73*
H. salicifolius 113
H. tuberosus 224
Helichrysum bracteatum 74
Helictotrichon sempervi-rens 115
Heliopsis helianthoides 104
Helipterum 74, 74*
Hemerocallis 113
Hemlockstanne 15, 139
Herbstanemone 108, 108*
Herbstastern 27, 105, 105*
Hesperis matronalis 87
Himbeere 188
Himbeerrutenkrankheit 188, 243
Himbeersorten 189
Hippe 54, 54*
Hippuris vulgaris 112
Hochbeet 200, 201*
Hochstamm 158, 164, 167, 167*
Hochstammrosen 122*
Höhenunterschiede 41
Holunder 136*
–, Schwarzer 137
Holz 45
–, kesseldruckimpräg-niertes 40
Holzbottich 28
Holzeinfassungen 39
Holzpfosten 48
Holzrechen 52
Holzschutzmittel 39f., 45
Holzterrasse 10*, 39, 40*
Holztriebe 170, 172
Honigtau 238
Hopfen 48*
Hornkraut 21, 109f.
Hornspäne 124
Hügelbeet 199, 199*
Hülsenfrüchte 213
Hummeln 26

Humus 38, 61f., 124
Humusgaben 63
Hyacinthoides 88, 113*
Hyazinthen 88, 90
Hypericum calycinum 109

Iberis amara 73
I. umbellata 73
Igel 26, 29, 237
Ilex 15
Ilex aquifolium 20
Immergrün 20, 110*
immergrüne Laubgehölze 138, 140, 141
Impatiens walleriana 78
Imprägnierung 39
Innenhof 15, 16*, 35
Insekten 26
Ipomoea 83
Iris ensata 113
I.-Barbata-Gruppe 100, 110
I. germanica 100
I.-Hollandica 88
I. sibirica 113
Islandmohn 85, 85*, 200*

Japanische Hänge-Lärche 139
Japanische Zierkirsche 134, 135
Japanischer Blumen-Hartriegel 135
Japanischer Fächerahorn 134
Japanischer Schneeball 135
Jasmin 42
Jasminum nudiflorum 42
Jauche 66
Johannisbeeren 182, 183*
Johannisbeergallmilbe 243
Johanniskraut 109
Johannisstrauch 144
Jostabeeren 186
Jungfer im Grünen 72, 72*
Jungpflanzenanzucht 58, 59, 66

Kaiserkrone 88
Kalimagnesia 67f., 124
Kalium 63, 66ff., 124
Kalk 63, 66, 67f., 198
Kalken 179
Kalkstickstoff 31, 200
Kalter Kasten 203
Kap-Ringelblume 72
Kapuzinerkresse 49, 83, 83*
Kartoffeln 219*
Kartoffelrose 137
Katzenminze 103, 120, 123*
Katzenpfötchen 21
Kaukasus-Vergissmein-nicht 88*, 107
Keimblätter 59*
Kerbel 229

Kiefer 139
Kiefernholz 39
Kies 24, 33, 36, 44f.
Kieselsteine 14
Kiesweg 33, 38
Kirschlorbeer 15
Kissenaster 105
Kissenprimel 107
Kiwi 193, 193*
Klärschlamm 66
Kleingarten 22, 33, 49
Kleinsteinpflaster 35, 36*, 37*, 39
Klettermaxe 146
Kletterpflanzen 16, 21, 26, 49, 82, 145ff., 193*
Kletterrose 11, 18, 21, 27, 45*, 46*, 119*, 122*, 124, 128*, 143*
Klinker 18, 36, 38f.
Knieschützer 37*
Kniphofia 113
Knoblauch 231
Knochenmehl 68
Knöllchenbakterien 66
Knollenbegonien 96
Knollenfenchel 219, 219*
Knollensellerie 218
Knöterich 49, 109, 112*, 113
Kohlensäure 63
Kohlfliege 244
Kohlgemüse 204, 214
Kohlhernie 63, 244
Kohlrabi 214
Kohlrüben 219
Kohlweißling 244
Kokardenblumen 27
Kolkwitzie 16*, 133
Kompost 31, 61ff., 64, 66*, 120, 124, 176*, 197f., 200
Kompostbehälter 63*, 65
Komposthäcksler 56
Komposthaufen 26, 64f.
Kompostplatz 10, 65
Koniferen 141
Königskerze 86
Konkurrenztrieb 168, 169, 169*, 171, 175
Kopfdüngung 68, 197f.
Kopfsalat 59*, 200*, 204
Korea-Tanne 139
Korkflügelstrauch 132*
Kornblume 72, 75
Kornelkirsche 132, 134, 137, 143
Kosmee 27, 73
Krail 53, 197
Krankheiten 65, 241
– an Beerenobst 243
– an Gemüse 243ff.
– an Obstbäumen 242
– an Zierpflanzen 245
Kräuselkrankheit 242
Kraut- und Braunfäule 241*, 245
Kräuterspirale 227*
Kreisregner 56*
Krokusse 88
Kronenaufbau 170*, 172
Kronengerüst 169, 171
Krümelstruktur 63
Krumendüngung 197
Krümmer 53
Küchenkräuter 27

Kugeldistel 26*
Kugelprimel 90*, 107
Kultivator 53, 197
Kunststeinplatten 35
Kunststoffbecken 29, 29*
Kürbis 211, 211*

Lagerbirnen 177
Lampenputzergras 21, 114, 115, 115*
Langzeitdünger 69, 124
Latsche 139
Lattengerüst 47
Lattenroste 196*
Laubgehölze 132
Lauch 220, 221*
Lavatera trimestris 78
Lavendel 14*, 20, 33*, 120
Lebendgebärende Zwie-bel 233*
Lebensbaum 143
Leberbalsam 77
Legestufen 44*, 45
Legföhre 139
leichter Boden 32
Leitäste 168, 170f.
Leiter 56
Leucanthemum 103
Levkoje 27, 76*, 77, 79, 79*
Libellen 26
Liebstöckel 233
Ligularia 112*, 113
Liguster 137, 142f.
Ligusterhecke 143*
Lilie 92, 93, 93*
Lilienhähnchen 94, 94*
Lilium candidum 93
Lobelia erinus 79
Lobelie 79
Lobularia maritima 75, 120
Lokalsorten 159
Lonas annua 71*
Lonicera 16, 21, 146
Löwenmaul 27, 77, 79, 79*
Löwenzahn 225
Luftpolsterfolie 178
Luftstickstoff 66
Lupine 27, 47*, 100, 100*
Luzula sylvatica 116
Lychnis chalcedonica 102
Lysimachia nummularia 109, 113
L. punctata 102

Macleaya 22
Mädchenauge 14*, 73, 102, 102*, 105*
Mädchenhaargras 115*
Madonnenlilie 92, 92*
Magerbeton 38, 38*
Mageriten 14*
Maggikraut 233
Magnesium 67
Magnesiummangel 68*
Mähnen-Fichte 138*, 139
Mahonie 137, 140
Maiglöckchen 109
Maiglöckchenstrauch 133
Malve 86, 86*

Mangold 209, 209*
Männertreu 79
Margeriten 26*
Marienglockenblume 86, 86*
Marienkäfer 236*, 237
–, Australischer 237
Markenetikett 156, 165
Maschendrahtzaun 17, 48
Maßliebchen 85
Maßstab 9, 10
Matthiola incana 76*, 79
Mauern 17, 41, 49
Maulwurfsgrille 240, 240*
Meerrettich 222, 222*
Mehlsalbei 80
Mehltau 242, 245
Mehrnährstoffdünger 67
Mexikanische Sonnen-blume 71*
Mignon-Dahlie 78
Mikroorganismen 125
Mirabellen 153, 177
Mirabellensorten 161
Miscanthus 114
Miscanthus-Häcksel 32
Mischkultur 195*, 199
Mittagsgold 79
Mitteltrieb 168, 169
Möhren 216
Möhrenfliege 216*, 245
Monatserdbeeren 181, 181*
Monilia-Fruchtfäule 240*, 241
Moorbeetpflanzen 63, 68*
Moos 26, 36
Moosbildung im Rasen 150
Mosaikvirus 188
Mulchdecke 175*
Mulchen 124, 168, 175, 188, 196
Mulchkompost 65
Multitopfplatte 59, 59*, 61*
Muschelkalk 35
Muschelzypresse 139
Mutterboden 11f., 24, 31, 32, 61, 167
Myosotis sylvatica 87

Nachtfröste 177
Nachtkerzen 26*
Nachtviole 87
Nacktschnecken 239*
Nadelgehölze 15, 138f., 141
Nadelholzhecken 142
Nährhumus 64
Nährstoffe 61, 67, 150
Nährstoffmangel 59
Narren- oder Taschen-krankheit 242
Narzisse 22*, 88, 88*, 90, 90*
Naturgarten 24ff., 24*, 33
Naturstein 34, 35*, 42, 45
Natursteinplatten 37
Nelken 80, 110
Nelkenwurz 107
Nematoden 237
Nepeta x faassenii 103
Nest-Fichte 138*
Neuseeländer Spinat 209

Neutriebbildung 185
Nigella damascena 72
Nitrat 61
Nitratanreicherung 67
Nostalgische Rosen 127
Nutzgarten 10, 14ff., 45
Nützlinge 236f.
Nymphaea 111

Oberboden 61, 167
Obst 153ff.
Obstbaum düngen 176*
Obstbaum pflanzen 166, 166*, 167*
Obstbaumkrebs 241, 241*, 242
Obstbaumschnitt 168
Obstbaumspritze 55
Obsternte 177
Obsthecke 18, 157, 157*, 164
Obstlagerung 178, 178*
Obstmade 242
Obstspalier 46
Omphalodes verna 107*, 109
Organisch-mineralische Volldünger 68f.
Organische Dünger 64, 68f., 124, 198
Organische Stoffe 31, 61, 63
Orientalische Gold-Fichte 139

Pachtvertrag 23
Pachysandra 20, 110
Packlage 33
Paeonia 99, 99*
Pampasgras 115
Papageientulpe 90*
Papaver nudicaule 85
P. orientale 100
Paprika 212, 212*
Parthenocissus 146
Patentkali 68, 124
Peltiphyllum peltatum 113*
Pelzigwerden 217
Pendeljäter 54, 148
Pennisetum 115, 115*
Pergola 14, 18, 45, 45*
Perlite 62
Perückenstrauch 135
Petersilie 227, 228*
Pfaffenhütchen 137
Pfähle 44
Pfauenauge 96
Pfauenlilie 96
Pfeifengras 21
Pfeifenstrauch 133
Pfeifenwinde 16, 21, 145
Pfeilkraut 112
Pfennigkraut 43*, 109, 113
Pfingstrose 27, 99, 99*
Pfirsich 46, 153, 174, 175*
Pfirsichsorten 162
Pflanzabstand 165, 183
Pflanzennährstoffe 66
Pflanzenschutz 125, 235ff.
Pflanzerde 62, 120
Pflanzgrube 167, 190
Pflanzholz 54

Pflanzkelle 54, 91, 197*
Pflanzmaterial 188
Pflanzschnitt 168, 173, 183
– Halb- und Hochstamm 169*
– Spindelbusch 168*
Pflanzschnur 54
Pflanzung 117, 120, 186, 190
Pflastersteine 26
Pflaumen 153, 177
Pflaumensägewespe 242
Pflaumensorten 161
Pflücksalat 206
pH-Wert 62f., 190, 193
Phaseolus coccineus 82
Phlox 80, 80*
Phlox drummondii 80
P.-Paniculata-Hybriden 104
P. subulata 109f.
Phosphat 63, 67, 198
Phosphor 66
Phosphorsäure 68
Photosynthese 61
Picea abies 138*, 144
P. breweriana 138*
P. omorica 144
Pickel 51
Pikieren 59, 59*
Pikierstab 54
Pilzkrankheiten 126
Planzenanzucht 59*
Platten 18, 45
Plattenbelag 37, 39
Plattenweg 14, 34, 36, 38*, 39
Podeste 44, 44*
Polsterphlox 21, 110
Polsterschimmel 241
Polsterstauden 20, 22*, 38, 38*, 42, 42*, 110
Polyantharosen 126, 129
Polygonum affine 109, 113
Polystichum setiferum 108*
Porphyr 35
Porree 220, 220*, 221*
Portulaca grandiflora 72
Portulakröschen 72, 72*
Prachtspiere 133
Prachtstauden 98
Primula x bullesiana 108*
Prunkbohne 82, 213*
Prunkwinde 49, 83
Prunus cerasifera 132
Puffbohnen 213

Quarzit 34
Quarzsand 120
Quecke 31, 52, 117, 148
Quirlholz 172
Quitte 154, 154*, 177
Quittensorten 162

Radicchio 206
Radieschen 217, 217*
Randbepflanzung 14, 49
Ranken 190
Rankgerüst 45*, 46*, 47
Rankpflanzen 49
Ranunkelstrauch 133

Rasen 15, 20*, 21, 22*, 34*, 37ff., 147ff.
– mähen 39, 150
– wässern 150
Rasenansaat 149, 149*
Rasenarten 148
Rasendünger 150
Rasenersatz 109
Rasenkanten 33
Rasenkantenschere 39, 55
Rasenmäher 37, 54, 150
Rasenmischung 148
Rasenpflege 150
Rasenrechen 55
Rasenweg 31, 33
Raubmilben 237
Rauke 208, 209*
Raupen 240
Rebsorten 192
Rechen 52
Regentonne 28
Regenwasser 150
Regner 56, 150
Reihenhausgarten 17ff., 49
Reisighaufen 26
Reneklôden 153, 177
Reneklodensorten 161
Rettich 217, 217*
–, wurmige 245
Rettichfliege 245
Rhabarber 221, 221*
Rhododendron 20, 63, 68*, 140
Ribes alpinum 142
Riesensegge 116
Rindenkompost 32
Rindenmulch 34, 34*
Rindensubstrat 125
Ringelblume 27, 73, 76*
Rittersporn 27, 48*, 97*, 101, 101*, 120
Rodgersia 22
Rohrkolben 112
Rohrmatten 49
Rollrasen 148*
Römischer Salat 206, 206*
Römischer Verband 35, 37
Rosa gallica 124*
Rosa multiflora 120*
Rosen 14*, 15, 21, 48*, 119ff.
– pflanzen 120*
Rosenbeet 18
Rosenkohl 214, 215*
Rosenkrankheiten 125
Rosenrost 125
Rosenschnitt 122
Rosenstämmchen 27, 33*, 123*
Rosenzikade 245
Rote Bete 218
Rote Johannisbeeren 185
Rote Rüben 218
Rote Spinne 237
Rotkohl 214
Roundup 31, 148
Rückschnitt 170, 173*, 184*
Rucola 208, 209*
Ruhrkraut 71*
Rundhölzer 39, 43, 44, 44*, 45
Rundknospen 243

Rutenhirse 21, 114
Rutschgefahr 35
Rüttler 37

Saatschalen 58*
Sagittaria sagittifolia 112
Sal-Weide 137
Salate 204ff., 205*
Salatfäule 244
Salatrauke 208
Salbei 14*, 20, 80, 81*, 120, 233*, 232
Salvia farinacea 80, 81*
Salzschäden 68
Samenunkräuter 148
Sämling 156
Sand 24, 31, 33, 36, 37*
Sandbett 37
Sanddorn 137
Sandkasten 15
Sandstein 34f.
Santolina 27
Sauerkirsche 46, 153
Sauerkirschensorten 162, 178
Sauerstoff 64
saurer Boden 190, 193
Säzwiebeln 220*
Schachbrettblumen 88
Schädlinge 65, 125, 236ff.
– an Beerenobst 243
– an Gemüse 243ff.
– an Obstbäumen 242
– an Zierpflanzen 245
Schafgarbe 26*, 103
Schattenmorelle 173, 174*
Schattierung 59
Schaufel 51
Schaumblüte 20
Scheinaster 102*
Scheinmohn 232*
Scheinquitte 135
Schildblatt 113*
Schildläuse 239, 239*
Schleierkraut 120
Schleifenblume 73, 110
Schlingpflanzen 18, 145ff.
Schlingknöterich 146
Schlitzfolie 203, 203*
Schlupfwespen 237
Schlüsselblume 107
Schmetterlingsstrauch 132, 134
Schmierläuse 237
Schmuckkörbchen 73, 73*
Schnecken 94, 236*, 240, 243
Schneckenkorn 77
Schneeball 133, 137, 140
Schneebeere 137
Schneeglöckchen 88
Schneespiere 133
Schnitt 184, 186, 189, 191*, 193
– Birne, Süßkirsche und Pflaume 172
– Halb- und Hochstamm 168

– Rote Johannisbeere 183
– Sauerkirsche und Pfirsich 173
– Schwarze Johannisbeere 184
– Spindelbusch 168
– Stammrosen 123*
– Stachelbeer-Hochstämmchen 187
Schnittlauch 232, 232*
Schnittrosen 125, 130
Schnittsalat 206
Schnittwunden 172
Schöngesicht 73
Schorf 242
Schotter 36
Schrittlänge 43
Schrittmaß 44
Schrotschusskrankheit 242
Schubkarre 55
Schuppen 26
schwachwachsende Unterlagen 157
Schwachzehrer 199
Schwarzäugige Susanne 83, 83*
Schwarze Bohnenlaus 244
Schwarze Johannisbeeren 184*, 185
Schwarzwurzeln 218
Schwebfliegen 237
schwerer Boden 31
Schwermetall 66
Schwertlilien 100, 110, 113
Scilla 88
Scirpus lacustris 112
Sedum 21, 109, 113
Seerose 29, 111, 111*
Seerosentulpen 89*
Seidenmohn 75
Seitenäste 168, 171
Seitentriebe 168
selbstlüftende Frühbeet- fenster 202*
Sellerie 218
Sellerieblattflecken- krankheit 245
Serbische Fichte 144
Sibirische Blausterne 89*
Sibirische Iris 11*, 112*
Sichelmäher 150
Sichtbetonmauer 41, 49
Sichtschutz 15, 23, 49, 131
Sichtschutzpflanzung 132
Sichtschutzwand 17, 49*
Silberkerze 107, 108
Silberzypresse 139
Simse 112
Sitkafichtenlaus 245
Sitznische 17
Sitzplatz 17f., 32, 36, 45, 49, 147
Solidago-Hybriden 104
Solitär 132
Solitärgehölz 21
Sommer-Margerite 74, 74*, 103, 103*
Sommeraster 77
Sommerazalee 71
Sommerblumen 27*, 71ff.

Sommerbuddleje 132
Sommerflieder 132
Sommerphlox 18*, 104, 104*
Sommerschnitt 171, 171*, 175, 189f., 193
Sonnenauge 18, 102*, 104
Sonnenblume 21*, 74, 74*, 80
Sonnenbraut 27, 102, 102*
Sonnenflügel 74, 74*, 117
Sonnenhut 80, 81*, 104, 105*
Spalier 153f., 157, 164
Spalierbaum 177*, 236
Spaliergerüst 47, 157f., 188, 189f., 192
Spaten 31, 51
Speisezwiebeln 220
Spezial-Kalkstickstoff 67
Spezialkulturen 67
Spierstrauch 133, 144
Spinat 195*, 209, 209*
Spindelbusch 27, 49, 153, 155ff., 159*, 164, 165*, 166*, 167, 175*
Spindelmäher 150
Spinnmilben 237, 239
Spiraea nipponica 132
Spitzendürre 241f.
Spitzenförderung 174
Splitt 33
Spritzungen 126
Sprudelstein 28*
Spurenelemente 63, 67f.
Stachelbeer-Hochstämm- chen 186f., 187*
Stachelbeeren 186, 186*
Stachelbeersorten 187
Stachelschweingras 114
Stachys byzantina 109, 118*
Staketenzaun 47
Stallmist 61, 65f., 176
Stamm 168, 171
Stammverlängerung 168, 170
Starkzehrer 199
Stauden 11, 16*, 27*, 29*, 67, 117
– als Wegeinfassung 110
– für den Halbschatten und Schatten 106
– teilen 117*
Stauden-Sonnenblume 73*
Staudenbeet 18, 117
Staudenpflanzung 15, 117*
Staudenpflege 118, 118*
Staudensellerie 223
Staunässe 32
Stechpalme 20, 140
Steckdosen 17
Stecklinge 141*
Steine 32f.
Steingarten 28, 28*, 110
Steinkraut 110, 120
Steinmauer 49
Steinobst 177
Steinrich 75
Steintrog 15, 26
Steppenkerze 97*, 121*
Sternrußtau 125, 240*, 245
Stichsäge 55*

Stickstoff 61, 66ff., 125, 150, 198
Stickstoffdünger 197f.
Stickstoffmangel 67
Stiefmütterchen 27, 84*, 87, 87*
Stipa 115, 115*
Stockrose 86
Straßenpflaster 36
Strauchbeerenobst 23
Strauchmispel 140
Strauchrose 20, 27, 121*, 123, 124*, 125*, 126*, 127, 132
Stroh 181*
Strohblumen 74, 75*
Studentenblume 80
Stufen 43
Stufenhöhe 43f.
Stützmauern 42
Sumpfpflanzen 29, 117
Sumpfschwertlilie 112*
Süßkirsche 154, 155*, 178
Süßkirschensorten 162

Tagetes 71*, 76*, 77, 80
Taglilie 43*, 102*, 113, 113*
Tamariske 132
Tanacetum parthenium 71*
Tannenwedel 112
Taxus baccata 20
Teehybriden 126, 130
Teich 26, 111
Teicherde 111
Teichfolien 29
Teppichphlox 109
Terrasse 10, 12, 14, 17, 31f., 35ff., 39, 49, 131, 147
Teucrium chamaedrys 27, 120
Thermo-Komposter 64*, 65
Thermostat 202

Thomasphosphat 67
Thrips 96, 237
Thuja occidentalis 140, 143f.
T. plicata 143
Thuje 142
Thunbergia alata 83
Thymian 21, 109, 233, 233*
Thymus serpyllum 21
T. x citriodorus 21
Thypha 112
Tiarella cordifolia 20
Tiefwurzler 199
Tiere 24
Tigridia pavonia 96
Tithonie 71*
Tomaten 199, 211f.
Topf 91
Topfballen 210*
Topinambur 224
Torf 32, 66
Torfersatzstoffe 32, 62f., 190, 193
Torfmischdünger 148
Torfsubstrat 59
Tränendes Herz 27, 99, 99*, 107
Traubenhyazinthen 88
Treibsorten 210*
Treppe 43, 44
Treppenabsatz 44
Trichterwinde 83
Trittplatten 35*, 147
Trockenmauern 26, 41*, 42
Trockenschäden 141
Troggarten 28
Tropaeolum majus 83
Tulipa 90, 90*
Tulpen 22*, 23*, 87*, 88*, 89f., 90*
Tulpenfeuer 245
Türkenmohn 27, 100, 100*
Türkischer Mohn 100, 100*
Typenunterlagen 156f.

Überdüngung 68
Umfallkrankheiten 244
Umwälzpumpe 28*
Umweltschutz 42
Unkrautbekämpfung 33
Untergrund 62
Unterlage 156

Veilchen 107
Verbascum olympicum 86
Verbene 71*, 75*, 81, 81*
Verdichtung 12, 37
Verdunstung 196
Veredlungsmesser 55*
Veredlungsstelle 121, 167
Verfilzen 150
Vergissmeinnicht 27, 84*, 87, 87*
Verjüngen 173
Verjüngungsschnitt 175
Verlegemuster 36
Vermehrung 117
Veronica spicata 109
Verrottung 66
Verschlämmen 32, 63
Verstellkultivator 196*
Verwitterung 61
Vinca 20
Viola-Wittrockiana-Hybriden 87
Vlies 203, 203*
Vögel 26
Vogelfraß 190, 240
Vogelschutzgehölze 136f.
Vogelschutznetz 181*
Volldünger 59, 67, 197
–, wasserlöslicher 69
Vorgarten 16, 20ff.

Waagrechtbinden 168, 172
Wacholder 139

Wachsende Folie 203
wahre Fruchttriebe 174
Waldgeißbart 107, 107*
Waldmarbel 116
Waldmeister 20, 109
Waldrebe 16, 21, 146
Waldschmiele 116
Waldsteinia geoides 110
Walnuss 155, 178
Walnuss-Sorten 162
Wartezeiten 238
Waschbeton 36*, 45
Waschbetonmauer 41f.
Wäscheplatz 15
Wasser 26, 28
Wasser-Pipeline 56
Wasserabzug 32, 56*
Wasserbecken 15, 18, 30*
Wasserbehälter 10
Wasserfläche 14
Wassergarten 28ff., 29*
Wasserhahn 15
Wasserleitungsrohre 46
Wasserpflanzen 29, 111, 117
Wasserpflanzenbecken 28
Wasserschosse 192
Wasserstand 112
Wasserwaage 37, 37*
Wasserzapfstellen 11
Weg 12, 14, 31f., 37
Wegebau 33
Wegebiegungen 39
Wegeinfassungen 33, 38, 110
Weidenblättrige Sonnenblume 30*, 113, 113*
Weigelie 133
Weinrebe 191
Weinspalier 192
Weinstock 46
Weintrauben 191*, 192*
Weißanstrich 176
Weißbuche 137

Weiße Fliege 237
Weiße Johannisbeere 185
Weißes Steinkraut 75
Weißkohl 214, 214*
Weißkraut 214*
Wellenjäter 54
Werre 240
Wiesengelände 32
Wiesenkerbel 72*
Wilder Wein 49, 49*, 145*, 146
Wildrosen 123
Wildtriebe 124
Wildtulpen 88
Wimperperlgras 114*
Winden 52
Windschutz 23, 49
Winterheckezwiebel 233
Winterlinge 88, 89*
Winterschnitt 172, 189, 192
Winterschutz 118, 122*
Wirsing 214
Wisteria sinensis 146
Wohngarten 10
Wolliger Ziest 43*, 109, 118*
Wollläuse 237
Wucherblumen 48*
Wuchsstärke 170
Wühlmaus 91, 93f., 240
Wundheilung 172
Wundverheilung 173
Wundverschlussmittel 175
Wurfgitter 32, 64, 66*
Wurmeier 66
Wurzelballen 59
Wurzelfäule 244
Wurzelgemüse 204, 216
Wurzelhals 121
Wurzelunkräuter 32
Würkräuter 227ff., 232ff.

Ysander 20, 110

Zapfen 191f.
Zapfenschnittstelle 122
Zapfstellen 30
Zaubernuss 135
Zäune 18, 47
Zementplatten 35
Zichorie 'Zuckerhut' 207
Ziegelsplitt 32f., 62
Ziegelsteine 35
Zierapfel 99*
Ziergarten 45
Ziergehölze 10*, 131ff.
Zierkamille 71*
Zierkürbisse 83
Zierquitte 135
Ziersträucher 15, 18, 49, 132f., 144
Zinnia angustifolia 76*
Z. elegans 81
Zinnie 77, 81, 81*
Zitronenmelisse 233
Zucchini 200*, 211, 211*
Zuckerhut 61*, 207, 207*, 208*
Zuckermais 223, 223*
Zweig-Monilia 241, 242
Zweijahrsblumen 84
Zweitsitzplatz 14, 15*
Zwergkonifere 138*, 140*
Zwetschen 153, 177
Zwetschenrost 242
Zwetschensorten 161
Zwiebel 195*, 233
Zwiebel- und Knollenpflanzen 88ff.
Zwiebel-Iris 88
Zwiebelfliege 245
Zwiebelgemüse 204, 220
Zwischenkulturen 199
Zwischenpflanzung 166

Bibliografische Information Der Deutschen Bibliothek
Die Deutsche Bibliothek verzeichnet diese Publikation in der Deutschen Nationalbibliografie; detaillierte bibliografische Daten sind im Internet über http://dnb.ddb.de abrufbar.

BLV Buchverlag GmbH & Co.KG
80797 München

© BLV Buchverlag GmbH & Co.KG, München 2005

Überarbeitete Auflage (Neuausgabe) des Titels »Mein Hobby, der Garten«

Bildnachweis
Alle Bilder von Martin Stangl, außer:
Angermayer/Pfletschinger: 236l, 236Ml, 239Or
Borstell: 1, 6l, 7l, 18, 290, 33, 34r, 45, 46, 70, 94/95, 121, 194, 233Or
Daudt: 236Mr, 236r
Eisenbeiss: 111
Fischer: 26
Hagen: 89u
Kordes: 126
Reinhard: 27, 28r, 45, 86, 108ul, 145, 189, 227, 229l
Sammer: 64
Seidl: 83u, 85O
Stehling: 22u, 41
Stein: 112O, 209ul
Witt: 24

Grafiken: Heidi Janiček.

Umschlaggestaltung:
Anja Masuch,
Puchheim b. München
Bildmotiv: Fotosearch (links) u. Christiane Meink (Titelseite); Ursel Borstell (Rückseite)

Lektorat: Dr. Thomas Hagen
Herstellung: Hannelore Diehl
Layout: Anton Walter, Gundelfingen
DTP: agentur walter, Gundelfingen

Gedruckt auf chlorfrei gebleichtem Papier

Printed in Germany ·
ISBN 3-405-16685-3

Know-how für die Gartenpraxis

Handbuch Garten

Die ganze Gartenbibliothek in einem Band – jetzt komplett neu erarbeitet und noch mehr auf die Anforderungen der Praxis abgestimmt: fundiertes Know-how von 14 anerkannten Experten zu allen Themen rund um den Garten.
ISBN 3-405-16317-X

Wolfram Franke
Gartenpraxis Schritt für Schritt

Das Basiswissen für die erfolgreiche Gartenarbeit – Schritt für Schritt leicht nachvollziehbar: Boden bearbeiten, Pflanz- und Pflegearbeiten im Nutz- und Ziergarten, Rasen anlegen und pflegen, Pflanzen vermehren usw.
ISBN 3-405-16016-2

Marie-Luise Kreuter
Kräuter · Kräuter · Kräuter

Das pfiffige Praxisbuch für den Kräuteranbau im Garten, auf Balkon, Terrasse und Fensterbank; Rezepte für Küche, Bad und Hausapotheke.
ISBN 3-405-16604-7

blv garten plus
Martin Stangl
Obstbaumschnitt

Der richtige Schnitt von Baum-, Strauch- und Beerenobst – mit Spalierobst: Werkzeug, Grundregeln, Schnittmethoden, und praxisgerechte Schnittanleitungen für alle wichtigen Obstarten.
ISBN 3-405-15761-7

Anneliese Kompatscher
Kinder und Gärten

Gartenspaß für Kinder: die besten Ideen zum Spielen, Bauen, Austoben, Feiern, Entdecken, Basteln, Kochen; Baumhäuser und andere Unterschlupfe, Sandplätze, Wasserrutschen, Schaukeln usw.
ISBN 3-405-16400-1

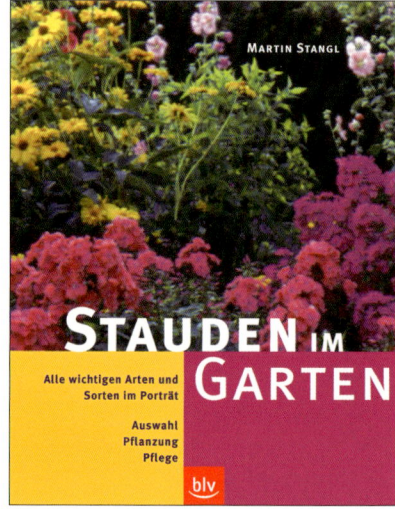

Martin Stangl
Stauden im Garten

Der Stauden-Klassiker – jetzt ganz neu: alle wichtigen Stauden und Gräser, topaktuelle Arten und Sorten, Auswahl und Pflege, Kombinationen von Stauden mit Sommerblumen und Rosen.
ISBN 3-405-16646-2